U0298829

Excel 2019 公式与函数 应用大全 视频教学版

诺立教育 钟元权 编著

机械工业出版社
China Machine Press

图书在版编目（CIP）数据

Excel 2019公式与函数应用大全：视频教学版 / 诺立教育，钟元权编著.—北京：机械工业出版社，2020.1（2021.3重印）

ISBN 978-7-111-64300-5

Ⅰ. ①E… Ⅱ. ①诺… ②钟… Ⅲ. ①表处理软件 Ⅳ. ①TP391.13

中国版本图书馆CIP数据核字（2019）第268879号

　　本书通过大量的实例详细讲解Excel 2019的常用函数，并且介绍公式与函数相关的基础知识以及函数在职场各个领域的具体使用方法。读者在工作时，若有不明白的函数，只需要翻开本书查阅相关的讲解即可。

　　本书共16章，前3章介绍公式与函数操作基础，分别是公式技巧、函数基础、单元格引用、数组的应用、公式的审核与修正、分析与解决公式返回错误值；中间8章介绍8类函数的实际应用，包括逻辑函数、日期和时间函数、数学函数、文本函数、统计函数、财务函数、查找与引用函数、信息函数；最后5章结合实际介绍函数在职场各个领域的应用，包括员工档案管理、员工考勤管理、员工薪资管理、公司销售管理、固定资产管理。

　　本书内容全面、结构清晰、语言简练，不仅适合正在学习函数使用方法的读者阅读，而且特别适合作为数据分析人员、财务人员、统计人员、行政人员及教师的案头手册。

Excel 2019公式与函数应用大全：视频教学版

出版发行：机械工业出版社（北京市西城区百万庄大街22号　邮政编码：100037）

责任编辑：夏非彼　迟振春　　　　　　　　　校　　对：冯秀娟

印　　刷：中国电影出版社印刷厂　　　　　　版　　次：2021年3月第1版第2次印刷

开　　本：203mm×260mm　1/16　　　　　印　　张：31

书　　号：ISBN 978-7-111-64300-5　　　　定　　价：99.00元

客服电话：（010）88361066　88379833　68326294　　　　投稿热线：（010）88379604

华章网站：www.hzbook.com　　　　　　　　读者信箱：hzit@hzbook.com

Preface 前言

　　距《Excel 2016公式与函数应用大全》出版已有两年多，我们收到很多热心读者的来信和疑难问题交流，深感欣慰！这也更加促使我们将这本书继续做好，将最近学习和掌握的新函数知识、新函数的理解添加到书中。再加上Excel 2019版本的推出，我们对《Excel 2016公式与函数应用大全》进行了一次全新的升级，而且为方便读者学习，配套推出所有函数实例的教学视频。

　　对于经常使用Excel处理各种数据的人来说，函数无疑是更快地做好工作的一把利器，虽然函数并不是万能的，但是巧妙使用它却可以大大提高工作效率。然而，很多使用函数进行办公的人员，要么对函数知之甚少，要么只知道部分函数的大概用法，这并不能很好地发挥函数的作用。同时，对函数的了解程度直接决定了函数的使用效率。在日常工作中，只用单个函数解决问题的情况并不多，更多情况下需要搭配使用两个或两个以上的函数才能真正解决问题。而且还有很多人不会选择合适的函数解决问题，例如：使用函数得到的结果不够准确，或者在面对用较少函数即可解决的问题时，使用了较多的函数才得到结果，使得函数公式不够简练。在解决问题时，思路也很重要，有了清晰的思路，才能选择正确的函数。

　　与市场上很多函数图书不一样的是，本书不是简单的函数罗列与说明，而是通过一个个贴近工作的案例讲解函数的组合应用，并力图给读者以思路上的启发。在阅读本书的同时，读者不仅可以了解每一个函数的功能，还可以逐渐熟悉在遇到不同问题时选择函数的思路，丰富函数使用技巧，进而提升自己的办公效率。

　　在阅读本书的过程中，读者会发现本书设置了函数功能、函数语法、参数解释、实战实例、公式解析等栏目。这些栏目对应的内容如下：

- 函数功能：对某个函数所能完成的任务进行描述，这也是根据实际需求选择函数的依据。
- 函数语法：使用某个函数所必须遵循的写法。
- 参数解析：对函数中包含的参数逐个进行解释，并给出参数使用的方法以及可能会有的限制。
- 实战实例：通过对工作任务的描述，引出选择函数的思路。
- 公式解析：对实例中使用的函数公式进行拆分，详细讲解不容易理解的部分。

另外，本书是以Excel 2019最新版本来写作的，对最新版本中新增的函数（如IFS、CONCAT、MAXIFS、MINIFS、SWITCH、TEXTJOIN等）也逐一进行了实例解析。同时对于办公中使用频率较高的函数，如IF、SUM、SUMIF、AVERAGE、AVERAGEIF、COUNTIF、RANK、LEN、VLOOKUP、INDEX等，本书列出了多个实例进行讲解，让读者从不同的角度详细体会这些常用函数的应用；而对于使用频率较低的函数，则只用一个实例进行讲解。

本书是由诺立教育策划与编写的，钟元权、吴祖珍、曹正松、陈伟、徐全锋、张万红、韦余靖、尹君、陈媛、姜楠、邹县芳、许艳、郝朝阳、杜亚东、彭志霞、彭丽、章红、项春燕、王莹莹、周倩倩、汪洋慧、陶婷婷、杨红会、张铁军、王波、吴保琴等参与了本书的编写工作。

本书配套资源可登录华章公司网站（www.hzbook.com）进行下载，搜索到本书，然后在页面上的"资源下载"模块下载即可。如下载时遇到问题，请发送电子邮件至booksaga@126.com。

由于时间仓促，错误在所难免，希望广大读者批评指正。如果在学习过程中发现问题，或有更好的建议，可以加入QQ群（946477591）与我们联系。

编　者
2019年12月

C目录
Contents

Excel 2019

前言

第2章 数据源的引用方式

第3章 常见错误公式修正及错误值分析

第4章　逻辑函数

第5章 日期与时间函数

第6章　数学函数

第8章　统计函数

第9章 财务函数

第10章 查找与引用函数

第11章 信息函数

第12章　员工档案管理

第13章　员工考勤管理

第14章 员工薪资管理

第15章 公司销售管理

第16章 固定资产管理

第 1 章
认识Excel公式

本章概述 〉〉〉〉〉〉〉〉〉〉〉〉〉〉〉〉〉〉〉〉

※ 公式主要用于Excel中进行各种数据计算。

※ 公式一般以等号"="开始，后面包含函数、引用、运算符和常量。

※ 输入公式后可以进行修改、复制等操作。

※ 对公式设置保护和隐藏。

※ 函数是Excel进行数据计算的重要工具。

※ 了解函数的多种输入方法。

※ 新手如何正确学习使用函数。

※ 为了使函数功能更强大，还要学习嵌套函数的应用。

※ 了解有关数组公式的设置。

学习要点 〉〉〉〉〉〉〉〉〉〉〉〉〉〉〉〉〉〉〉〉〉〉〉

※ 了解公式的组成。

※ 掌握函数的输入方法。

※ 掌握数据公式。

1.1
认识公式

公式是Excel中由用户自行设计对工作表数据进行计算、统计、判断、查找、匹配等的计算式，如 =B2+C3+D2、=IF(B2>=80,"达标","不达标")、=SUM(B2:D2)等这种形式的表达式都称为公式。

1.1.1 公式的组成

公式一般是以等号"="开始，后面可以包括运算符、函数、单元格引用和常量。下面来看一些常见的计算公式的组成，如表1-1所示。

表1-1

公式举例	组成部分
=D2*5	等号、单元格引用、运算符、常量
=B2+C2	等号、单元格引用、运算符
=B2&"克"	等号、单元格引用、运算符、常量
=SUM(B2:B20)	等号、函数、单元格引用、运算符
=IF(C2>90,"达标","")	等号、函数、单元格引用、运算符、常量

实战实例：根据面试和笔试成绩计算总成绩

在本例的应聘人员笔试和面试成绩统计表中，统计了每一位应聘者的成绩，需要计算出其总成绩。

01 打开下载文件中的"素材\第1章\1.1\根据面试和笔试成绩计算总成绩.xlsx"文件，如图1-1所示。

02 将光标定位在D2单元格中，输入公式：=B2+C2，如图1-2所示。

图1-1　　　　　　　　　　　　　图1-2

03 按【Enter】键，即可计算出应聘人员"武德"的总成绩，如图1-3所示。

04 利用公式填充功能，即可分别计算出其他应聘人员的总成绩，如图1-4所示。

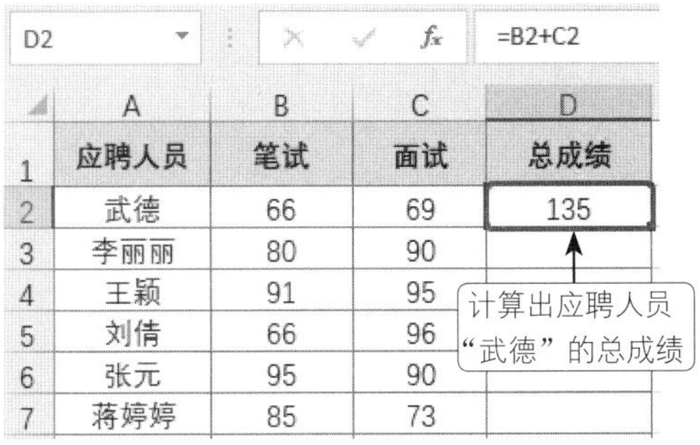

	D2		fx	=B2+C2	
	A	B	C	D	
1	应聘人员	笔试	面试	总成绩	
2	武德	66	69	135	
3	李丽丽	80	90		
4	王颖	91	95		计算出应聘人员
5	刘倩	66	96		"武德"的总成绩
6	张元	95	90		
7	蒋婷婷	85	73		

图1-3

	A	B	C	D	
1	应聘人员	笔试	面试	总成绩	
2	武德	66	69	135	
3	李丽丽	80	90	170	计算
4	王颖	91	95	186	出其他
5	刘倩	66	96	162	应聘人
6	张元	95	90	185	员的总
7	蒋婷婷	85	73	158	成绩
8	李希阳	65	85	150	
9	王凡	90	88	178	

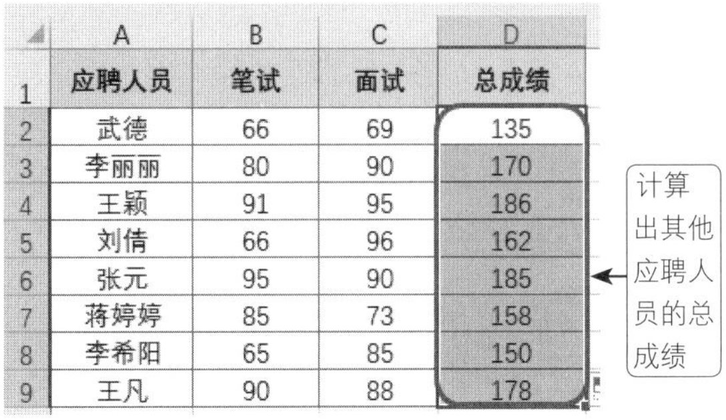

图1-4

1.1.2 公式中运算符的使用

公式中包含很多运算符，没有运算符的连接就无法建立公式。运算符计算的先后顺序各不相同，表1-2为运算符计算的说明和简单举例。

表1-2

运算符	说明	举例
:（冒号）（空格），（逗号）	引用运算符	=SUM(B1:B10)
%	算术运算符	=B2%
*（乘）/（除）	算术运算符	=B2*C3
+（加）-（减）	算术运算符	=B2+C3+D2
&	连接运算符	=B1&B10
=、>、<、>=、<=、<>	比较运算符	=IF(B2>=80,"达标","不达标")

实战实例1：计算总销售额（算术运算符）

打开下载文件中的"素材\第1章\1.1\计算总销售额.xlsx"文件，如图1-5所示。其中，D2单元格的结果是对B2和C2单元格内的数值进行"+"运算而得到的，其设置的公式为"=B2+C2"，如图1-6所示。

图1-5

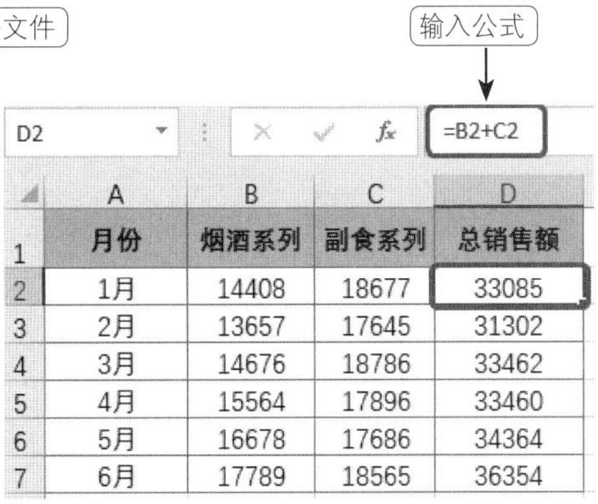

图1-6

实战实例2：比较各店面的销售额（比较运算符）

打开下载文件中的"素材\第1章\1.1\比较各店面的销售额.xlsx"文件，如图1-7所示。图1-8所示D2单元格内的公式为"=IF(C2>B2,"提高","")"，这里使用了比较运算符中的">"，将C2单元格中的"万福嘉华店"的1月份销售数据和B2单元格中的"欣欣广场店"1月份的销售数据进行比较，如果大于欣欣广场店的销售额则标注为"提高"。

图1-7　　　　　　　　　　　　　　　图1-8

实战实例3：统计各季度分店的总销售额（引用运算符）

打开下载文件中的"素材\第1章\1.1\统计各季度分店的总销售额.xlsx"文件，如图1-9所示。图1-10所示E2单元格内的公式为"=SUM(B2:D2)"，这里使用了引用运算符中的":"，表示引用B2:D2这个单元格区域。

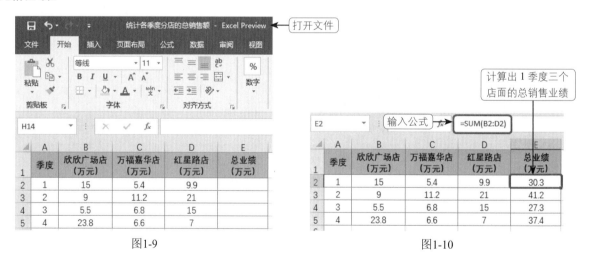

图1-9　　　　　　　　　　　　　　　图1-10

1.1.3 公式输入与修改

在Excel中输入公式和修改公式是一项基本操作，通过前面的学习了解了公式的组成和运算符的基础知识后，下一步就需要根据表格中的数据执行运算。本节将介绍如何正确地输入和修改公式。

在Excel中输入公式的基本流程是：单击要输入的公式的单元格，然后输入"="，再输入公式中要参与运算的所有内容，最后按【Enter】键即可完成公式的输入并得到计算结果。

输入公式以后，如果发现输入有误，或者想变更计算方式、修改参数，都可以通过以下三种方法进入单元格编辑状态修改公式：

- 双击包含公式的单元格。
- 单击包含公式的单元格，然后按 F2 键。
- 单击包含公式的单元格，然后单击编辑栏。

实战实例1：统计各产品的折扣后金额

本例的表格分别统计了某商场各产品的单价和折扣率，要求计算出各促销产品的折扣后价格。

01 打开下载文件中的"素材\第1章\1.1\统计各商品的折扣后金额.xlsx"文件，如图1-11所示。

图1-11

02 将光标定位在D2单元格中，在公式编辑栏中输入"="，如图1-12所示。

03 单击B2单元格后输入"*"符号，然后单击C2单元格，如图1-13所示。

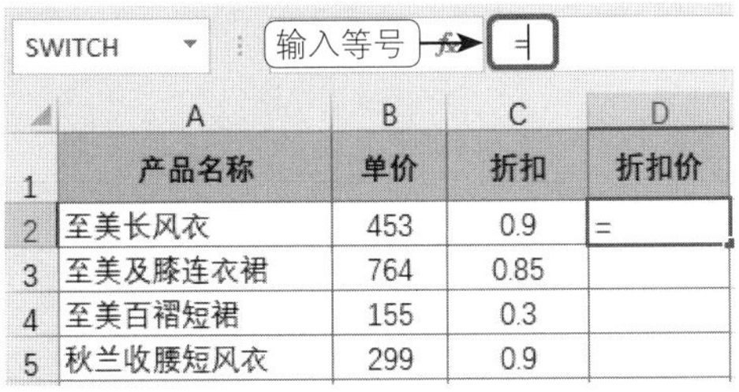

图1-12

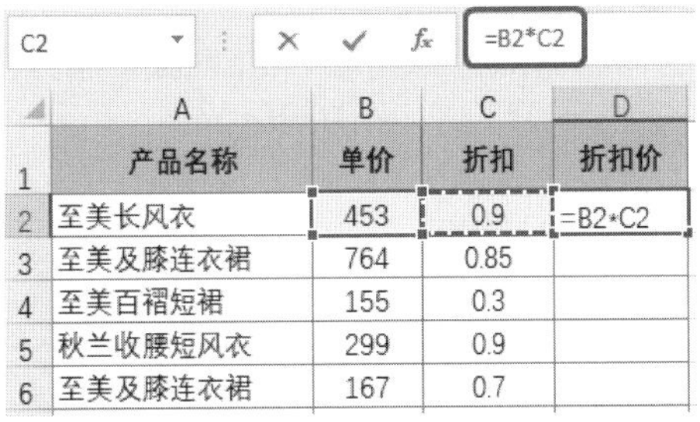

图1-13

04 按【Enter】键，即可计算出第一件产品的折扣价格，选中这个单元格，在公式编辑栏中可以看到完整的公式：=B2*C2，如图1-14所示。

05 利用公式填充功能，即可分别计算出其他促销产品的折扣后价格，如图1-15所示。

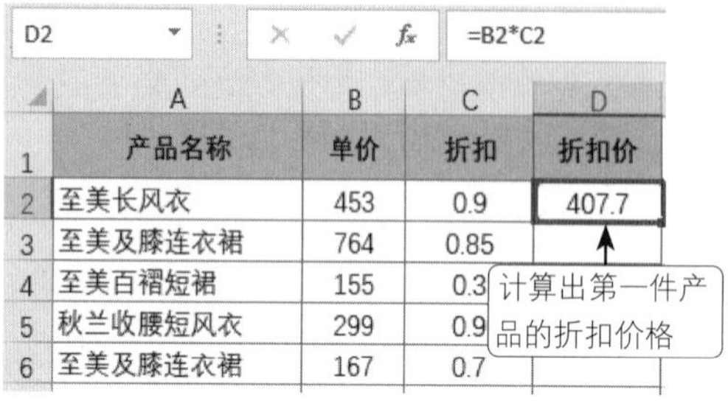

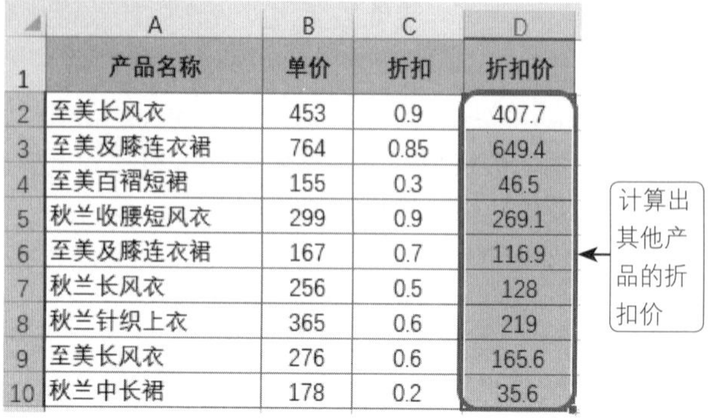

图1-14

图1-15

实战实例2：重新计算每月总销售额

在下面的工作表中统计了前半年每个月各类商品的销售额，并且使用公式计算了两种系列商品的总销售额，由于添加了"饮料系列"的销售额，因此需要修改公式重新计算每个月份的总销售额。

01 打开下载文件中的"素材\第1章\1.1\重新计算每月总销售额.xlsx"文件，如图1-16所示。

02 双击E2单元格，进入单元格编辑状态，如图1-17所示。

图1-16

图1-17

03 将光标定位到C2单元格后面，输入"+"号（见图1-18），接着单击D2单元格，公式即被修改为"=B2+C2+D2"，如图1-19所示。

图1-18

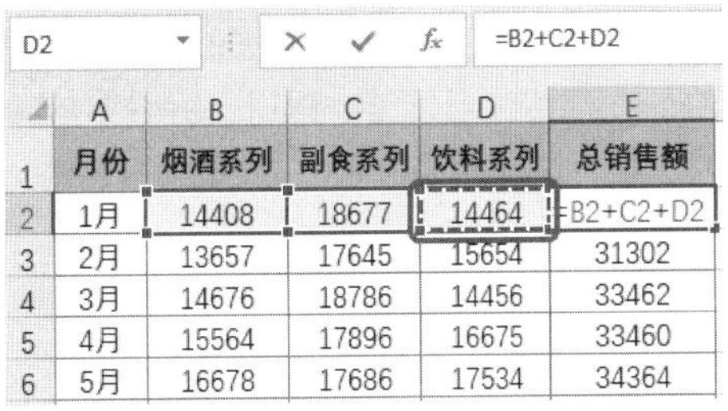

图1-19

04 按【Enter】键，即可重新计算出"1月"的总销售额，如图1-20所示。

05 利用公式填充功能，即可分别计算出其他月份所有系列商品的总销售额，如图1-21所示。

图1-20

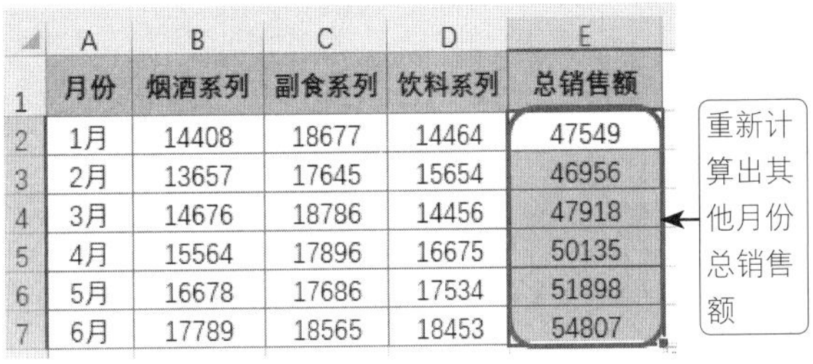

图1-21

1.1.4 公式的复制

在Excel中进行数据运算的一个最大好处是公式具有可复制性，即在设置了一个公式后，当其他位置需要进行相同的运算时，可以通过公式的复制来快速得到批量的结果。因此公式的复制是数据运算中的一项重要内容。

而公式的复制涉及在连续单元格填充公式和在不连续单元格填充公式这两种情况，下面会具体介绍操作方法。

实战实例1：统计学生总成绩

在下面的表格中统计了每位学生三科的成绩，要求计算出第一位学生的总分后，利用公式填充功能快速计算出其他学生的总分。

01 打开下载文件中的"素材\第1章\1.1\统计学生总成绩.xlsx"文件，如图1-22所示。

图1-22

02 将光标定位在E2单元格中，输入公式：=SUM(B2:D2)，如图1-23所示。

03 按【Enter】键，即可计算出"武德"的总成绩，如图1-24所示。

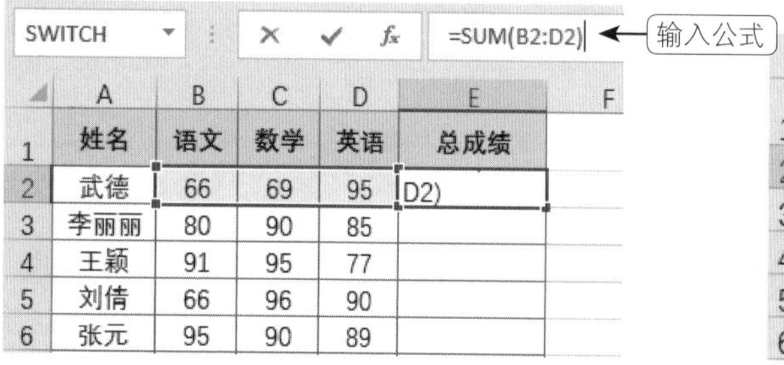

图1-23

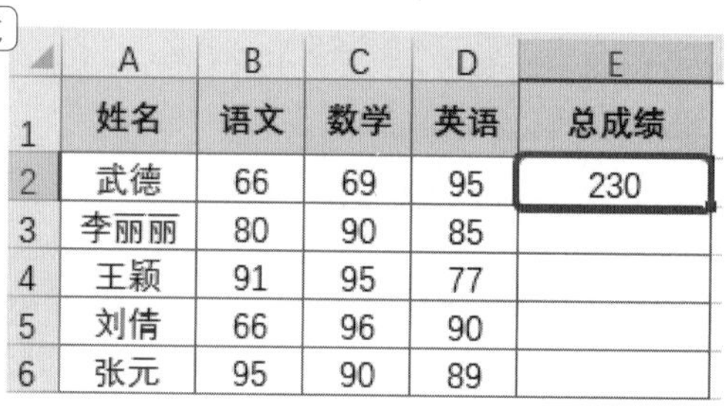

图1-24

04 选中E2单元格，将鼠标指针移至该单元格的右下角，当指针变成黑色十字形时（见图1-25），按住鼠标左键向下拖动至E9单元格，如图1-26所示。

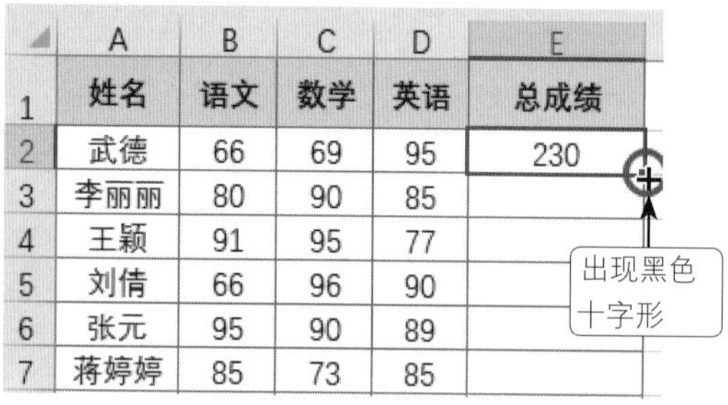

图1-25

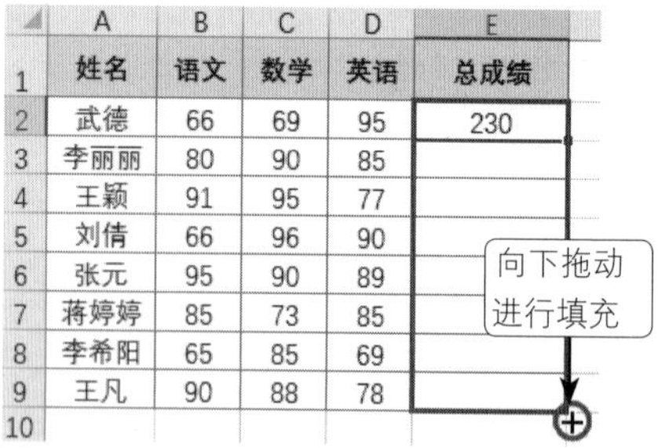

图1-26

05 松开鼠标左键，即可得到每位学生的总成绩，如图1-27所示。

	A	B	C	D	E
1	姓名	语文	数学	英语	总成绩
2	武德	66	69	95	230
3	李丽丽	80	90	85	255
4	王颖	91	95	77	263
5	刘倩	66	96	90	252
6	张元	95	90	89	274
7	蒋婷婷	85	73	85	243
8	李希阳	65	85	69	219
9	王凡	90	88	78	256

计算出其他学生的总成绩

图1-27

小提示

快速复制公式有4种方法：

- 选中公式所在的单元格，将鼠标指针移至该单元格的右下角，当指针变成黑色十字形时，按住鼠标左键向需要复制的方向拖动，即可完成公式的复制。
- 选中公式所在的单元格，将鼠标移到该单元格的右下角，当指针变成黑色十字形时，双击填充柄直接进行填充，则公式所在单元格就会自动向下填充至相邻区域中非空行的上一行。
- 选中包含公式在内的需要填充的目标区域，然后按【Ctrl+D】组合键即可执行向下填充命令。如果要执行向右填充，可以按【Ctrl+R】组合键。
- 对公式所在单元格执行复制操作，然后选中粘贴的目标区域，单击鼠标右键，在弹出的快捷菜单中选择“公式”图标即可。

实战实例2：统计各店铺兼职人员工资

填充公式是复制公式的过程，除了在当前工作表中填充公式外，还可以将公式复制到其他工作表中使用。本例中有两张工作表，分别是1分店和2分店各兼职人员的兼职总时数，并且规定：兼职人员的小时工资为50元，要求计算每位兼职人员的总兼职工资。

01 打开下载文件中的“素材\第1章\1.1\统计各店铺兼职人员工资.xlsx”文件，如图1-28和图1-29所示。

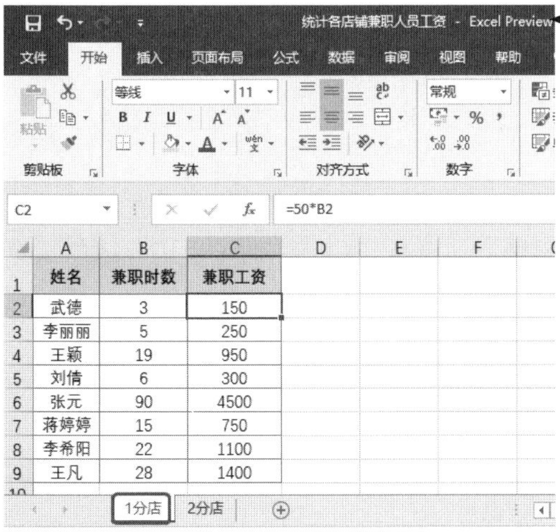

图1-28

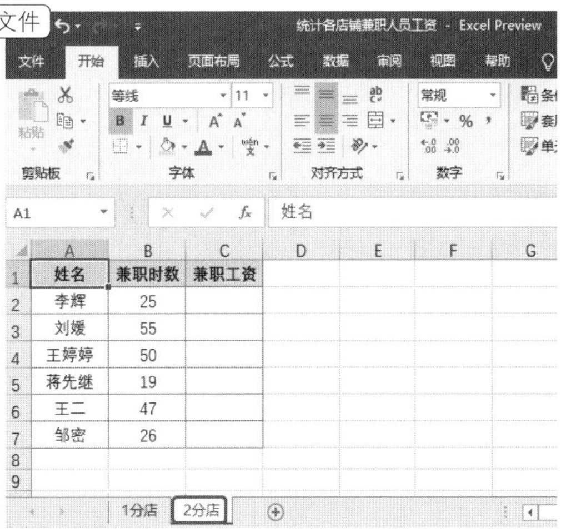

图1-29

02 切换到"1分店"工作表，选中C2单元格（此单元格中设置了公式，用于进行兼职工资计算），按【Ctrl+C】组合键复制公式，如图1-30所示。

03 切换到"2分店"工作表，选中C2:C7单元格区域（见图1-31），按【Ctrl+V】组合键粘贴公式，即可批量复制公式并得到所有计算结果，如图1-32所示。

图1-30

图1-31

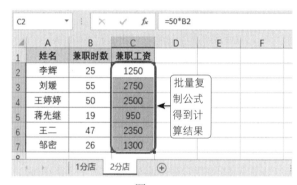

图1-32

1.2
认识函数

函数是应用于公式中的一个最重要的元素，函数可以看作程序预定义的可以解决某些特定运算的计算式，有了函数的参与，可以解决非常复杂的手工运算问题，甚至是一些无法通过手工完成的运算。本节会帮助大家详细地理解什么是函数以及如何使用函数，并掌握正确输入函数的几种方法。

1.2.1 函数的巨大作用

无论函数执行什么计算或输出什么结果，它都是由函数名称和函数参数两部分组成。函数参数应该写在函数名称后面的括号中，有多个参数时，各个参数间用英文逗号隔开。不同名称的函数执行不同的计算，其参数的设置也有其固有的规则，只有设置满足规则的参数才能返回正确的计算结果。

实战实例1：计算全年总支出

函数是公式的一个元素，无论使用函数公式还是不使用函数公式，都需要以"="开头，否则会导致无法计算。使用函数可以简化普通公式的设置，比如要对某一个块状区域（B2:E9单元格区域）数据求和，可以设置公式为"=B2+B3+B4+…+E9"，如果使用函数的话，就可以直接将公式简化为"=SUM(B2:E9)"，这就是函数所发挥的巨大作用。

01 打开下载文件中的"素材\第1章\1.2\计算全年总支出.xlsx"文件，如图1-33所示。

02 将光标定位在E10单元格中，输入公式：=SUM(B2:E9)，如图1-34所示。

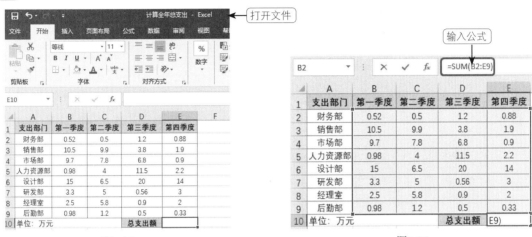

图1-33   图1-34

03 按【Enter】键，即可计算出总支出额，如图1-35所示。

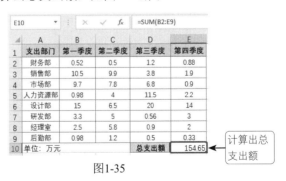

图1-35

实战实例2：筛选应聘者的年龄

函数除了可以简化公式，还可以让计算更加便捷。当我们需要对表格数据进行分析时，比如要判断应聘人员的年龄是否符合招聘要求，为了实现批量的判断就需要借助函数编制公式。例如要筛选出年龄超过45岁的应聘人员，其公式设置如下。

01 打开下载文件中的"素材\第1章\1.2\筛选应聘者的年龄.xlsx"文件，如图1-36所示。

02 将光标定位在C2单元格中，输入公式：=IF(B2>45,"不通过","通过")，如图1-37所示。

图1-36　　　　　　　　　　　　　　　　图1-37

03 按【Enter】键，即可判断出第1名应聘者"李菲"的年龄是否符合要求，如图1-38所示。

04 利用公式填充功能，即可依次判断出其他应聘者的年龄是否符合要求，如图1-39所示。

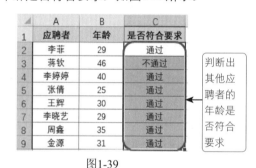

图1-38　　　　　　　　　　　　　　　　图1-39

1.2.2　参数设置要符合规则

　　学习函数时首先要了解其功能，其次要学会它的参数设置规则，只有做到了这两点，才能编写出正确的公式。函数的参数设置必须满足此函数的参数规则，否则也会返回错误值，下面通过示例讲解帮助大家理解这一知识点。

实战实例1：判断面试成绩是否合格

　　本例需要使用IF函数判断应聘人员的面试成绩是否合格。IF函数的参数规则是，如果第二个和第三个参数设置的是文本时，必须使用双引号，否则会返回错误值。

01 打开下载文件中的"素材\第1章\1.2\判断面试成绩是否合格.xlsx"文件，如图1-40所示。

02 将光标定位在C2单元格中，输入公式：=IF(B2>80,合格,不合格)，如图1-41所示。可以看到返回的结果是错误值。这是因为"合格"与"不合格"是文本，当应用于公式中时必须使用双引号，当前未使用双引号，参数不符合规则，所以不能返回正确的结果。

图1-40　　　　　　　　　　　　　　　　　　图1-41

03 重新修改公式为"=IF(B2>80,"合格","不合格")"，如图1-42所示。可以看到返回了正确的结果。

04 利用公式填充功能，即可分别根据面试成绩判断出应聘人员的面试成绩合格情况，如图1-43所示。

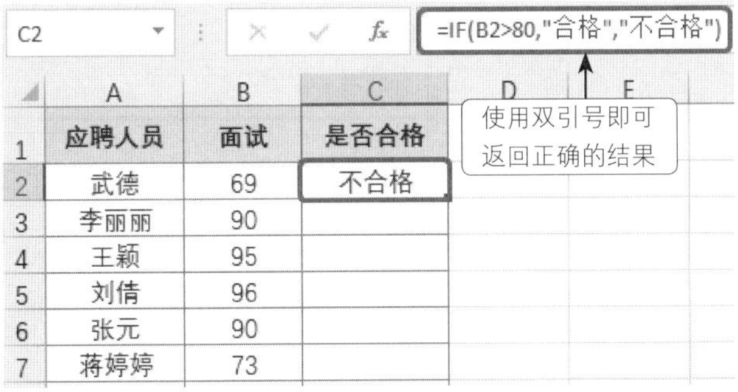

图1-42 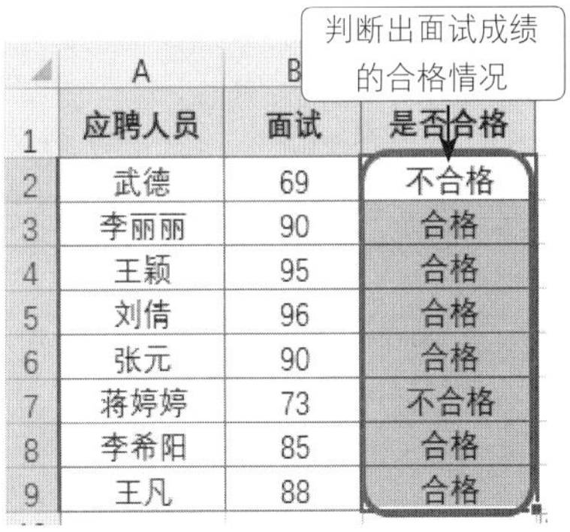　　　　　　　　　　　　　　　　　　图1-43

实战实例2：统计指定产品的总销量

本例中要使用SUMIF函数统计出"冰箱"的总销量，返回了错误的结果"0"，因为SUMIF函数有3个参数：用于判断条件的区域、条件和用于求和的单元格区域，但是本例表格中的公式只有2个参数，参数不符合规则，所以不能返回正确的结果。

01 打开下载文件中的"素材\第1章\1.2\统计指定产品的总销量.xlsx"文件，如图1-44所示。

02 将光标定位在F2单元格中，输入公式：=SUMIF(E2,C2:C10)，如图1-45所示。可以看到返回的结果是错误值。这是因为SUMIF函数中缺少1个参数，参数不符合规则，所以不能返回正确的结果。

图1-44　　　　　　　　　　　　　　　　　　　　图1-45

03 重新修改公式为"=SUMIF(B2:B10,E2,C2:C10)"，如图1-46所示。可以看到返回了正确的结果，如图1-47所示。

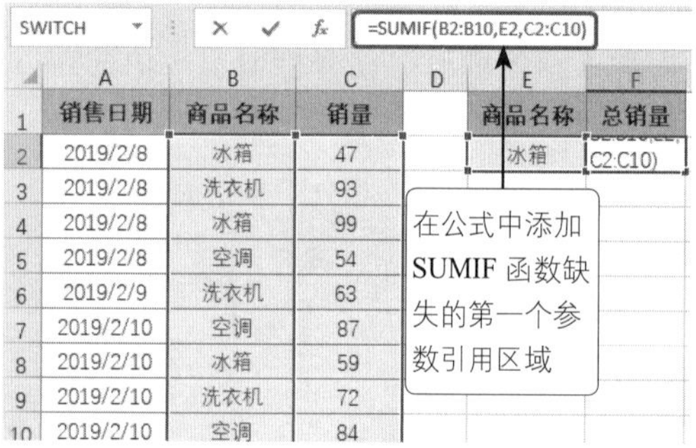

图1-46 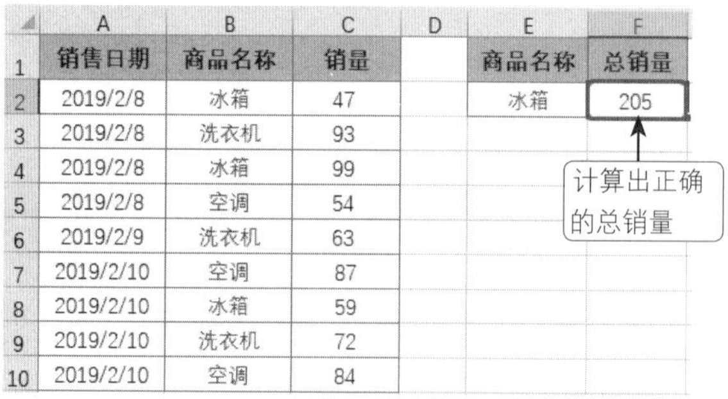　　　　　　　　　　　　　　　　　　　　图1-47

1.2.3　初学者如何学习函数

函数在数据计算中确实是非常重要的，但学习函数非一朝一夕之功，可以选择一本好书，多看多练，应用多了，使用起来才会更加自如。当我们拿到一个陌生的函数时一定要先了解其用途，熟知其参数，再学习一些实例，进而才能举一反三地应用到工作中去。

实战实例1：打开"插入函数"对话框逐步了解参数

如果不太了解函数有几个参数以及函数参数如何设置，可以通过"插入函数"对话框逐步学习参数并设置参数。

01 打开下载文件中的"素材\第1章\1.2\比较预期与实际报销额是否一致.xlsx"文件，如图1-48所示。

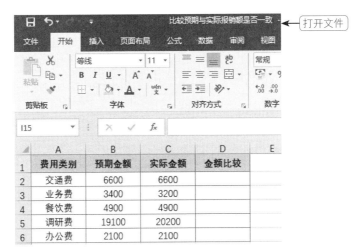

图1-48

02 将光标定位在D2单元格中，输入函数：=EXACT(，然后在"公式"选项卡的"函数库"组中单击"插入函数"按钮，如图1-49所示。

03 打开"函数参数"对话框，在对话框中可以看到EXACT函数的两个参数设置说明，如图1-50所示。

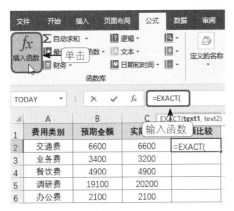

图1-49

图1-50

实战实例2：使用帮助功能学习函数

初学者如果对函数的功能和参数不熟悉，也可以在表格中单击"插入函数"按钮来学习相应的函数。

01 打开下载文件中的"素材\第1章\1.2\比较预期与实际报销额是否一致.xlsx"文件。

02 根据实战实例1中的操作步骤打开"函数参数"对话框后，单击"有关该函数的帮助"链接，如图1-51所示。

03 打开"EXACT函数"窗口，在打开的"EXACT函数"窗口中可以学习该函数的语法、参数及操作示例，如图1-52所示。

图1-51

图1-52

1.2.4　正确输入函数的方法

如果已经熟练掌握了Excel中的各种函数功能和参数设置规则，我们可以直接在公式编辑栏中依次输入函数、运算符、数据引用等元素建立完整的公式。但是对于初学者来说，由于对函数的参数规则了解不够，这种操作方式稍有难度，因此可以打开"插入函数"向导一边学习参数，一边设置参数。

实战实例1：使用编辑栏中的"插入函数"按钮输入公式

"插入函数" *fx* 按钮在编辑栏的左侧，可以通过单击该按钮输入函数并进行参数的设置。本例表格统计了每位学生两次模拟考试的总分，要求使用函数设置公式计算两次模拟考试的平均分，可以使用AVERAGE函数。

01 打开下载文件中的"素材\第1章\1.2\统计两次模拟考试的平均分.xlsx"文件，如图1-53所示。

02 将光标定位在D2单元格中，首先输入"="，再单击左侧的" *fx* "按钮，如图1-54所示。

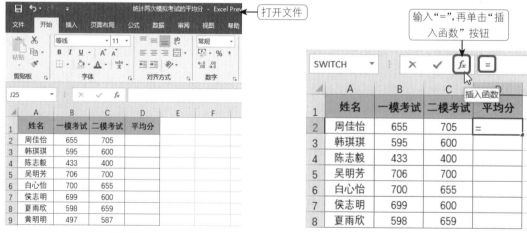

图1-53

图1-54

03 打开"插入函数"对话框，首先选择函数类别为"常用函数"，再单击"选择函数"列表中的"AVERAGE"，如图1-55所示。

04 打开"函数参数"对话框，将光标定位到Number1参数编辑框中，下方会显示对该参数的解释，便于初学者正确设置参数，此时第一个参数编辑栏中自动输入B2:C2（如果不符合要求，直接在编辑栏中修改即可），如图1-56所示。

图1-55

图1-56

05 单击"确定"按钮后，即可直接在公式编辑栏中输入如图1-57所示的公式，并计算出第一位学生两次模拟考试的平均分。

06 利用公式填充功能，即可分别计算出每位学生的模拟考试平均分，如图1-58所示。

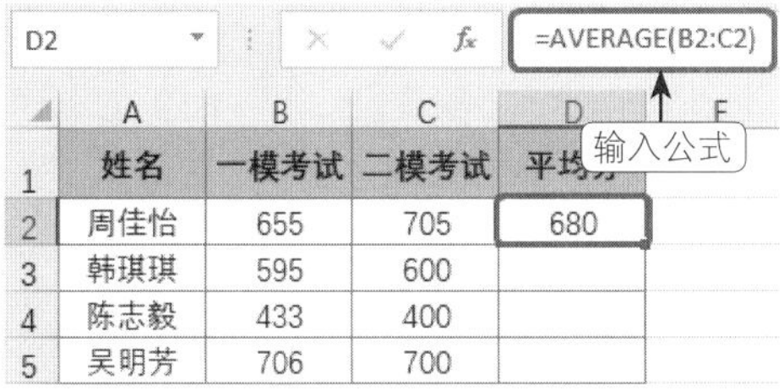

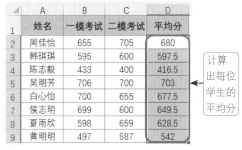

图1-57

图1-58

实战实例2：使用"公式"选项卡中的"插入函数"按钮输入公式

下面的工作表为本次员工考核成绩表。要判断每位员工是否合格，可以通过"插入函数"按钮和设置"函数参数"来完成。

01 打开下载文件中的"素材\第1章\1.2\判断员工考核成绩是否合格.xlsx"文件，如图1-59所示。

02 选中C2单元格，在"公式"选项卡的"函数库"组中单击"插入函数"按钮，如图1-60所示。

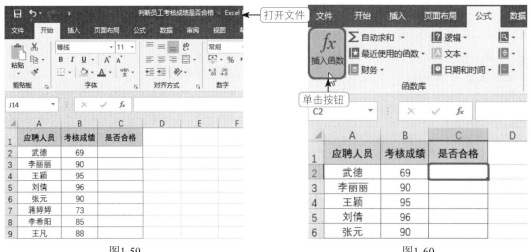

图1-59 图1-60

03 打开"插入函数"对话框，在"选择函数"列表框中单击"IF"函数，如图1-61所示。单击"确定"按钮，打开"函数参数"对话框。

04 将光标定位到第一个参数文本框中，输入"B2>80"，再按同样的方法分别输入第二个参数为""合格""，第三个参数为""不合格""，如图1-62所示。

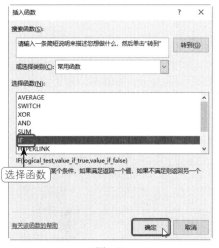

图1-61

图1-62

05 单击"确定"按钮，可直接在编辑栏中插入公式，如图1-63所示，并计算出第一位应聘人员的考核成绩是否合格。

06 利用公式填充功能，即可分别计算出每位应聘人员考核成绩的合格情况，如图1-64所示。

	A	B	C	D
C2	fx	=IF(B2>80,"合格","不合格")		
1	应聘人员	考核成绩	是否合格	
2	武德	69	不合格	
3	李丽丽	90		
4	王颖	95		
5	刘倩	96		
6	张元	90		
7	蒋婷婷	73		

输入公式

图1-63

	A	B	C
1	应聘人员	考核成绩	是否合格
2	武德	69	不合格
3	李丽丽	90	合格
4	王颖	95	合格
5	刘倩	96	合格
6	张元	90	合格
7	蒋婷婷	73	不合格
8	李希阳	85	合格
9	王凡	88	合格

计算出每位应聘人员的考核结果

图1-64

1.2.5 修改与保存函数公式

插入函数后，如果发现设置有误，可以在编辑栏中或直接在单元格中修改函数。如果要保存没有输入完整的公式，可以借助空格键。

实战实例1：修改函数参数

双击公式所在的单元格，进入编辑状态后就可以按实际需要重新修改参数了。在本例的销量报表中统计了每名业务员的销售量数据，要求判断销售量是否大于所有销售量数据的平均值，以此来确定是否奖励该名员工。

01 打开下载文件中的"素材\第1章\1.2\判断是否给业务员奖励.xlsx"文件，如图1-65所示。

图1-65

02 双击C2单元格，选中要修改的部分"5"（见图1-66），直接修改为"10"即可，如图1-67所示。

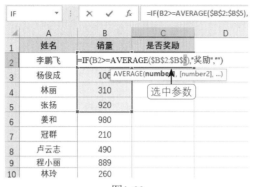

图1-66

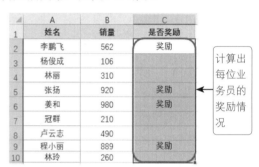

图1-67

03 按【Enter】键，即可计算出第一位业务员是否应该奖励，如图1-68所示。

04 利用公式填充功能，即可分别计算出每位业务员是否应该奖励，如图1-69所示。

图1-68

图1-69

实战实例2：保存未输入完的公式

有时在输入公式时并未考虑成熟，导致无法一次性完成公式的输入。此时可以将未完成的公式保留下来，待到考虑成熟时再继续设置。

01 打开下载文件中的"素材\第1章\1.2\统计销售额最高的产品.xlsx"文件，如图1-70所示。

图1-70

02 当公式没有输入完整时，没有办法直接退出（退出时会弹出错误提示），如图1-71所示，除非将公式全部删除。

03 我们可以在公式没有输入完整时，在"="前面加上一个空格，公式就可以以文本的形式保留下来，如图1-72所示。

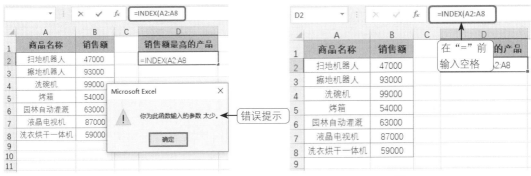

图1-71　　　　　　　　　　　　　　　　图1-72

04 如果想继续编辑公式，只需要选中这个单元格，在公式编辑栏中将"="前的空格删除即可。

1.3
嵌套函数

在使用公式进行运算时，函数的作用虽然很强大，但是为了进行更复杂的条件判断、完成更复杂的计算，很多时候还需要使用嵌套函数，也就是将一个函数的返回结果作为前面函数的参数使用。日常工作中使用嵌套函数的场合非常多，下面列举两个嵌套函数的例子。

实战实例1：两项测试数据都达标时才予以验收合格

IF函数只能判断一项条件，当条件满足时返回某个值，不满足时返回另一值，而本例中要求一次判断两个条件，即其强度测试与剪力测试必须同时满足">0.8"和">0.7"这两个条件，同时满足时返回"合格"，只要有一个条件不满足，就返回"不合格"。单独使用一个IF函数无法实现判断，此时在IF中嵌套了一个AND函数判断两个条件是否都满足，AND函数就是用于判断给定的所有条件是否都为"真"（如果都为"真"，返回TRUE，否则返回FALSE），然后使用它的返回值作为IF函数的第一个参数。AND和IF函数的具体功能和用法会在第4章的逻辑函数中介绍。

01 打开下载文件中的"素材\第1章\1.3\两项测试数据都达标时才予以验收合格.xlsx"文件，如图1-73所示。

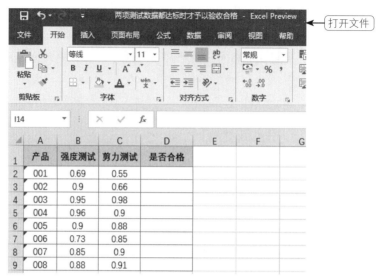

图1-73

02 将光标定位在D2单元格中，输入公式：=AND(B2>0.8,C2>0.7)，如图1-74所示。

03 按【Enter】键，即可返回是否合格（根据AND函数判断，如果两个条件都满足则返回TRUE，表示合格；只要有一个条件不满足就会返回FALSE，表示不合格），如图1-75所示。

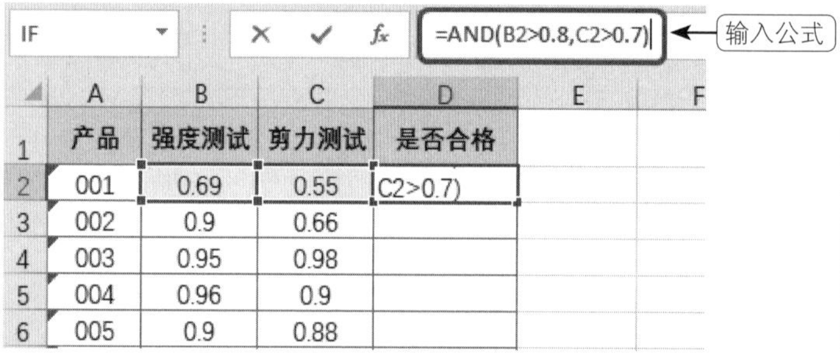

图1-74

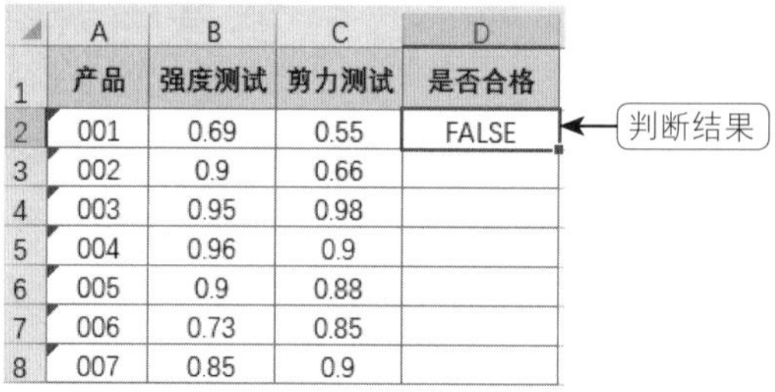

图1-75

04 将光标定位在D2单元格中，在AND函数外部嵌套IF函数，即输入公式：=IF(AND(B2>0.8,C2>0.7),"合格","不合格")，如图1-76所示。

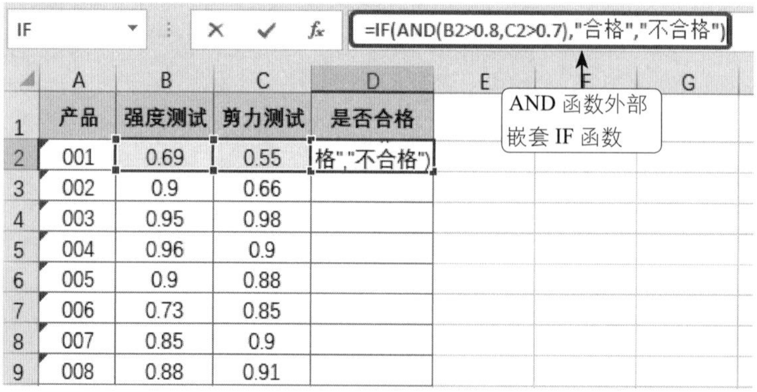

图1-76

05 按【Enter】键，即可判断出第一个产品是否合格，如图1-77所示。

06 利用公式填充功能，分别判断出其他产品测试的合格情况，如图1-78所示。

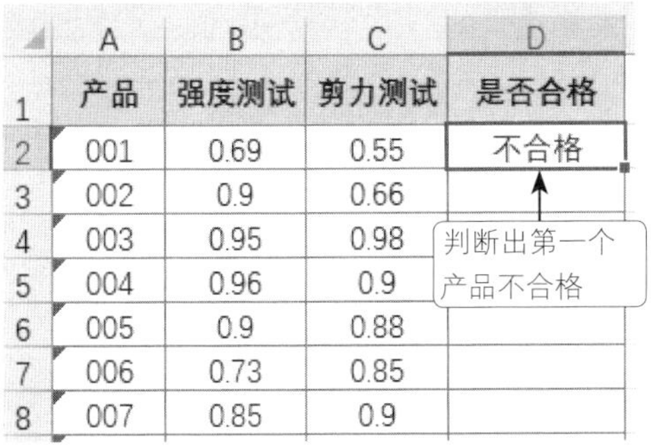

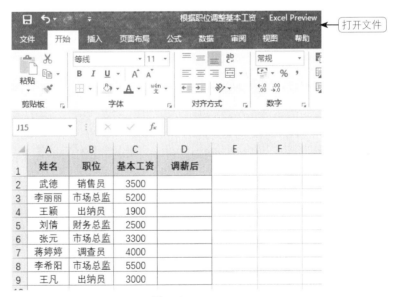

	A	B	C	D
1	产品	强度测试	剪力测试	是否合格
2	001	0.69	0.55	不合格
3	002	0.9	0.66	
4	003	0.95	0.98	
5	004	0.96	0.9	
6	005	0.9	0.88	
7	006	0.73	0.85	
8	007	0.85	0.9	

图1-77

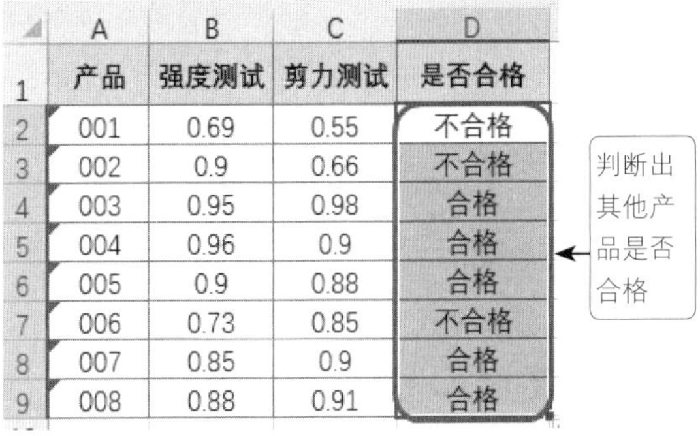

	A	B	C	D
1	产品	强度测试	剪力测试	是否合格
2	001	0.69	0.55	不合格
3	002	0.9	0.66	不合格
4	003	0.95	0.98	合格
5	004	0.96	0.9	合格
6	005	0.9	0.88	合格
7	006	0.73	0.85	不合格
8	007	0.85	0.9	合格
9	008	0.88	0.91	合格

图1-78

实战实例2：根据职位调整基本工资

本例中要求根据职位信息对员工的基本工资进行调整，有如下规定：如果职位信息包含“总监”级别信息则上调800元，非总监级别的员工基本工资保持不变。首先使用RIGHT函数自右侧开始提取职位信息中的最后两个字符，判断是否是“总监”，再嵌套IF函数根据提取的字符结果判断是将基本工资加上800元，还是保持原始工资不变。

01 打开下载文件中的“素材\第1章\1.3\根据职位调整基本工资.xlsx”文件，如图1-79所示。

	A	B	C	D
1	姓名	职位	基本工资	调薪后
2	武德	销售员	3500	
3	李丽丽	市场总监	5200	
4	王颖	出纳员	1900	
5	刘倩	财务总监	2500	
6	张元	市场总监	3300	
7	蒋婷婷	调查员	4000	
8	李希阳	市场总监	5500	
9	王凡	出纳员	3000	

图1-79

02 将光标定位在D2单元格中，输入公式：=RIGHT(B2,2)="总监"，如图1-80所示。

03 按【Enter】键，即可返回调薪结果（根据RIGHT函数将职位自右侧开始提取两个字符，判断是否等于“总监”。如果是总监则返回TRUE，如果不是总监则返回FALSE），如图1-81所示。

图1-80

图1-81

04 将光标定位在D2单元格中，在RIGHT函数外部嵌套IF函数，即输入公式：=IF(RIGHT(B2,2)="总监", C2+800,C2)，如图1-82所示。

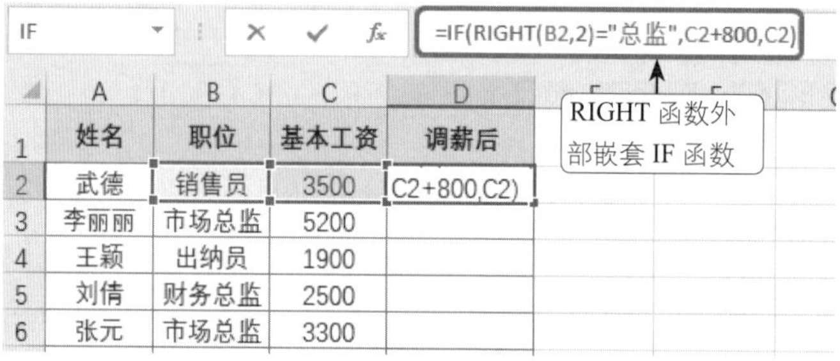

图1-82

05 按【Enter】键，即可计算出调薪后的金额，如图1-83所示。

06 利用公式填充功能，即可分别计算出其他员工调薪后的基本工资，如图1-84所示。

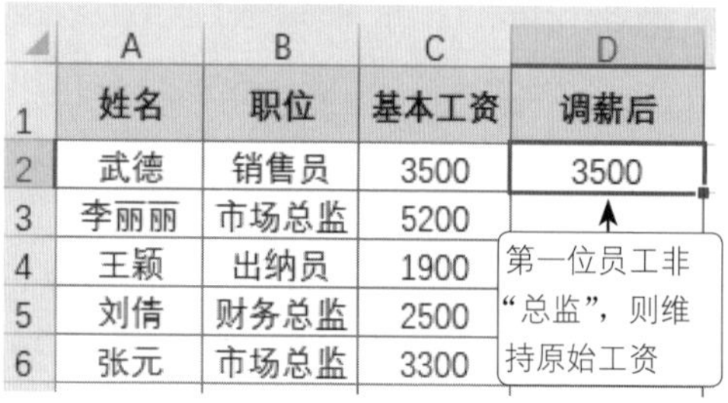

图1-83

图1-84

1.4

了解数组公式

数组公式是指在运算过程中使用到数组运算的公式（公式中使用了数组或者运算过程中调用内存数组）。数组公式一个最显著的特征就是按【Ctrl+Shift+Enter】组合键才能得出公式计算结果，而不是按【Enter】键。数组公式可以返回多个结果，也可以将数组公式放入单个单元格中，然后计算单个量。包括多个单元格的数组公式称为多单元格公式，位于单个单元格中的数组公式称为单个单元格公式。

1.4.1 普通公式与数组公式的区别

普通公式和数组公式的区别如下：

- 普通公式通常只返回一个结果，而数组公式返回的结果与其执行的计算和设置的参数有关，可能返回多个结果，也可能返回一个结果。
- 普通公式只占用一个单元格，而数组公式如果返回的结果不止一个，该公式就要占用多个单元格。
- 普通公式和数组公式的显示方式不同。在公式编辑栏中，数组公式的最外层总有一对大括号"{}"，而普通公式没有，这是数组公式与普通公式在外观上最明显的区别。
- 普通公式和数组公式的输入方法不同。普通公式是以【Enter】键确认输入的，而数组公式是以【Ctrl+Shift+Enter】组合键确认输入的。

实战实例：计算商品折后总金额

表格中记录了每种商品的单价、销售量和折扣，要求计算出每种商品折后总销售额。按照普通的公式设置方法，可以使用乘法运算，依次利用每种商品的单价*销量*折扣，计算出总金额。如果使用数组公式，可以事先选中要计算的单元格区域，设置公式，再使用【Ctrl+Shift+Enter】组合键执行计算。

01 打开下载文件中的"素材\第1章\1.4\计算商品折后总金额.xlsx"文件，如图1-85所示。

02 将光标定位在E2:E9单元格区域中，输入公式：=B2:B9*C2:C9*D2:D9，如图1-86所示。

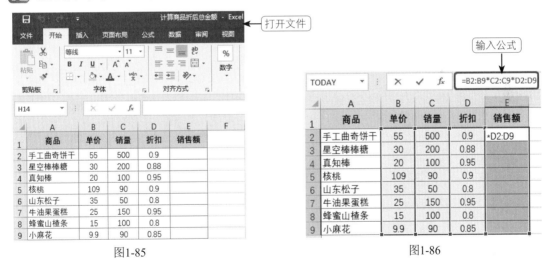

图1-85　　　　　　　　　　　　　　图1-86

03 按【Ctrl+Shift+Enter】组合键，即可计算出每种商品的总销售额，如图1-87所示。

	A	B	C	D	E
1	商品	单价	销量	折扣	销售额
2	手工曲奇饼干	55	500	0.9	24750
3	星空棒棒糖	30	200	0.88	5280
4	真知棒	20	100	0.95	1900
5	核桃	109	90	0.9	8829
6	山东松子	35	50	0.8	1400
7	牛油果蛋糕	25	150	0.95	3562.5
8	蜂蜜山楂条	15	100	0.8	1200
9	小麻花	9.9	90	0.85	757.35

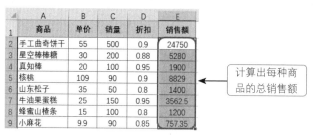

图1-87

1.4.2 多个单元格数组公式

一般情况下，数组公式的返回结果都包含多个数据，这样的数组公式称为多个单元格数组公式。

实战实例：统计前三名分数

本例表格统计了三个班级的考试分数，下面需要使用数组公式将前三名的成绩统计出来。

01 打开下载文件中的“素材\第1章\1.4\统计前三名分数.xlsx”文件，如图1-88所示。

02 将光标定位在F2:F4单元格区域中，输入公式：=LARGE(B2:D9,{1;2;3})，如图1-89所示。

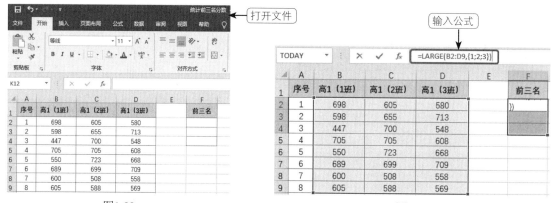

	A	B	C	D	E	F
1	序号	高1（1班）	高1（2班）	高1（3班）		前三名
2	1	698	605	580		
3	2	598	655	713		
4	3	447	700	548		
5	4	705	705	608		
6	5	550	723	668		
7	6	689	699	709		
8	7	600	508	558		
9	8	605	588	569		

图1-88

	A	B	C	D	E	F
1	序号	高1（1班）	高1（2班）	高1（3班）		前三名
2	1	698	605	580		})
3	2	598	655	713		
4	3	447	700	548		
5	4	705	705	608		
6	5	550	723	668		
7	6	689	699	709		
8	7	600	508	558		
9	8	605	588	569		

图1-89

03 按【Ctrl+Shift+Enter】组合键，即可统计出前三名的分数，如图1-90所示。

	A	B	C	D	E	F
1	序号	高1（1班）	高1（2班）	高1（3班）		前三名
2	1	698	605	580		723
3	2	598	655	713		713
4	3	447	700	548		709
5	4	705	705	608		
6	5	550	723	668		
7	6	689	699	709		
8	7	600	508	558		
9	8	605	588	569		

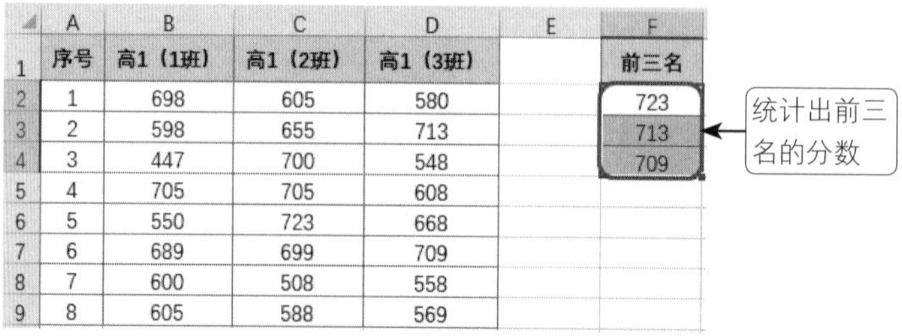

图1-90

1.4.3 单个单元格数组公式

有时为了进行一些特殊计算，虽然返回的结果只有一个数据，但是也需要使用数组公式，因为它们在计算时是调用内部数组进行数组运算的，这样的数组公式称为单个单元格数组公式。

实战实例：计算所有商品的总销售额

本例沿用1.4.1小节中的表格，要求使用数组公式统计所有商品的折后总销售金额，需要使用SUM函数对每种商品的总销售额进行求和计算。

01 打开下载文件中的“素材\第1章\1.4\计算所有商品的总销售额.xlsx”文件，如图1-91所示。

02 将光标定位在E10单元格中，输入公式：=SUM(B2:B9*C2:C9*D2:D9)，如图1-92所示。

	A	B	C	D	E
1	商品	单价	销量	折扣	
2	手工曲奇饼干	55	500	0.9	
3	星空棒棒糖	30	200	0.88	
4	真知棒	20	100	0.95	
5	核桃	109	90	0.9	
6	山东松子	35	50	0.8	
7	牛油果蛋糕	25	150	0.95	
8	蜂蜜山楂条	15	100	0.8	
9	小麻花	9.9	90	0.85	
10				总金额	

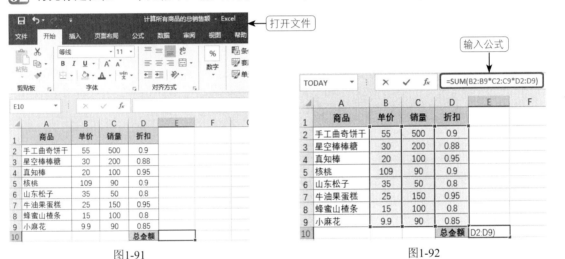

图1-91

图1-92

03 按【Ctrl+Shift+Enter】组合键，即可计算出总金额，如图1-93所示。

	A	B	C	D	E
1	商品	单价	销量	折扣	
2	手工曲奇饼干	55	500	0.9	
3	星空棒棒糖	30	200	0.88	
4	真知棒	20	100	0.95	
5	核桃	109	90	0.9	
6	山东松子	35	50	0.8	
7	牛油果蛋糕	25	150	0.95	
8	蜂蜜山楂条	15	100	0.8	
9	小麻花	9.9	90	0.85	
10				总金额	47678.85

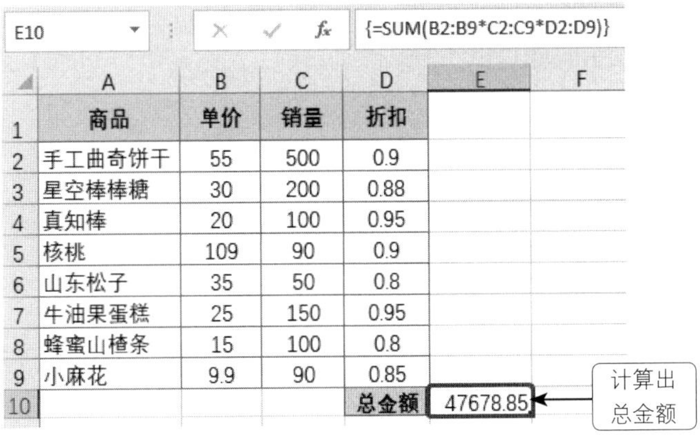

图1-93

1.4.4　修改或删除数组公式

如果是单个单元格数组公式，可以如同修改普通公式一样直接在单元格中修改，修改完成后再按【Ctrl+Shift+Enter】组合键结束即可。删除数组公式需要一次性选中数组公式所在的所有单元格区域，然后按【Delete】键将其删除。

实战实例：修改或删除数组公式

如果是多单元格数组公式，在修改或删除数组公式时经常出现警示框，提示无法更改部分数组。这是因为该单元格中的公式为数组公式，并且是多单元格数组公式，即该数组公式为位于多个单元格中的数组公式。

01 打开下载文件中的"素材\第1章\1.4\修改或删除数组公式.xlsx"文件，如图1-94所示。

02 选中设置数组公式的E2:E9，直接在公式编辑栏中修改公式即可，如图1-95所示。

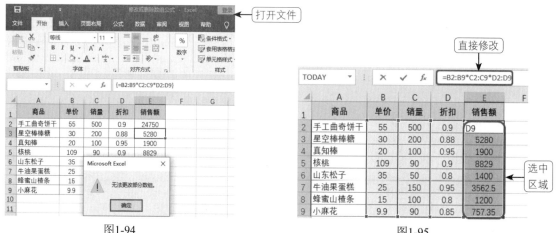

图1-94　　　　　　　　　　　　　　　　　　　　图1-95

03 修改完成后，按【Ctrl+Shift+Enter】组合键即可。

04 如果要删除数组公式，选中E2:E9单元格区域后，直接按【Delete】键即可。

1.5
公式的保护与设置

表格中设置了公式之后，需要对公式设置保护以防止他人随意对公式进行修改或删除。也可以直接将公式所在的单元格隐藏，防止被随意编辑。

实战实例1：设置公式保护

要想保护工作表中的公式，首先选中设置了公式的单元格，再设置工作表保护，就可以实现禁止他人对设置了公式的单元格执行任意操作，保留对非公式区域的操作权限。这样可以避免公式被破坏，同时又能保证其他区域的数据可以及时更新。

01 打开下载文件中的"素材\第1章\1.5\设置公式保护.xlsx"文件，如图1-96所示。

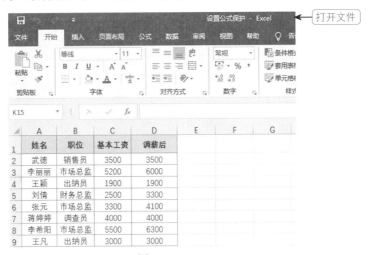

图1-96

02 选中整个表格的数据区域，在"开始"选项卡的"数字"组中单击 按钮，如图1-97所示，打开"设置单元格格式"对话框。

03 切换至"保护"选项卡，取消勾选"锁定"复选框，单击"确定"按钮，如图1-98所示，返回工作表中。

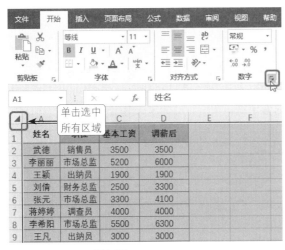

图1-97

图1-98

04 按【F5】键，弹出"定位"对话框，单击"定位条件"按钮，如图1-99所示。

05 弹出"定位条件"对话框，选中"公式"单选按钮，并勾选其下复选框，单击"确定"按钮，如图1-100所示，即可选中工作表中包含公式的所有单元格区域。

图1-99

图1-100

06 打开"设置单元格格式"对话框，切换至"保护"选项卡，勾选"锁定"复选框，单击"确定"按钮，如图1-101所示，返回工作表中。

07 在"审阅"选项卡的"保护"组中单击"保护工作表"按钮，如图1-102所示。

图1-101

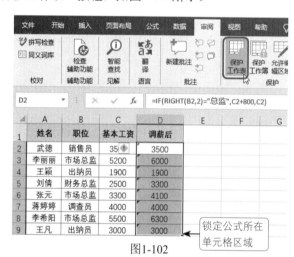

图1-102

08 打开"保护工作表"对话框，输入密码后单击"确定"按钮，如图1-103所示。

09 弹出"确认密码"对话框，再次输入密码后单击"确定"按钮，如图1-104所示，返回工作表中，尝试编辑D3单元格，会出现如图1-105所示的警示框。

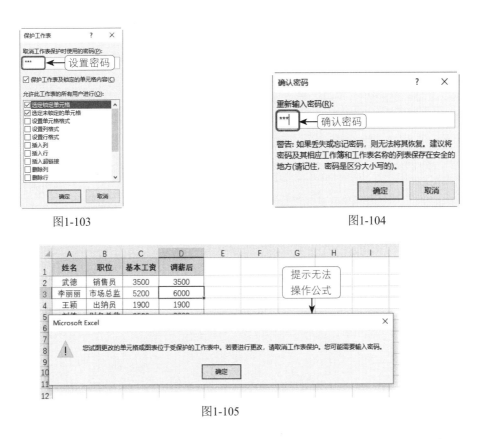

图1-103　　　　　　　　　　　　　图1-104

图1-105

实战实例2：设置公式隐藏

如果在表格中设置了公式之后，不希望他人看到公式设置的具体内容，可以让所有设置了公式的单元格只显示结果，而不显示具体的公式。

01 打开下载文件中的"素材\第1章\1.5\设置公式隐藏.xlsx"文件，如图1-106所示。

图1-106

02 按上一节中的操作步骤执行到前5步。

03 再次打开"设置单元格格式"对话框，切换至"保护"选项卡，勾选"隐藏"复选框，单击"确定"按钮，如图1-107所示，返回工作表中。

04 按上一节中的操作（从第7步开始）执行保护工作表的操作。返回工作表中，选中使用了公式的D5单元格，可以看到公式编辑栏中显示为空，如图1-108所示。

图1-107

图1-108

02

第 2 章
数据源的引用方式

本章概述 〉〉〉〉〉〉〉〉〉〉〉〉〉〉〉〉〉〉〉

※ 数据源引用方式有相对、绝对和混合引用。

※ 可以在单张工作表中实现数据引用，也可以跨工作表引用数据。

※ 使用定义名称可以极大地简化公式。

※ 将公式定义为名称。

※ 在工作簿中创建动态名称。

学习要点 〉〉〉〉〉〉〉〉〉〉〉〉〉〉〉〉〉〉〉〉〉

※ 掌握名称定义的方法。

※ 掌握公式中定义名称的方法。

※ 掌握各种不同引用方式的区别。

学习功能 〉〉〉〉〉〉〉〉〉〉〉〉〉〉〉〉〉〉〉

※ 定义名称。

※ 创建表。

※ 名称管理器。

2.1
不同的单元格引用方式

在使用公式对工作表进行计算时，除了使用常量、运算符外，更多的是需要引用单元格数据参与计算，在引用单元格时可以进行相对引用、绝对引用或混合引用，不同的引用方式可以达到不同的计算结果，有时为了进行一些特定的计算还需要引用其他工作表或工作簿中的数据。

2.1.1　相对引用

相对数据源引用是指把单元格中的公式复制到新的位置时，公式中的单元格地址会随着改变。对多行或多列进行数据统计时，利用相对数据源引用是十分方便和快捷的，Excel 中默认的计算方法也是使用相对数据源引用。

实战实例：相对引用

在本例的工作表中统计了各种产品的出厂价格和销售价格，要求利用公式计算出每种产品的利润率，即利润率=（销售价格-出厂价格）/出厂价格，具体操作如下：

01 打开下载文件中的"素材\第2章\2.1\相对引用.xlsx"文件，如图2-1所示。

图2-1

02 将光标定位在D2单元格中，输入公式：=(C2-B2)/B2，如图2-2所示。

03 按【Enter】键，即可计算出第一种产品的利润率，如图2-3所示。

	A	B	C	D
	IF ▼ : × ✓ fx =(C2-B2)/B2			
1	产品名称	出厂价	销售价	利润率
2	冬季磨毛四件套	399	599	B2
3	亚麻床盖	699	1099	
4	鹅绒被	1500	3398	
5	针织棉床笠	400	599	
6	奢华贡缎六件套	800	1299	

← 输入公式

图2-2

	A	B	C	D
1	产品名称	出厂价	销售价	利润率
2	冬季磨毛四件套	399	599	0.50125
3	亚麻床盖	699	1099	
4	鹅绒被	1500	3398	
5	针织棉床笠	400	599	
6	奢华贡缎六件套	800	1299	

计算出第一种产品的利润率

图2-3

04 利用公式填充功能，即可分别计算出其他产品的利润率（得到的是不同位数的小数）。保持选中状态，在"开始"选项卡的"数字"组中单击"数字格式"下拉按钮，在打开的下拉列表中单击"数字"命令，如图2-4所示。

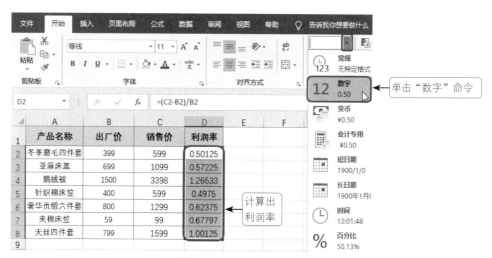

图2-4

05 选择保留两位小数，可以看到利润率全部保留了两位小数，如图2-5所示。

	A	B	C	D
1	产品名称	出厂价	销售价	利润率
2	冬季磨毛四件套	399	599	0.50
3	亚麻床盖	699	1099	0.57
4	鹅绒被	1500	3398	1.27
5	针织棉床笠	400	599	0.50
6	奢华贡缎六件套	800	1299	0.62
7	夹棉床笠	59	99	0.68
8	天丝四件套	799	1599	1.00

← 都保留两位小数

图2-5

06 选中D4单元格，在编辑栏中可以看到公式：=(C4-B4)/B4，如图2-6所示。选中D7单元格，在编辑栏中看到公式更改为：=(C7-B7)/B7，如图2-7所示。

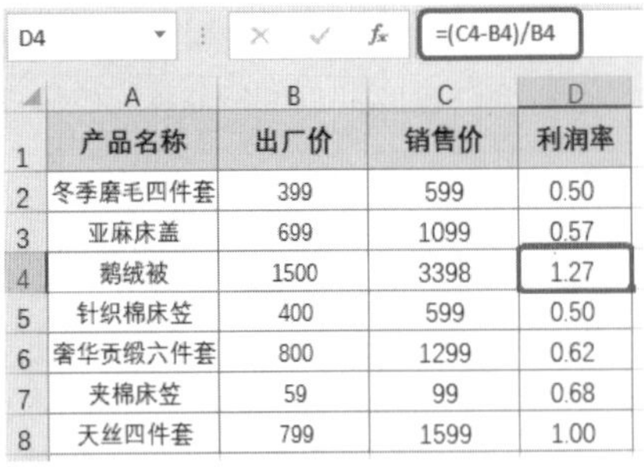

图2-6

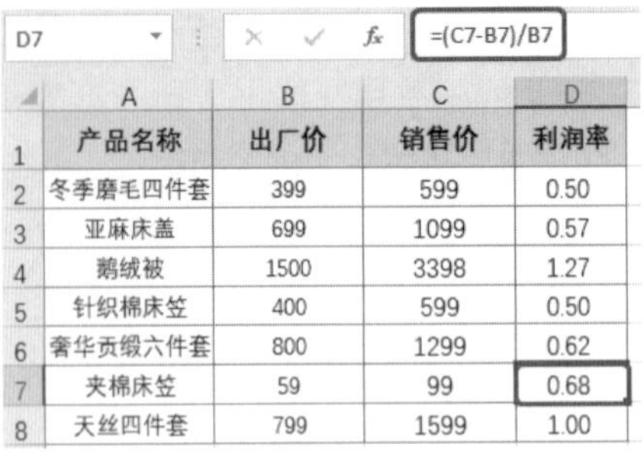

图2-7

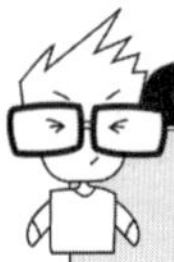

小提示

通过对比D2、D4、D7单元格中的公式可以看到，当向下复制D2单元格的公式时，相对引用的数据源也发生了相应变化，而这也正是我们在计算其他商品利润率时需要使用的正确公式。因此我们在公式中使用相对数据源引用，让数据源自动发生相对的变化，从而完成批量计算。

2.1.2 绝对引用

绝对数据源引用是指把公式复制或者填入到新位置时，公式中对单元格的引用保持不变。要对数据源采用绝对引用方式，需要使用"$"符号来标注，其显示形式为$A$1、$A$2:$B$2等。通常情况下，表格中的公式都是将相对引用和绝对引用一起运用并得到计算结果。如果全部使用绝对引用方式，那么公式在向下或者向右复制时，就不会自动引用其他单元格中的数据，因此会导致计算结果全部相同。

实战实例：绝对引用

本例表格中统计了各种产品的销售额，需要统计出各产品的销售额占所有产品总销售额的比值。

01 打开下载文件中的"素材\第2章\2.1\绝对引用.xlsx"文件，如图2-8所示。

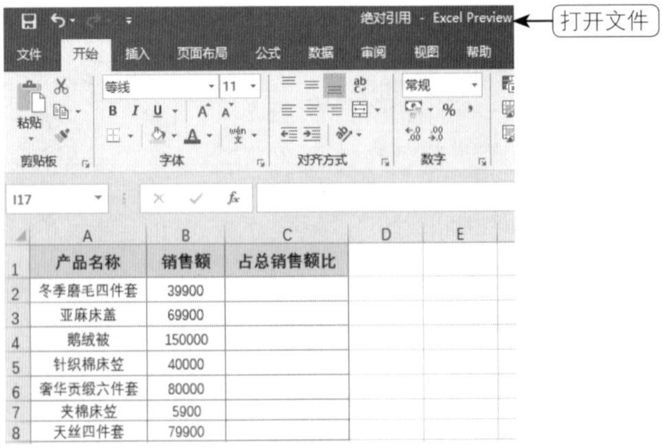

图2-8

02 将光标定位在C2单元格中，输入公式：=B2/SUM($B$2:$B$8)，如图2-9所示。

03 按【Enter】键，即可计算出第一种产品的销售额占总销售额的比值（得到的是一个多位数的小数值），如图2-10所示。

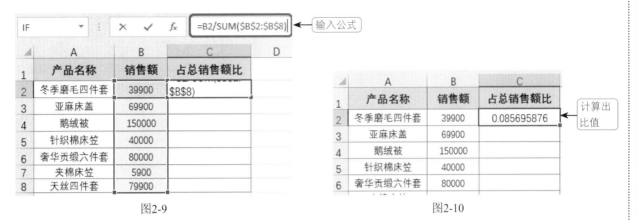

图2-9

图2-10

04 利用公式填充功能，即可分别计算出其他产品所占的比值（得到的是不同位数的小数值）。保持选中状态，在"开始"选项卡的"数字"组中单击"百分比"命令，如图2-11所示。

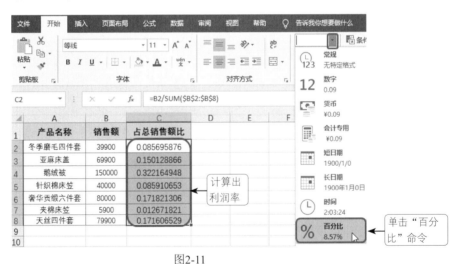

图2-11

05 此时可以看到占总销售额的比值全部保留为两位小数的百分比格式，如图2-12所示。

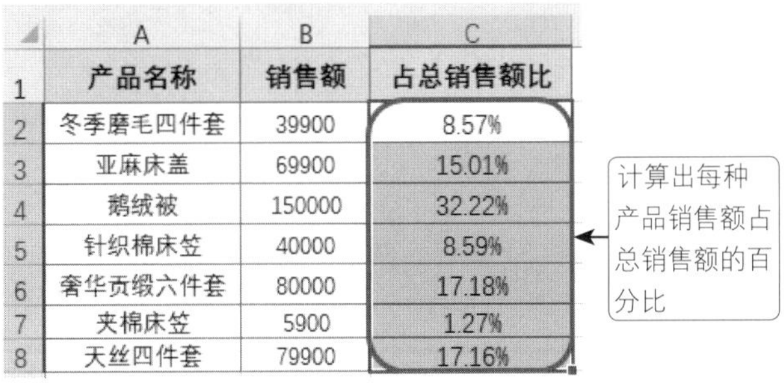

	A	B	C
1	产品名称	销售额	占总销售额比
2	冬季磨毛四件套	39900	8.57%
3	亚麻床盖	69900	15.01%
4	鹅绒被	150000	32.22%
5	针织棉床笠	40000	8.59%
6	奢华贡缎六件套	80000	17.18%
7	夹棉床笠	5900	1.27%
8	天丝四件套	79900	17.16%

计算出每种产品销售额占总销售额的百分比

图2-12

06 选中C4单元格，在编辑栏中可以看到公式更改为：=B4/SUM($B$2:$B$8)，如图2-13所示。

07 选中C8单元格，在编辑栏中可以看到公式更改为：=B8/SUM($B$2:$B$8)，如图2-14所示。

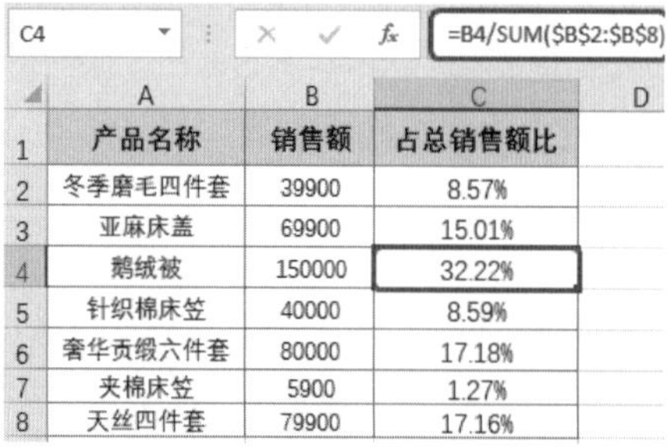

图2-13

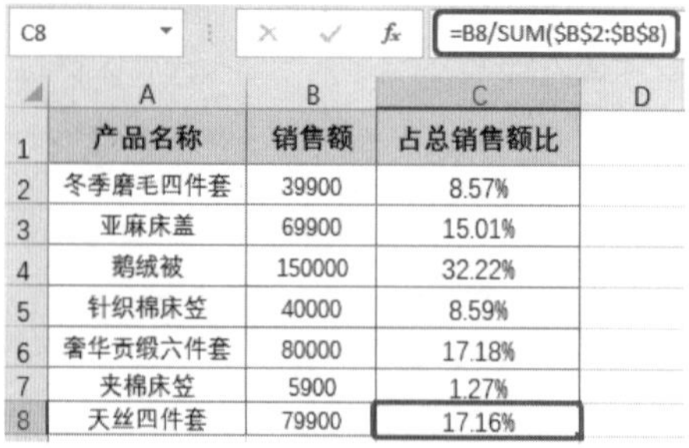

图2-14

小提示

通过对比C2、C4、C8单元格中的公式可以看到，当向下复制C2单元格的公式时，相对引用的数据源也发生了相应变化（即每种产品的销售额比值），而作为除法运算中的被除数，也就是所有产品的总销售额使用SUM函数统计$B$2:$B$8区域数据的和，这里使用了绝对数据源引用方式，但随着公式向下复制单元格引用始终不变，依然是$B$2:$B$8区域。

2.1.3 混合引用

混合引用单元格的书写方式为"$A1""A$1"，也就是在引用单元格的行和列时，一个是相对的，一个是绝对的。混合引用有两种：一种是行绝对，列相对，如A$1；另一种是行相对，列绝对，如$A1。

实战实例：混合引用

本例表格统计了不同等级城市的销售额和提成率，需要根据不同的销售额和提成率计算出所对应的提成金额。

01 打开下载文件中的"素材\第2章\2.1\混合引用.xlsx"文件，如图2-15所示。

图2-15

02 将光标定位在B5单元格中，输入公式：=$A5*B$4（即$A5表示列为绝对引用，行为相对引用；

B\$4表示列为相对引用，行为绝对引用），如图2-16所示。

03 按【Enter】键，即可计算出销售额为6000元在一线城市的提成金额，如图2-17所示。

| | 图2-16 | | | | 图2-17 | |

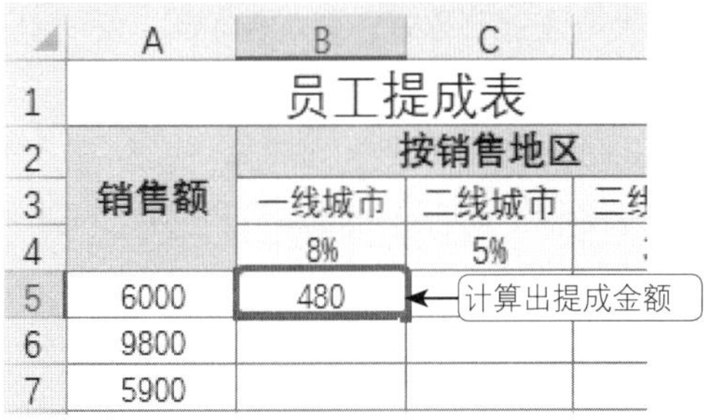

04 利用公式填充功能向右填充，即可分别计算出销售额6000元在三个不同等级城市的提成金额，如图2-18所示。

05 保持选中状态，将鼠标指针放在D5单元格右下角，向下复制公式至D7单元格，即可分别计算出不同销售额在不同等级城市应得的提成金额，如图2-19所示。

图2-18

图2-19

06 选中D6单元格，在编辑栏中可以看到公式更改为：=\$A6*D\$4，如图2-20所示。选中C7单元格，在编辑栏中可以看到公式更改为：=\$A7*C\$4，如图2-21所示。

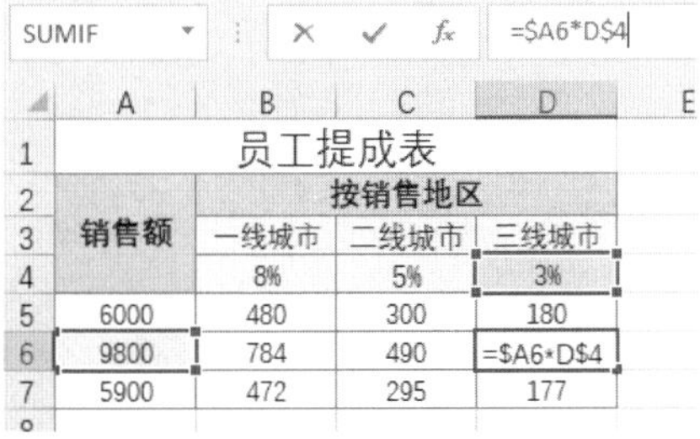

图2-20

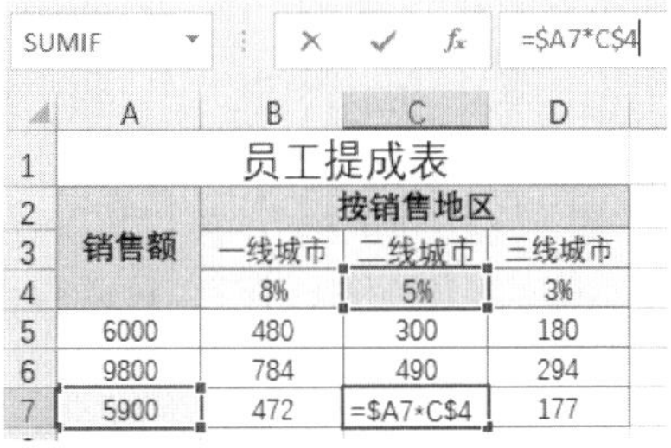

图2-21

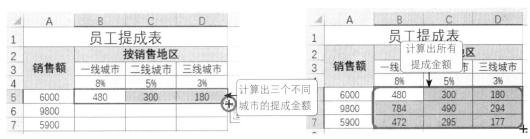

小提示

通过对比B5、D6、C7单元格中的公式可以看到，当向下复制B5单元格中的公式时，对行的数据引用在不断发生变化，分别为\$A6、\$A7；而列的数据始终保持不变，始终引用的是B\$4中的提成率8%。当向右复制B5单元格中的公式时，对列的数据引用在不断发生变化，分别为C\$4、D\$4，而行的数据始终保持不变，引用的是\$A5中的销售额6000元。因此当对单元格数据使用混合引用方式时，一般是在建立一个公式后既要向右复制又要向下复制时使用。

2.1.4 引用当前工作表之外的单元格

在使用公式计算时，很多时候都需要使用其他工作表的数据源参与计算。在引用其他工作表的数据进行计算时，其引用格式为："'工作表名'! 数据源地址"（即在单元格的地址前要指定工作表名称）。

实战实例：引用当前工作表之外的单元格

本例工作簿中有三张工作表，分别是按照班级统计了几名学生的语文、数学和英语成绩，下面需要创建一个新的工作表，用来统计各班各科的平均分数，因此在计算时需要引用这三张工作表中的数据。

01 打开下载文件中的"素材\第2章\2.1\引用当前工作表之外的单元格.xlsx"文件，如图2-22、图2-23、图2-24所示。

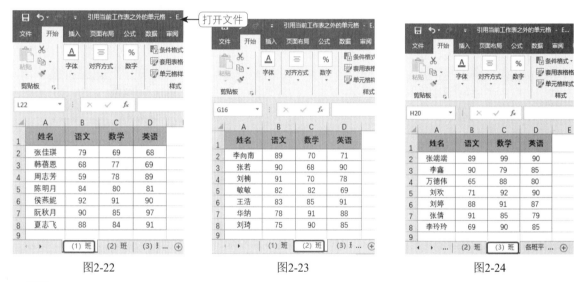

图2-22   图2-23   图2-24

02 切换至"各班平均分"工作表，将光标定位在B2单元格中，输入公式中的函数：=AVERAGE(，如图2-25所示。

03 单击"（1）班"工作表标签，切换至"（1）班"工作表，选中参与计算的单元格，得到公式：=AVERAGE('（1）班'!B2:B8（可以看到引用单元格区域的前面添加了工作表名称标识），如图2-26所示。

图2-25   图2-26

04 在公式最后输入右括号并按【Enter】键，即可计算出（1）班语文的平均分，如图2-27所示。

05 如果还需引用工作表中的其他数据来计算，则按第2步方法再次切换到目标工作表中并选中要参与计算的单元格区域，完成后按【Enter】键，即可计算出（1）班的数学平均分和英语平均分。

06 按照相同的方法，在B3单元格中引用"（2）班"工作表中的"语文"列的数据，即可计算出（2）班语文的平均分，最后在B4单元格中引用"（3）班"工作表中的"语文"列的数据，即可计算出（3）班语文的平均分，最终结果如图2-28所示。

图2-27

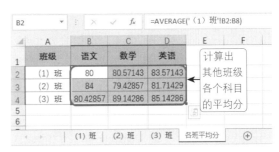

图2-28

2.1.5 引用多个工作表中的同一单元格

引用多个工作表中的同一单元格是指在两个或者两个以上的工作表中引用相同地址的数据源进行计算。多个工作表中特定数据源的引用格式为："'工作表名1：工作表名2：工作表名3⋯⋯'! 数据源地址"。

实战实例：引用多个工作表中的同一单元格

在本例的工作簿中包含了多个工作表，分别统计了"洁面类"和"沐浴类"这两个品牌产品的销售额。现在需要新建一个销售统计表，对这两个品牌产品中各个不同类别的销售额进行汇总。因为每个表格的结构是完全相同的，在进行汇总统计时可以引用多个工作表中的同一个单元格进行计算。

01 打开下载文件中的"素材\第2章\2.1\引用多个工作表中的同一单元格.xlsx"文件，如图2-29、图2-30所示。

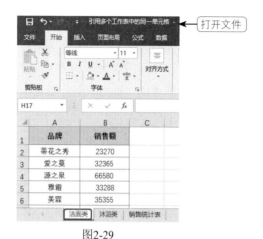

图2-29

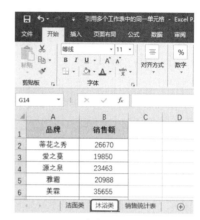

图2-30

02 切换至"销售统计表"工作表，将光标定位在B2单元格中，输入公式中的函数： =SUM(，如图2-31所示。

03 单击"洁面类"工作表标签，按住【Shift】键不放，再单击"沐浴类"工作表标签（此时选中的工作表组成一个工作组，如果这两个工作表中间还有其他工作表也会一起被选中），然后单击B2单元格，此时公式为：=SUM('洁面类: 沐浴类'!B2，如图2-32所示。

图2-31

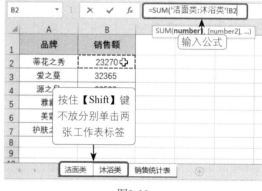

图2-32

04 然后输入公式后面的右括号，按【Enter】键即可进行数据计算，并自动返回到"销售统计表"工作表中的B2单元格，如图2-33所示。

05 利用公式填充功能，即可计算出所有品牌的总销售额，如图2-34所示。

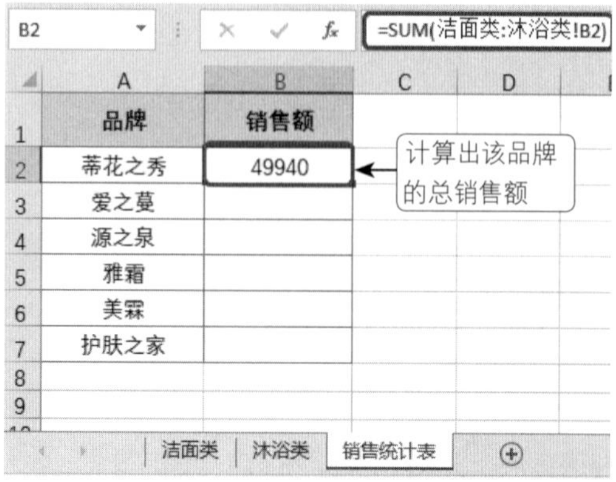

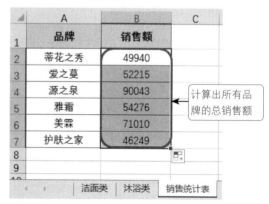

图2-33

图2-34

2.1.6 引用其他工作簿中的单元格

在公式中还可以引用其他工作簿的数据源来进行数据计算。要引用其他工作簿中的单元格，首先必须确保两个工作簿都是打开状态。其引用的格式为："=[工作簿名]工作表名!单元格"。

实战实例：引用其他工作簿中的单元格

本例中有两张工作簿，分别是"学生成绩统计表"（包括多个科目）和"成绩分析表"，下面需要在"成绩分析表"中引用"学生成绩统计表"中的数据，并分别统计出各个科目的平均分与最高分。

01 打开下载文件中的"素材\第2章\2.1\引用其他工作簿的单元格\学生成绩统计表.xlsx"文件和"素材\第2章\2.1\引用其他工作簿的单元格\成绩分析表.xlsx"文件，如图2-35、图2-36所示。

图2-35

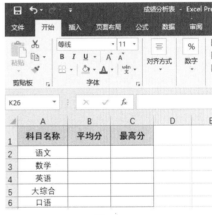

图2-36

02 在"成绩分析表"工作簿的"Sheet1"工作表中，将光标定位在B2单元格中，输入公式中的函数：=AVERAGE(，如图2-37所示。

03 切换至"学生成绩统计表"工作簿，并选中B2:B10单元格区域，在编辑栏中可以看到公式为：=AVERAGE([学生成绩统计表.xlsx]Sheet1!$B$2:$B$10，如图2-38所示（此时可以看到单元格地址前添加了工作簿名称与工作表名称）。

图2-37

图2-38

43

04 切换至"成绩分析表"工作簿中，在公式末尾添加一个右括号，再按【Enter】键，即可计算出语文的平均分，如图2-39所示。

图2-39

05 在"成绩分析表"工作簿的"Sheet1"工作表中，将光标定位在C2单元格中，输入公式中的函数：=MAX(，如图2-40所示。

06 切换至"学生成绩统计表"工作簿，并选中B2:B10单元格区域，在编辑栏中可以看到公式为：=MAX([学生成绩统计表.xlsx]Sheet1!$B$2:$B$10，如图2-41所示。

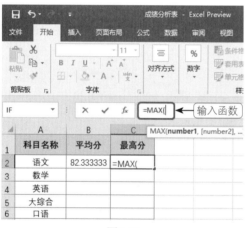

图2-40

图2-41

07 切换至"成绩分析表"工作簿中，在公式末尾添加一个右括号，再按【Enter】键，即可计算出语文的最高分，如图2-42所示。

08 若要向下复制公式，需要把默认的绝对引用方式更改为相对引用方式，然后向下复制公式，即可计算出各科的最高分和平均分，如图2-43所示。

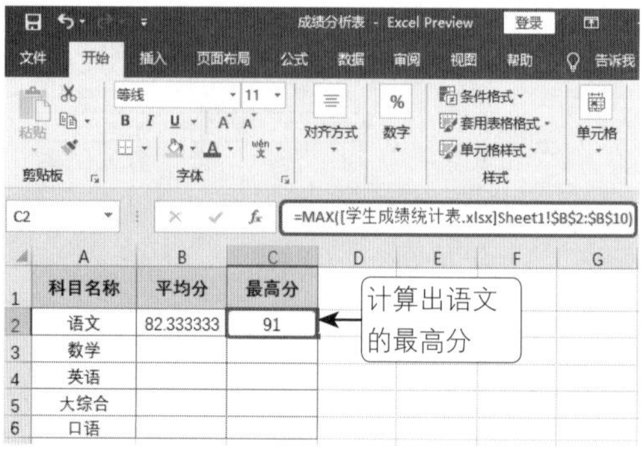

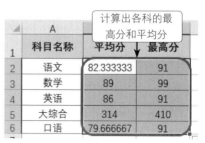

图2-42

图2-43

2.2
了解名称定义功能

为数据区域定义名称的最大好处是可以使用名称代替单元格区域以简化公式。另外，在大型数据库中，通过定义名称还可以方便对数据的快速定位。因为对数据区域定义名称后，只要使用这个名称就表示引用了这个单元格区域。本节将介绍如何进行名称定义以及名称定义的应用和管理。

2.2.1 定义名称的作用

在Excel中为一些数据区域定义名称，可以起到简化公式的作用。当你想引用某一块数据区域进行计算时，只要使用这个名称来替换即可。除此之外，还可以实现数据快速填充以及快速在多个工作表之间自由切换。下面来具体介绍使用定义名称可以为数据处理带来哪些方便。

实战实例1：定义名称简化公式

本例中将所有销售额数据定义名称为"销售额"，在设置公式时可以直接将引用的单元格区域设置为"销售额"即可。

01 打开下载文件中的"素材\第2章\2.2\定义名称的作用.xlsx"文件，如图2-44所示。

地区	1季度	2季度	3季度	4季度	总销售额
广东	16870	15547	23253	26676	82346
安徽	12959	10493	24511	30532	78495
上海	20372	22199	19650	29654	91875
北京	18843	19654	18778	31560	88835
云南	14365	16330	17463	27523	75681
四川	14266	16576	17654	24750	73246
湖南	15856	14550	15677	24542	70625
贵州	16568	15683	19650	27649	79550
山东	15475	19675	17867	24317	77334
				合计	717987

图2-44

02 在公式中可以直接使用名称代替这个单元格区域。如公式"=SUM(销售额)"中的"销售额"就是一个定义好的名称，如图2-45所示。

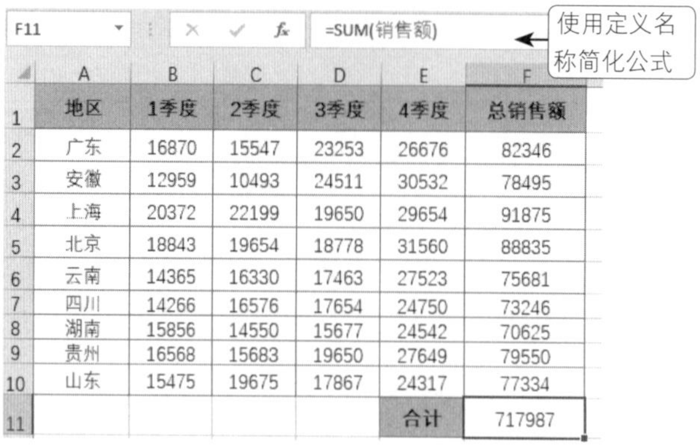

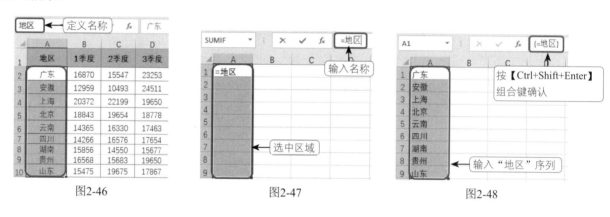

图2-45

实战实例2：快速输入序列

定义完名称后可以在编辑中实现快速输入序列。例如，将图2-46所示工作表中的"地区"列定义名称为"地区"，在公式编辑栏中输入名称"=地区"（见图2-47），可以快速输入"地区"这个序列，如图2-48所示。

图2-46　　　　　图2-47　　　　　图2-48

实战实例3：快速跳转至指定工作表

如果一个工作簿中包含多个工作表，并且希望能够在任意一个工作表中快速切换到指定工作表，可以使用"名称定义"功能快速跳转到指定的工作表。

比如，在2018年销售报表中，想快速在"第一季度""第二季度""第三季度"和"第四季度"四个表格中切换，首先在"第二季度"工作表中选中C1单元格（可以是任意单元格），在名称框中定义为"第二季度"，如图2-49所示，按照相同的方法依次将"第三季度"工作表中的C1单元格定义名称为"第三季度"；将"第四季度"工作表中的C1单元格定义名称为"第四季度"，如图2-50、图2-51所示。

图2-49

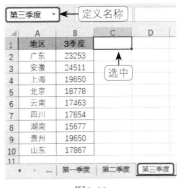
图2-50

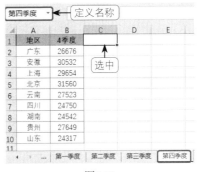
图2-51

在任意一张工作表中单击左上角的名称框下拉按钮，可以在下拉列表中看到定义的所有名称，单击列表中的"第二季度"，如图2-52所示，即可快速跳转至"第二季度"工作表，以此类推。

图2-52

2.2.2 定义名称的方法

为了简化公式中对单元格区域的引用，可以将需要引用的单元格区域定义为名称。通过"定义名称"功能和"名称框"中直接定义功能都可以实现指定区域数据的名称定义。

首先了解一下定义名称的规则：

- 名称第一个字符必须是字母、汉字、下画线或反斜杠（\），其他字符可以是字母、汉字、半角句号或下画线等。
- 名称不能与单元格名称相同（如A1，B2等）。
- 定义名称时，不能用空格符来分隔名称，可以使用"."或下画线，如A.B或A_B。
- 名称不能超过255个字符，字母不区分大小写。
- 同一个工作簿中不能定义相同的名称。
- 不能把单独的字母"r"或"c"作为名称，因为这会被认为是行（row）或列（column）的简写。

实战实例1：使用"定义名称"功能

定义名称功能既可以定义一个名称，也可以定义多个名称。

01 打开下载文件中的"素材\第2章\2.2\定义名称的方法.xlsx"文件，如图2-53所示。

图2-53

02 选中要定义名称的单元格区域（即B2:B10）。在"公式"选项卡的"定义的名称"组中单击"定义名称"按钮，如图2-54所示，打开"新建名称"对话框。

03 在"新建名称"对话框的"名称"文本框中输入要定义的名称，例如"一季度"，如图2-55所示。单击"确定"按钮，即可完成名称的定义。

图2-54

图2-55

04 按照相同的方法为其他单元格区域定义名称。

05 一次性定义多个名称，选中B1:E10单元格区域，在"公式"选项卡的"定义的名称"组中单击"根据所选内容创建"按钮，如图2-56所示。

图2-56

06 打开"根据所选内容创建名称"对话框,在该对话框中勾选"首行"复选框并单击"确定"按钮,如图2-57所示。

07 在"公式"选项卡的"定义的名称"组中单击"名称管理器"按钮,如图2-58所示。

图2-57   图2-58

08 打开"名称管理器"对话框,可以看到根据自动选取单元格区域的首行列标识进行了名称定义,如图2-59所示。

图2-59

实战实例2：在名称框中直接定义名称

除了使用"定义名称"功能来定义名称之外，还可以选中要命名的单元格区域，直接在名称框中输入名称来创建。

01 打开下载文件中的"素材\第2章\2.2\定义名称的方法.xlsx"文件，如图2-60所示。

图2-60

02 选中要定义名称的单元格区域，在名称框中输入需要定义的名称，按【Enter】键即可定义名称，如图2-61所示。

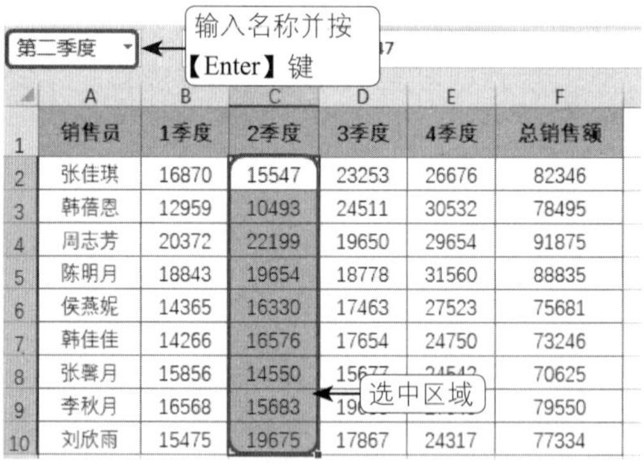

图2-61

2.2.3 公式中应用名称

在公式中应用定义的名称，即代表定义为该名称的单元格区域将参与计算，这样输入公式既方便又简洁。下面介绍将名称应用于公式计算的操作步骤。

实战实例：公式中应用名称

本例的工作表中统计了各班级学生的分数，需要计算出各班级的最高分。下面以计算1班最高分为例，介绍如何在公式中应用名称，需要使用MAX函数统计一组数据中的最大值。

01 打开下载文件中的"素材\第2章\2.2\公式中应用名称.xlsx"文件，如图2-62所示。

图2-62

02 选中B2:B9单元格区域，然后在名称框中输入"班级"名称，按【Enter】键，即可完成名称定义，如图2-63所示。

03 继续选中D2:D9单元格区域，然后在名称框中输入"分数"名称，按【Enter】键，即可完成名称定义，如图2-64所示。

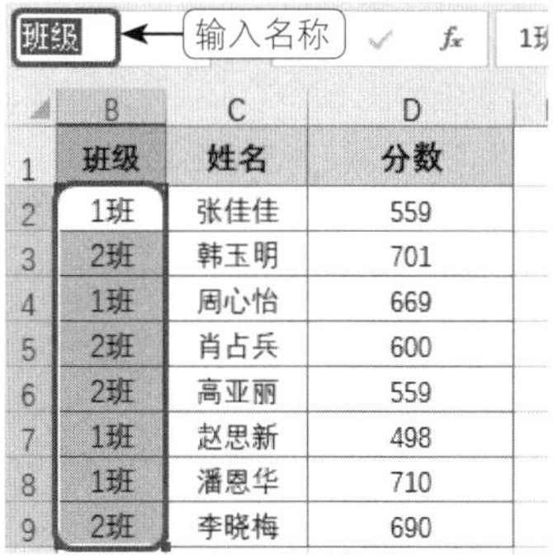

图2-63   图2-64

04 将光标定位在单元格G2中，输入公式：=MAX(IF(，然后在"公式"选项卡的"定义的名称"组中单击"用于公式"下拉按钮，在下拉列表中单击"班级"命令，如图2-65所示，即可将定义的名称作为公式参数进行输入。

05 继续输入公式其余部分，即"=F2,"，如图2-66所示。

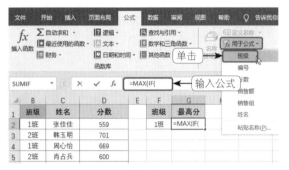 

图2-65 图2-66

06 在"公式"选项卡的"定义的名称"组中单击"用于公式"下拉按钮，在下拉列表中单击"分数"命令，如图2-67所示，即可将定义的名称作为公式参数进行输入。

07 继续输入公式其余部分"))}"，如图2-68所示。按【Enter】键，即可计算出1班的最高分，如图2-69所示。

图2-67 图2-68

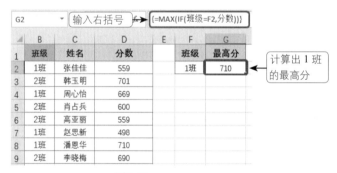

图2-69

2.2.4 定义公式为名称

公式是可以定义为名称的，其目的是可以简化原来比较复杂的公式。下面通过范例进行讲解。

实战实例：定义公式为名称

本例中需要根据不同的销售额计算提成金额。公司规定：不同的销售额对应的提成比例各不相同。

要求当总销售金额小于等于25000时，提成额为5%；当总销售金额在25000~40000时，提成额为10%；当总销售金额大于40000时，提成额为15%。

01 打开下载文件中的"素材\第2章\2.2\定义公式为名称.xlsx"文件，如图2-70所示。

图2-70

02 在"公式"选项卡的"定义的名称"组中单击"定义名称"按钮，如图2-71所示。

图2-71

03 打开"新建名称"对话框，在名称文本框中输入"提成率"，并设置"引用位置"的公式为：=IF(销售统计表!B2<=25000,0.05,IF(销售统计表!B2<=40000,0.1,0.15))，如图2-72所示。单击"确定"按钮即可完成"提成率"的名称定义。

图2-72

04 选中E2单元格并在编辑栏中输入"=B2*"（见图2-73），接着在"公式"选项卡的"定义的名称"组中单击"用于公式"下拉按钮，在打开的下拉列表中单击"提成率"命令，如图2-74所示。

图2-73

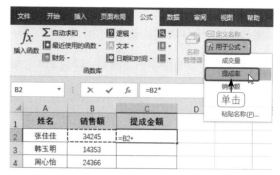

图2-74

05 此时可以看到公式为：=B2*提成率，如图2-75所示。

06 按【Enter】键，即可计算出第一位员工"张佳佳"的提成金额，如图2-76所示。

图2-75

图2-76

07 利用公式填充功能，即可计算出所有员工的提成金额，如图2-77所示。

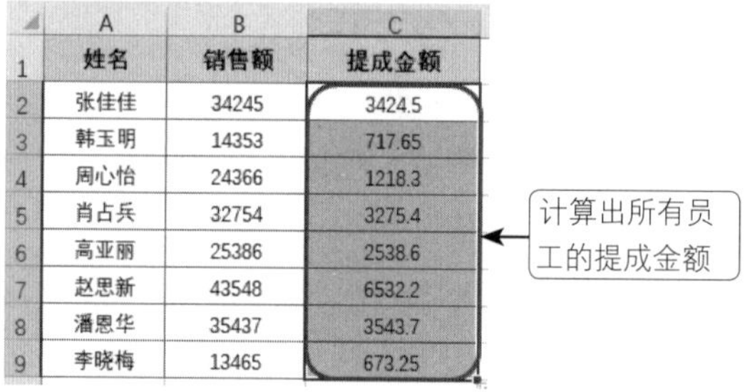

图2-77

2.2.5 创建动态名称

使用Excel的列表功能可以实现当数据区域中的数据增加或减少时，列表区域会自动的增加或减少，因此结合这项功能可以创建动态名称。当数据源增减时，使用这个动态名称，名称的引用区域也自动发生变化。

实战实例：创建动态名称

本例工作表中统计了各个业务员每日的成交量数据，要求统计出指定业务员的总成交量。可以创建动态名称，以方便当数据增加或减少时，列表区域也做出相应的增加或减少，这样当引用名称进行数据计算时就能实现自动更新。

01 打开下载文件中的"素材\第2章\2.2\创建动态名称.xlsx"文件，如图2-78所示。

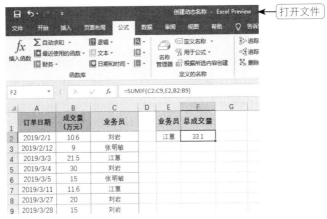

图2-78

02 选中B2:B9单元格区域，在左上角的名称框中定义名称为"成交量"，按【Enter】键，即可完成名称定义，如图2-79所示。

03 选中A1:C9单元格区域，在"插入"选项卡的"表格"组中单击"表格"按钮，如图2-80所示。

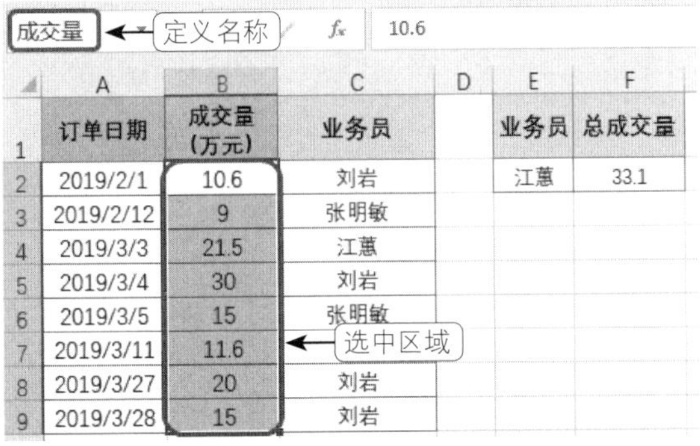

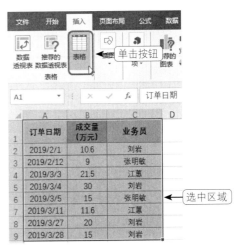

图2-79

图2-80

04 打开"创建表"对话框，勾选"表包含标题"复选框，单击"确定"按钮（见图2-81），即可创建列表区域，如图2-82所示。

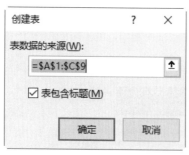

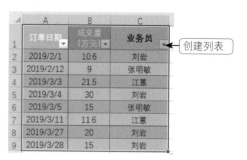

图2-81

图2-82

05 在表格中将光标定位于F2单元格中，选中公式中的"B2:B9"部分，在"公式"选项卡的"定义的名称"组中单击"用于公式"下拉按钮，在打开的下拉列表中单击"成交量"（见图2-83），即可修改公式参数为定义的动态名称。

06 添加A10:C12单元格区域新数据，可以看到F2单元格中的总成交量数据发生了更新，计算出业务员"江蕙"的最新成交总量，如图2-84所示。

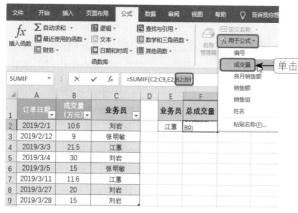

图2-83

图2-84

07 此时打开"编辑名称"对话框，可以看到引用位置也发生了改变，"成交量"的引用位置自动更改为"=订单统计!$B$2:$B$12"，如图2-85所示。

08 当更改E2单元格中的业务员姓名时，可以看到公式会根据表格新添加的区域自动更新总成交量数据，如图2-86所示。

图2-85

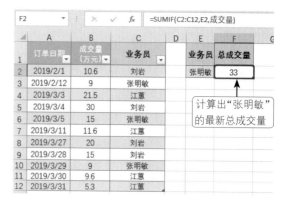

图2-86

2.2.6 管理定义的名称

在创建名称之后，如果想重新修改其名称或引用位置，可以打开"名称管理器"进行编辑。另外，如果有不再使用的名称，也可以将其删除。

实战实例1：重新修改名称的引用位置

本例中已将指定单元格区域定义名称为"销售组"，由于增加了四条新的销售数据，需要将其引用位置由"B2:B6"更改为"B2:B10"单元格区域。

01 打开下载文件中的"素材\第2章\2.2\管理定义的名称.xlsx"文件，如图2-87所示。

图2-87

02 在"公式"选项卡的"定义的名称"组中单击"名称管理器"按钮（见图2-88），打开"名称管理器"对话框。选择需要修改引用位置的名称，并单击"编辑"按钮（见图2-89），打开"编辑名称"对话框。

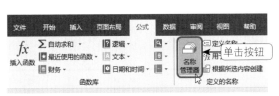

图2-88

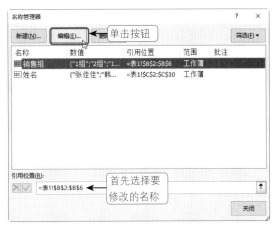

图2-89

03 在该对话框中可以看到设置好的引用位置为"=表1!\$B\$2:\$B\$6"，如图2-90所示。

04 继续在"引用位置"文本框中将其修改为"=表1!\$B\$2:\$B\$10"，如图2-91所示。

图2-90   图2-91

实战实例2：删除不再使用的名称

在本例中需要删除"姓名"名称，具体操作如下。

01 首先打开"名称管理器"对话框，选中要删除的名称"姓名"，单击"删除"按钮（见图2-92），弹出"Microsoft Excel"对话框。

02 单击"确定"按钮（见图2-93），即可将其删除。

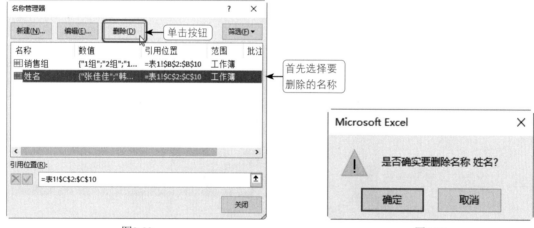

图2-92   图2-93

03

第 3 章
常见错误公式修正及错误值分析

本章概述 〉〉〉〉〉〉〉〉〉〉〉〉〉〉〉〉〉〉〉〉〉〉
※ 公式中出现错误值的原因和解决办法。
※ 如何使用 "公式求值" 对公式进行分析。
※ 使用单元格追踪功能定位参与计算的单元格区域。
※ 常见错误公式的修正方法。

学习要点 〉〉〉〉〉〉〉〉〉〉〉〉〉〉〉〉〉〉〉〉〉
※ 掌握公式检测和审核方法。
※ 掌握 "公式求值" 的应用。
※ 掌握常见错误公式的修正方法。
※ 掌握公式产生错误值的各种原因与解决方法。

学习功能 〉〉〉〉〉〉〉〉〉〉〉〉〉〉〉〉〉〉〉〉〉〉
※ 公式求值。
※ 监视窗口。
※ 解决错误值。
※ 错误检查。
※ 追踪引用、从属单元格。

3.1
公式检测与审核

长公式是由多个简单的个体组成，清楚了组成公式的个体，再来理解公式就比较简单了。要读懂一个公式，首先要从公式的结构入手，了解公式由哪些函数或数据组成，每个函数的参数是什么、有什么作用、返回结果是什么等。学会看懂公式不仅可以帮助使用比较复杂的公式解决问题，还可以找到公式返回错误值的原因。本节重点介绍几种查看公式的方法。

3.1.1 利用"公式求值"按钮解析公式

初学者可以使用"公式求值"按钮逐步学习公式的设置技巧，并学习设置比较复杂的函数公式。

实战实例：利用"公式求值"按钮解析公式

利用"公式求值"功能可以分步求解公式的计算结果，帮助读者更好地理解公式。当公式有错误时，也可以使用该功能快速查找出错误发生在哪一步，方便修改。

01 打开下载文件中的"素材\第3章\3.1\"公式求值"按钮解析公式.xlsx"文件，如图3-1所示。

图3-1

02 选中要设置公式的D2单元格，在"公式"选项卡的"公式审核"组中单击"公式求值"按钮，如图3-2所示。

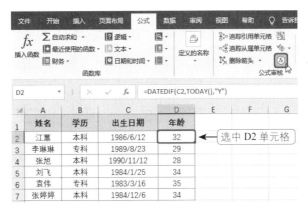

图3-2

[03] 打开"公式求值"对话框，单击"求值"按钮，即可对带有下画线部分的公式进行求值。这里对"C2"进行求值计算（见图3-3），得出的结果是日期序列号"31575"。继续单击"求值"按钮，即可对带下画线部分的"TODAY()"进行求值，如图3-4所示。

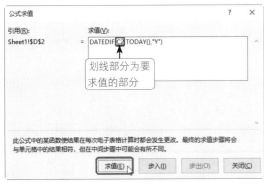

图3-3

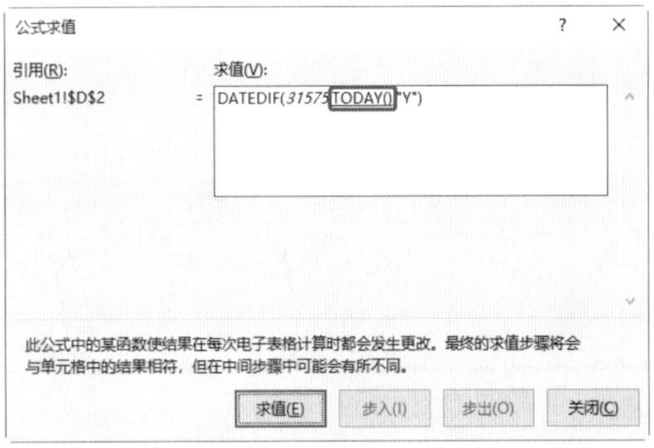

图3-4

[04] 继续单击"求值"按钮，即可对带下画线部分的"DATEDIF(31575,43469, "Y")"进行求值计算（见图3-5），最终的结果是"32"，如图3-6所示。

图3-5

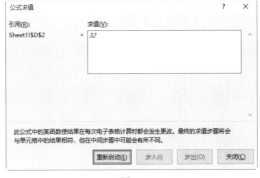

图3-6

3.1.2 使用【F9】键快速查看公式指定部分计算结果

除了"公式求值"按钮之外，还可以使用【F9】键快速查看每一步的计算结果。

实战实例：使用【F9】键快速查看公式指定部分计算结果

如果使用直接在编辑栏中查看公式中每一部分的计算结果，可以在公式中选中一部分（注意选中的应该是可以进行计算的一个完整部分），按键盘上的【F9】功能键即可查看此步的返回值。使用这种方法也可以实现对公式逐步分解，便于我们对复杂公式的理解。

01 打开下载文件中的"素材\第3章\3.1\ F9键快速查看公式指定部分结果.xlsx"文件，如图3-7所示。

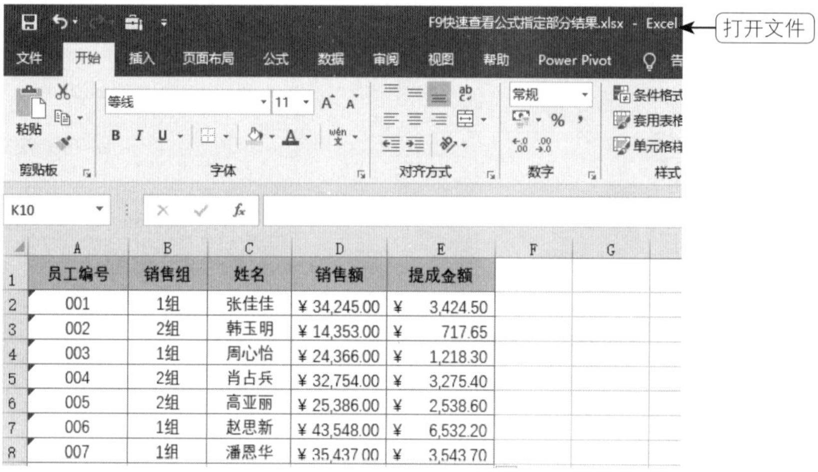

图3-7

02 选中公式所在的E2单元格，将光标定位在编辑栏中，选中需要转换为运算结果的部分"IF(D2<=40000,D2*0.1,D2*0.15)"，如图3-8所示。

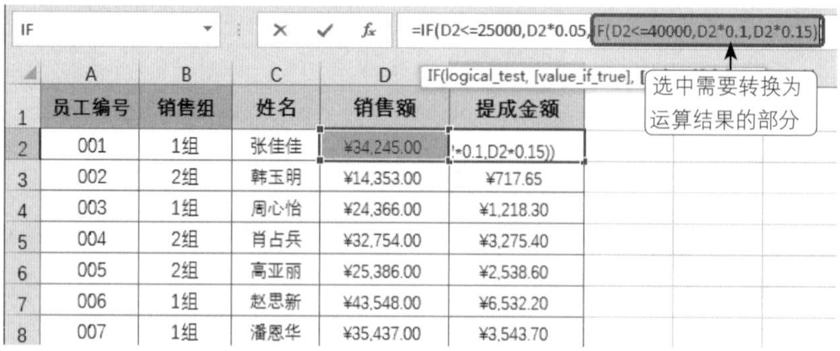

图3-8

03 按【F9】键，即可将该部分转换为运算结果，如图3-9所示。

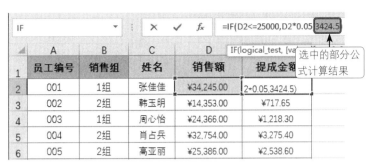

图3-9

3.1.3 查看从属与引用单元格

想要了解公式结果引用了哪些单元格数据，可以通过追踪引用单元格功能来查看。如果想要查看指定单元格是否被引用，可以使用追踪从属单元格功能来查看。

实战实例1：查看从属引用单元格——使用"追踪从属单元格"

本例中想要知道销售量数据被哪一个公式单元格引用，可以使用追踪从属单元格功能。

01 打开下载文件中的"素材\第3章\3.1\查看从属引用单元格\使用'追踪从属单元格'.xlsx"文件，如图3-10所示。

图3-10

02 选中B5单元格，在"公式"选项卡的"公式审核"组中单击"追踪从属单元格"按钮（见图3-11），在工作表中会用蓝色箭头标识出该单元格从属D5单元格，如图3-12所示。

63

图3-11   图3-12

实战实例2：查看从属引用单元格——使用"追踪引用单元格"

本例中想要知道计算各部门的最高支出额数据时引用了哪些单元格数据，可以使用追踪引用单元格功能。

01 打开下载文件中的"素材\第3章\3.1\查看从属引用单元格\使用'追踪引用单元格'.xlsx"文件，如图3-13所示。

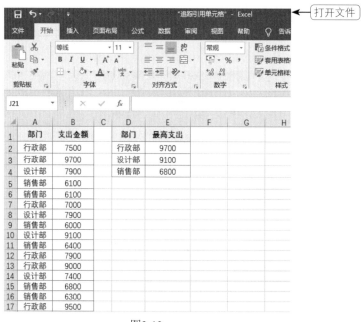

图3-13

02 选中需要追踪引用单元格的E3单元格，在"公式"选项卡的"公式审核"组中单击"追踪引用单元格"按钮（见图3-14），在工作表中会用蓝色箭头标识出该单元格所引用的单元格区域，如图3-15所示。

图3-14

图3-15

3.1.4 使用"错误检查"功能

当使用公式计算出现错误值时，可以使用"错误检查"功能来对错误值进行检查，以寻找错误值产生的原因，具体操作如下。

实战实例：使用"错误检查"功能

本例工作表统计了员工的学历和出生日期等信息，需要使用公式计算出员工的年龄，但是在计算时出现了错误值，需要使用"错误检查"功能找到错误原因。

01 打开下载文件中的"素材\第3章\3.1\'错误检查'功能.xlsx"文件，如图3-16所示。

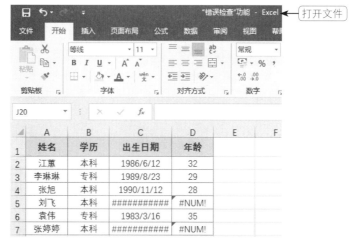

图3-16

02 选中D5单元格，在"公式"选项卡的"公式审核"组中单击"错误检查"按钮（见图3-17），打开"错误检查"对话框。

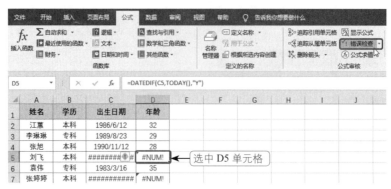

图3-17

03 在"错误检查"对话框中显示了工作表中的公式出现错误的原因（公式中所用的某数字有问题。），单击"下一个"按钮（见图3-18），即可依次检查出其他错误值的原因。

04 如果要了解出现错误值的具体原因和解决办法，可以单击"关于此错误的帮助"按钮，此时会打开相关网页，显示了如何更正错误值的办法，如图3-19所示。

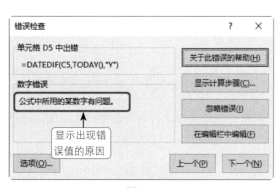

图3-18

图3-19

3.1.5 利用"监视窗口"监视数据

如果要监视表格中的数据是否发生变化，可以使用"监视窗口"功能进行监视查看。

实战实例：利用"监视窗口"监视数据

本例中需要使用"监视窗口"功能监视哪些单元格数据发生了变化。

01 打开下载文件中的"素材\第3章\3.1\'监视窗口'监视数据.xlsx"文件，如图3-20所示。

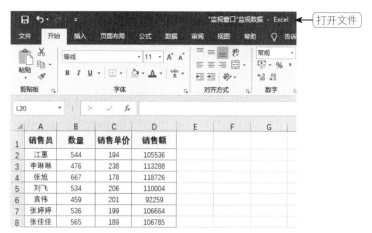

图3-20

02 在"公式"选项卡的"公式审核"组中单击"监视窗口"按钮，如图3-21所示。

图3-21

03 打开"监视窗口"对话框，单击"添加监视"按钮（见图3-22），打开"添加监视点"对话框，单击右侧的拾取器按钮进入数据拾取状态，如图3-23所示。

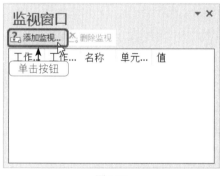

图3-22

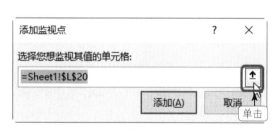

图3-23

04 拾取表格中的B2:B8单元格区域（见图3-24），再次单击拾取器按钮返回"添加监视点"对话框，可以看到添加后的监视区域，如图3-25所示。单击"添加"按钮，即可完成监视区域的添加。

图3-24

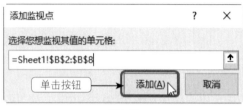

图3-25

05 "监视窗口"对话框中显示了所有要监视的单元格区域（见图3-26）。当改变B4单元格中的数据为800时，可以看到监视窗口中的单元格数据也同时进行了更新，如图3-27所示。

图3-26

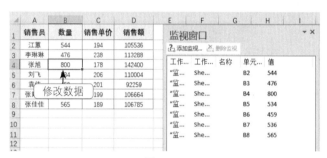

图3-27

3.1.6 利用"显示公式"功能查看公式

如果要查看表格中的公式，需要选中设置了公式的单元格，然后在编辑栏中查看，也可以使用"显示公式"功能快速将表格的所有公式完整地显示在单元格中。

实战实例：利用"显示公式"功能查看公式

"显示公式"功能可以快速显示表格中的所有公式。

01 打开下载文件中的"素材\第3章\3.1\'显示公式'查看公式.xlsx"文件，如图3-28所示。

02 在"公式"选项卡的"公式审核"组中单击"显示公式"按钮（见图3-29），即可看到F2、F3和F4单元格中直接显示出完整的公式，如图3-30所示。

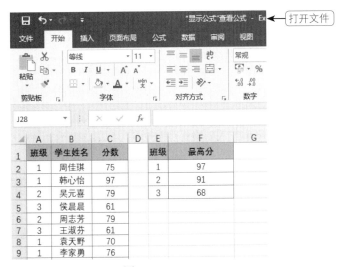

图3-28

图3-29

	A	B	C	D	E	F
1	班级	学生姓名	分数		班级	最高分
2	1	周佳琪	75		1	=LARGE(IF($A$2:$A$20=E2,$C$2:$C$20),1)
3	1	韩心怡	97		2	=LARGE(IF($A$2:$A$20=E3,$C$2:$C$20),1)
4	2	吴元喜	79		3	=LARGE(IF($A$2:$A$20=E4,$C$2:$C$20),1)
5	3	侯晨晨	61			
6	2	周志芳	79			显示出完整公式
7	3	王淑芬	61			
8	1	袁天野	70			
9	1	李家勇	76			
10	2	王志军	79			
11	3	毛青青	60			
12	2	丁诗诗	91			
13	3	刘永康	64			
14	1	卢明明	79			

图3-30

3.2
常见错误公式的修正

　　如果要做到对错误公式进行精确修正绝非一朝一夕之功，因此要掌握一些寻找错误的方法，并且对常见错误的修正要有印象，当公式出现错误时能够快速找出原因。本节主要介绍几种辅助公式修正的方法以及几项常见错误的修正方法。

3.2.1 修正文本数据参与计算的问题

当公式中引用文本类型的数据参与计算时无法返回正确的结果，出现的问题如数据中带有中文单位、数据所在的单元格被设置为文本格式等，这时需要对数据源进行修正。

实战实例1：数据中带有中文单位

本例的工作表中当计算业务员的业绩时，由于参与计算的参数有的带金额单位（这样的数据为文本数据），所以导致返回的结果出现错误值。

01 打开下载文件中的"素材\第3章\3.2\修正文本数据参与计算的问题\数据带有中文单位.xlsx"文件，如图3-31所示。

02 选中B8和C5单元格，将"元"文本删除，删除后按【Enter】键，即可返回正确的计算结果，如图3-32所示。

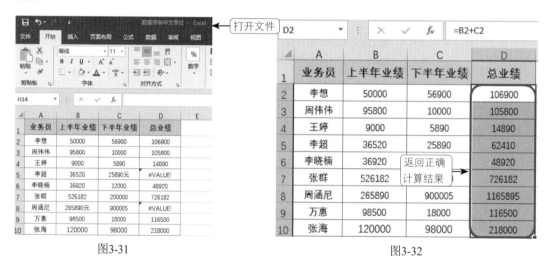

图3-31　　　　　　　　　　　　　　　　　　图3-32

实战实例2：单元格格式是文本格式

本例表格中统计了每个品牌在各分店的销售数据，按品牌分类对所有店铺的销售数据进行求和，但是得到的结果都是0，其原因是参与计算的单元格数值为文本型数值，这种情况下需要将文本数据转换为数值数据即可解决问题。

01 打开下载文件中的"素材\第3章\3.2\修正文本数据参与计算的问题\单元格格式是文本格式.xlsx"文件，如图3-33所示。E列中虽然使用了正确的求和公式，但是结果都为0。

图3-33

[02] 选中B2:D6单元格区域，单击旁边的黄色警示按钮，在下拉列表中单击"转换为数字"命令（见图3-34），即可得到正确的结果，如图3-35所示。

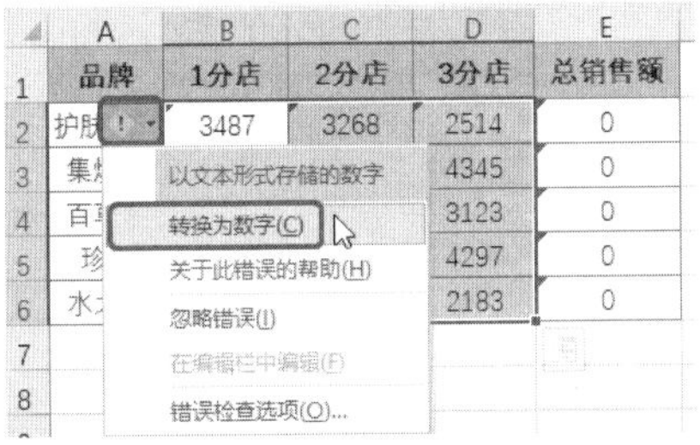

图3-34

图3-35

3.2.2 修正日期计算时差值总为日期问题

在使用日期数据进行计算时，通常返回值仍然是日期。这是因为根据日期函数进行计算时，显示结果的单元格会默认为日期格式。出现这种情况，只需要手动把这些单元格设置成常规格式，就会显示数字。

实战实例：修正日期计算时差值总为日期问题

例如，根据应聘人员的出生日期计算年龄，返回的默认值就是日期值。

[01] 打开下载文件中的"素材\第3章\3.2\修正日期计算时差值总为日期问题.xlsx"文件，如图3-36所示。

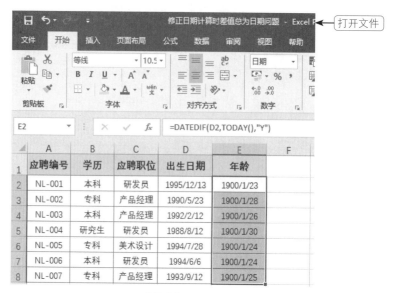

图3-36

02 选中需要显示常规数字的单元格，在"开始"选项卡的"数字"组中单击"数字格式"下拉按钮，在打开的下拉列表中单击"常规"命令（见图3-37），即可将日期值变成数值，如图3-38所示。

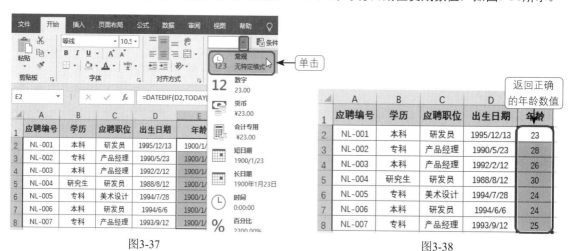

图3-37   图3-38

3.2.3 空白单元格不为空问题

有些单元格看似是空的，但实际并不为空。例如，由公式返回的空值、单元格中包含特殊符号"'"或自定义单元格格式为";;;"，这些情况都会导致单元格看似为空，一旦引用这些单元格参与运算，将不能返回正确的结果，这时可以按如下几个方法对问题进行排查。

实战实例1：公式返回的空值再参与计算时造成出错

本例表格统计了业务员的业绩，提成率是根据业绩数据设置公式计算的，而奖金是根据"业绩

*提成率"计算得到的。如果表格中存在假的空白单元格，可以直接选中这些假的空白单元格，再按【Delete】键删除，即可解决问题。

01 打开下载文件中的"素材\第3章\3.2\空白单元格不为空问题\公式返回的空值再参与计算时造成出错.xlsx"文件，如图3-39所示。

图3-39

02 选中假空白单元格C7，可以看到公式为：=IF(B7>100000,0.3,IF(B7>50000,0.2,""))，如图3-40所示。

03 B7和C7单元格相乘得到的积，如图3-41所示，由于C7单元格是一个公式返回结果，并非真正的空白单元格，所以导致返回错误值。

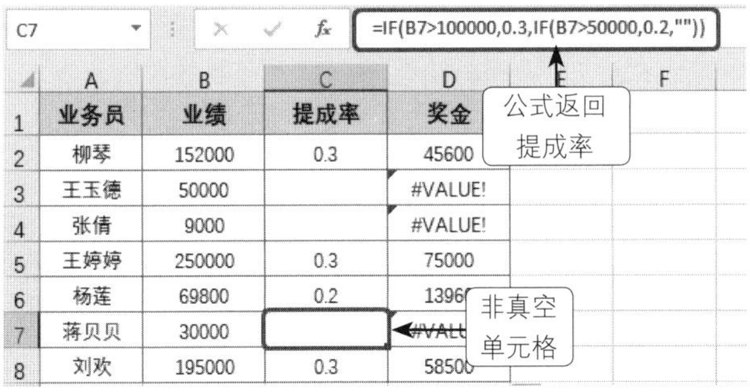

图3-40

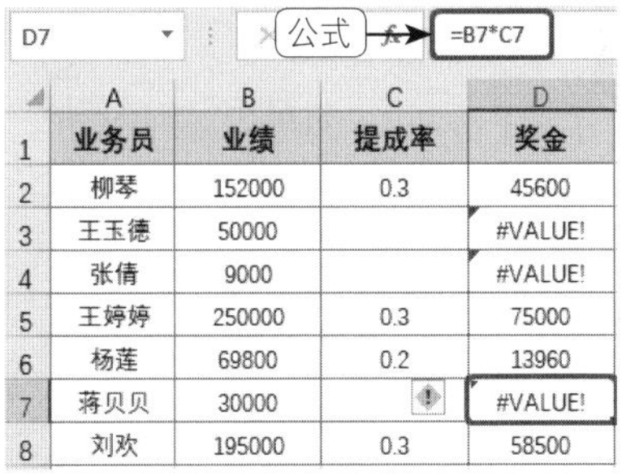

图3-41

04 直接选中C3、C4和C7单元格，按【Delete】键删除公式，即可看到D列都返回了正确的计算结果，如图3-42所示。

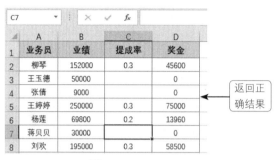

图3-42

实战实例2：单元格中有英文单引号造成出错

本例中由于单元格中包含一个英文单引号，导致公式引用该单元格数据时返回错误值。这时可以使用ISBLANK函数来检测单元格是否真空，如果返回值为TRUE，则表示真空，如果看似空的单元格返回结果为FALSE，则表示单元格不是真空，那么可以选中单元格并检查是否有英文单引号。

01 打开下载文件中的"素材\第3章\3.2\空白单元格不为空问题\单元格中有英文单引号造成出错.xlsx"文件，如图3-43所示。

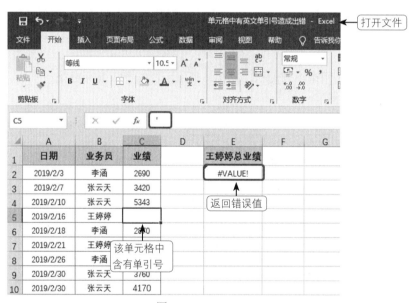

图3-43

02 将光标定位在D2单元格中，输入公式：=ISBLANK(C2)，如图3-44所示。

03 按【Enter】键，即可返回FALSE（表示该单元格不是真空单元格），如图3-45所示。

04 利用公式填充功能，即可分别判断出其他单元格是否为真空单元格，如图3-46所示。

05 删除表格中有单引号的单元格数据，即可返回正确的计算结果，如图3-47所示。

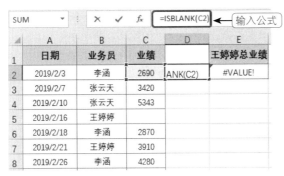

图3-44

图3-45

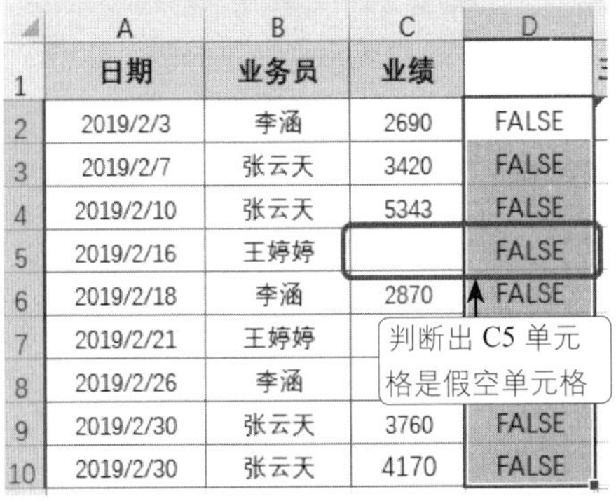

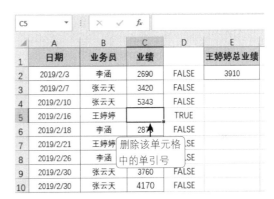

图3-46

图3-47

实战实例3：自定义单元格格式为隐藏格式造成出错

单元格中虽然包含内容，但是其单元格格式被设置为"；；；"自定义格式，也会导致计算结果出错，那么只需要重新修改单元格格式为通用的格式即可。

01 打开下载文件中的"素材\第3章\3.2\空白单元格不为空问题\自定义单元格格式为隐藏格式造成出错.xlsx"文件，如图3-48所示。C2:C10单元格区域中有数据，但是在E2单元格中使用公式"=SUM(C2:C10)"求和时返回了"空"数据。

图3-48

02 将光标定位在C5单元格中，此时编辑栏中显示的实际值是6900，如图3-49所示。打开"设置单元格格式"对话框，在"类型"文本框中可以看到其实际格式为";;;"，如图3-50所示。

图3-49

图3-50

03 选中C2:C10单元格区域并单击鼠标右键，在弹出的快捷菜单中单击"设置单元格格式"按钮，如图3-51所示。

04 打开"设置单元格格式"对话框，重新选择类型为"G/通用格式"，如图3-52所示。

图3-51

图3-52

05 单击"确定"按钮返回表格，可以看到C列显示了正确数据，并且E2单元格返回了正确的计算结果，如图3-53所示。

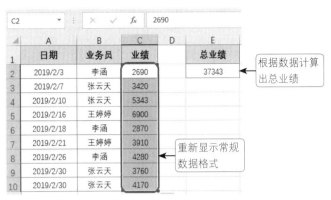

图3-53

3.2.4 实际的值与显示的值不同

由于实际的值和显示的值不同，会导致设置公式后返回不正确的数值格式。可以使用"剪贴板"功能将设置了自定义格式的数值重新显示为实际值。

实战实例：实际的值与显示的值不同

在本例表格的C列中输入公式，从产品编码中提取字母后面的货号，公式是正确的，但提取出的是最后一个数字，出现这种情况是因为"产品编码"列中的数据是自定义的单元格格式，导致显示值与实际值不同。因此要解决此问题需要把显示值转化为实际值，具体操作如下。

01 打开下载文件中的"素材\第3章\3.2\实际的值与显示的值不同.xlsx"文件，如图3-54所示。

图3-54

02 如图3-55所示，C列设置公式得到了货号。打开"设置单元格格式"对话框后，可以看到B列的产品编码设置了自定义格式""NL-"@"，即前面的"NL-"是自定义了单元格格式后自动输入的，这部分数据只是显示而并不是真的存在，如图3-56所示。

图3-55   图3-56

03 选中B2:B8单元格区域并按【Ctrl+C】组合键执行复制，在"开始"选项卡的"剪贴板"组中单击右侧的对话框启动器按钮，如图3-57所示，打开"剪贴板"任务窗格。

04 单击第一个选项右侧的下拉按钮，在打开的下拉列表中单击"粘贴"命令，如图3-58所示。

图3-57   图3-58

05 此时可以在编辑栏中看到产品编码返回实际数值，同时C列的货号返回正确值，如图3-59所示。

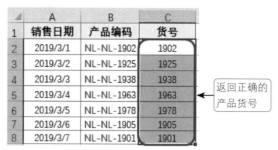

图3-59

3.2.5 修正循环引用不能计算的公式

当一个单元格内的公式直接或间接地引用了这个公式本身所在的单元格时，被称为循环引用。

实战实例：修正循环引用不能计算的公式

当有循环引用情况存在时，每次打开工作簿都会弹出如图3-60所示的提示对话框，下面介绍修正循环引用的方法。

图3-60

01 打开下载文件中的"素材\第3章\3.2\修正循环引用不能计算的公式.xlsx"文件，如图3-61所示。

图3-61

02 在"公式"选项卡的"公式审核"组中单击"错误检查"下拉按钮，在打开的下拉列表中依次单击"循环引用"→"$D$2"（被循环引用的单元格）命令，如图3-62所示，即可选中D2单元格。

图3-62

03 将光标定位在编辑栏中，选中循环引用的部分（+D2），如图3-63所示，将其删除后，D2单元格即可显示正确的计算结果，如图3-64所示。

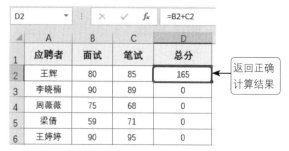

图3-63　　　　　　　　　　　　　　　　图3-64

3.3
分析与解决公式返回的错误值

Excel中使用公式时经常会返回各种错误值，如####、#DIV/0!、# N/A、#VALUE？等，出现这些错误值的原因有很多，如果公式不能计算出正确的结果，那么将显示一个错误值，例如，在数字的公式中使用文本、删除了被公式引用的单元格，或者找不到目标值时都会返回错误值。下面通过一些例子对常见的错误值进行总结，并给出相应解决方法。

3.3.1　分析与解决"####"错误值

错误原因：输入的日期和时间为负数时，返回"####"错误值。

解决方法：将输入的日期和时间前的"-"取消。

实战实例：分析与解决 "####"错误值

本例的工作表中统计了公司员工的学历、性别和入职时间，由于输入错误，导致出生日期部分单元格出现"####"错误值。

01 打开下载文件中的"素材\第3章\3.3\分析与解决 "####"错误值.xlsx"文件，如图3-65所示。

02 将光标定位在D5单元格中，在编辑栏中选中日期之前的"="和"-"，如图3-66所示。

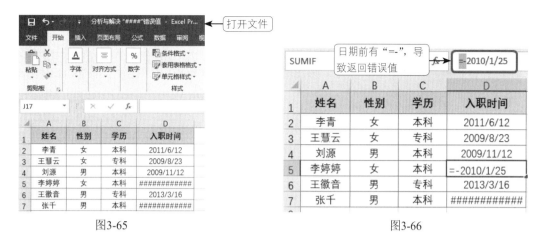

图3-65　　　　　　　　　　　　　　　　　　图3-66

03 按【Delete】键删除，即可解决 "####" 错误值问题并显示正确的日期值，如图3-67所示。

图3-67

3.3.2 分析与解决 "#DIV/0！" 错误值

错误原因：公式中包含除数为 "0" 的值或空白单元格。

解决方法：使用IF和ISERROR函数来解决。

实战实例：分析与解决 "#DIV/0！" 错误值

本例中由于销量数据中包含0值，导致返回 "#DIV/0！" 错误值，可以使用IF和ISERROR函数来解决该问题。

01 打开下载文件中的 "素材\第3章\3.3\分析与解决 '#DIV/0!' 错误值.xlsx" 文件，如图3-68所示。

02 如图3-69所示，直接使用销售额/销量并计算出单价，由于除数中（B3、B4单元格）有 "0" 值和空白单元格，导致 "单价" 列中出现了 "#DIV/0！" 错误值。

81

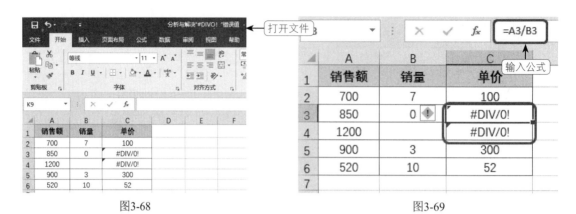

图3-68　　　　　　　　　　　　　　　　图3-69

03 将光标定位在C2单元格中，输入公式：=IFERROR(A2/B2,"")，如图3-70所示。

04 按【Enter】键，即可计算出单价，如图3-71所示。

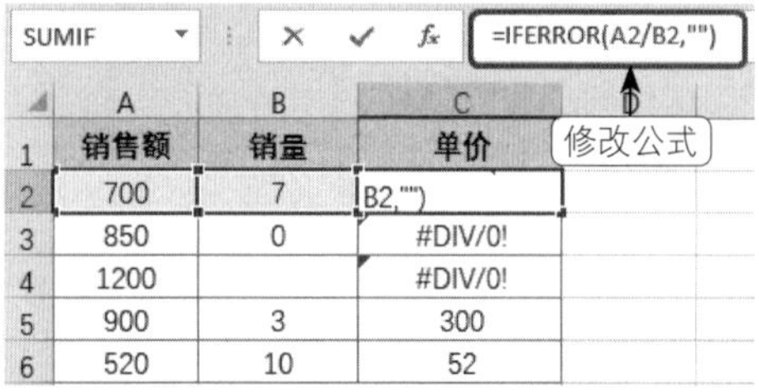

图3-70 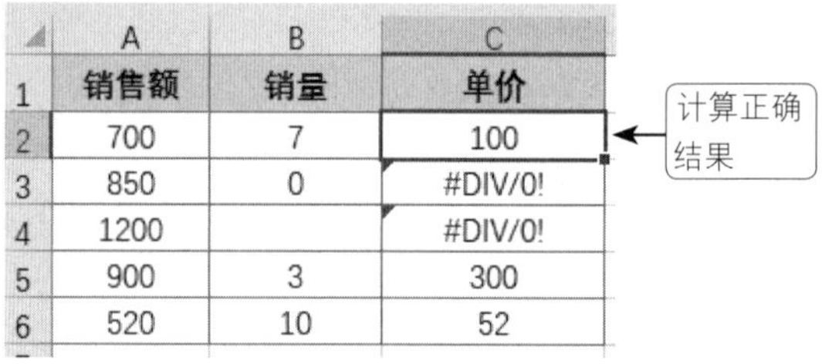　　　　　　　　　　　　　　　　图3-71

05 利用公式填充功能，即可分别计算出其他销售额的单价（可以看到当销量为0或者空白单元格时，单价返回空值），如图3-72所示。

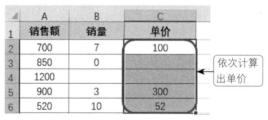

图3-72

3.3.3　分析与解决"#N/A"错误值

错误原因1：公式引用的数据源不正确或不能使用。

解决方法：引用正确的数据源。

错误原因2：数组公式中使用的参数的行数或列数与包含数组公式的区域的行数或列数不一致。

解决方法：正确选取相同的行数和列数区域。

实战实例1：数据源引用错误

本例的工作表中统计了公司员工的学历、入职时间、性别以及年龄等相关信息，通过建立公式来实现输入姓名时即显示该员工年龄，但是由于输入的姓名错误，导致公式所在的单元格出现"#N/A"错误值。

01 打开下载文件中的"素材\第3章\3.3\分析与解决'#N/A'错误值\数据源引用错误.xlsx"文件，如图3-73所示。

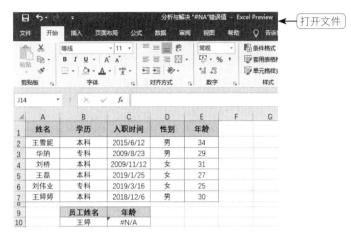

图3-73

02 选中C10单元格，由于B10单元格所引用的员工姓名"王婷"在A列中查找不到，导致返回"#N/A"错误值，如图3-74所示。

03 重新修改B10单元格中的姓名为"王婷婷"，即可返回正确的年龄，如图3-75所示。

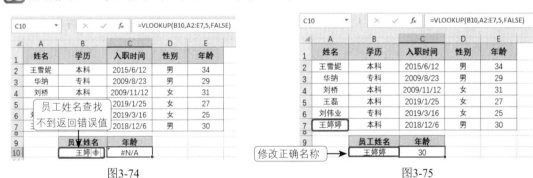

图3-74   图3-75

实战实例2：行数与列数引用不一致

在本例的工作表中统计了销售数量和销售单价，需要使用数组公式统计出销售总额。但是在计算过程中，由于数组公式中的行数与列数引用不一致，导致公式所在单元格出现"#N/A"错误值。

01 打开下载文件中的"素材\第3章\3.3\分析与解决'#N/A'错误值\行数与列数引用不一致.xlsx"文件，如图3-76所示。

图3-76

02 将光标定位在E4单元格中，选中公式中的B5，将其修改为B9，如图3-77所示。

03 按【Ctrl+Shift+Enter】组合键即可计算出正确的结果，如图3-78所示。

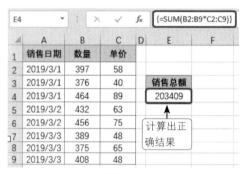

图3-77　　　　　　　　　　　　　　　图3-78

3.3.4　分析与解决"#NAME?"错误值

错误原因1：在公式中引用文本时没有加双引号。

解决方法：为引用的文本添加双引号。

错误原因2：在公式中引用了没有定义的名称。

解决方法：重新定义名称再应用到公式中。

错误原因3：区域引用中漏掉了"："。

解决方法：添加漏掉的"："。

实战实例1：公式中的文本要添加引号

本例表格统计了几种产品的强度测试数据和剪力测试数据，要求根据测试数据判断测试结果。由于公式中的文本没有添加双引号，所以导致返回错误值。

01 打开下载文件中的"素材\第3章\3.3\分析与解决'#NAME?'错误值\公式中的文本要添加引号 .xlsx"文件，如图3-79所示。

图3-79

02 将光标定位在D2单元格中，在编辑栏中将公式重新修改为：=IF(AND(B2>=0.8,C2>=0.8),"合格", "不合格")，如图3-80所示。

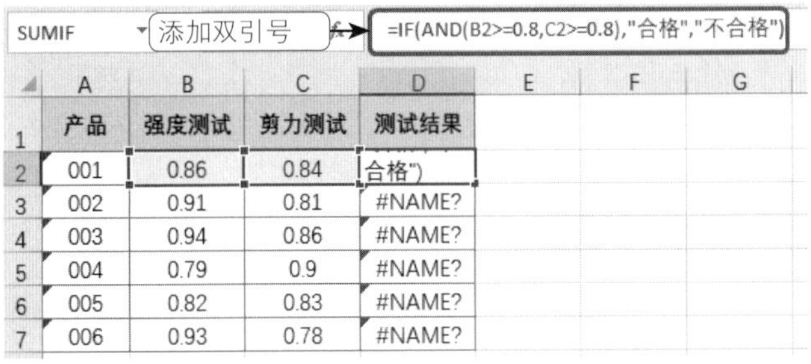

图3-80

03 按【Enter】键，即可显示正确的结果，如图3-81所示。

04 利用公式填充功能，分别计算出其他产品的测试结果，如图3-82所示。

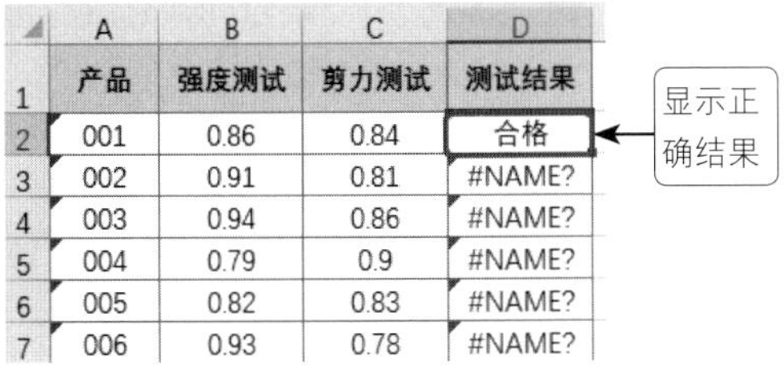

图3-81

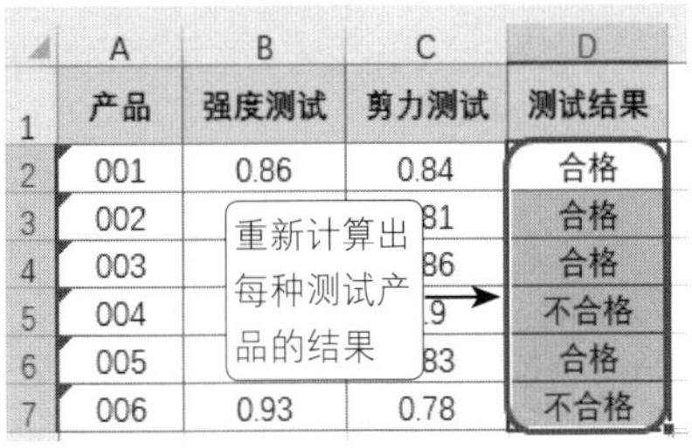

图3-82

实战实例2：公式中使用没有定义的名称

本例的工作表中统计了业务员在全年各个季度的销售量数据，其中仅定义了"第三季度"和"第四季度"的名称。由于没有定义"第一季度"和"第二季度"的名称，所以导致出现了"#NAME?"错误值。

01 打开下载文件中的"素材\第3章\3.3\分析与解决'#NAME?'错误值\公式中使用没有定义的名称.xlsx"文件，如图3-83所示。

图3-83

02 如图3-84所示的公式中引用的是第一季度和第二季度的名称，而在"用于公式"列表中可以看到表格中只定义了"第三季度"和"第四季度"，导致返回错误值。

图3-84

03 选中B2:B7单元格区域并在名称框中输入"第一季度"，按【Enter】键即可完成名称定义，如图3-85所示。同理，选中C2:C7单元格区域并在名称框中输入"第二季度"，按【Enter】键即可完成名称定义，如图3-86所示。

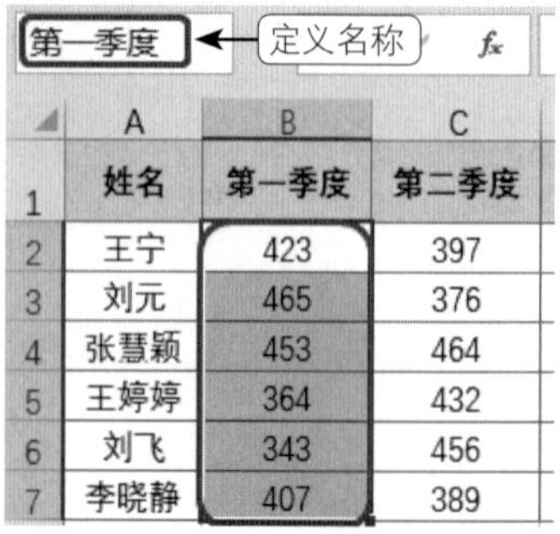

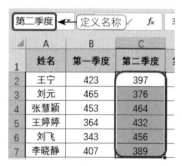

图3-85   图3-86

04 可以看到C9单元格中显示了正确的结果，如图3-87所示。

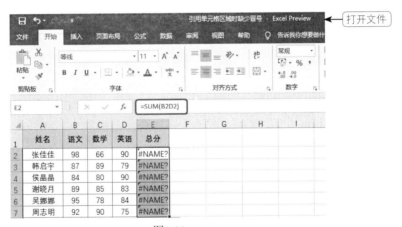

图3-87

实战实例3：引用单元格区域时缺少冒号

本例表格中需要统计每位学生的三科总分数，由于在引用单元格区域时漏掉了冒号"："，导致出现了"#NAME?"错误值。

01 打开下载文件中的"素材\第3章\3.3\分析与解决'#NAME?'错误值\引用单元格区域时缺少冒号.xlsx"文件，如图3-88所示。

图3-88

02 选中E2单元格，在公式编辑栏中重新修改公式：=SUM(B2:D2)，如图3-89所示。

03 按【Enter】键，即可显示正确的结果，如图3-90所示。

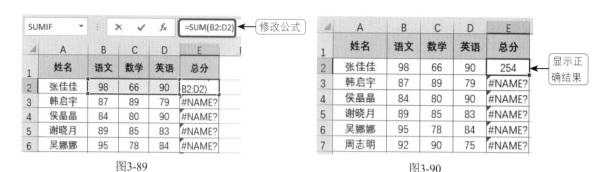

图3-89　　　　　　　　　　　　图3-90

04 利用公式填充功能，即可分别计算出其他学生的总分，如图3-91所示。

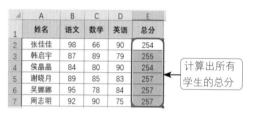

图3-91

3.3.5　分析与解决"#NUM!"错误值

错误原因：在公式中使用的函数引用了一个无效的参数。

解决方法：正确引用函数的参数。

实战实例：分析与解决"#NUM!"错误值

本例的表格中需要使用公式计算A列中数值的算术平均值，由于部分引用的数据为负数，从而导致出现了"#NUM!"错误值。

01 打开下载文件中的"素材\第3章\3.3\分析与解决'#NUM!'错误值.xlsx"文件，如图3-92所示。

图3-92

02 将光标定位在B3单元格中，重新修改公式：=SQRT(ABS(A3))，如图3-93所示。

03 按【Enter】键，即可显示正确的结果，如图3-94所示。

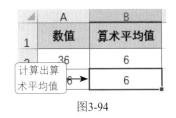

图3-93

图3-94

3.3.6 分析与解决"#VALUE!"错误值

错误原因: 在公式中将文本类型的数据参与了数值运算。

解决方法: 重新修改错误的数据源。

实战实例:分析与解决"#VALUE!"错误值

本例的销售报表中需要使用公式统计出各产品的销售额,但是由于个别数据中带有中文单位,导致出现了"#VALUE!"错误值,下面介绍解决的方法。

01 打开下载文件中的"素材\第3章\3.3\分析与解决'#VALUE!'错误值.xlsx"文件,如图3-95所示。

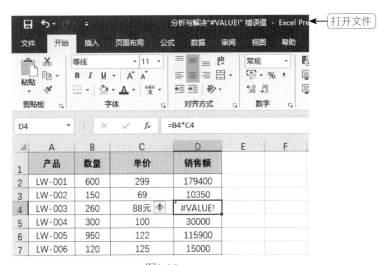

图3-95

02 选中C4单元格,将单元格中的中文"元"字删除,如图3-96所示。

03 按【Enter】键,即可显示正确的结果,如图3-97所示。

	A	B	C	D
1	产品	数量	单价	销售额
2	LW-001	600	299	179400
3	LW-002	150	69	10350
4	LW-003	260	88元	#VALUE!
5	LW-004	300	100	30000
6	LW-005	950	122	115900
7	LW-006	120	125	15000

删除"元"字

图3-96

	A	B	C	D
1	产品	数量	单价	销售额
2	LW-001	600	299	179400
3	LW-002	150	69	10350
4	LW-003	260	88	22880
5	LW-004	300	100	30000
6	LW-005	950	122	115900
7	LW-006	120	125	15000

显示正确结果

图3-97

3.3.7 分析与解决"#REF!"错误值

错误原因： 在公式计算中引用了无效的单元格。

解决方法： 正确引用有效单元格。

实战实例：分析与解决"#REF!"错误值

本例表格中统计了每种商品的上期库存量和本期入库量，但是由于操作错误，删除了"本期入库"数据，导致在输入公式时使用了无效的单元格引用，出现了"#REF!"错误值，下面介绍解决的方法。

01 打开下载文件中的"素材\第3章\3.3\分析与解决'#REF!'错误值.xlsx"文件，如图3-98所示。

打开文件

图3-98

02 通过"插入"功能在C列前插入一列，如图3-99所示。

03 在新插入的列中添加本期入库数据，如图3-100所示。

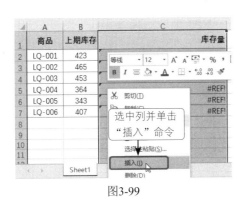

图3-99

	A	B	C	D
1	商品	上期库存	本期入库	库存量
2	LQ-001	423	37	#REF!
3	LQ-002	465	46	#REF!
4	LQ-003	453	98	#REF! ← 添加数据
5	LQ-004	364	50	#REF!
6	LQ-005	343	66	#REF!
7	LQ-006	407	59	#REF!

图3-100

04 将光标定位在D2单元格中，在公式编辑栏中选中"#REF!"错误值，如图3-101所示，重新更改公式为：=B2+C2，如图3-102所示。

SUMIF	✕	✓	fx	=B2+#REF! → 选中

	A	B	C	D
1	商品	上期库存	本期入库	库存量
2	LQ-001	423	37	=B2+#REF!
3	LQ-002	465	46	#REF!
4	LQ-003	453	98	#REF!
5	LQ-004	364	50	#REF!
6	LQ-005	343	66	#REF!
7	LQ-006	407	59	#REF!

图3-101

C2	✕	✓	fx	=B2+C2 → 修改公式

	A	B	C	D
1	商品	上期库存	本期入库	库存量
2	LQ-001	423	37	=B2+C2
3	LQ-002	465	46	#REF!
4	LQ-003	453	98	#REF!
5	LQ-004	364	50	#REF!
6	LQ-005	343	66	#REF!
7	LQ-006	407	59	#REF!

图3-102

05 按【Enter】键，即可计算出正确的库存量，如图3-103所示。

06 利用公式填充功能，即可分别计算出其他商品的库存量，如图3-104所示。

	A	B	C	D
1	商品	上期库存	本期入库	库存量
2	LQ-001	423	37	460
3	LQ-002	465	46	#REF!
4	LQ-003	453	98	计算正确结果
5	LQ-004	364	50	#REF!
6	LQ-005	343	66	#REF!

图3-103

	A	B	C	D
2	LQ-001	423	37	460
3	LQ-002	465	46	511
4	LQ-003	453	98	551
5	LQ-004	364	50	414
6	LQ-005	343	66	409
7	LQ-006	407	59	466

计算出所有商品库存量

图3-104

3.3.8 分析与解决"#NULL!"错误值

错误原因：在公式中使用了不正确的区域运算符。

解决方法：在公式中正确使用区域运算符。

实战实例：分析与解决"#NULL!"错误值

本例表格在计算所有商品的总销售额时，使用的公式为：=SUM(B2:B7 C2:C7)（中间没有使用正常的运算符"*"），按【Ctrl+Shift+Enter】组合键后返回"#NULL!"错误值。

01 打开下载文件中的"素材\第3章\3.3\分析与解决'#NULL!'错误值.xlsx"文件，如图3-105所示。

图3-105

02 将光标定位在E2单元格中，在公式编辑栏中选中中间的运算符" "（空格），如图3-106所示，将公式更改为：=SUM(B2:B7*C2:C7)，如图3-107所示。

图3-106

图3-107

03 按【Ctrl+Shift+Enter】组合键，即可计算出正确的总销售额，如图3-108所示。

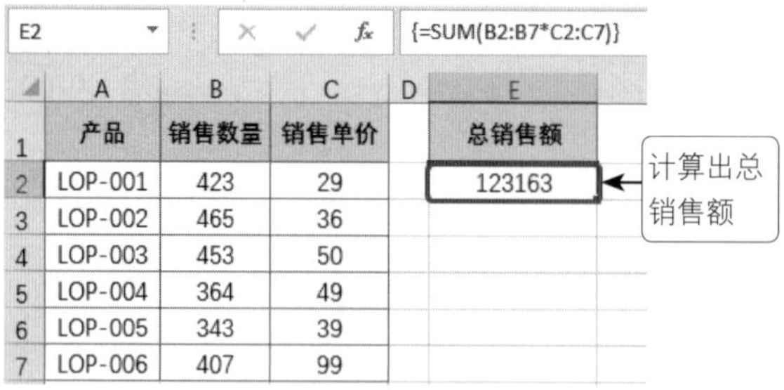

图3-108

04

第 4 章
逻辑函数

本章概述 》》》》》》》》》》》》》》》》》》》

※ 逻辑函数常用于对数据进行逻辑判断，当逻辑值为"真"或为"假"
时，指定返回不同的值。

※ 逻辑函数中最常用的是IF函数，其他函数均可以嵌套在IF函数中使用，
Excel 2019中新增了IFS函数可以实现多条件判断。

学习要点 》》》》》》》》》》》》》》》》》》》

※ 掌握逻辑判断函数的使用。

※ IFS函数多条件判断。

学习功能 》》》》》》》》》》》》》》》》》》》

※ 逻辑判断函数：AND函数、IF函数、IFERROR函数、NOT函数、OR函
数、IFS函数、SWITCH函数等。

4.1 逻辑判断函数

逻辑判断函数是用于对数据或给定的条件判断其真假。逻辑判断有AND、OR、NOT和IF、IFS函数，AND、OR、NOT只能根据逻辑判断的“真”或“假”返回TRUE或FALSE值，而IF函数可以根据逻辑判断的结果指定返回值。

4.1.1 AND：判断指定的多个条件是否全部成立

函数功能：AND函数用于当所有的条件均为“真”（TRUE）时，返回的运算结果则为“真”；反之，返回的运算结果则为“假”，一般用来检验一组数据是否都满足条件。

函数语法：AND(logical1,logical2,logical3,...)

参数解析：

- logical1,logical2,logical3,...：表示测试条件值或表达式，最多有30个条件值或表达式。

实战实例1：判断学生各科成绩是否都合格

下面的表格中记录了学生各科的考试成绩，必须三项成绩都在60分以上才算合格。要判断成绩是否合格，可以通过AND函数来实现。

01 打开下载文件中的“素材\第4章\4.1\判断学生各科成绩是否都合格.xlsx”文件，如图4-1所示。

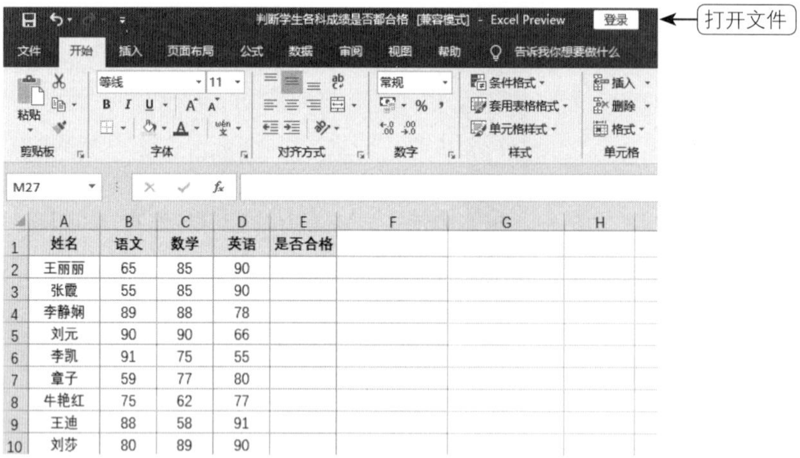

姓名	语文	数学	英语	是否合格
王丽丽	65	85	90	
张霞	55	85	90	
李静娴	89	88	78	
刘元	90	90	66	
李凯	91	75	55	
章子	59	77	80	
牛艳红	75	62	77	
王迪	88	58	91	
刘莎	80	89	90	

图4-1

02 将光标定位在E2单元格中，输入公式：=AND(B2>60,C2>60,D2>60)，如图4-2所示。

03 按【Enter】键，即可判断出第一名学生结果为“TRUE”，表示合格；如果结果为“FALSE”，则表示不合格，如图4-3所示。

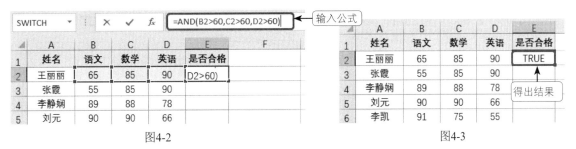

图4-2　　　　　　　　　　　　　　　　图4-3

04 利用公式填充功能，即可判断出其他学生成绩是否合格，如图4-4所示。

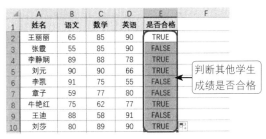

图4-4

公式解析：

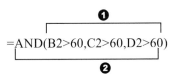

=AND(B2>60,C2>60,D2>60)

❶写入AND函数的三个条件，依次判断"B2>60""C2>60""D2>60"这三个条件是否为真。

❷当❶步中的三个条件都为真时，则返回TRUE，否则返回FALSE。

实战实例2：判断是否通过职称评定

下面表格统计了某部门员工的职位级别和工龄，根据这两项条件评定高级职称，工龄要求在8年以上，职位级别要求为"主管"。可以使用AND函数来进行双条件的判断。

01 打开下载文件中的"素材\第4章\4.1\判断是否通过职称评定.xlsx"文件，如图4-5所示。

02 将光标定位在D2单元格中，输入公式：=AND(B2>8,C2="主管")，如图4-6所示。

图4-5

图4-6

03 按【Enter】键，即可判断出第一位员工是否符合评定高级职称的条件（返回TRUE代表符合，返回FALSE代表不符合），如图4-7所示。

04 利用公式填充功能，即可判断出其他员工是否符合职称评定条件，如图4-8所示。

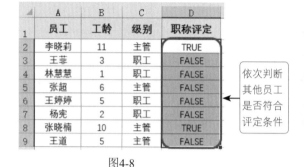

图4-7　　　　　　　　　　　　　　　　图4-8

公式解析：

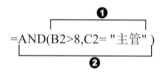

$$=AND(B2>8,C2="主管")$$

❶判断B2>8与C2="主管"这两个条件是否都为真。

❷当❶步中的两个条件都为真时返回TRUE，否则返回FALSE。

4.1.2　OR：判断指定的多个条件是否有一个成立

函数功能：OR函数用于在其参数组中，任何一个参数逻辑值为真时，则返回 TRUE；任何一个参数的逻辑值为假时，则返回 FALSE。

函数语法：OR(logical1, [logical2], ...)

参数解析：

- logical1,logical2,logical3...：logical1 是必需的，后续逻辑值是可选的。这些是 1～255 个需要进行测试的条件，测试结果可以为 TRUE 或 FALSE。

实战实例1：判断员工考核是否合格

某公司对员工的三项考核成绩进行评定，公司规定三项考核成绩中有一项达到80分，则为合格。可以使用OR函数分别判断三项成绩是否大于80分，只要三个条件中有一个条件满足即算合格。

01 打开下载文件中的"素材\第4章\4.1\判断员工考核是否合格.xlsx"文件，如图4-9所示。

图4-9

[02] 将光标定位在E2单元格中，输入公式：=OR(B2>80,C2>80,D2>80)，如图4-10所示。

[03] 按【Enter】键，即可判断出第一位员工考核成绩是否合格（返回TRUE代表合格，返回FALSE则代表不合格），如图4-11所示。

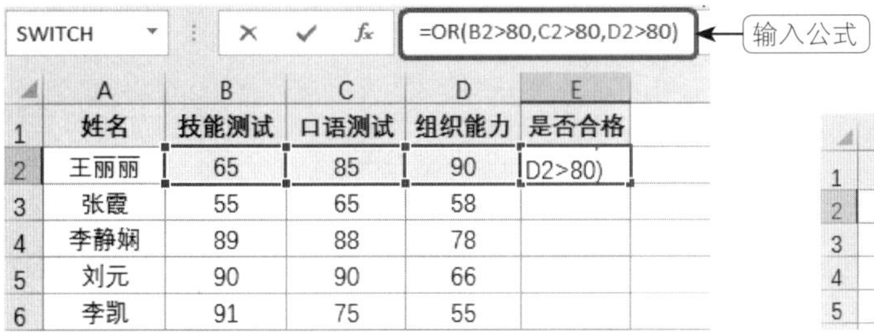

图4-10

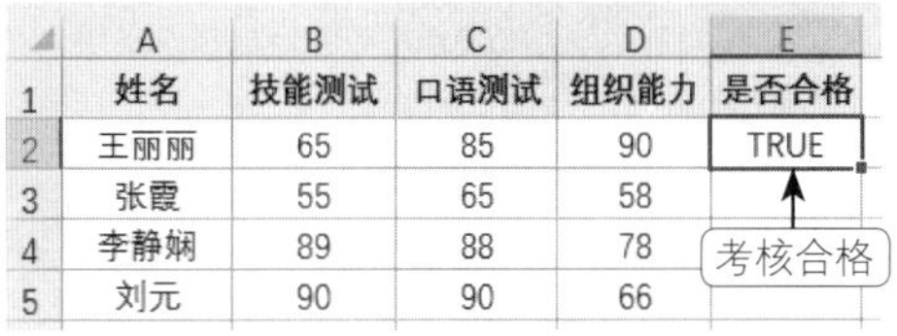

图4-11

[04] 利用公式填充功能，即可判断出其他员工考核成绩是否合格，如图4-12所示。

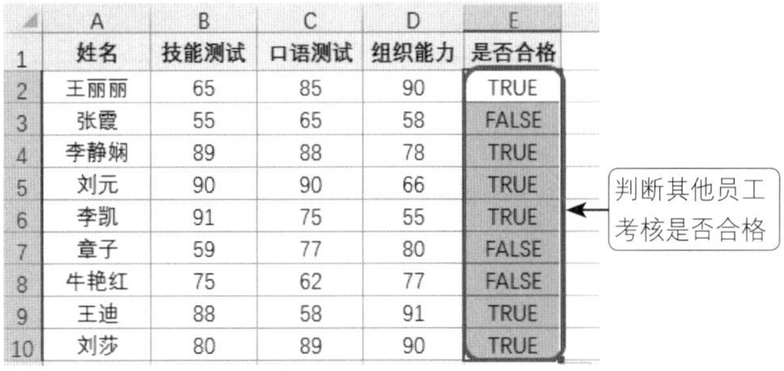

图4-12

公式解析：

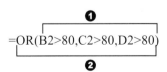

❶写入OR函数的三个条件，依次判断"B2>80""C2>80""D2>80"这三个条件是否为真。

❷当❶步中的三个条件有一个满足大于80分时，则返回TRUE，如果三个条件都不满足则返回FALSE。

实战实例2：判断是否通过职称评定

本例中的表格沿用了4.1.1小节的实战实例2，通过对比可以了解OR和AND函数的区别。本例规定：如果工龄达到8年或者职位级别为“主管”，都符合评定高级职称的条件，可以使用OR函数。

01 打开下载文件中的“素材\第4章\4.1\判断是否通过职称评定（OR）.xlsx”文件，如图4-13所示。

02 将光标定位在D2单元格中，输入公式：=OR(B2>8,C2="主管")，如图4-14所示。

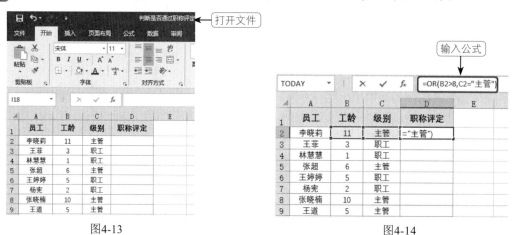

员工	工龄	级别	职称评定
李晓莉	11	主管	
王菲	3	职工	
林慧慧	1	职工	
张超	6	主管	
王婷婷	5	职工	
杨宪	2	职工	
张晓楠	10	主管	
王道	5	主管	

图4-13

员工	工龄	级别	职称评定
李晓莉	11	主管	="主管")
王菲	3	职工	
林慧慧	1	职工	
张超	6	主管	
王婷婷	5	职工	
杨宪	2	职工	
张晓楠	10	主管	
王道	5	主管	

图4-14

03 按【Enter】键，即可判断出第一位员工是否符合评定高级职称的条件（返回TRUE代表符合，返回FALSE则代表不符合），如图4-15所示。

04 利用公式填充功能，即可依次判断出其他员工是否符合评定条件，如图4-16所示。

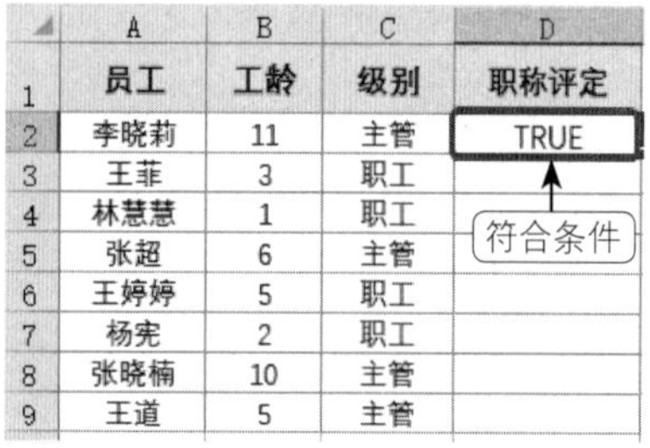

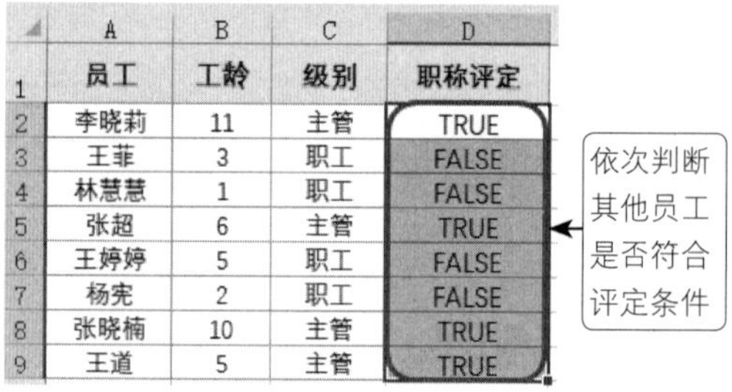

员工	工龄	级别	职称评定
李晓莉	11	主管	TRUE
王菲	3	职工	
林慧慧	1	职工	
张超	6	主管	
王婷婷	5	职工	
杨宪	2	职工	
张晓楠	10	主管	
王道	5	主管	

图4-15

员工	工龄	级别	职称评定
李晓莉	11	主管	TRUE
王菲	3	职工	FALSE
林慧慧	1	职工	FALSE
张超	6	主管	TRUE
王婷婷	5	职工	FALSE
杨宪	2	职工	FALSE
张晓楠	10	主管	TRUE
王道	5	主管	TRUE

图4-16

4.1.3 NOT：判断指定的条件不成立

函数功能：NOT函数用于对参数值求反。当要确保一个值不等于某一特定值时，可以使用 NOT 函数。

函数语法：NOT(logical)

参数解析：

- logical：表示一个计算结果可以为 TRUE 或 FALSE 的值或表达式。

实战实例1：判断员工是否符合发放工龄工资的要求

某公司规定：如果员工的工龄超过3年则发放工龄工资，反之则不发放。本例可以使用NOT函数来判断是否发放工龄工资。

01 打开下载文件中的"素材\第4章\4.1\判断员工是否符合发放工龄工资的要求.xlsx"文件，如图4-17所示。

02 将光标定位在D2单元格中，输入公式：=NOT(B2<=3)，如图4-18所示。

图4-17　　　　　　　　　　　　　　　　　图4-18

03 按【Enter】键，即可判断出第一名员工是否发放工龄工资（返回TRUE代表发放，返回FALSE则代表不发放），如图4-19所示。

04 利用公式填充功能，即可依次判断出其他员工是否发放工龄工资，如图4-20所示。

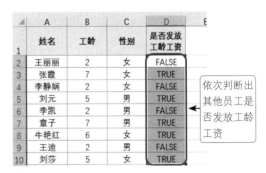

图4-19　　　　　　　　　　　　　　　　　图4-20

公式解析：

$$=NOT(B2<=3)$$

判断B2<=3是否为真，如果为真，则返回TRUE；如果为假，则返回FALSE。

实战实例2：筛选出高中学历的应聘人员

公司招收一批临时工，要求学历都在高中以上，可以使用NOT函数筛选出高中学历的应聘人员。

01 打开下载文件中的"素材\第4章\4.1\筛选掉高中学历的应聘人员.xlsx"文件，如图4-21所示。

图4-21

02 将光标定位在D2单元格中，输入公式：=NOT(C2="高中")，如图4-22所示。

03 按【Enter】键，即可判断出第一名临时工是否为高中学历，如图4-23所示。

04 利用公式填充功能，即可判断出其他临时工是否为高中学历，如图4-24所示。

图4-22

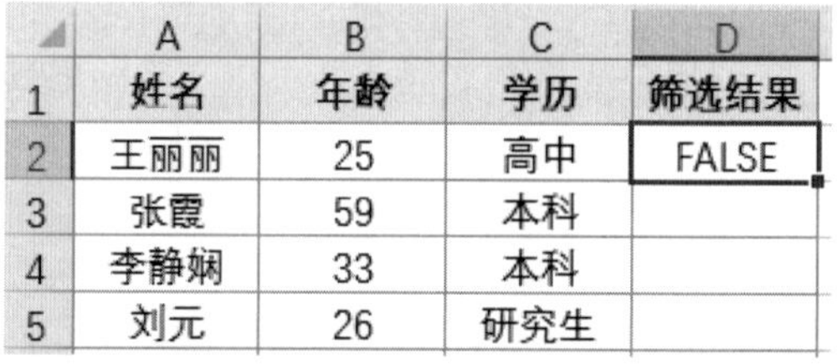

图4-23

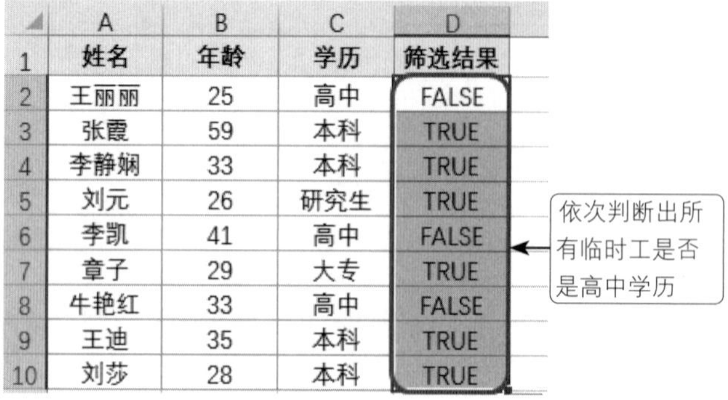

图4-24

公式解析：

$$=NOT(C2="高中")$$

判断C2="高中"是否为真，如果为真，则返回FALSE；如果为假，则返回TRUE。

4.2
根据逻辑判断结果返回值

前面介绍的逻辑判断函数只能返回TRUE或FALSE这样的逻辑值，为了返回更加直观的结果，通常要根据真假值再为其指定返回不同的值。IF函数可实现先进行逻辑判断，再根据判断结果返回指定的值。IF函数是日常工作中使用最频繁的函数之一。Excel 2019中新增了IFS函数，可以进行多条件判断，简化了使用IF函数进行多层嵌套公式。

4.2.1　IF：根据逻辑测试值返回指定值

函数功能：IF函数用于根据指定的条件判断其"真"（TRUE）、"假"（FALSE），从而返回其相对应的结果。

函数语法：IF(logical_test,value_if_true,value_if_false)

参数解析：

- logical_test：表示逻辑判断表达式。
- value_if_true：表示当判断条件为逻辑"真"（TRUE）时，显示该处给定的内容。
- value_if_false：表示当判断的条件为逻辑"假"（FALSE）时，显示该处给定的内容。IF函数可以嵌套7层关系式，这样可以构造复杂的判断条件，从而进行综合测评。

实战实例1：判断学生成绩是否优秀

在对学生成绩进行综合评定时，具体要求为总分达到260分的评定为"优秀"，可以使用IF函数进行条件判断。

01 打开下载文件中的"素材\第4章\4.2\判断学生成绩是否优秀.xlsx"文件，如图4-25所示。

图4-25

02 将光标定位在F2单元格中，输入公式：=IF(E2>260,"优秀",""），如图4-26所示。

03 按【Enter】键，即可判断出第一名学生成绩是否优秀，如图4-27所示。

04 利用公式填充功能，即可依次判断出其他学生成绩是否优秀，如图4-28所示。

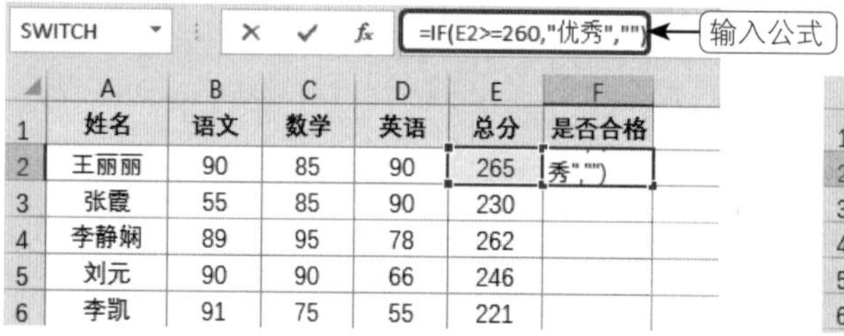

图4-26

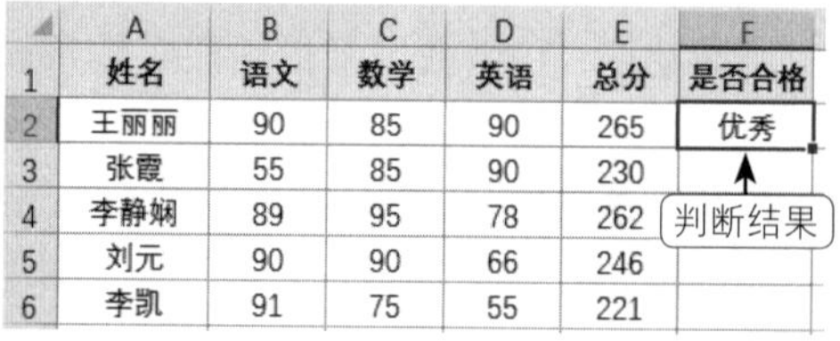

图4-27

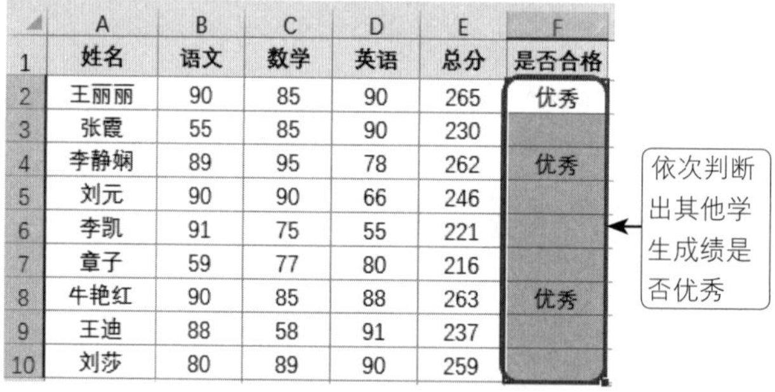

图4-28

公式解析：

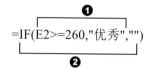

❶ 首先判断E2>=260是否为真。

❷ 如果❶步结果为真，则返回"优秀"，否则返回空。

实战实例2：分区间判断成绩并返回不同结果

沿用上一个实例，在对成绩进行评定时其评定标准为：当综合成绩大于等于260分时，评为"优秀"；成绩在180~260分之间时，评为"合格"；成绩小于180分时，评为"不合格"。可以使用IF函数的嵌套来进行多条件的判断。

01 打开下载文件中的"素材\第4章\4.2\分区间判断成绩并返回不同结果.xlsx"文件，如图4-29所示。

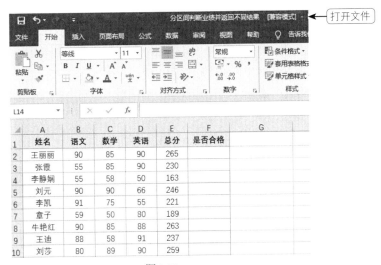

图4-29

02 将光标定位在F2单元格中，输入公式：=IF(E2>=260,"优秀",IF(E2>=180,"合格","不合格"))，如图4-30所示。

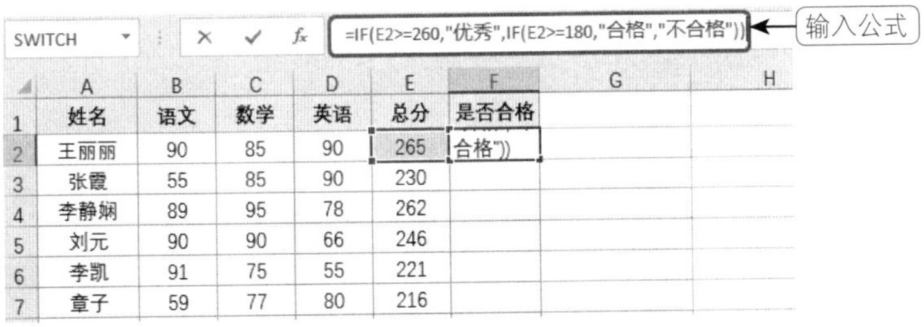

图4-30

03 按【Enter】键，即可判断出第一名学生成绩的评定结果，如图4-31所示。

04 利用公式填充功能，依次判断出其他学生成绩的评定结果，如图4-32所示。

	A	B	C	D	E	F
1	姓名	语文	数学	英语	总分	是否合格
2	王丽丽	90	85	90	265	优秀
3	张霞	55	85	90	230	
4	李静娴	89	95	78	2	
5	刘元	90	90	66	2	
6	李凯	91	75	55	2	

判断出第一名学生成绩评定结果

图4-31

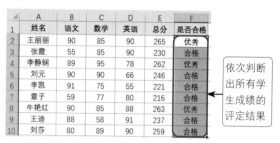

	A	B	C	D	E	F
1	姓名	语文	数学	英语	总分	是否合格
2	王丽丽	90	85	90	265	优秀
3	张霞	55	85	90	230	合格
4	李静娴	89	95	78	262	优秀
5	刘元	90	90	66	246	合格
6	李凯	91	75	55	221	合格
7	章子	59	77	80	216	合格
8	牛艳红	90	85	88	263	优秀
9	王迪	88	58	91	237	合格
10	刘莎	80	89	90	259	合格

依次判断出所有学生成绩的评定结果

图4-32

公式解析：

$$=IF(E2>=260, \text{"优秀"}, IF(E2>=180,\text{"合格"},\text{"不合格"})))$$

❶ 判断E2>=260是否为真，如果为真，则返回"优秀"；反之则进入第二个IF的判断。

❷ 判断E2>=180是否为真，如果为真，则返回"合格"；否则返回"不合格"。

实战实例3：判断能够获得公司年终福利的员工

本例规定：如果员工的工龄大于3年则奖励参加年终旅游，那么工龄在3年以下的员工将不能参加年终旅游。可以使用IF函数进行判断。

01 打开下载文件中的"素材\第4章\4.2\判断能够获得公司年终福利的员工.xlsx"文件，如图4-33所示。

图4-33

02 将光标定位在D2单元格中，输入公式：=IF(C2>3,"是",""), 如图4-34所示。

03 按【Enter】键，即可判断出第一位员工是否参加年终旅游，如图4-35所示。

04 利用公式填充功能，即可依次判断其他员工是否参加年终旅游，如图4-36所示。

输入公式 =IF(C2>3,"是","")

	A	B	C	D
1	姓名	性别	工龄	是否参加年终旅游
2	王丽丽	女	7	=IF(C2>3,"是","")
3	张霞	女	6	
4	李静娴	女	4	
5	刘元	男	1	
6	李凯	男	5	

图4-34

	A	B	C	D
1	姓名	性别	工龄	是否参加年终旅游
2	王丽丽	女	7	是
3	张霞	女	6	
4	李静娴	女	4	
5	刘元	男	1	
6	李凯	男	5	

判断出第一位员工是否参加年终旅游

图4-35

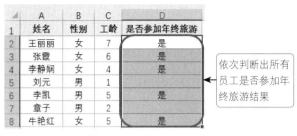

图4-36

实战实例4：判断是否通过职称评定

本例沿用4.1.1小节中实战实例2的表格，假设需要对某部门员工进行职称评定，评定的条件要求级别为"主管"的员工，并且工龄达到8年即可参加职称评定，可以使用AND函数来进行双条件的判断。

01 打开下载文件中的"素材\第4章\4.2\判断是否通过职称评定.xlsx"文件，如图4-37所示。

图4-37

02 将光标定位在D2单元格中，输入公式：=IF(AND(B2>8,C2="主管"),"符合条件",""），如图4-38所示。

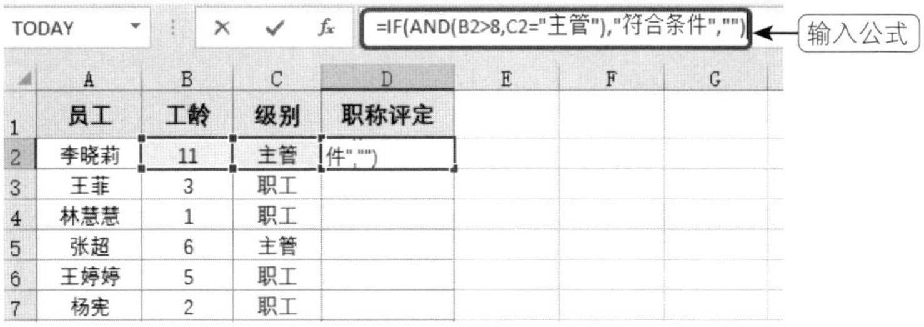

图4-38

03 按【Enter】键，即可判断出第一位员工是否符合职称评定条件，如图4-39所示。

04 利用公式填充功能，即可依次判断出其他员工是否符合职称评定条件，如图4-40所示。

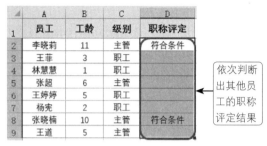

图4-39

图4-40

公式解析：

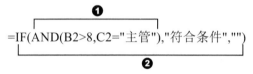

=IF(AND(B2>8,C2="主管"),"符合条件","")

❶首先使用AND函数判断B2>8和C2="主管"这两个条件是否都为真。

❷如果❶步结果为真，那么再使用IF函数返回"符合条件"，否则返回空。

实战实例5：根据双条件筛选出符合发放赠品条件的消费者

某商店周年庆，为了回馈新老客户，满足条件即可获得精美礼品一份，要求参与者的条件为：一是持金卡并且积分达到10000分的客户，二是持普通卡并且积分达到30000分的客户。可以使用IF函数配合OR函数、AND函数进行判断。

01 打开下载文件中的"素材\第4章\4.2\根据双条件筛选出符合发放赠品条件的消费者.xlsx"文件，如图4-41所示。

图4-41

02 将光标定位在D2单元格中，输入公式：=IF(OR(AND(B2="金卡",C2>10000),AND(B2="普通卡",C2>30000)),"是","否")，如图4-42所示。

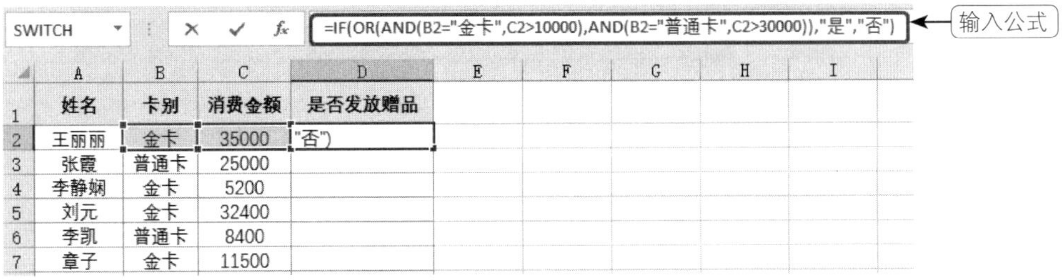

图4-42

03 按【Enter】键，即可判断出第一名会员是否发放赠品，如图4-43所示。

04 利用公式填充功能，即可依次判断出其他会员是否发放赠品，如图4-44所示。

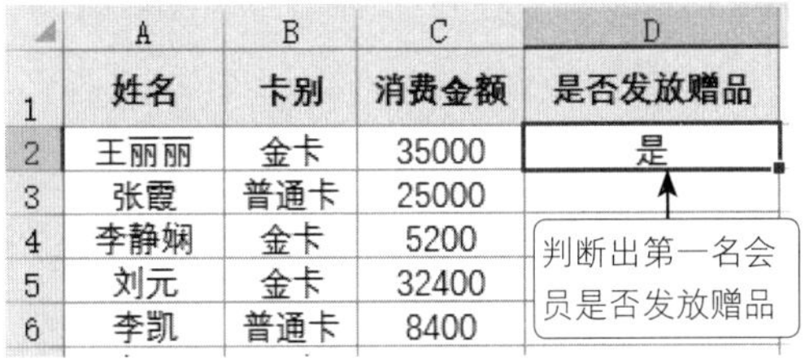

图4-43

图4-44

公式解析：

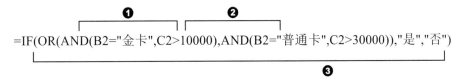

=IF(OR(AND(B2="金卡",C2>10000),AND(B2="普通卡",C2>30000)),"是","否")

❶ AND函数判断B2是否为"金卡"，并且C2是否大于10000，两个条件要求同时满足。

❷ AND函数判断B2是否为"普通卡"，并且C2是否大于30000，两个条件要求同时满足。然后使用OR函数判断，如果❶步或❷步的任一个条件满足时，则返回TRUE，否则返回FALSE。

❸ 最后使用IF函数将OR函数返回的TRUE，最终返回"是"，返回的FALSE，最终返回"否"。

实战实例6：根据员工的职位和工龄调整工资

本例表格统计了员工的职位、工龄以及基本工资。现在公司规定对高级工程师职位的员工进行调薪，其他职位工资暂时不变。加薪规定：工龄大于5年的高级工程师工资上调1500元，其他工龄的高级工程师工资上调800元。

01 打开下载文件中的"素材\第4章\4.2\根据员工的职位和工龄调整工资.xlsx"文件，如图4-45所示。

图4-45

02 将光标定位在E2单元格中，输入公式：=IF(NOT(D2="高级工程师"),"不变",IF(AND(D2="高级工程师",B2>5),C2+1500,C2+800))，如图4-46所示。

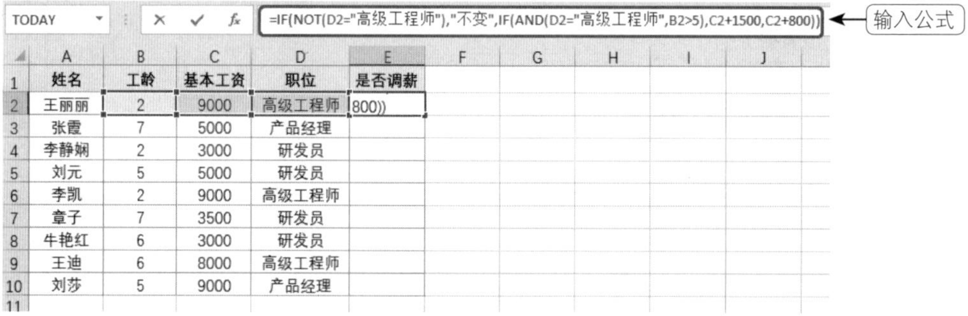

图4-46

03 按【Enter】键，即可计算出第一位员工调薪后的工资，如图4-47所示。

04 利用公式填充功能，即可计算出其他员工调薪后的工资，如图4-48所示。

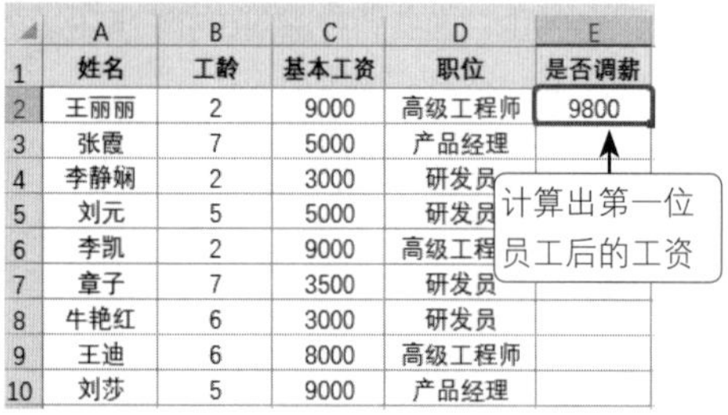

图4-47　　　　　　　　　　　　　图4-48

公式解析：

=IF(NOT(D2="高级工程师"),"不变",IF(AND(D2="高级工程师",B2>5),C2+1500,C2+800))

❶ 使用NOT函数首先判断D2单元格中的职位是否为"高级工程师"，如果不是高级工程师，则返回"不变"，否则将进入下一个IF的判断，即"IF(AND(D2="高级工程师",B2>5),C2+1500,C2+800)"。

❷ 使用AND函数判断D2单元格中的职位是否为"高级工程师"同时B2单元格中的工龄是否大于5，若同时满足条件，则返回TRUE，否则返回FALSE。

❸ 若❷步返回TRUE，则IF返回"C2+1500"的值；若❷步返回FALSE，则IF返回"C2+800"的值。

实战实例7：只为满足条件的商品提价

本例表格统计的是一系列产品的定价，现在需要对部分产品进行调价。具体为：当产品是"进口"时，价格上调8元，其他产品保持不变。要完成这项自动判断，需要利用公式自动找出"进口"这项文字，从而实现当满足条件时进行提价运算。由于"进口"文字都显示在产品名称的后面，因此可以使用LIGHT这个文本函数实现判断。

01 打开下载文件中的"素材\第4章\4.2\只为满足条件的商品提价.xlsx"文件，如图4-49所示。

图4-49

02 将光标定位在D2单元格中，输入公式：=IF(RIGHT(A2,6)="（进口）",D2+8,D2)，如图4-50所示。

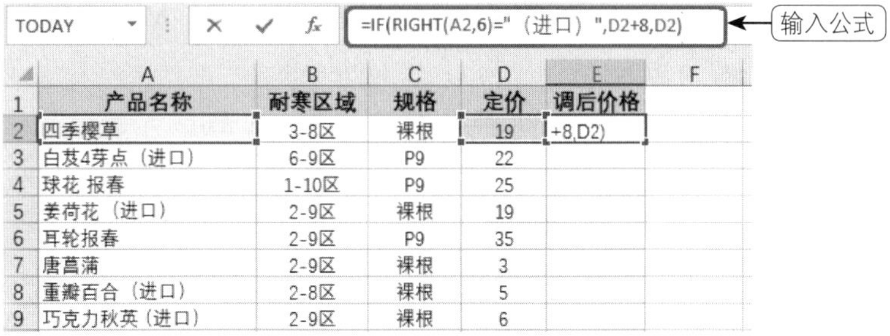

图4-50

03 按【Enter】键，即可计算出调整后的价格，如图4-51所示。

04 利用公式填充功能，即可计算出其他产品调整后价格，如图4-52所示。

	A	B	C	D	E
1	产品名称	耐寒区域	规格	定价	调后价格
2	四季樱草	3-8区	裸根	19	19
3	白芨4芽点（进口）	6-9区	P9	22	
4	球花 报春	1-10区	P9	25	
5	姜荷花（进口）	2-9区	裸根	19	
6	耳轮报春	2-9区	P9	35	
7	唐菖蒲	2-9区	裸根	3	
8	重瓣百合（进口）	2-8区	裸根	5	
9	巧克力秋英（进口）	2-9区	裸根	6	
10	花韭	2-9区	裸根	5	

计算结果

图4-51

	A	B	C	D	E
1	产品名称	耐寒区域	规格	定价	调后价格
2	四季樱草	3-8区	裸根	19	19
3	白芨4芽点（进口）	6-9区	P9	22	30
4	球花 报春	1-10区	P9	25	25
5	姜荷花（进口）	2-9区	裸根	19	27
6	耳轮报春	2-9区	P9	35	35
7	唐菖蒲	2-9区	裸根	3	3
8	重瓣百合（进口）	2-8区	裸根	5	13
9	巧克力秋英（进口）	2-9区	裸根	6	14
10	花韭	2-9区	裸根	5	5
11	重瓣风铃草（进口）	2-9区	一加仑	25	33

依次计算出所有产品调整后的价格

图4-52

公式解析：

❶

=IF(RIGHT(A2,6)="（进口）",D2+8,D2)

❷

❶ RIGHT函数首先将A2单元格中的产品名称自右侧起提取4个字符，并判断是否是“（进口）”。

❷ 使用IF函数判断❶步中提取的字符是否是“（进口）”，如果是则执行D2+8，否则返回D2单元格中的定价。

4.2.2 IFS：多条件判断

函数功能：检查 IFS 函数的一个或多个条件是否满足，并返回到第一个条件相对应的值。IFS函数可以嵌套多个 IF 语句，并可以更加轻松地使用多个条件。

函数语法：IFS(logical_test1, value_if_true1, [logical_test2, value_if_true2], [logical_test3, value_if_true3],...)

参数解析：

- logical_test1（必需）：计算结果为 TRUE 或 FALSE 的条件。
- value_if_true1（必需）：当 logical_test1 的计算结果为 TRUE 时要返回结果，可以为空。
- logical_test2...logical_test127（可选）：计算结果为 TRUE 或 FALSE 的条件。
- value_if_true2...value_if_true127（可选）：当 logical_testN 的计算结果为 TRUE 时要返回结果。每个 value_if_trueN 对应于一个条件 logical_testN，可以为空。

实战实例：计算销售员提成金额

本例规定：如果销售员的销售量大于1000吨，则提成奖金为2000元；销售量为500~1000吨，则提成奖金为1000元；销售量为300~500吨，则提成奖金为500元；销售量为0~300吨，则提成奖金为0元；根据这些条件和对应的奖金可以使用IFS函数设置不同条件来计算结果。

01 打开下载文件中的“素材\第4章\4.2\计算销售员提成金额.xlsx”文件，如图4-53所示。

图4-53

02 将光标定位在C2单元格中，输入公式：=IFS(B2>1000,2000,B2>500,1000,B2>300,500, B2<200,0)，如图4-54所示。

图4-54

03 按【Enter】键，即可计算出第一位销售员的提成奖金，如图4-55所示。

04 利用公式填充功能，即可计算出其他销售员的提成奖金，如图4-56所示。

	A	B	C
1	姓名	销售（吨）	提成
2	王丽丽	1000	1000
3	张霞	500	
4	李静娴	600	
5	刘元	1000	
6	李凯	190	

计算出提成奖金

图4-55

	A	B	C
1	姓名	销售（吨）	提成
2	王丽丽	1000	1000
3	张霞	500	500
4	李静娴	600	1000
5	刘元	1000	1000
6	李凯	190	0
7	章子	500	500
8	牛艳红	1500	2000
9	王迪	650	1000
10	刘莎	150	0

计算出所有员工的提成奖金

图4-56

公式解析：

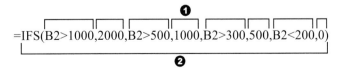

❶ 条件分别为B2>1000、B2>500、B2>300、B2<200。

❷ 不同条件分别返回结果为2000、1000、500、0。

4.2.3　SWITCH：返回匹配的结果

函数功能：SWITCH 函数根据值列表计算一个值（称为表达式），并返回与第一个匹配值相对应的结果。如果不匹配，则返回默认值。

函数语法：SWITCH(表达式, value1, result1, [default 或 value2, result2],...[default 或 value3, result3])

参数解析：

- 表达式：表达式是与 value1...value126 比较的值（如数字、日期或某些文本）。
- value1...value126：valueN 的值将与表达式比较。
- result1...result126：ResultN 是在对应 valueN 参数与表达式相匹配时返回的值。必须为每个对应 valueN 参数提供 ResultN。
- 默认（可选）：Default 是当在 valueN 表达式中没有找到匹配值时要返回的值。当没有对应的 resultN 表达式时，则标识为 Default 参数。Default 必须是函数中的最后一个参数。

实战实例1：根据代码返回到具体的星期

本例表格统计了加班人的姓名和代码，要求根据代码返回到具体的星期。

01 打开下载文件中的"素材\第4章\4.2\根据代码返回星期.xlsx"文件，如图4-57所示。

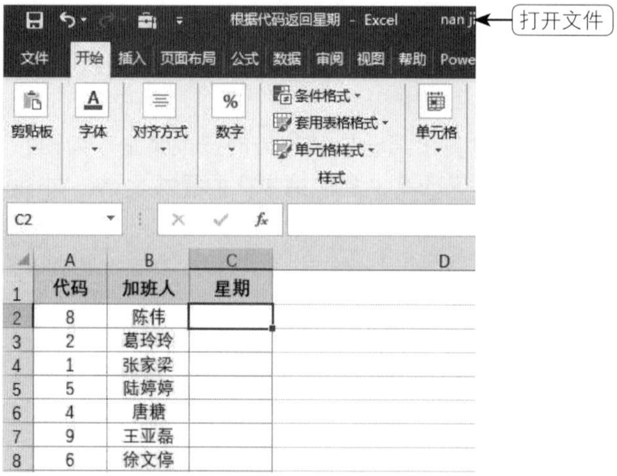

图4-57

02 将光标定位在C2单元格中，输入公式：=SWITCH(A2,1,"星期一",2,"星期二",3,"星期三",4,"星期四",5,"星期五",6,"星期六",7,"星期日","无匹配")，如图4-58所示。

图4-58

03 按【Enter】键，即可返回代码匹配的星期，如图4-59所示。

04 利用公式填充功能，即可依次返回其他代码匹配的星期，如图4-60所示。

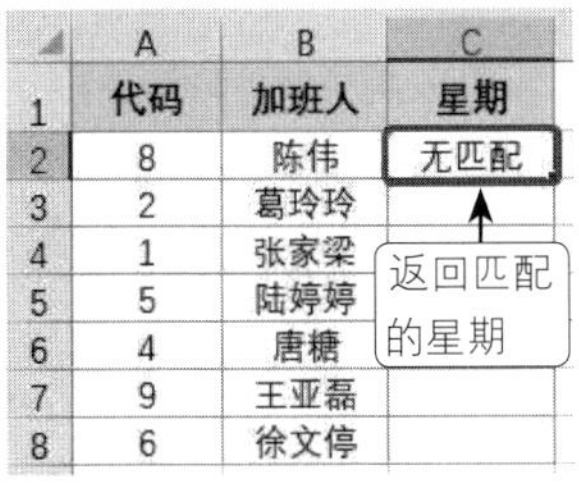

	A	B	C
	代码	加班人	星期
2	8	陈伟	无匹配
3	2	葛玲玲	
4	1	张家梁	
5	5	陆婷婷	
6	4	唐糖	
7	9	王亚磊	
8	6	徐文停	

返回匹配的星期

图4-59

	A	B	C
	代码	加班人	星期
2	8	陈伟	无匹配
3	2	葛玲玲	星期二
4	1	张家梁	星期一
5	5	陆婷婷	星期五
6	4	唐糖	星期四
7	9	王亚磊	无匹配
8	6	徐文停	星期六

依次返回匹配的星期数

图4-60

实战实例2：分区间判断成绩并返回不同结果

本例沿用4.2.1小节中的实战实例2，在对成绩进行评定时，其评定标准为：当综合成绩大于等于260分时，评为"优秀"；成绩在200~260分时，评为"良好"；成绩在180~200分时，评为"合格"；成绩小于180分时，评为"不合格"。可以使用IFS函数设置公式，避免使用IF函数设置多层嵌套。

01 打开下载文件中的"素材\第4章\4.2\分区间判断成绩并返回不同结果.xlsx"文件，如图4-61所示。

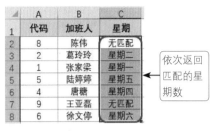

图4-61

02 将光标定位在F2单元格中，输入公式：=IFS(E2>260,"优秀",E2>200,"良好",E2>180,"合格",E2>0,"不合格")，如图4-62所示。

图4-62

113

03 按【Enter】键，即可判断出第一名学生成绩是否合格，如图4-63所示。

04 利用公式填充功能，依次判断出其他学生成绩是否合格，如图4-64所示。

图4-63

图4-64

公式解析：

=IFS(E2>260,"优秀",E2>200,"良好",E2>180,"合格",E2>0,"不合格")

❶ 判断条件分别为E2>260、E2>200、E2>180、E2>0。

❷ 根据❶步中的不同条件分别返回结果为优秀、良好、合格、不合格。

4.2.4 IFERROR：根据错误值返回指定值

函数功能： IFERROR函数用于当公式的计算结果出现错误时，则返回指定的值，否则将返回公式的结果。使用IFERROR函数可以捕获和处理公式中的错误。

函数语法： IFERROR(value,vsalue_if_error)

参数解析：

- value：表示检查是否存在错误的参数。
- value_if_error：表示公式的计算结果错误时要返回的值。计算得到的错误类型有 #N/A、#VALUE!、#REF!、#DIV/0!、#NUM!、#NAME? 和 #NULL!。

实战实例：解决被除数为空值（或0值）时返回错误值问题

在计算各个销售员上半年业绩占全年业绩的百分比值时会应用到除法。当除数为0值时，则会返回错误值，而为了避免错误值出现，可以使用IFERROR函数。

01 打开下载文件中的"素材\第4章\4.2\解决被除数为空值（或0值）时返回错误值问题.xlsx"文件，如图4-65所示。

图4-65

02 如图4-66所示，在使用公式"=B2/C2"时，当B列和C列中出现0值或空值时会出现错误值。

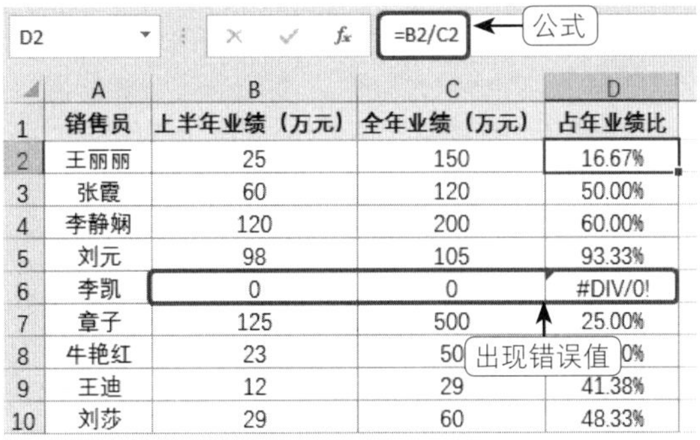

图4-66

03 将光标定位在D2单元格中，输入公式：=IFERROR(B2/C2,"")，如图4-67所示。

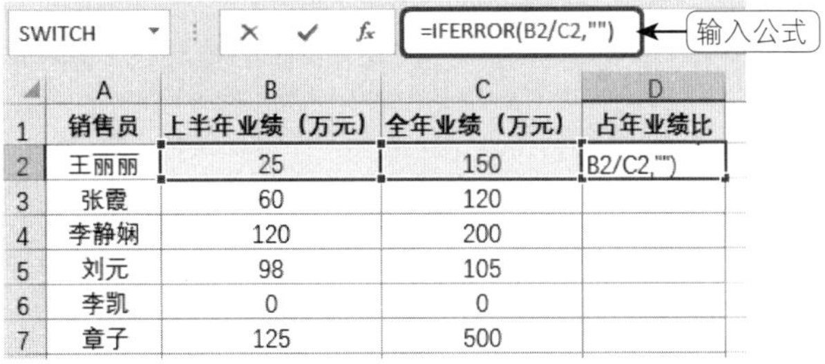

图4-67

04 按【Enter】键，即可计算出第一位员工上半年业绩占全年业绩的百分比值，如图4-68所示。

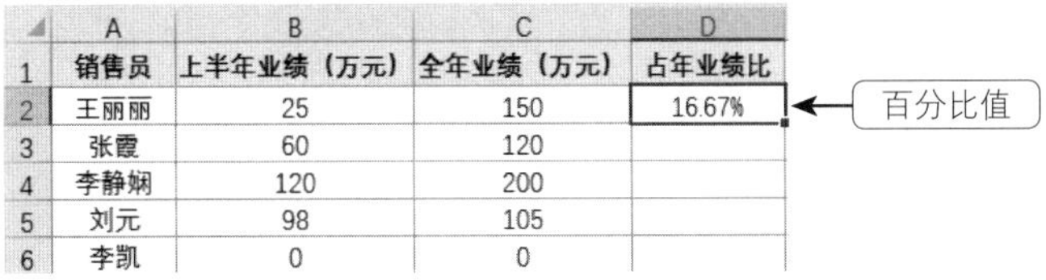

图4-68

05 利用公式填充功能，即可依次计算出其他员工上半年业绩占全年业绩的百分比值，如图4-69所示。

图4-69

公式解析：

$$= IFERROR(B2/C2,"")$$

当B2/C2的计算结果为错误值时返回空值，否则返回正确结果。

05

第 5 章
日期与时间函数

本章概述)))))))))))))))))))))))))

※ 日期与时间函数主要用于对日期数据进行获取、计算等操作。
※ Excel中的日期在进行计算时需要先转换为序列号才能完成，序列号被分为整数部分和小数部分，整数部分代表日期、小数部分代表时间。

学习要点)))))))))))))))))))))))))

※ 掌握常用日期函数的使用。
※ 掌握常用时间函数的使用。
※ 掌握日期和时间计算函数的使用。
※ 掌握期间差函数的使用。

学习功能)))))))))))))))))))))))))

※ 构建与提取日期、时间函数：TODAY函数、DATE函数、TIME函数、YEAR函数、MONTH函数、DAY函数、EMONTH函数、WEEKDAY函数、HOUR函数。
※ 期间差函数：DAYS360函数、NETWORKDAYS函数、NETWORKDAYS.INTL函数、WORKDAY函数、WORKDAY.INTL函数、ISOWEEKNUM函数、EDATE函数。
※ 文本日期与时间的转换函数：DATEVALUE函数和TIMEVALUE函数。

5.1
构建与提取日期、时间

构建日期函数是指将年份、月份、日这三类数据组合在一起，形成标准的日期数据，构建日期的函数是DATE函数。提取日期的函数如YEAR、MONTH和DAY函数等，它们用于从给定的日期数据中提取年、月、日等信息，并且提取后还可以进行数据计算。用来提取小时、分钟和秒数的时间函数分别是HOUR、MINUTE和SECOND三个函数。

5.1.1　TODAY：返回当前日期

函数功能： TODAY返回当前日期的序列号。

函数语法： TODAY()

参数解析： 该函数没有参数。

实战实例1：统计书稿还有多少天截稿

假设根据截稿日期统计一本书稿还需要多少天截稿，可以使用TODAY函数设置公式。用系统当前的时间减去截稿日期即可。

01 打开下载文件中的"素材\第5章\5.1\统计书稿还有多少天截稿.xlsx"文件，如图5-1所示。

图5-1

02 将光标定位在C2单元格中，输入公式：=B2-TODAY()，如图5-2所示。

03 按【Enter】键，即可判断出第一本书稿的截稿天数（默认的是一个日期值，后面需要转换为"常规"格式），如图5-3所示。

图5-2

图5-3

04 选中C2单元格,在"开始"选项卡的"数字"组中单击"数字格式"下拉按钮,在打开的下拉列表中单击"常规"命令,即可返回具体的天数,如图5-4所示。

05 利用公式填充功能,即可判断出其他书稿的截稿天数,如图5-5所示。

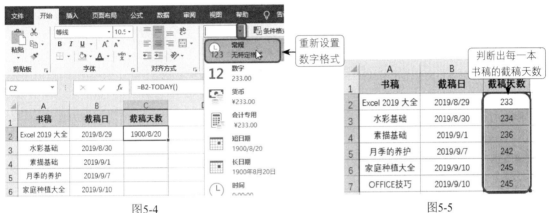

图5-4

图5-5

实战实例2: 判断借书证是否到期

假设某图书馆规定:每位读者借书证的有效期是500天,下面需要使用TODAY函数来判断其从办卡日期开始到当前日期是否超过500天,再使用IF函数返回对应的值,即"过期"和"未过期"。

01 打开下载文件中的"素材\第5章\5.1\判断借书证是否到期.xlsx"文件,如图5-6所示。

02 将光标定位在C2单元格中,输入公式:=IF(TODAY( )-B2>500,"过期","未过期"),如图5-7所示。

图5-6

图5-7

03 按【Enter】键，即可判断出第一个读者的借书证是否过期，如图5-8所示。

04 利用公式填充功能，即可判断出其他读者的借书证是否过期，如图5-9所示。

图5-8　　　　　　　　　　　　　　　图5-9

公式解析：

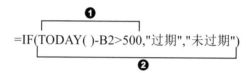

=IF(TODAY( )-B2>500,"过期","未过期")

❶ 使用TODAY函数获得当前日期，然后将当前日期减去B2单元格中的日期值，并判断是否大于500。

❷ 再使用IF函数判断当❶步的结果大于500时，返回"过期"，否则返回"未过期"。

5.1.2　DATE：构建标准日期

函数功能： DATE 函数返回表示特定日期的连续序列号。

函数语法： DATE(year,month,day)

参数解析：

- year：为指定的年份数值，参数的值可以包含 1~4 位数字。
- month：为指定的月份数值，一个正整数或负整数，表示一年中从 1 月至 12 月的各个月。
- day：为指定的天数，一个正整数或负整数，表示一个月中从 1 日至 31 日的各天。

实战实例1：将不规范日期转换为标准日期

由于数据来源不同或输入不规范，为了方便后期对数据的分析，可以一次性将所有数据转换为标准日期。本例将不规范的员工签约日期格式转换为标准日期格式。

01 打开下载文件中的"素材\第5章\5.1\将不规范日期转换为标准日期.xlsx"文件，如图5-10所示。

图5-10

02 将光标定位在C2单元格中，输入公式：=DATE(MID(B2,1,4),MID(B2,5,2),MID(B2,7,2))，如图5-11所示。

03 按【Enter】键，即可返回标准日期格式，如图5-12所示。

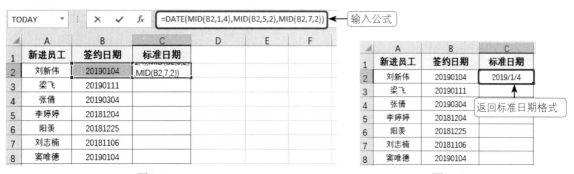

图5-11

图5-12

04 利用公式填充功能，即可依次将其他日期全部转换为标准日期格式，如图5-13所示。

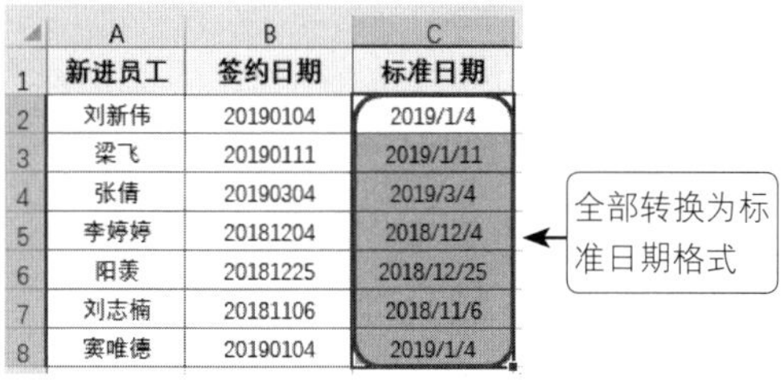

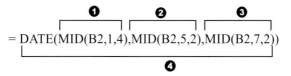

图5-13

公式解析：

$$= DATE(\underbrace{MID(B2,1,4)}_{\textcircled{1}},\underbrace{MID(B2,5,2)}_{\textcircled{2}},\underbrace{MID(B2,7,2)}_{\textcircled{3}})$$

❶使用MID函数从第一位数据开始提取，共提取4位，即2019。

121

❷ MID函数从第5位开始提取，共提取2位，即01。

❸ MID函数从第7位开始提取，共提取2位，即04。

❹ 使用DATE函数将❶步、❷步、❸步的返回结果构建为一个标准日期，即2019/1/4。

实战实例2：合并年月日并得到完整日期

本例表格统计了员工的出生年月日，要求将这些数据合并为规范的出生日期。

01 打开下载文件中的"素材\第5章\5.1\合并年月日得到完整日期.xlsx"文件，如图5-14所示。

02 将光标定位在E2单元格中，输入公式：=DATE(A2,B2,C2)，如图5-15所示。

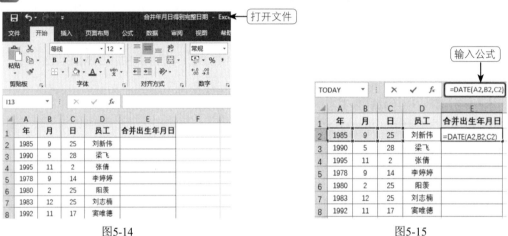

图5-14　　　　　　　　　　　　　　　图5-15

03 按【Enter】键，即可将第一位员工的出生年月日合并为规范的出生日期，如图5-16所示。

04 利用公式填充功能，即可将其他员工的出生年月日合并为规范的出生日期，如图5-17所示。

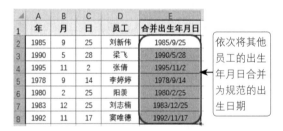

图5-16　　　　　　　　　　　　　　　图5-17

5.1.3　TIME：构建标准时间

函数功能： TIME函数表示返回某一时间的小数值。

函数语法： TIME(hour, minute, second)

参数解析：

● hour：表示 0~23 之间的数值，代表小时。

● minute：表示 0~59 之间的数值，代表分钟。

● second：表示 0~59 之间的数值，代表秒。

实战实例：计算促销商品的结束时间

假设商店要对某些产品进行促销活动，虽然开始时间不同，但促销时间都是5小时30分，利用时间函数求出每个促销商品的结束时间。

01 打开下载文件中的"素材\第5章\5.1\计算促销商品的结束时间.xlsx"文件，如图5-18所示。

02 将光标定位在C2单元格中，输入公式：=B2+TIME(5,30,0)，如图5-19所示。

图5-18   图5-19

03 按【Enter】键，即可计算出第一种促销商品的结束时间，如图5-20所示。

04 利用公式填充功能，即可依次计算出其他促销商品的结束时间，如图5-21所示。

图5-20   图5-21

公式解析：

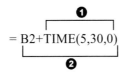

= B2+TIME(5,30,0)

❶ 使用TIME函数将"5""30""0"三个数字转换为"5:30:00"这个时间格式（注意实际运算时是先转换为小数值再进行计算的。）

❷ 最后使用B2单元格中的促销时间加上❶步中的数值得到最终的结束时间。

5.1.4　YEAR：返回某日期中的年份值

函数功能： YEAR函数用于返回某日期对应的年份，返回值为1900～9999之间的整数。

函数语法： YEAR(serial_number)

参数解析：

- serial_number：表示要查找的年份的日期值。可以使用DATE函数输入日期，也可以将日期作为其他公式或函数的结果输入。

实战实例：计算员工年龄

表格中记录了员工的出生日期，要根据出生日期计算出员工的年龄，可以使用YEAR函数配合TODAY函数来设计公式。

01 打开下载文件中的"素材\第5章\5.1\计算员工年龄.xlsx"文件，如图5-22所示。

图5-22

02 将光标定位在D2单元格中，输入公式：=YEAR(TODAY( ))-YEAR(C2)，如图5-23所示。

03 按【Enter】键，即可计算出第一位员工的年龄（默认的是一个日期值，后面需要转换为"常规"格式），如图5-24所示。

图5-23

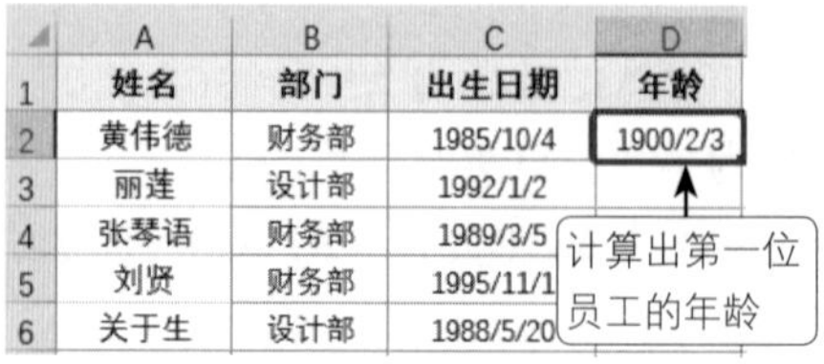

图5-24

04 选中D2单元格，在"开始"选项卡的"数字"组中单击"数字格式"下拉按钮，在打开的下拉列表中单击"常规"命令，如图5-25所示，即可返回具体的年龄值。

05 利用公式填充功能，即可计算出其他员工的年龄，如图5-26所示。

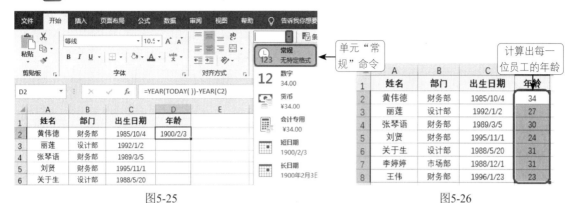

图5-25

图5-26

公式解析：

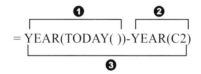

= YEAR(TODAY( ))-YEAR(C2)

❶ 使用TODAY函数返回当前日期，再使用YEAR函数返回其年份。

❷ 使用YEAR函数从C2单元格的日期中提取年份。

❸ 将❶步的年份减去❷步的年份即得到年龄。

5.1.5 MONTH：返回某日期中的月份值

函数功能：MONTH函数表示返回以序列号表示的日期中的月份。月份是介于1（一月）至12月（十二月）之间的整数。

函数语法：MONTH(serial_number)

参数解析：

● serial_number：要查找的月份日期，应用 DATE 函数输入日期，或者将日期作为其他公式或函数的结果输入。

实战实例1：判断员工是否是本月过生日

本例表格中统计了员工的出生日期，要求通过公式判断哪些员工是在本月过生日。

01 打开下载文件中的"素材\第5章\5.1\判断员工是否是本月过生日.xlsx"文件，如图5-27所示。

02 将光标定位在单元格C2中，输入公式：=IF(MONTH(B2)=MONTH(TODAY()),"本月生日", ""),如图5-28所示。

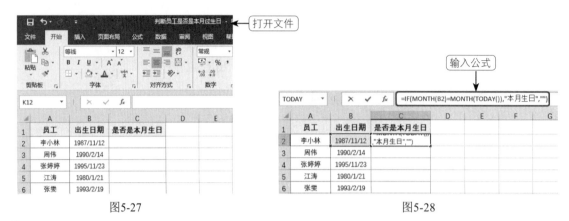

图5-27   图5-28

03 按【Enter】键，即可判断出本月过生日的员工，如图5-29所示。

04 利用公式填充功能，即可依次判断出其他员工是否是本月过生日，如图5-30所示。

图5-29   图5-30

公式解析：

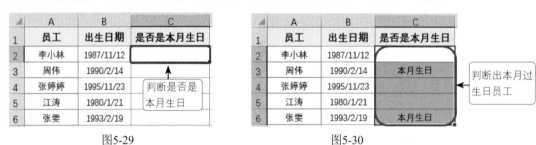

$$= IF(MONTH(B2)=MONTH(TODAY()),"本月生日","")$$

❶ MONTH函数提取B2单元格中日期的月份数，即11。

❷ MONTH函数提取当前日期的月份数，即2。

❸ 最后使用IF函数判断当❶步与❷步结果相等时返回"本月生日"文字，否则返回空值。

实战实例2：统计指定月份的总入库量

本例表格按照入库日期统计了仓库产品的入库数量，要求根据日期统计指定月份的入库总量。

01 打开下载文件中的"素材\第5章\5.1\统计指定月份的总入库量.xlsx"文件，如图5-31所示。

日期	经办人	入库量		月份	总入库量
2019/1/5	李潇潇	599		2	
2019/5/14	张涛	702			
2019/2/7	张涛	701			
2019/2/18	张涛	659			
2019/2/1	蒋婷	498			
2019/1/10	蒋婷	559			
2019/4/11	李潇潇	550			
2019/2/12	张涛	502			
2019/1/13	李潇潇	605			
2019/3/6	蒋婷	642			
2019/5/15	李潇潇	578			
2019/6/8	蒋婷	695			
2019/1/17	李潇潇	700			
2019/3/18	张涛	590			
2019/2/19	蒋婷	498			

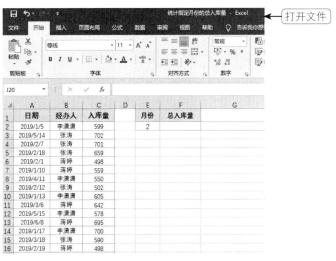

图5-31

02 将光标定位在F2单元格中，输入公式：=SUM(IF(MONTH(A2:A16)=E2,C2:C16))，如图5-32所示。

03 按【Ctrl+Shift+Enter】组合键，即可统计出2月份的总入库量，如图5-33所示。

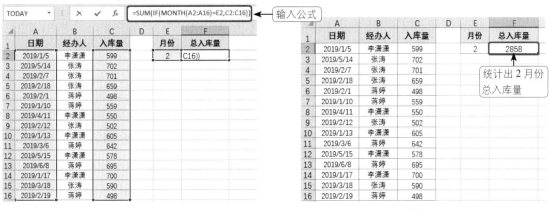

日期	经办人	入库量		月份	总入库量
2019/1/5	李潇潇	599		2	C16))
2019/5/14	张涛	702			
2019/2/7	张涛	701			
2019/2/18	张涛	659			
2019/2/1	蒋婷	498			
2019/1/10	蒋婷	559			
2019/4/11	李潇潇	550			
2019/2/12	张涛	502			
2019/1/13	李潇潇	605			
2019/3/6	蒋婷	642			
2019/5/15	李潇潇	578			
2019/6/8	蒋婷	695			
2019/1/17	李潇潇	700			
2019/3/18	张涛	590			
2019/2/19	蒋婷	498			

图5-32

日期	经办人	入库量		月份	总入库量
2019/1/5	李潇潇	599		2	2858
2019/5/14	张涛	702			
2019/2/7	张涛	701			
2019/2/18	张涛	659			
2019/2/1	蒋婷	498			
2019/1/10	蒋婷	559			
2019/4/11	李潇潇	550			
2019/2/12	张涛	502			
2019/1/13	李潇潇	605			
2019/3/6	蒋婷	642			
2019/5/15	李潇潇	578			
2019/6/8	蒋婷	695			
2019/1/17	李潇潇	700			
2019/3/18	张涛	590			
2019/2/19	蒋婷	498			

图5-33

04 将公式中的E2修改为E1，即可统计出1月份的总入库量，如图5-34所示。

日期	经办人	入库量		月份	总入库量
2019/1/5	李潇潇	599		1	2463
2019/5/14	张涛	702			
2019/2/7	张涛	701			
2019/2/18	张涛	659			
2019/2/1	蒋婷	498			
2019/1/10	蒋婷	559			
2019/4/11	李潇潇	550			
2019/2/12	张涛	502			
2019/1/13	李潇潇	605			
2019/3/6	蒋婷	642			
2019/5/15	李潇潇	578			
2019/6/8	蒋婷	695			
2019/1/17	李潇潇	700			
2019/3/18	张涛	590			
2019/2/19	蒋婷	498			

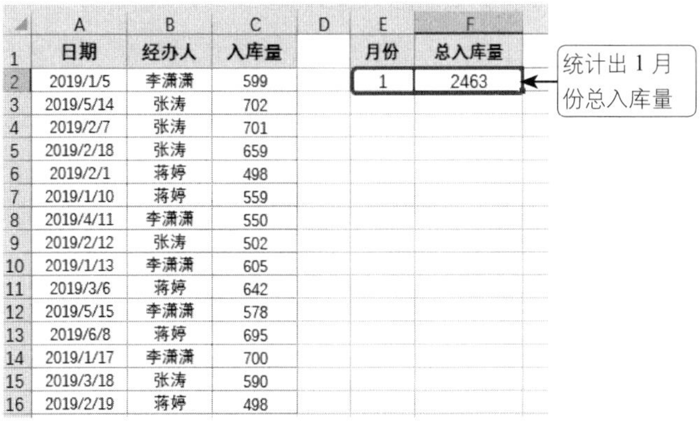

图5-34

公式解析：

$$=SUM(IF(MONTH(A2:A16)=E2,C2:C16))$$

❶ 依次提取A2:A16单元格区域中各日期的月份数，并依次判断是否等于E2中的2月份，如果是则返回TRUE，否则返回FALSE，返回的是一个数组，即{FALSE, FALSE, TRUE, TRUE, TRUE, FALSE, FALSE, TRUE, FALSE, FALSE, FALSE, FALSE, FALSE, FALSE, TRUE}。

❷ 将❶步数组中的TRUE值对应在C2:C16单元格区域上取值，返回一个数组，即{701,659,498,502,498}。

❸ 对❷步中的数组进行求和运算，即701+659+498+502+498=2858。

5.1.6 DAY：返回以序列号表示的某日期中的天数

函数功能：DAY 函数用于返回以序列号表示的某日期的天数，并用整数1~31表示。
函数语法：DAY(serial_number)
参数解析：

● serial_number：表示要查找的那一天的日期。

实战实例：按本月缺勤天数计算缺勤扣款金额

某企业招聘了一批临时工，月工资为3500元。月末进行考勤统计时有多人出现缺勤情况，规定：缺勤工资按照月工资除以本月天数再乘以缺勤天数来计算。此时可以在公式中使用DAY 函数来返回本月天数并计算出应扣款金额。

01 打开下载文件中的"素材\第5章\5.1\按本月缺勤天数计算缺勤扣款.xlsx"文件，如图5-35所示。

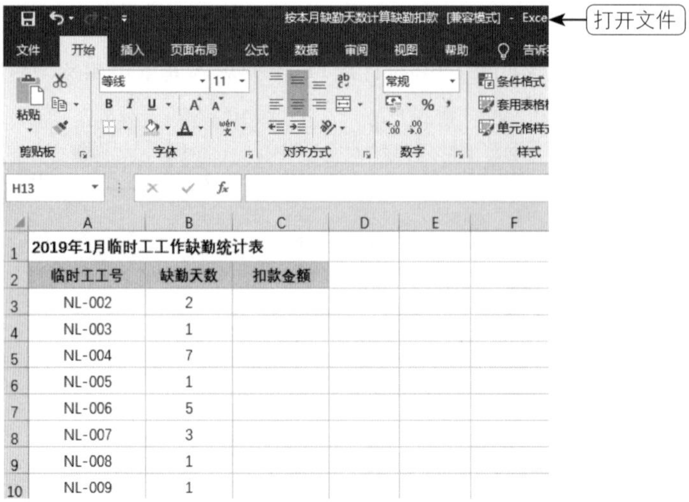

图5-35

02 将光标定位在C3单元格中，输入公式：=B3*(3500/(DAY(DATE(2019,1,0))))，如图5-36所示。

03 按【Enter】键，即可计算出第一位临时工的扣款金额，如图5-37所示。

图5-36   图5-37

04 利用公式填充功能，计算出其他临时工的扣款金额，如图5-38所示。

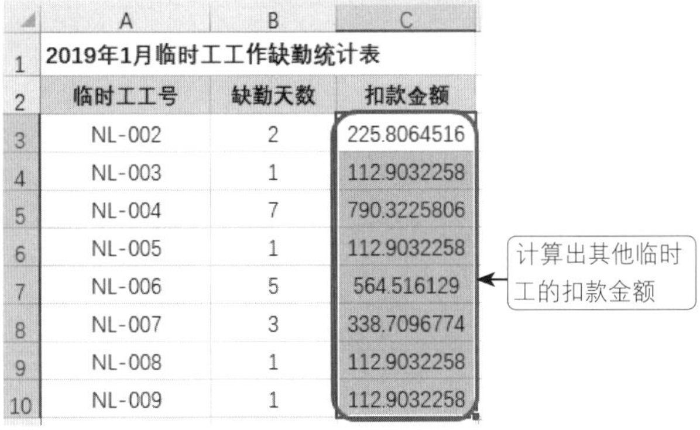

图5-38

公式解析：

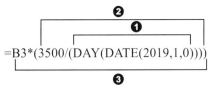

=B3*(3500/(DAY(DATE(2019,1,0))))

❶ 使用DATE函数将"2019,1,0"转换为日期序列，此日期是1月的第0天，其序列号为1月的最后一天，因为当你不确定前一个月的最后一天是30日还是31日时，可以使用下一个月的第0天来表示。

❷ 使用DAY函数从❶步结果中提取天数。

❸ 用3500除以当月天数为月平均工资，再将B3单元格中的缺勤天数乘以月平均工资，即总扣款金额。

5.1.7 EOMONTH：返回某个月份最后一天的序列号

函数功能：EOMONTH函数表示返回某个月份最后一天的序列号。可以用第二个参数来指定间隔月份数，也可以计算在特定月份中或间隔指定月份后最后一天的到期日。

函数语法：EOMONTH(start_date, months)

参数解析：

- start_date：表示开始的日期。使用 date 函数输入日期，或者将日期作为其他公式或函数的结果输入。
- months：表示 start_date 之前或之后的月份数。months 为正值时，将生成未来日期；为负值时，将生成过去日期，如果 months 不是整数，将截尾取整。

实战实例1：计算实习生转正日期

本例表格统计了实习生的实习开始日期和实习期，下面需要统计每一位实习生的实习结束日期，也就是转正日期。

01 打开下载文件中的"素材\第5章\5.1\计算实习生转正日期.xlsx"文件，如图5-39所示。

02 将光标定位在D2单元格中，输入公式：=EOMONTH(B2,C2)，如图5-40所示。

图5-39　　　　　　　　　　　　　　　　图5-40

03 按【Enter】键，即可计算出实习生"王辉"的实习结束日期，如图5-41所示。

04 利用公式填充功能，计算出其他实习生的实习结束日期，如图5-42所示。

图5-41　　　　　　　　　　　　　　　　图5-42

公式解析：

$$= EOMONTH(B2,C2)$$

返回的是B2单元格日期间隔C2单元格中指定月份后那一月最后一天的日期。

实战实例2：根据促销开始日期计算促销天数

某专卖店本月举行商品促销活动，各款商品活动的起始日期不同，但是其结束日期均为本月末。使用EOMONTH函数设置公式并分别计算各个活动产品的促销天数为多少天。

01 打开下载文件中的"素材\第5章\5.1\根据促销开始时间计算促销天数.xlsx"文件，如图5-43所示。

图5-43

02 将光标定位在C2单元格中，输入公式：=EOMONTH(B2,0)-B2，如图5-44所示。

03 按【Enter】键，即可计算出"保湿化妆水"产品的活动天数（默认的是一个日期值，后面需要转换为"常规"格式），如图5-45所示。

图5-44   图5-45

04 选中C2单元格，在"开始"选项卡的"数字"组中单击"数字格式"下拉按钮，在打开的下拉列表中单击"常规"命令，如图5-46所示，即可将日期值转换为正确的活动天数。

05 利用公式填充功能，即可计算出其他产品的促销活动天数（将日期值转换为"常规"格式），如图5-47所示。

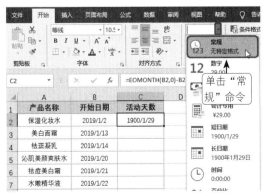

图5-46

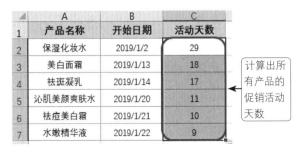

图5-47

131

公式解析：

$$= EOMONTH(B2,0)-B2$$

❶ 使用EOMONTH函数获取B2单元格中给定日期的本月的最后一天日期。

❷ 将❶步结果减去B2单元格中的日期，差值为活动天数。

5.1.8 WEEKDAY：返回日期对应的星期数

函数功能：WEEKDAY函数表示返回某日期为星期几。默认情况下，其值为 1（星期一）至7（星期日）之间的整数。

函数语法：WEEKDAY(serial_number,[return_type])

参数解析：

- serial_number：表示一个序列号，代表查找的那一天的日期。使用 DATE 函数输入日期，或者将日期作为其他公式或函数的结果输入。
- return_type：可选。用于确定返回值类型的数字。

实战实例1：判断加班日期是星期几

人事部门拟订了本月的加班表，现在需要根据加班日期表快速计算出这些日期对应的是星期几，可以使用WEEKDAY函数设置公式来计算结果。

01 打开下载文件中的"素材\第5章\5.1\判断加班日期是星期几.xlsx"文件，如图5-48所示。

02 将光标定位在C2单元格中，输入公式：=WEEKDAY(B2,2)，如图5-49所示。

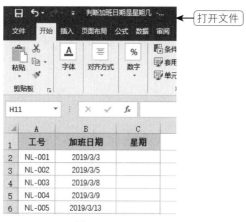

图5-48   图5-49

03 按【Enter】键，即可计算出工号为NL-001的加班日期是星期几，如图5-50所示。

04 利用公式填充功能，即可计算出其他工号的加班日期是星期几，如图5-51所示。

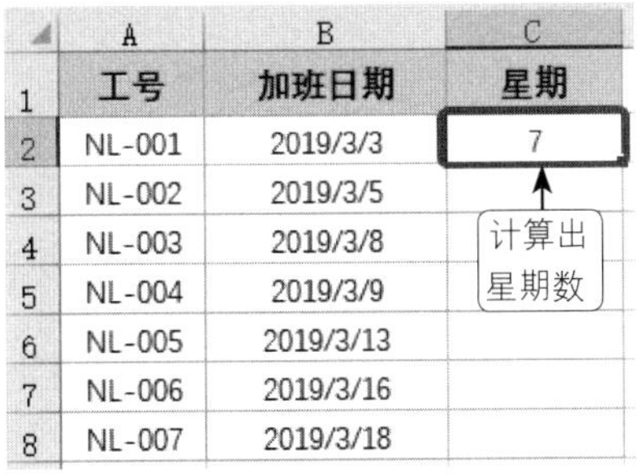

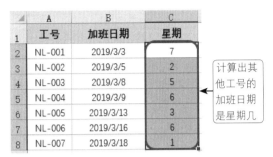

图5-50

图5-51

实战实例2：判断加班日期是工作日还是双休日

本例表格中统计了员工的加班日期，因为平时加班与双休日加班的补助费用有所不同，所以要根据加班日期判断各条加班记录是工作日加班还是双休日加班。

01 打开下载文件中的"素材\第5章\5.1\判断加班日期是工作日还是双休日.xlsx"文件，如图5-52所示。

图5-52

02 将光标定位在C2单元格中，输入公式：=IF(OR(WEEKDAY(A2,2)=6,WEEKDAY(A2,2)=7),"周末加班","工作日加班")，如图5-53所示。

| TODAY | ▼ | ：| × ✓ *fx* | =IF(OR(WEEKDAY(A2,2)=6,WEEKDAY(A2,2)=7),"周末加班","工作日加班") | 输入公式 |

	A	B	C	D	E	F	G	H	I
1	加班日期	加班人	加班类型						
2	2019/3/3	王婷婷	末工作加班")						
3	2019/3/5	李凯德							
4	2019/3/7	王辉							
5	2019/3/10	阳美							
6	2019/3/12	刘明明							
7	2019/3/15	李磊							
8	2019/3/18	韩梅梅							

图5-53

03 按【Enter】键，即可判断出第一位员工的加班类型，如图5-54所示。

04 利用公式填充功能，即可判断出其他员工加班类型，如图5-55所示。

	A	B	C
1	加班日期	加班人	加班类型
2	2019/3/3	王婷婷	周末加班
3	2019/3/5	李凯德	
4	2019/3/7	王辉	判断加班
5	2019/3/10	阳美	类型
6	2019/3/12	刘明明	
7	2019/3/15	李磊	
8	2019/3/18	韩梅梅	

图5-54

	A	B	C
1	加班日期	加班人	加班类型
2	2019/3/3	王婷婷	周末加班
3	2019/3/5	李凯德	工作日加班
4	2019/3/7	王辉	工作日加班
5	2019/3/10	阳美	周末加班
6	2019/3/12	刘明明	工作日加班
7	2019/3/15	李磊	工作日加班
8	2019/3/18	韩梅梅	工作日加班

依次判断出其他员工的加班类型

图5-55

公式解析：

= IF(OR(WEEKDAY(A2,2)=6,WEEKDAY(A2,2)=7),"周末加班","工作日加班")

❶ 使用WEEKDAY函数判断A2单元格中的星期数是否为6。

❷ 使用WEEKDAY函数判断A2单元格中的星期数是否为7。

❸ 使用OR函数判断当❶步与❷步结果有一个为真时，就返回"周末加班"，否则返回"工作日加班"。

5.1.9　HOUR：返回时间值的小时数

函数功能：HOUR函数表示返回时间值的小时数。

函数语法：HOUR(serial_number)

参数解析：

● serial_number：表示一个时间值，其中包含要查找的小时数。

实战实例：确定客户来访时间区间

本例表格记录了客户来访的具体时间，现在要求根据来访时间并显示时间区间。通过这种统计可以实现对某个时间段区域访问人数最多的统计分析。

01 打开下载文件中的"素材\第5章\5.1\确定客户来访时间的区间.xlsx"文件,如图5-56所示。

02 将光标定位在C2单元格中,输入公式:=HOUR(B2)&":00-"&HOUR(B2)+1&":00",如图5-57所示。

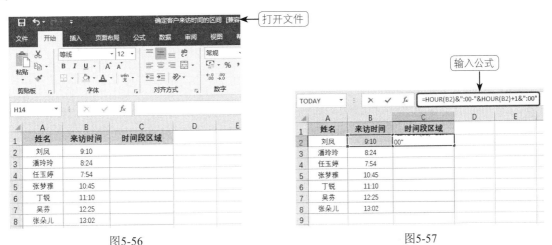

图5-56

图5-57

03 按【Enter】键,即可统计出第一个来访客户的时间段区域,如图5-58所示。

04 利用公式填充功能,即可统计出其他来访客户的时间段区域,如图5-59所示。

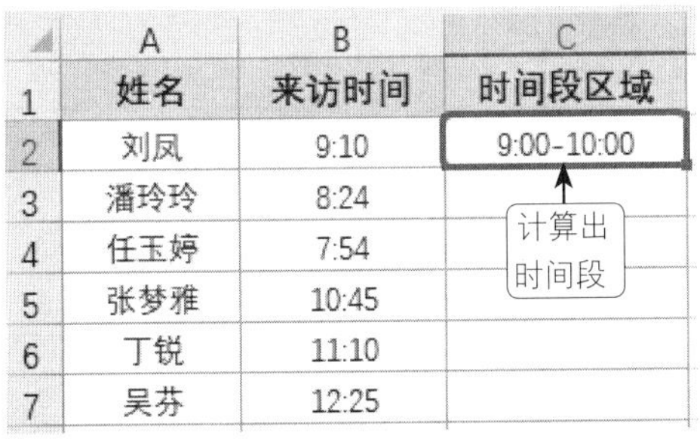

图5-58

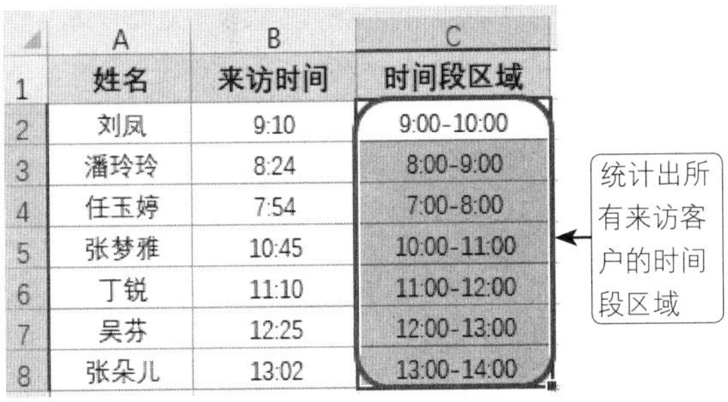

图5-59

公式解析:

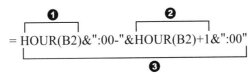

= HOUR(B2)&":00-"&HOUR(B2)+1&":00"

❶ 使用HOUR函数根据B2单元格中的时间提取小时数。

❷ 提取B2单元格中的小时数并加1,得出时间区间。

❸ 使用&符号将❶步和❷步中的两个时间之间用"-"进行连接,得到完整的时间段区域。

5.1.10 MINUTE:返回时间值的分钟数

函数功能:MINUTE函数表示返回时间值的分钟数。

函数语法：MINUTE(serial_number)

参数解析：

- serial_number：表示一个时间值，其中包含要查找的分钟数。

实战实例1：计算商品的促销用时（分钟数）

本例表格统计了各种促销商品促销的开始时间和结束时间，下面需要统计每种商品的总促销时间（转换为分钟数）。

01 打开下载文件中的"素材\第5章\5.1\计算商品的促销用时（分钟数）.xlsx"文件，如图5-60所示。

02 将光标定位在D2单元格中，输入公式：=(HOUR(C2)*60+MINUTE(C2))-(HOUR(B2)*60+MINUTE(B2))，如图5-61所示。

图5-60   图5-61

03 按【Enter】键，即可统计出第一个商品的促销分钟数，如图5-62所示。

04 利用公式填充功能，即可依次统计出其他商品的促销分钟数，如图5-63所示。

图5-62   图5-63

公式解析：

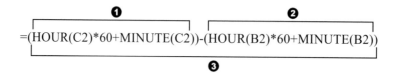

=(HOUR(C2)*60+MINUTE(C2))-(HOUR(B2)*60+MINUTE(B2))

❶ 使用HOUR函数提取C2单元格中的时间的小时数，再乘以60表示转换为分钟数，再与MINUTE函数提取的C2单元格中的分钟数相加，即11×60+22=682分钟。

❷ 使用HOUR函数提取B2单元格中的时间的小时数，再乘以60表示转换为分钟数，再与MINUTE函数提取的B2单元格中的分钟数相加，即10×60+12=612分钟。

❸ 将❶步结果减去❷步结果后为用时数，再转换为分钟数，即682-612=70分钟。

实战实例2：计算停车分钟数

本例表格中对某车库车辆的进入时间与驶出时间进行了记录，需要通过建立公式进行停车费的计算。计算标准为：以半小时为计费单位，不足半小时按半小时计算，每半小时停车费为4元。

01 打开下载文件中的"素材\第5章\5.1\计算停车分钟数.xlsx"文件，如图5-64所示。

图5-64

02 将光标定位在D2单元格中，输入公式：=HOUR(C2-B2)*60+MINUTE(C2-B2)，如图5-65所示。

03 按【Enter】键，即可统计出第一辆车的停车分钟数（默认的是一个时间值，后面需要转换为"常规"格式），如图5-66所示。

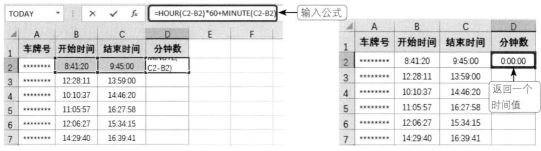

图5-65   图5-66

04 选中D2单元格，在"开始"选项卡的"数字"组中单击"数字格式"下拉按钮，在打开的下拉列表中单击"常规"命令，如图5-67所示，即可返回具体的天数。

05 利用公式填充功能，即可依次统计出其他车辆停车的分钟数，如图5-68所示。

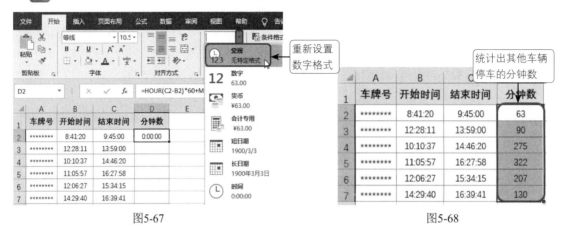

图5-67　　　　　　　　　　　　　　　　图5-68

公式解析：

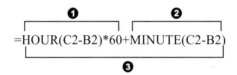

=HOUR(C2-B2)*60+MINUTE(C2-B2)

❶ 使用 HOUR函数计算C2和B2单元格中间隔的小时数，再乘以60转换为分钟数。

❷ 使用 MINUTE函数计算C2和B2单元格中间隔的分钟数。

❸ 将❶和❷得到的分钟数相加，即为停车总分钟数。

5.1.11　SECOND：返回时间值的秒数

函数功能： SECOND函数表示返回时间值的秒数。

函数语法： SECOND(serial_number)

参数解析：

- serial_number：表示一个时间值，其中包含要查找的秒数。

实战实例：计算比赛总秒数

假设某街道社区举办某项活动，表格中统计了每位参赛人员的比赛开始时间和结束时间，要求统计每位参赛人员的总耗时（秒数）。

01 打开下载文件中的"素材\第5章\5.1\计算比赛总秒数.xlsx"文件，如图5-69所示。

图5-69

02 将光标定位在D2单元格中，输入公式：=HOUR(C2-B2)*60*60+MINUTE(C2-B2)*60+SECOND (C2-B2)，如图5-70所示。

03 按【Enter】键，即可统计出参赛编号为001所对应的总秒数（默认的是一个时间值，需要转换为"常规"格式），如图5-71所示。

图5-70   图5-71

04 选中D2单元格，在"开始"选项卡的"数字"组中单击"数字格式"下拉按钮，在打开的下拉菜单中单击"常规"命令，如图5-72所示，即可返回总秒数数值。

05 利用公式填充功能，即可依次统计出其他参赛者总秒数，如图5-73所示。

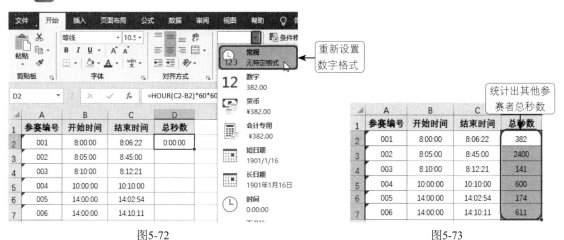

图5-72   图5-73

公式解析：

= HOUR(C2-B2)*60*60+MINUTE(C2-B2)*60+SECOND(C2-B2)

❶ 使用HOUR函数计算C2与B2单元格中时间的差值并返回小时数，再乘以60表示转换为秒数。

❷ 使用MINUTE函数计算C2与B2单元格中时间的差值并返回分钟数，再乘以60表示转换为秒数。

❸ 使用SECOND函数计算C2与B2单元格中时间的差值并返回秒数。

❹ 将❶步、❷步和❸步结果相加为最终运行秒数。

5.2
期间差

期间差计算就是两个日期间的差值，本节归纳的几个函数用于计算两个日期间的天数、两个日期间的工作日天数以及任意指定的两个日期间相差的年数、月数或天数。包括DAYS360、NETWORKDAYS、WORKDAY等函数，这些函数在日常财务数据运算中的使用也非常频繁。

5.2.1 DAYS360：返回两日期间相差的天数（按照一年 360 天的算法）

函数功能：DAYS360函数按照一年360天的算法（每个月以 30 天计，一年共计 12 个月），返回两日期间相差的天数，这在一些会计计算中将会用到。

函数语法：DAYS360(start_date,end_date,[method])

参数解析：

- start_date：表示计算期间天数的起始日期。
- end_date：表示计算期间天数的终止日期。如果 start_date 在 end_date 之后，则 DAYS360 函数将返回一个负数值。应使用 DATE 函数来输入日期，或者将日期作为其他公式或函数的结果输入。
- method：可选。一个逻辑值，它指定在计算中是采用欧洲方法还是美国方法。

实战实例1： 计算账龄

财务部门在进行账款统计时，根据借款日期和应还日期，需要计算出各项账款的账龄，使用DAYS360函数可完成此项计算。

01 打开下载文件中的“素材\第5章\5.2\计算账龄.xlsx”文件，如图5-74所示。

02 将光标定位在D2单元格中，输入公式：=DAYS360(B2,C2)，如图5-75所示。

图5-74   图5-75

03 按【Enter】键，即可计算出第一条借款记录的账龄，如图5-76所示。

04 利用公式填充功能，即可依次计算出其他借款记录的账龄，如图5-77所示。

图5-76   图5-77

实战实例2： 计算合同到期天数

本例表格统计了每一项合同的签订日期和周期，要求根据当前的时间计算出合同履约的到期剩余天数。

01 打开下载文件中的"素材\第5章\5.2\计算合同到期天数.xlsx"文件，如图5-78所示。

02 将光标定位在D2单元格中，输入公式：=DAYS360(TODAY(),B2+C2)，如图5-79所示。

图5-78   图5-79

[03] 按【Enter】键，即可计算出第一条合同的到期剩余天数，如图5-80所示。

[04] 利用公式填充功能，即可依次计算出其他合同的到期剩余天数，如图5-81所示。

图5-80　　　　　　　　　　　　　　图5-81

公式解析：

$$=DAYS360(TODAY(),B2+C2)$$

❶ 二者相加为借款的到期日期。

❷ 按照一年360天的算法计算当前日期与❶步返回结果间的差值。

5.2.2　NETWORKDAYS：计算某时段中的工作日天数

函数功能：NETWORKDAYS函数表示返回参数 start_date 和 end_date 之间完整的工作日数值。工作日不包括周末和专门指定的假期。可以使用NETWORKDAYS函数，根据某一特定时期内雇员的工作天数，计算其应得的报酬。

函数语法：NETWORKDAYS(start_date, end_date, [holidays])

参数解析：

- start_date：表示开始日期。
- end_date：表示结束日期。
- holidays：可选。不在工作日历中的一个或多个日期所构成的可选区域。

实战实例：计算临时工的实际工作天数

假设某企业在某一段时间聘用一批临时工，根据开始聘用日期与结束聘用日期计算出每位临时工的实际工作日天数，以方便对他们的工资进行核算。

[01] 打开下载文件中的"素材\第5章\5.2\计算临时工的实际工作天数.xlsx"文件，如图5-82所示。

[02] 将光标定位在D2单元格中，输入公式：=NETWORKDAYS (B2,C2,$F$2)，如图5-83所示。

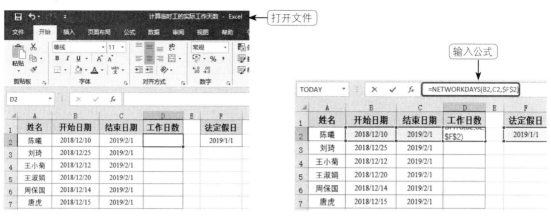

图5-82　　　　　　　　　　　　　图5-83

03 按【Enter】键，即可计算出第一位临时工的工作天数，如图5-84所示。

04 利用公式填充功能，即可依次计算出其他临时工的工作天数，如图5-85所示。

图5-84　　　　　　　　　　　　　图5-85

5.2.3 NETWORKDAYS.INTL 函数

函数功能： NETWORKDAYS.INTL函数表示返回两个日期之间的所有工作天数，使用参数指定哪些天是周末以及有多少天是周末。工作日不包括周末和专门指定的假日。

函数语法： NETWORKDAYS.INTL(start_date, end_date, [weekend], [holidays])

参数解析：

- start_date 和 end_date：表示要计算其差值的日期。start_date 可以早于，end_date 晚于或与它相同。

- weekend：表示介于 start_date 和 end_date 之间，但又不包括在所有工作天数中的周末日（表 5-1）。

- holidays：可选。表示要从工作日日历中排除的一个或多个日期。holidays 应是一个包含相关日期的单元格区域，或者是一个由表示这些日期的序列值构成的数组常量。holidays 中的日期或序列值的顺序可以是任意的。

表5-1

参数	函数返回值
1或省略	星期六、星期日
2	星期日、星期一
3	星期一、星期二
4	星期二、星期三
5	星期三、星期四
6	星期四、星期五
7	星期五、星期六
11	仅星期日
12	仅星期一
13	……

实战实例：计算临时工的实际工作天数（指定只有星期日为休息日）

沿用前面的例子，要求根据临时工的开始工作日期与结束日期计算出工作天数，要求指定每周只有周日一天为休息日，此时可以使用NETWORKDAYS.INTL函数来建立公式。

01 打开下载文件中的"素材\第5章\5.2\计算临时工的实际工作天数（指定只有星期日为休息日）.xlsx"文件，如图5-86所示。

02 将光标定位在D2单元格中，输入公式：=NETWORKDAYS.INTL(B2,C2,11,$F$2)，如图5-87所示。

图5-86　　　　　　　　　　　　　　　　图5-87

03 按【Enter】键，即可计算出第一位临时工的工作天数，如图5-88所示。

04 利用公式填充功能，即可依次计算出其他临时工的工作天数，如图5-89所示。

图5-88　　　　　　　　　　　　　　图5-89

公式解析：

$$= NETWORKDAYS.INTL(B2,C2, 11,\$F\$2)$$

以B2单元格日期为起始日期，以C2单元格日期为结束日期计算期间的工作天数。这期间指定仅周日为休息日，并排除F2单元格的节假日日期。

5.2.4　WORKDAY：根据起始日期计算出指定工作日之后的日期

函数功能： WORKDAY函数表示返回在某日期（起始日期）之前或之后、与该日期相隔指定工作日的日期值。工作日不包括周末和专门指定的假日。

函数语法： WORKDAY(start_date, days, [holidays])

参数解析：

- start_date：表示开始日期。
- days：表示 start_date 之前或之后不含周末及节假日的天数。days 为正值时将生成未来日期；为负值时将生成过去日期。
- holidays：可选。一个可选列表，其中包含需要从工作日历中排除的一个或多个日期。

实战实例：计算工程的竣工日期

本例表格统计了公司本月所有项目的开工日期和竣工日期，要求根据这两项数据计算出每一项工程的竣工日期，可使用WORKDAY函数计算。

01 打开下载文件中的 "素材\第5章\5.2\计算工程的竣工日期.xlsx" 文件，如图5-90所示。

02 将光标定位在D2单元格中，输入公式：=WORKDAY(B2,C2)，如图5-91所示。

03 按【Enter】键，即可计算出第一个项目的竣工日期，如图5-92所示。

04 利用公式填充功能，即可依次计算出其他项目的竣工日期，如图5-93所示。

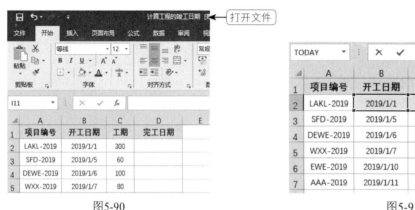

图5-90

图5-91

图5-92

图5-93

5.2.5 WORKDAY.INTL 函数

函数功能：WORKDAY.INTL函数返回指定的若干个工作日之前或之后的日期序列号（使用自定义周末参数）。周末参数是指周末有几天以及是哪几天，工作日不包括周末和专门指定的假日。

函数语法：WORKDAY.INTL(start_date, days, [weekend], [holidays])

参数解析：

- start_date：表示开始日期（将被截尾取整）。
- days：表示 start_date 之前或之后的工作日的天数。
- weekend：可选。指一周中属于周末的日子和不作为工作日的日子（见表 5-2）。
- holidays：可选。一个可选列表，其中包含需要从工作日历中排除的一个或多个日期。

表5-2

参数	函数返回值
1或省略	星期六、星期日
2	星期日、星期一
3	星期一、星期二
4	星期二、星期三
5	星期三、星期四
6	星期四、星期五
7	星期五、星期六
11	仅星期日
12	仅星期一
13	……

实战实例：根据项目各流程所需工作日计算项目结束日期

一个项目的完成在各个流程上需要一定的工作天数，并且该企业约定每周只有周日为休息日，周六算正常工作日。要求根据整个流程计算项目的大概结束日期。

01 打开下载文件中的"素材\第5章\5.2\根据项目各流程所需要工作日计算项目结束日期.xlsx"文件，如图5-94所示。

02 将光标定位在C3单元格中，输入公式：=WORKDAY.INTL(C2,B3,11,$E$2:$E$4)，如图5-95所示。

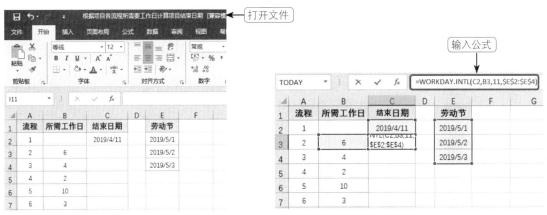

图5-94   图5-95

03 按【Enter】键，即可计算出第一个流程的结束日期，如图5-96所示。

04 利用公式填充功能，即可依次计算出其他流程的结束日期，如图5-97所示。

图5-96 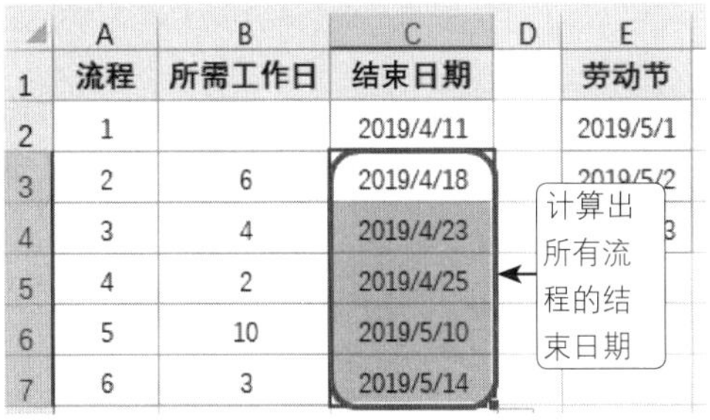   图5-97

公式解析：

$$=WORKDAY.INTL(C2,B3,11,\$E\$2:\$E\$4)$$

以C2单元格为起始日期，间隔B3单元格为指定天数后的日期，这期间指定仅周日为休息日，并排除E2:E4单元格区域的节假日日期。

5.2.6 ISOWEEKNUM：返回日期的 ISO 周数

函数功能：ISOWEEKNUM函数表示返回给定日期在全年中的 ISO 周数。

函数语法：ISOWEEKNUM(date)

参数解析：

● date：必需。日期是用于计算的日期 - 时间代码。

实战实例：判断项目开工日期位于第几周

本例表格沿用了5.2.4小节中的实战实例，要求根据项目开工日期统计开工时间是当前月份的第几周。

01 打开下载文件中的"素材\第5章\5.2\判断项目开工日期位于第几周.xlsx"文件，如图5-98所示。

02 将光标定位在C2单元格中，输入公式：=ISOWEEKNUM(B2)，如图5-99所示。

图5-98　　　　　　　　　　　　　　　图5-99

03 按【Enter】键，即可计算出第一个项目的开工日期位于2019年的第2周，如图5-100所示。

04 利用公式填充功能，即可依次计算出其他项目开工日期位于2019年的第几周，如图5-101所示。

图5-100 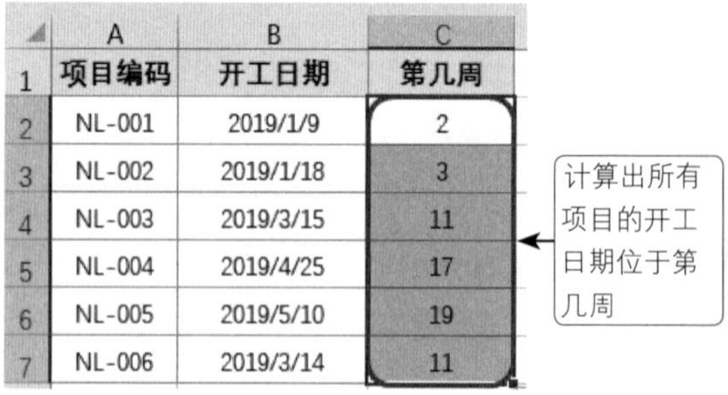　　　　　　　　　　　　　　　图5-101

5.2.7　EDATE：计算出间隔指定月份数后的日期

函数功能：EDATE函数表示某个日期的序列号，该日期与指定日期（start_date）相隔（之前或之后）指示的月份数。

函数语法：EDATE(start_date, months)

参数解析：

- start_date：表示开始日期。使用 date 函数输入日期，或者将日期作为其他公式或函数的结果输入。
- months：表示 start_date 之前或之后的月份数。months 为正值时将生成未来日期，为负值时将生成过去日期。

实战实例1：计算食品过期日期

本例表格统计了便利店内所有食品的生产日期和保质期，要求计算出所有食品的过期日期。

01 打开下载文件中的“素材\第5章\5.2\计算食品过期日期.xlsx”文件，如图5-102所示。

02 将光标定位在D2单元格中，输入公式：=EDATE(B2,C2)，如图5-103所示。

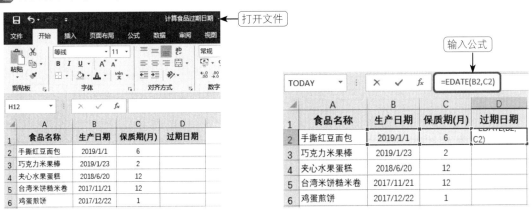

	A	B	C	D
1	食品名称	生产日期	保质期(月)	过期日期
2	手撕红豆面包	2019/1/1	6	
3	巧克力米果棒	2019/1/23	2	
4	夹心水果蛋糕	2018/6/20	12	
5	台湾米饼糙米卷	2017/11/21	12	
6	鸡蛋煎饼	2017/12/22	1	

图5-102

	A	B	C	D
1	食品名称	生产日期	保质期(月)	过期日期
2	手撕红豆面包	2019/1/1	6	C2)
3	巧克力米果棒	2019/1/23	2	
4	夹心水果蛋糕	2018/6/20	12	
5	台湾米饼糙米卷	2017/11/21	12	
6	鸡蛋煎饼	2017/12/22	1	

图5-103

03 按【Enter】键，即可计算出第一种食品的过期日期，如图5-104所示。

04 利用公式填充功能，即可依次计算出所有食品的过期日期，如图5-105所示。

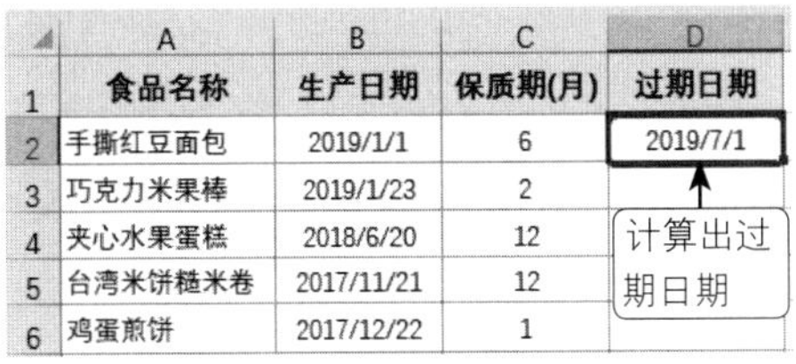

	A	B	C	D
1	食品名称	生产日期	保质期(月)	过期日期
2	手撕红豆面包	2019/1/1	6	2019/7/1
3	巧克力米果棒	2019/1/23	2	
4	夹心水果蛋糕	2018/6/20	12	
5	台湾米饼糙米卷	2017/11/21	12	
6	鸡蛋煎饼	2017/12/22	1	

图5-104

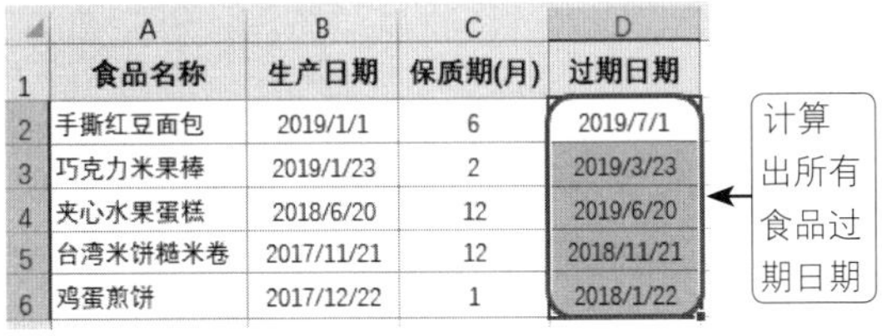

	A	B	C	D
1	食品名称	生产日期	保质期(月)	过期日期
2	手撕红豆面包	2019/1/1	6	2019/7/1
3	巧克力米果棒	2019/1/23	2	2019/3/23
4	夹心水果蛋糕	2018/6/20	12	2019/6/20
5	台湾米饼糙米卷	2017/11/21	12	2018/11/21
6	鸡蛋煎饼	2017/12/22	1	2018/1/22

图5-105

实战实例2：计算员工退休日期

本例表格统计了员工的出生日期，要求根据出生日期统计出员工退休日期，这里假设：男性退休年龄为65周岁，女性退休年龄为60周岁。

01 打开下载文件中的"素材\第5章\5.2\计算员工退休日期.xlsx"文件，如图5-106所示。

02 将光标定位在D2单元格中，输入公式：=IF(B2="男",EDATE(C2,65*12),EDATE(C2,60*12))，如图5-107所示。

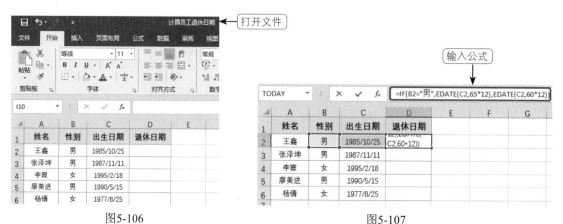

图5-106　　　　　　　　　　　　　　　　图5-107

03 按【Enter】键，即可计算出第一名员工"王鑫"的退休日期，如图5-108所示。

04 利用公式填充功能，即可依次计算出其他员工的退休日期，如图5-109所示。

图5-108　　　　　　　　　　　　　　　　图5-109

5.3
文本日期与文本时间的转换

由于数据的来源不同，日期与时间在表格中表现为不规则的文本格式是很常见的，当日期或时间不是标准格式时将无法进行数据计算，此时可以使用DATEVALUE与TIMEVALUE两个函数进行文本日期与文本时间的转换。

5.3.1　DATEVALUE：将文本日期转换为可计算的日期序列号

函数功能： DATEVALUE函数可将存储为文本的日期转换为可识别的日期序列号。

函数语法： DATEVALUE(date_text)

参数解析：

● date_text：表示日期格式的文本，或者日期格式文本所在单元格的单元格引用。

实战实例：计算商品促销天数

假设某商场对一些商品进行促销活动，每种促销商品的开始日期不同，但结束日期都为2019年5月31日，现在要计算出各商品的促销天数。可以使用DATEVALUE函数指定日期（也就是不变的促销结束日期），具体操作如下。

01 打开下载文件中的"素材\第5章\5.3\计算商品促销天数.xlsx"文件，如图5-110所示。

图5-110

02 将光标定位在C2单元格中，输入公式：=DATEVALUE("2019-5-31")-B2，如图5-111所示。

03 按【Enter】键，即可计算出第一个商品的促销天数（默认的是一个日期值，需要转换为"常规"格式），如图5-112所示。

图5-111　　　　　　　　　　　　图5-112

04 选中C2单元格，在"开始"选项卡的"数字"组中单击"数字格式"下拉按钮，在打开的下拉菜单中单击"常规"命令，如图5-113所示，即可返回具体的天数。

05 利用公式填充功能，即可计算出其他商品的促销天数，如图5-114所示。

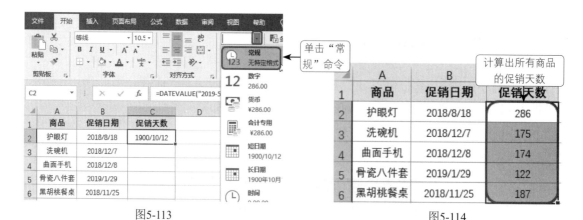

图5-113

图5-114

公式解析：

$$=DATEVALUE("2019-5-31")-B2$$

使用DATEVALUE函数将"2019-5-31"日期转换为日期对应的序列号。

5.3.2 TIMEVALUE：将文本时间转换为可计算的小数值

函数功能：TIMEVALUE函数可将存储为文本的时间转换为可识别的时间对应的小数值。

函数语法：TIMEVALUE(time_text)

参数解析：

● time_text：表示一个时间格式的文本字符串，或者时间格式文本字符串所在的单元格的单元格引用（例如，代表时间的具有引号的文本字符串 "6:45 AM" 和 "18:45 PM"）。

实战实例：根据下班打卡时间计算加班时长

表格中记录了企业某几名员工的下班打卡时间，正常下班时间为18:00分，根据下班打卡时间可以计算出几位员工的加班时长。由于下班打卡时间是文本形式的，因此在进行时间计算时需要使用TIMEVALUE函数来转换。

01 打开下载文件中的"素材\第5章\5.3\根据下班打卡时间计算加班时长.xlsx"文件，如图5-115所示。

02 将光标定位在C2单元格中，输入公式：=TIMEVALUE(B2)-TIMEVALUE("18:00")，如图5-116所示。

03 按【Enter】键，即可计算出第一位员工的加班时长，计算出的值是小数值，如图5-117所示。

04 在"开始"选项卡的"数字"组中单击 按钮，打开"设置单元格格式"对话框。在"分类"列表中选择"时间"，在"类型"列表中单击"13时30分"命令，如图5-118所示。单击"确定"按钮返回，此时可以看到已经转换为正确的时间格式，如图5-119所示。

05 利用公式填充功能，即可计算出所有员工的加班时长，如图5-120所示。

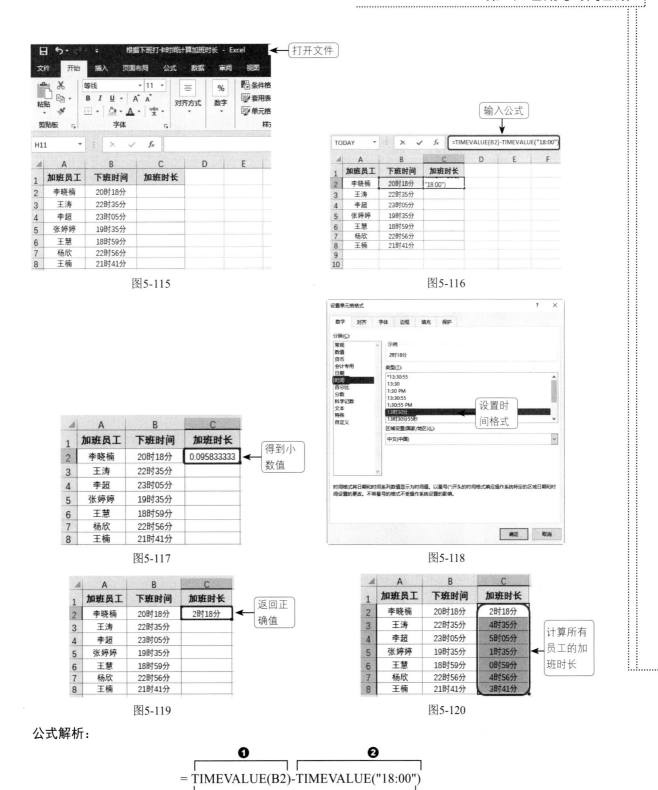

图5-115

图5-116

图5-117

图5-118

图5-119

图5-120

公式解析:

$$= \underset{❸}{\underbrace{\underset{❶}{\underbrace{\text{TIMEVALUE(B2)}}} - \underset{❷}{\underbrace{\text{TIMEVALUE("18:00")}}}}}$$

❶ 使用TIMEVALUE函数将B2单元格的时间转换为标准时间值(时间对应的小数)。

❷ 使用TIMEVALUE函数将"18:00"转换为时间值对应的小数值。

❸ 计算❶步和❷步的时间差,即为加班时间。

06

第 6 章
数学函数

本章概述 »»»»»»»»»»»»»»»»
※ 数学函数主要用于数据计算的处理。
※ Excel中的SUM、SUMIF、SUMPRODUCT等函数在日常计算中使用率较高。

学习要点 »»»»»»»»»»»»»»»»
※ 掌握常用数据计算函数的使用。
※ 掌握舍入函数的使用。
※ 掌握随机数函数的使用。

学习功能 »»»»»»»»»»»»»»»»»
※ 数据计算函数：SUM函数、SUMIF函数、SUMIFS函数、PRODUCT函数、SUMPRODUCT函数等。
※ 舍入函数：INT函数、ROUND函数、ROUNDUP函数、ROUNDDOWN函数、MROUND函数、EVEN函数、ODD函数等。
※ 随机数函数：RAND函数和RANDBETWEEN函数。

6.1

数据计算函数

数据计算函数主要用于日常表格中的数据求和、参数乘积等运算。求和运算可以对任意数据区域快速求和，如果要对满足单个或多个条件的数据求和，还可以使用SUMIF函数和SUMIFS函数。而SUMPRODUCT函数可以求出数组间对应的元素乘积的和，利用此函数还可以实现按条件求和运算与按条件计数统计。这些函数都是Excel中较为重要的函数。

6.1.1 SUM：求和

函数功能： SUM 函数用于将指定为参数的所有数字相加。每个参数都可以是区域、单元格引用、数组、常量、公式或另一个函数的结果。

函数语法： SUM(number1,[number2],...)

参数解析：

- number1：必需。想要相加的第一个数值参数。
- number2,...：可选。想要相加的 2 ~ 255 个数值参数。

实战实例1：统计总营业额

本例表格统计了某一段日期商店的每日营业额，现在需要统计出该段日期总营业额。

01 打开下载文件中的"素材\第6章\6.1\统计总营业额.xlsx"文件，如图6-1所示。

02 将光标定位在B16单元格中，输入公式：=SUM(B2:B15)，如图6-2所示。

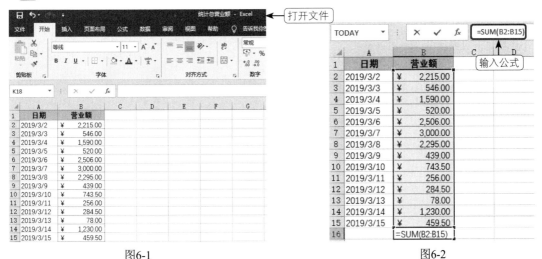

图6-1   图6-2

03 按【Enter】键，即可计算出总营业额，如图6-3所示。

图6-3

实战实例2：统计总销售额

某商店记录了产品的单价和销售数量，常规的方法是计算每种产品的销售额，再将其相加。而SUM函数可以应用数组公式一次性计算每组数据的乘积再相加。

01 打开下载文件中的"素材\第6章\6.1\统计总销售额.xlsx"文件，如图6-4所示。

02 将光标定位在C6单元格中，输入公式：=SUM(B2:B5*C2:C5)，如图6-5所示。

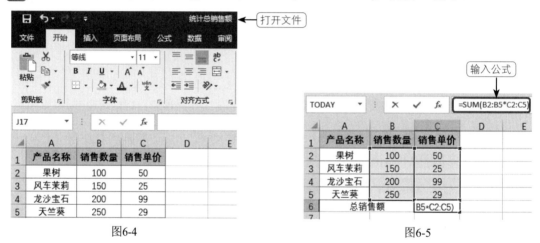

图6-4　　　　　　　　　　　　　　　　　图6-5

03 按【Ctrl+Shift+Enter】组合键，即可计算出总销售额，如图6-6所示。

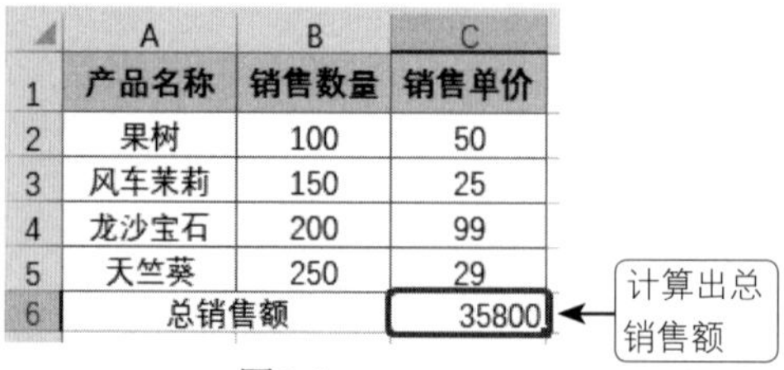

	A	B	C
1	产品名称	销售数量	销售单价
2	果树	100	50
3	风车茉莉	150	25
4	龙沙宝石	200	99
5	天竺葵	250	29
6	总销售额		35800

计算出总销售额

图6-6

公式解析：

$$= SUM(B2:B5*C2:C5)$$

这是数组公式，执行的运算是将B2:B5单元格区域和C2:C5单元格区域中的值进行一对一的相乘计算，得到每一个产品的销售金额，然后对其进行求和运算。

实战实例3：统计产品A的总入库量

本例表格中统计了各种产品的入库量，下面需要将产品A的总入库量统计出来。SUM函数可以使用数组公式对满足指定条件的数据求和。

01 打开下载文件中的"素材\第6章\6.1\统计产品A的总入库量.xlsx"文件，如图6-7所示。

02 将光标定位在E2单元格中，输入公式：=SUM((B2:B10="A")*(C2:C10))，如图6-8所示。

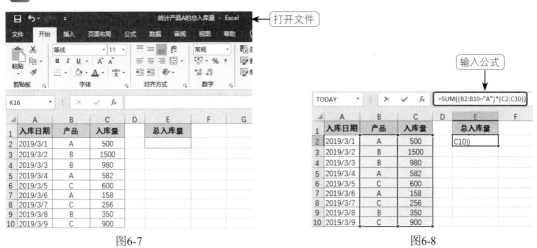

图6-7　　　　　　　　　　　　　　　　图6-8

03 按【Ctrl+Shift+Enter】组合键，即可统计出产品A的总入库量，如图6-9所示。

图6-9

公式解析：

$$=SUM((B2:B10= "A")*(C2:C10))$$

❶ 判断B2:B10中的产品名称是否为 "A"。

❷ 将❶步中的产品A对应在C2:C10中的入库量并求和。

6.1.2　SUMIF：根据指定条件对若干单元格求和

函数功能：SUMIF 函数可以对区域（区域：工作表上的两个或多个单元格，区域中的单元格可以相邻或不相邻）中符合指定条件的值求和。

函数语法：SUMIF(range, criteria, [sum_range])

参数解析：

- range：必需。用于条件计算的单元格区域。每个区域中的单元格都必须是数字或名称、数组或包含数字的引用。空值和文本值将被忽略。
- criteria：必需。用于确定对哪些单元格求和的条件，其形式可以为数字、表达式、单元格引用、文本或函数。
- sum_range：表示根据条件判断的结果要进行计算的单元格区域。如果 sum_range 参数被省略，那么将对 range 参数中指定的单元格区域中符合条件的单元格进行求和。

实战实例1：统计指定部门的费用支出总额

本例表格统计了公司各部门的费用支出额，要求分别统计各部门的费用支出总额。这里涉及对满足指定条件区域的数据求和，使用SUMIF函数来实现。

01 打开下载文件中的"素材\第6章\6.1\统计指定部门的费用支出总额.xlsx"文件，如图6-10所示。

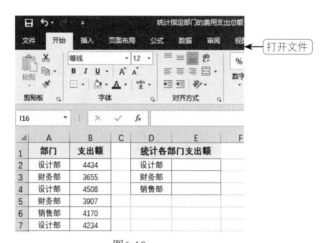

图6-10

02 将光标定位在E2单元格中，输入公式：=SUMIF($A$2:$A$7,D2,$B$2:$B$7)，如图6-11所示。

03 按【Enter】键，即可计算出设计部的支出总额，如图6-12所示。

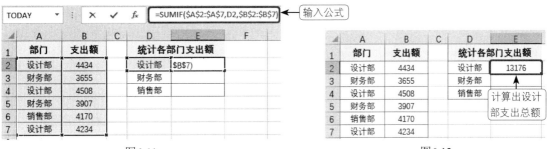

图6-11　　　　　　　　　　　　　　　　　　　图6-12

04 利用公式填充功能，即可依次计算出其他部门的费用支出总额，如图6-13所示。

图6-13

公式解析：

=SUMIF($A$2:$A$7,D2,$B$2:$B$7)

❶ 依次判断A2:A7区域中的部门是否是D2单元格中的"设计部"。

❷ 将❶步中找到的单元格对应于B2:B7区域中的值进行求和运算。

实战实例2：统计某个时段的销售业绩总金额

本例表格统计了当月的销售记录。现在需要统计出前半月和后半月的销售总额（范例只列举部分数据）。

01 打开下载文件中的"素材\第6章\6.1\统计某个时段的销售业绩总金额.xlsx"文件，如图6-14所示。

图6-14

02 将光标定位在D2单元格中，输入公式：=SUMIF(A2:A8,"<=2019-2-15",B2:B8)，如图6-15所示。

03 按【Enter】键，即可计算出上半月的总销售额，如图6-16所示。

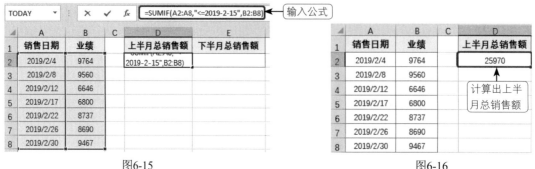

图6-15　　　　　　　　　　　　　　　　图6-16

04 将光标定位在E2单元格中，输入公式：=SUMIF(A2:A8,">2019-2-15",B2:B8)，如图6-17所示。

05 按【Enter】键，即可计算出下半月的总销售额，如图6-18所示。

图6-17　　　　　　　　　　　　　　　　图6-18

公式解析：

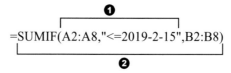

=SUMIF(A2:A8,"<=2019-2-15",B2:B8)

❶ 依次判断A2:A8区域中的销售日期是否 "<= 2019-2-15" 日期。

❷ 将❶步中找到的单元格对应于B2:B8区域的值进行求和运算。

实战实例3：使用通配符对某一类数据求和

在对SUMIF函数设置判断条件时可以使用通配符，用于对某一类数据的求和统计。本例表格统计了各种类型服装的销售额，相同类型的服装名称也有区别，比如"短款羽绒服"和"长款过膝羽绒服"，因此可以在设置判断条件时使用通配符"*"，代表任意字符。

01 打开下载文件中的"素材\第6章\6.1\用通配符对某一类数据求和.xlsx"文件，如图6-19所示。

图6-19

02 将光标定位在D2单元格中，输入公式：=SUMIF(A2:A7,"*羽绒服",B2:B7)，如图6-20所示。

03 按【Enter】键，即可计算出羽绒服类商品的总销售额，如图6-21所示。

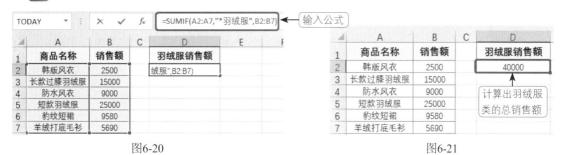

图6-20　　　　　　　　　　　　　图6-21

公式解析：

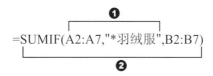

=SUMIF(A2:A7,"*羽绒服",B2:B7)

❶ 公式中SUMIF函数的条件区域是A2:A7，条件是 "*羽绒服"，其中 "*" 号是通配符可以匹配任意多个字符，即只要以 "羽绒服" 结尾的都满足条件。

❷ 再对满足❶步条件的单元格对应于B2:B7单元格中的销售额进行求和运算。

6.1.3　SUMIFS：对区域中满足多个条件的单元格求和

函数功能：SUMIFS函数用于对给定区域中满足多个条件的单元格求和。

函数语法：SUMIFS(sum_range, criteria_range1, criteria1, [criteria_range2, criteria2], ...)

参数解析：

- sum_range：必需。对一个或多个单元格求和，包括数字或包含数字的名称、区域和单元格引用。忽略空白和文本值。
- criteria_range1：必需。在其中计算关联条件的第一个区域。
- criteria1：必需。条件的形式为数字、表达式、单元格引用或文本，可用来定义将对 criteria_

range1 参数中的哪些单元格求和。例如，条件可以表示为 32、">32"、B4、" 苹果 " 或 "32"。

● criteria_range2, criteria2, …：可选。附加的区域及其关联条件，最多允许 127 个区域 / 条件。

实战实例1：用SUMIF函数实现满足多条件的求和运算

本例表格中统计了各部门员工的生产产量，要求将指定车间中初级技工的产量总和统计出来。这里和6.1.5小节中的实战实例2使用的是同一个例子，但是使用的函数不一样，大家可以对比一下这两个函数的应用方式。

01 打开下载文件中的 "素材\第6章\6.1\用SUMIFS函数实现满足多件的求和运算.xlsx" 文件，如图6-22所示。

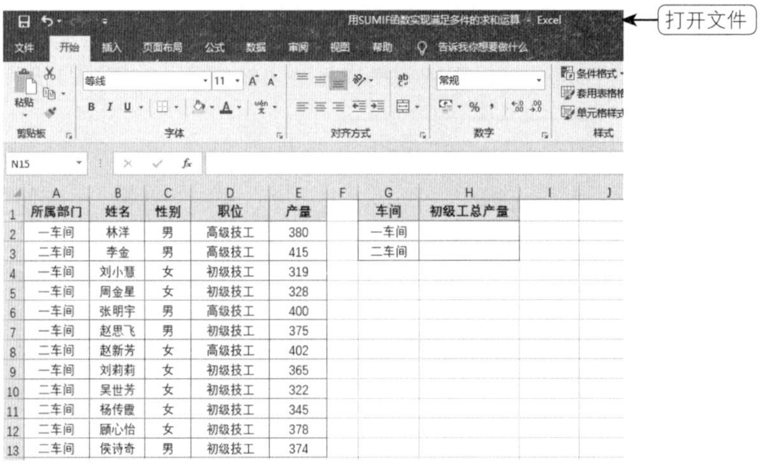

图6-22

02 将光标定位在H2单元格中，输入公式：=SUMIFS($E$2:$E$13,$A$2:$A$13,G2,$D$2:$D$13, "初级技工")，如图6-23所示。

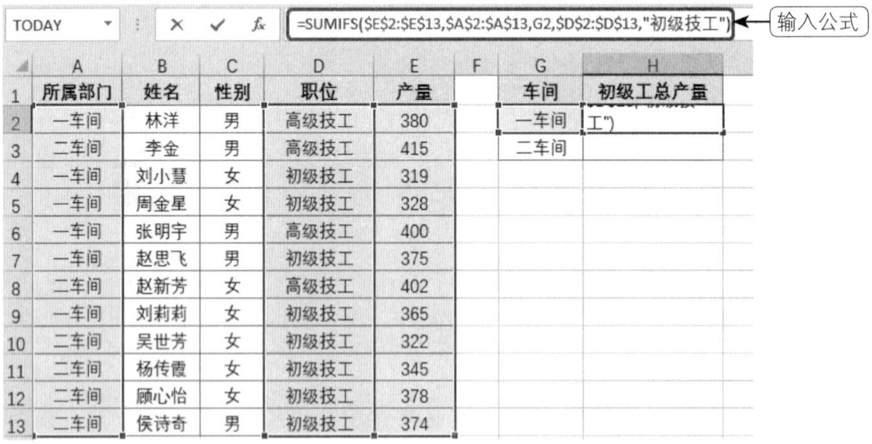

图6-23

03 按【Enter】键，即可计算出一车间中初级技工的总产量，如图6-24所示。

	A	B	C	D	E	F	G	H
1	所属部门	姓名	性别	职位	产量		车间	初级工总产量
2	一车间	林洋	男	高级技工	380		一车间	1387
3	二车间	李金	男	高级技工	415		二车间	
4	一车间	刘小慧	女	初级技工	319			
5	一车间	周金星	女	初级技工	328			
6	一车间	张明宇	男	高级技工	400			
7	一车间	赵思飞	男	初级技工	375			
8	二车间	赵新芳	女	高级技工	402			
9	一车间	刘莉莉	女	初级技工	365			
10	二车间	吴世芳	女	初级技工	322			
11	二车间	杨传霞	女	初级技工	345			
12	二车间	顾心怡	女	初级技工	378			
13	二车间	侯诗奇	男	初级技工	374			

计算出一车间初级技工的总产量

图6-24

04 利用公式填充功能，即可计算出二车间中初级技工的总产量，如图6-25所示。

	A	B	C	D	E	F	G	H
1	所属部门	姓名	性别	职位	产量		车间	初级工总产量
2	一车间	林洋	男	高级技工	380		一车间	1387
3	二车间	李金	男	高级技工	415		二车间	1419
4	一车间	刘小慧	女	初级技工	319			
5	一车间	周金星	女	初级技工	328			
6	一车间	张明宇	男	高级技工	400			
7	一车间	赵思飞	男	初级技工	375			
8	二车间	赵新芳	女	高级技工	402			
9	一车间	刘莉莉	女	初级技工	365			
10	二车间	吴世芳	女	初级技工	322			
11	二车间	杨传霞	女	初级技工	345			
12	二车间	顾心怡	女	初级技工	378			
13	二车间	侯诗奇	男	初级技工	374			

计算出二车间初级技工的总产量

图6-25

公式解析：

=SUMIFS($E$2:$E$13,$A$2:$A$13,G2,$D$2:$D$13,"初级技工")

❶ 表示第一个要满足的条件，即所属部门要等于G2指定值。

❷ 表示第二个要满足的条件，即职位要等于"初级技工"指定值。

❸ 同时满足两个条件时返回TRUE，否则返回FALSE，返回的是一个数组。将数组与$E$2:$E$13单元格区域中数据依次相乘，TRUE乘以数值等于原值，FALSE乘以数值等于0，然后对相乘的结果求和。

实战实例2：统计上半个月的总销售额

本例表格中统计了每位业务员在不同日期的销售额，要求统计出该月份上半个月的总销售额是多少。其关键在于时间条件的设置，将满足指定时间区域对应的销售额求和。

01 打开下载文件中的"素材\第6章\6.1\统计上半个月的总销售额.xlsx"文件，如图6-26所示。

图6-26

02 将光标定位在E2单元格中，输入公式：= SUMIFS(C2:C10,A2:A10,">=2019-2-01", A2:A10,"<=2019-2-15")，如图6-27所示。

03 按【Enter】键，即可统计出上半个月的总销售额，如图6-28所示。

图6-27　　　　　　　　　　　　　　　　　　图6-28

公式解析：

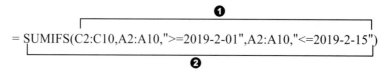

= SUMIFS(C2:C10,A2:A10,">=2019-2-01",A2:A10,"<=2019-2-15")

❶ 在SUMIFS函数中设置求和区域为C2:C10单元格区域，条件一和条件二区域均是A2:A10单元格区域（即销售日期），条件一为">=2019-2-01"；条件二为"<=2019-2-15"，即该公式满足的日期条件为2019年2月份的上半个月。

❷ 对满足❶步条件的结果对应在C2:C10单元格区域中的销售额进行求和运算。

实战实例3：统计指定部门指定费用类别的总支出额

本例表格统计了各个部门不同费用类别的支出额，现在需要根据指定条件统计出"销售部"在"差旅费"上的总支出额，可以使用SUMIFS函数设置满足求和的两个条件即可。

01 打开下载文件中的"素材\第6章\6.1\统计指定部门指定费用类别的总支出.xlsx"文件，如图
6-29所示。

图6-29

02 将光标定位在E2单元格中，输入公式：=SUMIFS(C2:C14,A2:A14,"销售部",B2:B14,"差旅
费")，如图6-30所示。

图6-30

03 按【Enter】键，即可统计出销售部门差旅费用总支出额，如图6-31所示。

图6-31

公式解析：

❶ SUMIFS函数的求和区域为C2:C14，第一个条件为A2:A14区域满足A4单元格中的部门名称，即"销售部"。

❷ 第二个条件为B2:B14区域满足B4单元格中的费用类别名称，即"差旅费"。

❸ 将满足❶步中两个条件的单元格对应于C2:C14区域中的支出额进行求和运算。

6.1.4 PRODUCT：求所有参数的乘积

函数功能： PRODUCT 函数可用作计算参数的所有数字的乘积，然后返回乘积结果。

函数语法： PRODUCT(number1, [number2], ...)

参数解析：

- number1：必需。要相乘的第一个数字或区域（区域：工作表上的两个或多个单元格。区域中的单元格可以相邻或不相邻）。
- number2, ...：可选。要相乘的其他数字或单元格区域，最多可以使用 255 个参数。

实战实例：计算指定数值的阶乘

本例需要计算6的阶乘，可以使用PRODUCT函数计算。

01 打开下载文件中的"素材\第6章\6.1\计算指定数值的阶乘.xlsx"文件，如图6-32所示。

图6-32

02 将光标定位在C2单元格中，输入公式：=PRODUCT(A2:A7)，如图6-33所示。

03 按【Enter】键，即可计算出数字6的阶乘为"720"，如图6-34所示。

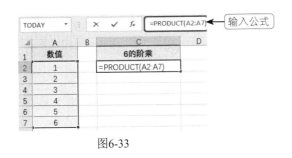

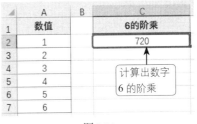

图6-33 　　　　　　　　　　　　　　　　　　图6-34

6.1.5 SUMPRODUCT：求数组间对应的元素乘积的和

函数功能：SUMPRODUCT函数是指在给定的几组数组中，将数组间对应的元素相乘，并返回乘积之和。

函数语法：SUMPRODUCT(array1, [array2], [array3], ...)

参数解析：

- array1：必需。其相应元素需要进行相乘并求和的第一个数组参数。
- array2, array3,...：可选。2～255个数组参数，其相应元素需要进行相乘并求和。

> **小提示**
>
> （1）SUMPRODUCT函数的作用非常强大，它可以代替SUMIF和SUMIFS函数（6.1.2小节和6.1.3小节内容）进行条件求和，也可以代替COUNTIF和COUNTIFS函数进行计数运算。当需要判断一个条件或双条件时，使用SUMPRODUCT函数进行求和，计算与使用SUMIF函数、SUMIFS函数、COUNTIF函数、COUNTIFS函数没有什么差别。
>
> （2）使用 SUMPRODUCT函数与使用SUMIFS函数可以达到相同的统计目的。但SUMPRODUCT函数却有着SUMIFS函数无可替代的作用，SUMIFS函数求和时只能对单元格区域进行求和或计数，即对应的参数只能设置为单元格区域，不能设置为返回结果，但是SUMPRODUCT函数没有这个限制，也就是说它对条件的判断更加灵活。

在6.1.3小节的实战实例3中使用SUMIFS函数统计了指定部门指定费用类别的支出总额，可以将其更改为以SUMPRODUCT函数来设置公式，如图6-35所示。

	A	B	C	D	E	F	G	H
1	部门	费用类别	支出额		销售部差旅费支出总额			
2	财务部	办公用品费	18870		21600			
3	设计部	培训费	9800					
4	销售部	差旅费	9100					
5	设计部	培训费	6500					
6	设计部	出差费	1900					
7	销售部	差旅费	12500					
8	销售部	出差费	800					
9	销售部	培训费	4500					
10	财务部	差旅费	9500					
11	财务部	餐饮费	11200					
12	财务部	餐饮费	8670					
13	财务部	办公用品费	13600					
14	设计部	餐饮费	15600					

E2 = SUMPRODUCT((A2:A14="销售部")*(B2:B14="差旅费")*(C2:C14)) 更改公式

图6-35

公式解析：

$$= SUMPRODUCT(\underbrace{\overbrace{(A2:A14="销售部")}^{❶}*\overbrace{(B2:B14="差旅费")}^{❷}*(C2:C14)}_{❸})$$

❶ 第一个判断条件，A2:A14单元格区域中的数据是否等于"销售部"，满足条件则返回TRUE，否则返回FALSE，返回数组为"{FALSE，FALSE，TRUE，FALSE，FALSE，TRUE，TRUE，TRUE，FALSE，FALSE，FALSE，FALSE，FALSE}"。

❷ 第二个判断条件，B2:B14单元格区域中的数据是否等于"差旅费"，满足条件则返回TRUE，否则返回FALSE，返回数组为"{FALSE，FALSE，TRUE，FALSE，FALSE，TRUE，FALSE，FALSE，TRUE，FALSE，FALSE，FALSE，FALSE}"。

❸ 将❶步数组与❷步数组相乘，同为TRUE的返回1，否则返回0，最终返回数组为"{0，0，1，0，0，1，0，0，0，0，0，0，0}"，再将此数组与C2:C14单元格区域依次相乘，之后再将乘积求和，即得到"0*18870+0*9800+1*9100+0*6500+0*1900+1*12500+0*800+0*4500+0*9500+0*11200+0*8670+0*13600+0*15600=9100+12500=21600"。

实战实例1：计算所有容器的总容量

本例表格中记录了每种容器的长度、宽度和高度，要求计算出每种容器的总容量。

01 打开下载文件中的"素材\第6章\6.1\计算所有容器的总容量.xlsx"文件，如图6-36所示。

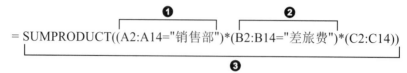

图6-36

02 将光标定位在F2单元格中，输入公式：=SUMPRODUCT(B2:B8,C2:C8,D2:D8)，如图6-37所示。

03 按【Enter】键，即可计算出所有容器的总容量，如图6-38所示。

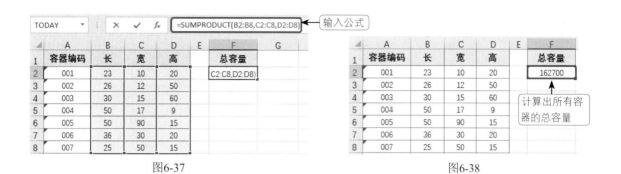

图6-37 图6-38

实战实例2：使用SUMPRODUCT函数实现满足多条件的求和运算

本例表格中统计了各部门员工的产量，要求将指定车间中初级技工的产量总和统计出来。

01 打开下载文件中的"素材\第6章\6.1\用SUMPRODUCT函数实现满足多件的求和运算.xlsx"文件，如图6-39所示。

图6-39

02 将光标定位在H2单元格中，输入公式：= SUMPRODUCT(($A$2:$A$13=G2)*($D$2:$D$13=D$11)*($E$2:$E$13))，如图6-40所示。

所属部门	姓名	性别	职位	产量		车间	初级工总产量	
一车间	林洋	男	高级技工	380		一车间	$E$13))	
二车间	李金	男	高级技工	415		二车间		
一车间	刘小慧	女	初级技工	319				
一车间	周金星	女	初级技工	328				
一车间	张明宇	男	高级技工	400				
一车间	赵思飞	男	初级技工	375				
二车间	赵新芳	女	高级技工	402				
一车间	刘莉莉	女	初级技工	365				
二车间	吴世芳	女	初级技工	322				
二车间	杨传霞	女	初级技工	345				
二车间	顾心怡	女	初级技工	378				
二车间	侯诗奇	男	初级技工	374				

图6-40

03 按【Enter】键，即可统计出一车间中初级技工的总产量，如图6-41所示。

	A	B	C	D	E	F	G	H
1	所属部门	姓名	性别	职位	产量		车间	初级工总产量
2	一车间	林洋	男	高级技工	380		一车间	1387
3	二车间	李金	男	高级技工	415		二车间	
4	一车间	刘小慧	女	初级技工	319			
5	一车间	周金星	女	初级技工	328			
6	一车间	张明宇	男	高级技工	400			
7	一车间	赵思飞	男	初级技工	375			
8	二车间	赵新芳	女	高级技工	402			
9	一车间	刘莉莉	女	初级技工	365			
10	二车间	吴世芳	女	初级技工	322			
11	二车间	杨传霞	女	初级技工	345			
12	二车间	顾心怡	女	初级技工	378			
13	二车间	侯诗奇	男	初级技工	374			

统计出一车间中初级技工的总产量

图6-41

04 利用公式填充功能，即可统计出二车间中初级技工的总产量，如图6-42所示。

	A	B	C	D	E	F	G	H
1	所属部门	姓名	性别	职位	产量		车间	初级工总产量
2	一车间	林洋	男	高级技工	380		一车间	1387
3	二车间	李金	男	高级技工	415		二车间	1419
4	一车间	刘小慧	女	初级技工	319			
5	一车间	周金星	女	初级技工	328			
6	一车间	张明宇	男	高级技工	400			
7	一车间	赵思飞	男	初级技工	375			
8	二车间	赵新芳	女	高级技工	402			
9	一车间	刘莉莉	女	初级技工	365			
10	二车间	吴世芳	女	初级技工	322			
11	二车间	杨传霞	女	初级技工	345			
12	二车间	顾心怡	女	初级技工	378			
13	二车间	侯诗奇	男	初级技工	374			

统计出二车间中初级技工的总产量

图6-42

公式解析：

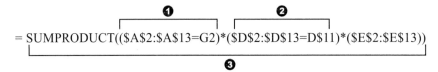

$$ = \text{SUMPRODUCT}((\$A\$2:\$A\$13=G2)*(\$D\$2:\$D\$13=D\$11)*(\$E\$2:\$E\$13)) $$

❶ 表示第一个要满足的条件，即所属部门要等于G2指定值。

❷ 表示第二个要满足的条件，即职位要等于"初级技工"指定值。

❸ 同时满足两个条件时返回TRUE，否则返回FALSE，返回的是一个数组。将数组与$E$2:$E$13 单元格区域中的数据依次相乘，TRUE乘以数值等于原值，FALSE乘以数值等于0，然后对相乘的结果求和。

实战实例3：使用SUMPRODUCT函数实现满足多条件的计数运算

本例表格统计了各部门参加考核员工的成绩，要求分别统计出指定部门考核分数达标的人数，也就是分数在80分以上。

01 打开下载文件中的"素材\第6章\6.1\用SUMPRODUCT函数实现满足多件的计数运算.xlsx"文件，如图6-43所示。

图6-43

02 将光标定位在G2单元格中，输入公式：=SUMPRODUCT((A$2:A$9=F2)*(D$2:D$9>80))，如图6-44所示。

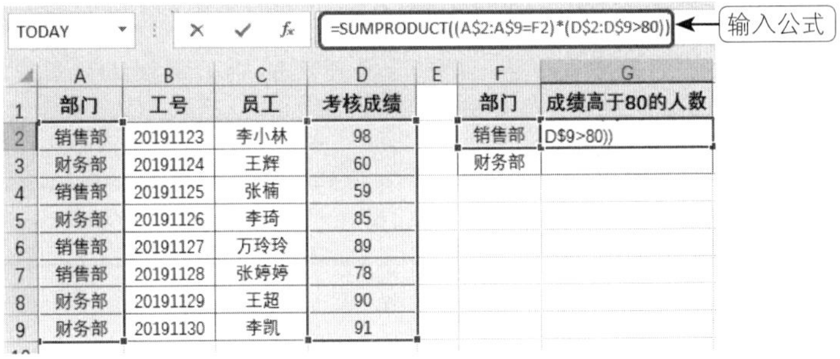

图6-44

03 按【Enter】键，即可统计出销售部成绩在80分以上的人数，如图6-45所示。

图6-45

04 利用公式填充功能，即可依次统计出财务部门成绩在80分以上的人数，如图6-46所示。

图6-46

公式解析：

❶ 第一个条件是A2:A9单元格区域中满足F2单元格中的部门，满足条件的返回TRUE，否则返回FALSE，返回一个数组。

❷ 第二个条件是D2:D9单元格区域中的分数要大于80，满足条件的返回TRUE，否则返回FALSE，返回一个数组。

❸ 两个数组相乘，同为TRUE的乘积等于1，否则乘积等于0，再返回乘积之和，即1的个数为同时满足双条件的条目数。

实战实例4：统计各部门的工资总额

本例表格中统计了各部门中每个员工的应发工资，现在需要统计出各部门的应发总工资额。

01 打开下载文件中的"素材\第6章\6.1\统计各部门的总工资额.xlsx"文件，如图6-47所示。

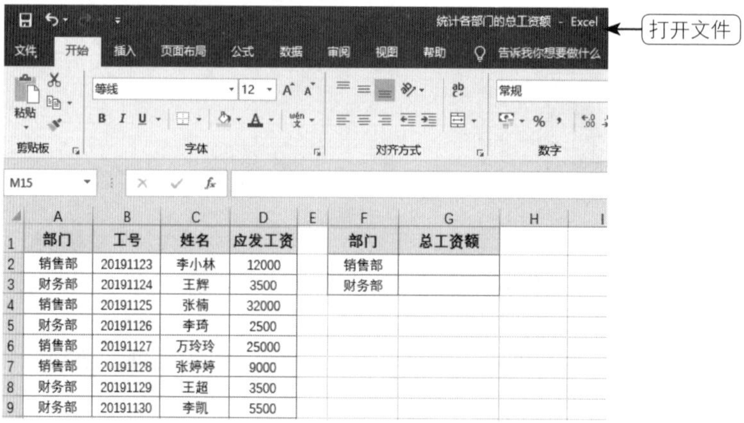

图6-47

02 将光标定位在G2单元格中，输入公式：=SUMPRODUCT((A$2:A$9=F2)*D$2:D$9)，如图6-48所示。

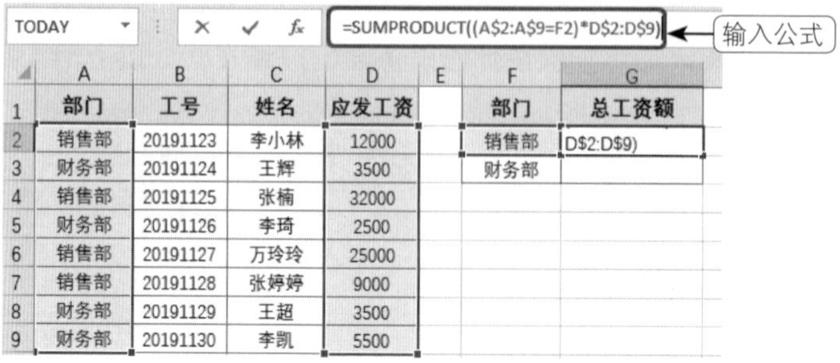

图6-48

03 按【Enter】键，即可计算出销售部应发工资总额，如图6-49所示。

	A	B	C	D	E	F	G
1	部门	工号	姓名	应发工资		部门	总工资额
2	销售部	20191123	李小林	12000		销售部	78000
3	财务部	20191124	王辉	3500		财务部	
4	销售部	20191125	张楠	32000			
5	财务部	20191126	李琦	2500			
6	销售部	20191127	万玲玲	25000			
7	销售部	20191128	张婷婷	9000			
8	财务部	20191129	王超	3500			
9	财务部	20191130	李凯	5500			

计算出销售部应发工资总额

图6-49

04 利用公式填充功能，即可计算出财务部应发工资总额，如图6-50所示。

	A	B	C	D	E	F	G
1	部门	工号	姓名	应发工资		部门	总工资额
2	销售部	20191123	李小林	12000		销售部	78000
3	财务部	20191124	王辉	3500		财务部	15000
4	销售部	20191125	张楠	32000			
5	财务部	20191126	李琦	2500			
6	销售部	20191127	万玲玲	25000			
7	销售部	20191128	张婷婷	9000			
8	财务部	20191129	王超	3500			
9	财务部	20191130	李凯	5500			

计算出财务部应发工资总额

图6-50

实战实例5：统计工作日总销售额

本例表格中是一些按日期（包括周六、周日）显示销售金额的数据，现在要计算出工作日的总销售金额，可以使用SUMPRODUCT函数来设置公式。

01 打开下载文件中的"素材\第6章\6.1\统计工作日总销售额.xlsx"文件，如图6-51所示。

图6-51

02 将光标定位在E2单元格中，输入公式：=SUMPRODUCT((MOD(A2:A7,7)>2)*C2:C7)，如图6-52所示。

| TODAY | ▼ | : | × | ✓ | *fx* | =SUMPRODUCT((MOD(A2:A7,7)>2)*C2:C7) | → 输入公式 |

	A	B	C	D	E	F	G
1	日期	星期	金额		工作日总销售额		
2	2019/2/5	星期二	6192		C7)		
3	2019/2/6	星期三	21000				
4	2019/2/7	星期四	25600				
5	2019/2/8	星期五	26000				
6	2019/2/9	星期六	32000				
7	2019/2/10	星期日	45000				

图6-52

03 按【Enter】键，即可计算出工作日的总销售金额，如图6-53所示。

	A	B	C	D	E
1	日期	星期	金额		工作日总销售额
2	2019/2/5	星期二	6192		78792
3	2019/2/6	星期三	21000		
4	2019/2/7	星期四	25600		
5	2019/2/8	星期五	26000		
6	2019/2/9	星期六	32000		
7	2019/2/10	星期日	45000		

→ 计算出工作日的总销售金额

图6-53

公式解析：

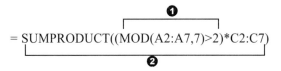

❶ 使用MOD函数找出A2:A7单元格区域中的周末日期，也就是将A2:A7单元格区域中的各个日期和7相除，得到的余数如果小于2就表示是周末（因为任意周六日期的序列号与7相除余数是0，任意周日日期的序列号与7相除余数是1）。

❷ 使用SUMPRODUCT函数将❶步中得到的日期对应在C2:C7单元格区域中的金额并进行求和运算。

实战实例6：按月统计销售额

本例表格统计了每日的销售额，要求根据销售日期并按月份统计总销售额，可以使用MONTH函数提取月份，再将月份对应的销售额求和。

01 打开下载文件中的"素材\第6章\6.1\按月统计销售额.xlsx"文件，如图6-54所示。

图6-54

02 将光标定位在F2单元格中，输入公式：=SUMPRODUCT((MONTH($A$2:$A$13)=E2)*($C$2:$C$13))，如图6-55所示。

图6-55

03 按【Enter】键，即可计算出1月份的总销售额，如图6-56所示。

04 利用公式填充功能，即可计算出2月份和3月份的总销售额，如图6-57所示。

图6-56

图6-57

175

公式解析：

❶

$$=SUMPRODUCT((MONTH(\$A\$2:\$A\$13)=E2)*(\$C\$2:\$C\$13))$$

❷

❶ 使用MONTH函数将A2:A13单元格区域中各日期的月份数值提取出来，返回的是一个数组，然后判断数组中各值是否等于E2单元格中指定的"1"，如果等于就返回TRUE，不等于则返回FALSE，得到的是一个由TRUE和FALSE组成的数组。

❷ 将❶步数组与C2:C13单元格区域中的值依次相乘，TRUE乘以数值返回数值本身，FALSE乘以数值返回0，然后再对最终数组进行求和。

6.2
舍入函数

舍入函数主要用于数值的取舍处理。如返回实数向下取整后的整数值，按照指定基数的倍数对参数四舍五入，按指定的位数向上舍入数值，将参数向上舍入为最接近的基数的倍数，将数值向上舍入到最接近的奇数或偶数等。

6.2.1　INT：返回实数向下取整后的整数值

函数功能： INT函数是将数字向下舍入到最接近的整数。
函数语法： INT(number)
参数解析：

● number：必需。需要进行向下舍入取整的整数值。

实战实例：对平均销售量取整

本例表格统计了各销售地区的销售额数据，要求计算出平均销售额，直接使用AVERAGE函数计算平均值返回的是小数，可以嵌套使用INT函数对平均值取整。

01 打开下载文件中的"素材\第6章\6.2\对平均销售量取整.xlsx"文件，如图6-58所示。

图6-58

02 将光标定位在D2单元格中，输入公式：=INT(AVERAGE(B2:B7))，如图6-59所示。

03 按【Enter】键，即可计算出各个地区的平均销售额（返回的是整数值），如图6-60所示。

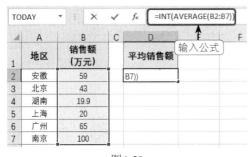

图6-59

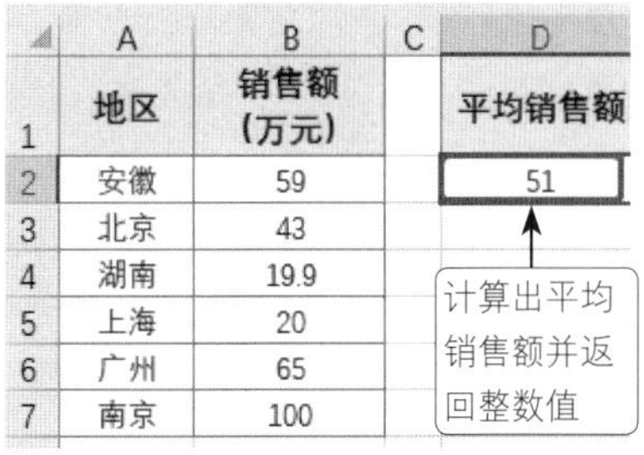

图6-60

公式解析：

❶ 使用AVERAGE函数计算所有销售额的平均值。

❷ 使用INT函数将❶步的数据结果取整数。

6.2.2 ROUND：按指定位数对数值四舍五入

函数功能：ROUND 函数可将某个数字四舍五入为指定的位数。

函数语法：ROUND(number, num_digits)

参数解析：

- number：必需。要四舍五入的数值。
- num_digits：必需。按此位数对 number 参数进行四舍五入。

实战实例：为超出的完成量计算奖金

本例表格中统计了每个分店销售业绩的完成率，这里规定达标值为85%。要求根据完成率自动计算出奖金，计算奖金的规则如下：当完成量大于等于达标值1个百分点时，给予5000元奖励（向上累加），大于1个百分点按2个百分点算，大于2个百分点按3个百分点算，依次类推。

01 打开下载文件中的"素材\第6章\6.2\为超出完成量的计算奖金.xlsx"文件，如图6-61所示。

图6-61

02 将光标定位在C3单元格中，输入公式：=IF(B3<$B$1,0,ROUND(B3-$B$1,2)*100*5000)，如图6-62所示。

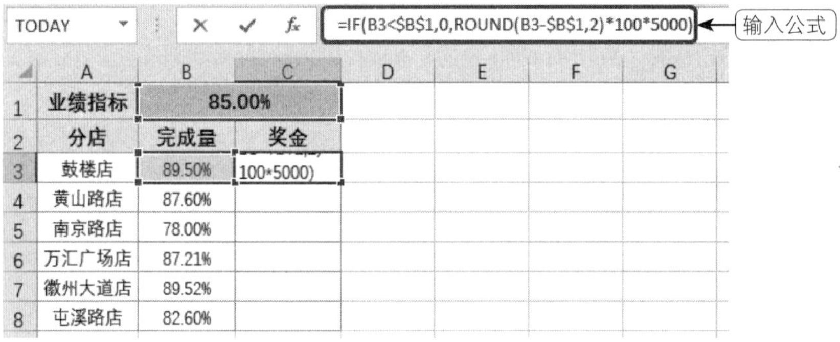

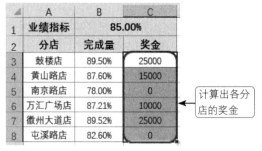

图6-62

03 按【Enter】键，即可计算出第一个分店应拿到的奖金，如图6-63所示。

04 利用公式填充功能，即可依次计算出其他分店应拿到的奖金，如图6-64所示。

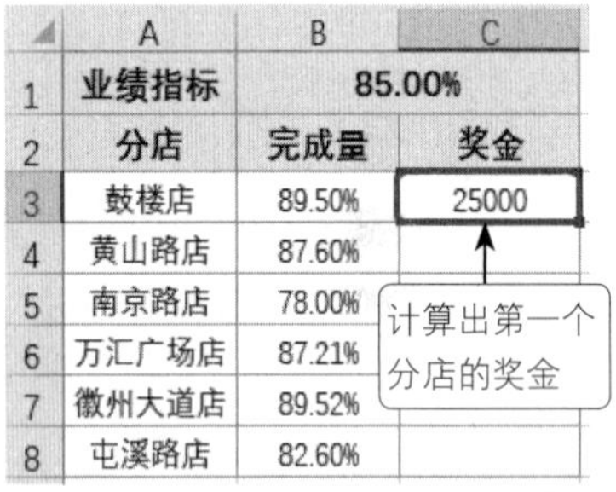

图6-63　　　　　　　　　　　　　图6-64

公式解析：

$$=IF(B3<\$B\$1,0,ROUND(B3-\$B\$1,2)*100*5000)$$

❶ 如果完成量小于达标值，则返回0值，否则执行ROUND(B3-$B$1,2)*100*5000。

❷ 使用ROUND函数计算B3单元格中值与B1单元格中值的差值，并保留两位小数，将返回值乘以100（表示将小数值转换为整数值），表示超出的百分点，再乘以5000表示计算奖金总额。

6.2.3 ROUNDUP：向上舍入数值

函数功能：ROUNDUP函数用于向上舍入数值，不需要考虑四舍五入，总是向前进1。

函数语法：ROUNDUP（number,num_digits）

参数解析：

- number：必需参数，需要向上舍入的任意实数。
- num_digits：必需参数，将数值舍入到的位数。如果该参数大于0，则将数值向上舍入到指定的小数位；如果等于0，则将数值向上舍入到最接近的整数；如果小于0，则在小数点左侧向上进行舍入。

实战实例1：计算材料长度（材料只能多不能少）

本例表格中统计了每个项目电缆材料的精确计算长度，由于所需材料只能多不能少，所以使用ROUNDUP函数向上舍入。

01 打开下载文件中的"素材\第6章\6.2\计算材料长度（材料只能多不能少）.xlsx"文件，如图6-65所示。

02 将光标定位在C2单元格中，输入公式：=ROUNDUP(B2,1)，如图6-66所示。

图6-65　　　　　　　　　　　　　　　　图6-66

03 按【Enter】键，即可计算出工程1所需材料长度，如图6-67所示。

04 利用公式填充功能，即可依次计算出其他项目工程所需的材料长度，如图6-68所示。

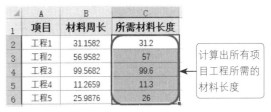

图6-67　　　　　　　　　　　　　　　　图6-68

实战实例2：计算上网费用

本例表格中统计了某网吧某日各台电脑的使用情况，包括上、下机时间，需要根据时间计算上网费用。计费标准：每小时8元，超过半小时按1小时计算；不超过半小时按半小时计算，也就是半小时及半小时以下收费4元。

01 打开下载文件中的"素材\第6章\6.2\计算上网费用.xlsx"文件，如图6-69所示。

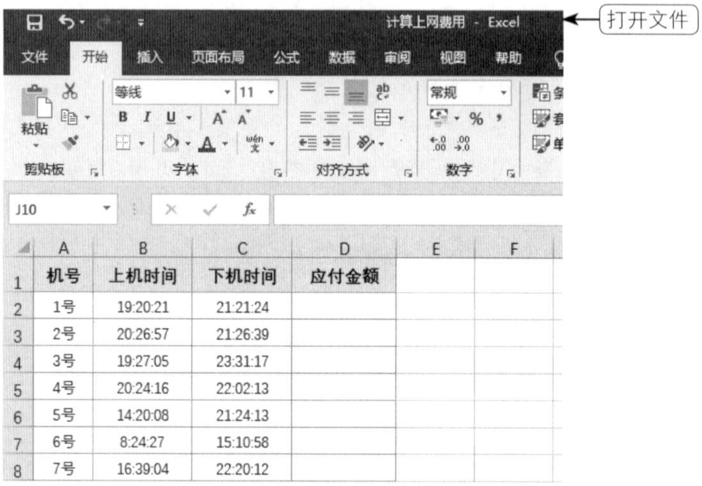

图6-69

02 将光标定位在D2单元格中，输入公式：=ROUNDUP((HOUR(C2-B2)*60+MINUTE(C2-B2))/30,0)*4，如图6-70所示。

图6-70

03 按【Enter】键，即可计算出第一台电脑的上网费用，如图6-71所示。

04 利用公式填充功能，即可依次计算出其他电脑的上网费用，如图6-72所示。

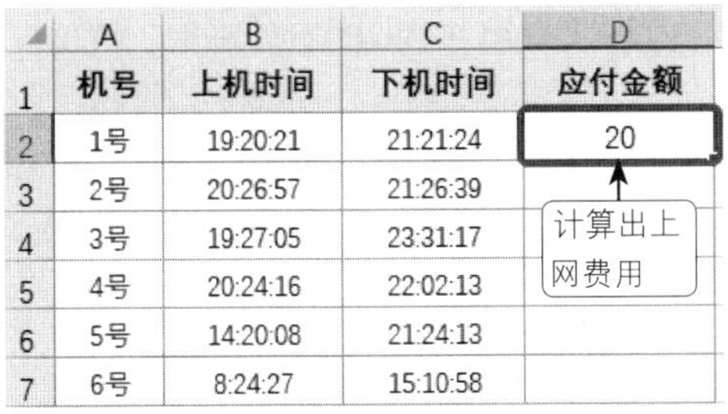

⚪	A	B	C	D
1	机号	上机时间	下机时间	应付金额
2	1号	19:20:21	21:21:24	20
3	2号	20:26:57	21:26:39	
4	3号	19:27:05	23:31:17	
5	4号	20:24:16	22:02:13	
6	5号	14:20:08	21:24:13	
7	6号	8:24:27	15:10:58	

计算出上网费用

图6-71

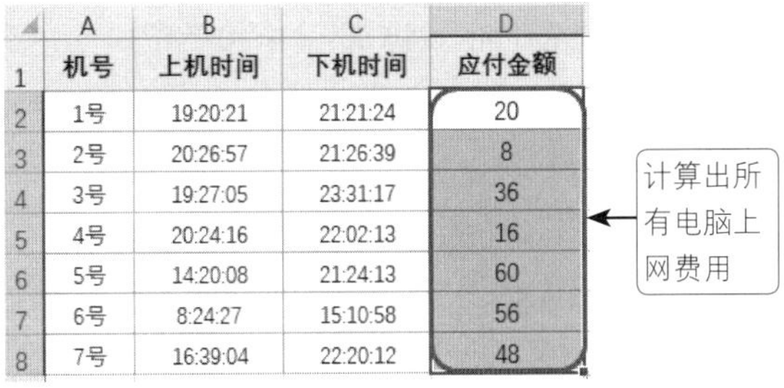

⚪	A	B	C	D
1	机号	上机时间	下机时间	应付金额
2	1号	19:20:21	21:21:24	20
3	2号	20:26:57	21:26:39	8
4	3号	19:27:05	23:31:17	36
5	4号	20:24:16	22:02:13	16
6	5号	14:20:08	21:24:13	60
7	6号	8:24:27	15:10:58	56
8	7号	16:39:04	22:20:12	48

计算出所有电脑上网费用

图6-72

公式解析：

$$= \text{ROUNDUP}((\underbrace{\text{HOUR}(C2-B2)*60}_{❶}+\underbrace{\text{MINUTE}(C2-B2)}_{❷})/30,0)*4$$

❶ 使用HOUR函数判断B2单元格与C2单元格中两个时间相差的小时数，乘以60是将时间转换为分钟。

❷ 使用MINUTE函数判断C2单元格与B2单元格中两个时间相差的分钟数。

❸ 将❶步与❷步相加，得到的分钟数总和为上网的总分钟数。

❹ 使用ROUNDUP函数向上舍入（因为超过30分钟按1小时计算），由于计费单位已经被转换为30分钟，所以将结果再乘以4，即可计算出总上网费用。

实战实例3：计算物品的快递费

本例表格中统计了所有订单的物品重量，物流费用的收费标准为：首重1公斤为10元；续重每斤为2元。现在需要计算所有订单应当收取的物流费用。

01 打开下载文件中的"素材\第6章\6.2\计算物品的快递费.xlsx"文件，如图6-73所示。

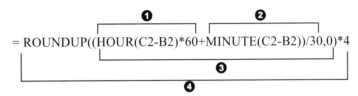

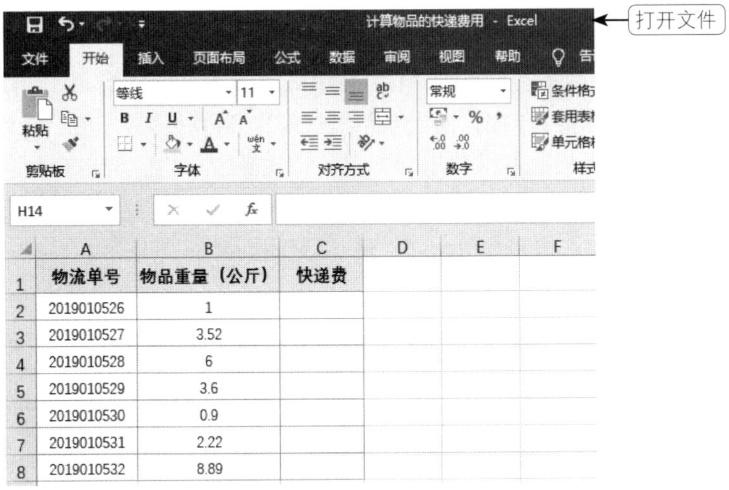

图6-73

02 将光标定位在C2单元格中，输入公式：=IF(B2<=1,10,10+ROUNDUP((B2-1)*2,0)*2)，如图6-74所示。

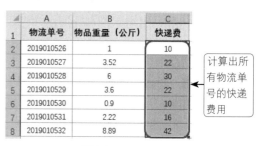

图6-74

03 按【Enter】键，即可计算出第一个物流单号的快递费用，如图6-75所示。

04 利用公式填充功能，即可依次计算出所有物流单号的快递费用，如图6-76所示。

	A	B	C
1	物流单号	物品重量（公斤）	快递费
2	2019010526	1	10
3	2019010527	3.52	
4	2019010528	6	
5	2019010529	3.6	
6	2019010530	0.9	
7	2019010531	2.22	

计算出快递费用

图6-75

	A	B	C
1	物流单号	物品重量（公斤）	快递费
2	2019010526	1	10
3	2019010527	3.52	22
4	2019010528	6	30
5	2019010529	3.6	22
6	2019010530	0.9	10
7	2019010531	2.22	16
8	2019010532	8.89	42

计算出所有物流单号的快递费用

图6-76

公式解析：

= IF(B2<=1,10,10+ROUNDUP((B2-1)*2,0)*2)

❶ 首先使用IF函数判断B2单元格的值是否小于等于1，如果是，则返回10，否则执行10+ROUNDUP((B2-1)*2,0)*2。

❷ 将B2单元格中重量减去首重重量"1"，乘以2表示将公斤转换为斤，使用ROUNDUP函数将这个结果向上取整（即如果计算值为1.34，向上取整结果为2；计算值为2.188，向上取整结果为3……）。

❸ 将❷步结果乘以2再加上首重费用10，表示此物品的总物流费用金额。如物品重量为3.52，第一步计算为3.52-1=2.52（此数据为去除首重后要计算的部分）；第二步计算为2.52*2=5.04（此数据转换为斤），然后将此值向上取整，得到数值6，最终快递费用为6*2+10=22元。

6.2.4 ROUNDDOWN：向下舍入数值

函数功能：ROUNDDOWN函数用于向下舍入数值，向下（绝对值减小的方向）舍入数字。

函数语法：ROUNDDOWN(number,num_digits)

参数解析：

- number：必需，需要向下舍入的任意实数。
- num_digits：必需，要将数值舍入到的位数。该参数如果是大于0，则将数值向下舍入到指定的小数位；如果等于0，则将数值向下舍入到最接近的整数；如果小于0，则在小数点左侧进行舍入。

实战实例：商品折后价格舍尾取整

本例表格中给出了在计算购物订单的金额时给出0.88的折扣，但是计算折扣后出现小数，现在希望折后应收金额能舍去小数金额，得到折后应收的整数金额。

01 打开下载文件中的"素材\第6章\6.2\商品折后价格舍尾取整.xlsx"文件，如图6-77所示。
02 将光标定位在D2单元格中，输入公式：=ROUNDDOWN(C2,0)，如图6-78所示。

图6-77

图6-78

03 按【Enter】键，即可计算出折后应收金额，如图6-79所示。
04 利用公式填充功能，即可依次计算出其他商品的折后应收金额，如图6-80所示。

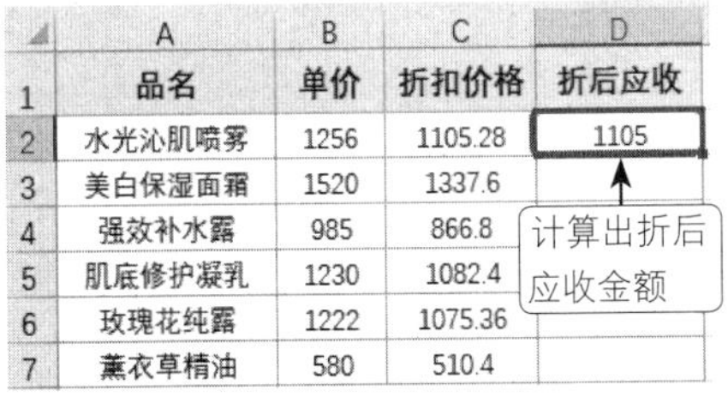

图6-79

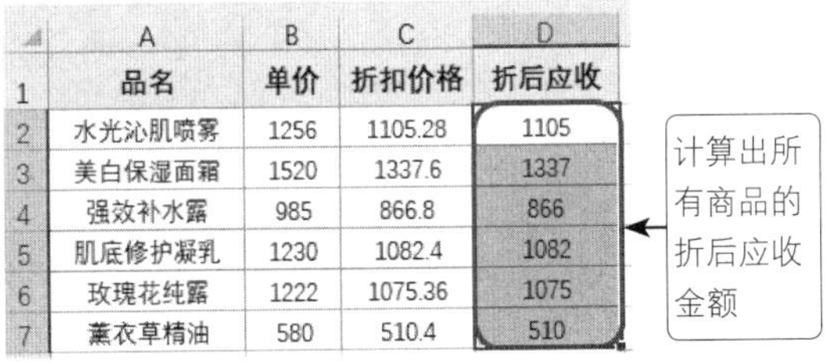

图6-80

6.2.5 CEILING.PRECISE：向上舍入到最接近指定数字的某个值的倍数值

函数功能：CEILING.PRECISE函数将参数Number向上舍入（正向无穷大的方向）为最接近的significance的倍数。无论该数字的符号如何，该数字都向上舍入。但是，如果该数字或有效位为0，则将返回0。

函数语法：CEILING.PRECISE(number, [significance])

参数解析：

- number：必需。要进行舍入计算的值。
- significance：可选。要将数字舍入的倍数。

实战实例：按指定计价单位计算总话费

本例表格中统计了多个国际长途的通话时间，现在要计算通话费用，计价标准为：每6秒计价一次，不足6秒按6秒计算，第6秒费用为0.07元。

01 打开下载文件中的"素材\第6章\6.2\按指定计价单位计算总话费.xlsx"文件，如图6-81所示。

02 将光标定位在C2单元格中，输入公式：=CEILING.PRECISE(B2,6)/6*0.07，如图6-82所示。

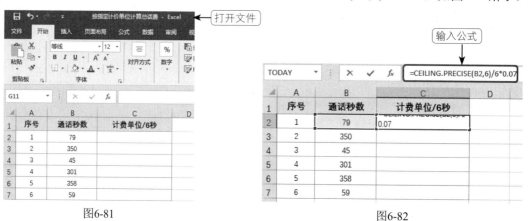

图6-81　　　　　　　　　　　　　　图6-82

03 按【Enter】键，即可计算出第一通国际长途的通话费用，如图6-83所示。

04 利用公式填充功能，即可依次计算出其他国际长途的通话费用，如图6-84所示。

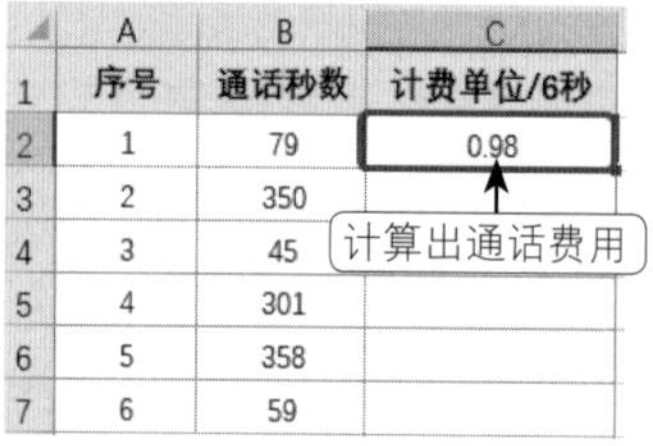

图6-83 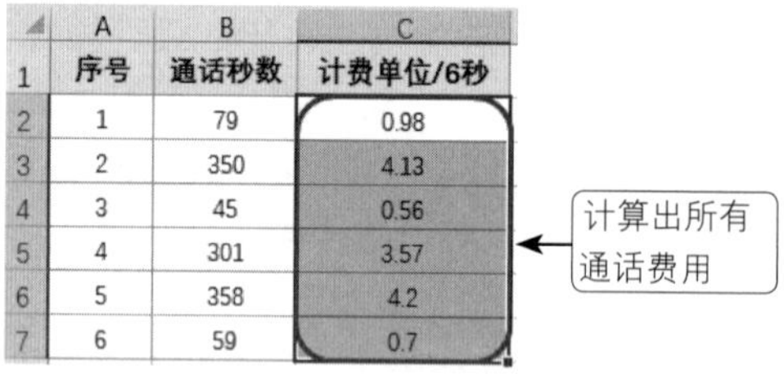　　　　　　　　　　　　　　图6-84

公式解析：

$$= CEILING.PRECISE(B2,6)/6*0.07$$

❶ 使用CEILING.PRECISE函数将B2单元格中的通话时长向上舍入，表示返回最接近通话秒数的6的倍数（因为计价单位是6秒，并且向上舍入可以达到不足6秒按6秒计算的目的），用结果除以6表示计算出共有多少个计价单位。

❷ 将❶步结果乘以每6秒的费用（0.07元/6秒），得到总通话费用。

6.2.6 MROUND：按照指定基数的倍数对参数四舍五入

函数功能：MROUND 函数用于返回舍入到所需倍数的数值。

函数语法：MROUND(number, multiple)

参数解析：

- number：必需。要舍入的值。
- multiple：必需。要将数值 number 舍入到的倍数。

实战实例：计算商品运送车次

本例将根据运送商品总数量与每车可装箱数量来计算运送车次。具体规定如下：每55箱商品装一辆车，如果最后剩余商品数量大于半数（即26箱），可以再装一车运送一次，否则剩余商品不使用车辆运送。

01 打开下载文件中的"素材\第6章\6.2\计算商品运送车次.xlsx"文件，如图6-85所示。

02 将光标定位在B4单元格中，输入公式：=MROUND(B1,B2)，如图6-86所示。

图6-85 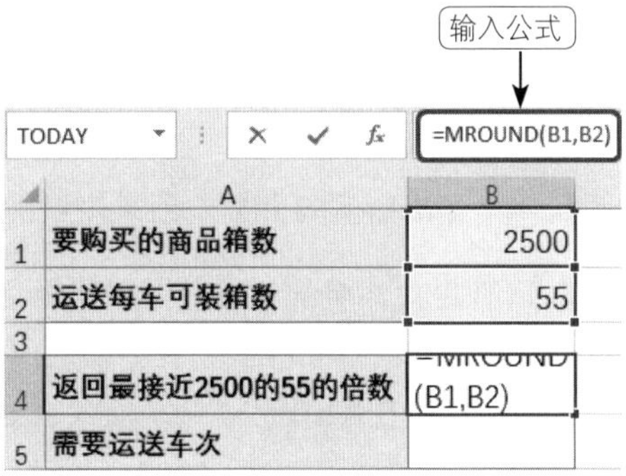　　　　　　　　图6-86

03 按【Enter】键，即可计算出最接近2500的55的倍数，如图6-87所示。

04 将光标定位在B5单元格中，输入公式：=B4/B2，如图6-88所示。

图6-87 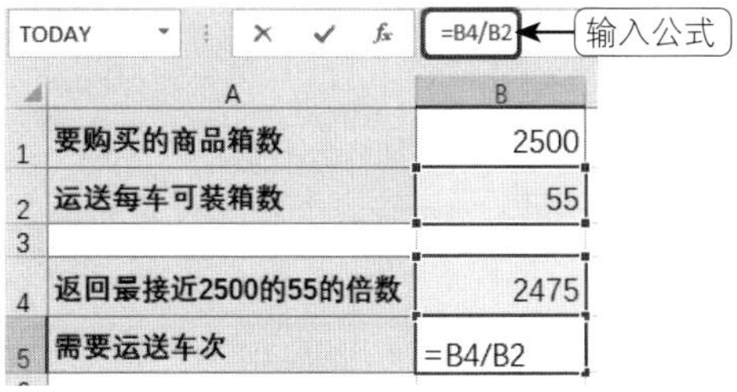　　　　　　　　图6-88

05 按【Enter】键，即可计算出需要运送的车次，如图6-89所示。

185

06 假如商品总箱数为2200，运送车次变成了40，如图6-90所示。

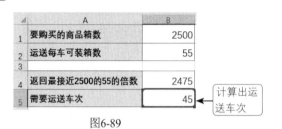

图6-89

图6-90

公式解析：

$$= MROUND(B1,B2)$$

公式中MROUND(B1,B2)这一部分的原理就是返回55的倍数，并且这个倍数的值最接近B1单元格中的值。"最接近"非常重要，它决定了不过半数少装一车，过半数就多装一车。

6.2.7 EVEN：将数值向上舍入到最接近的偶数

函数功能： EVEN 函数返回沿绝对值增大方向取整后最接近的偶数。

函数语法： EVEN(number)

参数解析：

● number：必需。要舍入的值。

实战实例：将数值向上舍入到最接近的偶数

本例需要计算出数值向上舍入到最接近的偶数，可以使用EVEN函数来实现。

01 打开下载文件中的"素材\第6章\6.2\将数字向上舍入到最接近的偶数.xlsx"文件，如图6-91所示。

02 将光标定位在B2单元格中，输入公式：=EVEN(A2)，如图6-92所示。

图6-91

图6-92

03 按【Enter】键，即可返回数字-15最接近的偶数，如图6-93所示。

04 利用公式填充功能，即可依次返回其他数值最接近的偶数，如图6-94所示。

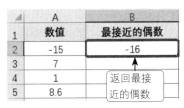

图6-93   图6-94

6.2.8 ODD：将数值向上舍入到最接近的奇数

函数功能：ODD 函数用于返回对指定数值进行向上舍入到最接近的奇数。

函数语法：ODD(number)

参数解析：

● number：必需。要舍入的值。

实战实例：将数值向上舍入到最接近的奇数

本例需要计算出数值向上舍入到最接近的奇数，可以使用ODD函数来实现。

01 打开下载文件中的"素材\第6章\6.2\将数值向上舍入到最接近的奇数.xlsx"文件，如图6-95所示。

02 将光标定位在B2单元格中，输入公式：=ODD(A2)，如图6-96所示。

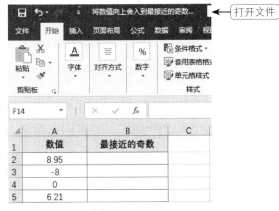

图6-95

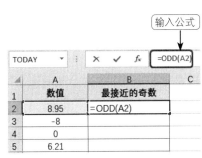

图6-96

03 按【Enter】键，即可返回数字8.95最接近的奇数为"9"，如图6-97所示。

04 利用公式填充功能，即可依次返回其他数值最接近的奇数，如图6-98所示。

图6-97　　　　　　　　　　　　　　　　　　　　图6-98

6.3
随机数函数

随机数函数就是产生随机数的函数，主要有RAND函数和RANDBETWEEN函数。RAND函数用于返回大于等于0以及小于1的随机数，而RANDBETWEEN函数返回的是整数随机数。

6.3.1　RAND：返回大于等于 0 及小于 1 的均匀分布随机数

函数功能：RAND函数返回大于等于 0 及小于 1 的均匀分布随机实数，每次计算工作表时都将返回一个新的随机实数。

函数语法：RAND()

参数解析：

- RAND 函数语法没有参数。

实战实例：随机获取选手编号

在进行某项比赛时，为各位选手分配编号时自动生成随机编号，要求编号是1～100之间的整数。

01 打开下载文件中的"素材\第6章\6.3\随机获取选手编号.xlsx"文件，如图6-99所示。

02 将光标定位在B2单元格中，输入公式：=ROUND(RAND()*100-1,0)，如图6-100所示。

图6-99

图6-100

03 按【Enter】键，即可返回参赛人员的随机编号，如图6-101所示。

04 利用公式填充功能，即可依次返回其他参赛人员的随机编号（每操作一次，随机数都会发生改变，按【F5】键后，可以重新刷新一组随机编号），如图6-102所示。

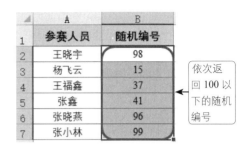

图6-101　　　　　　　　　　　　　　　图6-102

公式解析：

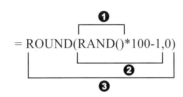

= ROUND(RAND()*100-1,0)

❶ 使用RAND函数获取0~1之间的随机值。

❷ 进行乘以100处理是将小数转换为有两位整数的数值，减1处理是避免随机生成100这个编号。

❸ 最后使用ROUND函数将❷步得到的小数向上舍入取整。

6.3.2 RANDBETWEEN：产生整数的随机数

函数功能：RANDBETWEEN函数返回位于指定的两个数之间的一个随机整数。每次计算工作表时都将返回一个新的随机整数。

函数语法：RANDBETWEEN(bottom, top)

参数解析：

- bottom：必需。RANDBETWEEN 函数将返回最小整数。
- top：必需。RANDBETWEEN 函数将返回最大整数。

实战实例：自动生成两位数货号

本例需要设置自动生成两位数的货号，可以使用RANDBETWEEN函数。

01 打开下载文件中的"素材\第6章\6.3\自动生成两位数货号.xlsx"文件，如图6-103所示。

02 将光标定位在B2单元格中，输入公式：=RANDBETWEEN(10,100)，如图6-104所示。

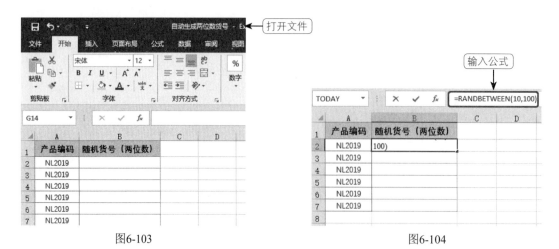

图6-103　　　　　　　　　　　　　　　图6-104

03 按【Enter】键，即可返回随机货号，如图6-105所示。

04 利用公式填充功能，即可依次返回其他随机货号（每操作一次，随机数就会发生改变，按【F5】键后，可以重新刷新一组随机货号），如图6-106所示。

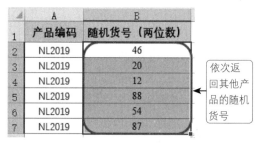

图6-105　　　　　　　　　　　　　　　图6-106

第 7 章
文本函数

本章概述 >>>>>>>>>>>>>>>>>>>>>>>

※ 文本函数主要用于处理表格中的相关文本。

※ Excel中的文本函数主要用于字符串的查找与位置返回、文本格式的转换以及一些其他操作。

学习要点 >>>>>>>>>>>>>>>>>>>>>>>

※ 掌握常用字符串查找与位置返回函数的使用。

※ 掌握常用文本格式转换函数的使用。

※ 掌握其他文本函数的使用。

学习功能 >>>>>>>>>>>>>>>>>>>>>>>

※ 文本提取函数：FIND函数、SEARCH函数、LEFT函数、RIGHT函数、MID函数等。

※ 文本新旧替换函数：REPLACE函数、SUBSTITUTE函数。

※ 文本格式转换函数：ASC函数、DOLLAR函数、RMB函数、TEXT函数等。

※ 文本的其他操作函数：CONCAT函数、CONCATNATE函数、TEXTJOIN函数。

7.1

文本提取函数

文本提取函数是用于从文本字符串中提取满足要求的部分文本，包括FIND函数、SEARCH函数、LEFT函数、RIGHT函数、MID函数等，这些函数既可以单独使用，也经常会嵌套于文本提取函数中使用。

7.1.1 FIND：返回字符串在另一个字符串中的起始位置

函数功能： FIND函数用于在第二个字符串中定位第一个字符串，并返回第一个字符串的起始位置的值。

函数语法： FIND(find_text, within_text, [start_num])

参数解析：

● find_text：必需。要查找的文本。

● within_text：必需。包含要查找文本的文本。

● start_num：可选。指定要从其开始搜索的字符。within_text 中的首字符是编号为 1 的字符，如果省略 start_num，则假设其值为 1。

实战实例1：从商品名称中查找空格的位置

本例的"商品名称"中将店铺名称与产品名称间使用了空格间隔，现在要判断空格的所在位置，可以使用FIND函数来判断。单独使用FIND函数可以判断指定字符的位置，在日常公式应用中经常会和其他函数结合使用，后面的例子中会有介绍，如与LEFT函数、RIGHT函数等嵌套使用。

01 打开下载文件中的"素材\第7章\7.1\从货品名称中查找空格的位置.xlsx"文件，如图7-1所示。

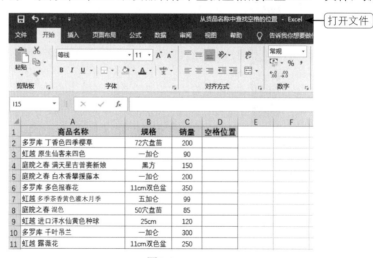

图7-1

02 将光标定位在D2单元格中，输入公式：=FIND(" ",A2)，如图7-2所示。

03 按【Enter】键，即可判断出第一个空格的位置，如图7-3所示。

	A	B	C	D
	商品名称	规格	销量	空格位置
1				
2	多罗库 丁香色四季樱草	72穴盘苗	200	A2)
3	虹越 原生仙客来四色	一加仑	90	
4	庭院之春 满天星	黑方	150	
5	庭院之春 白木香攀援藤本	一加仑	200	
6	多罗库 多色报春花	11cm双色盆	350	
7	虹越 多季茶香黄色灌木月季	五加仑	99	
8	庭院之春 混色	50穴盘苗	85	

=FIND(" ",A2) 输入公式

图7-2

	A	B	C	D
1	商品名称	规格	销量	空格位置
2	多罗库 丁香色四季樱草	72穴盘苗	200	4
3	虹越 原生仙客来四色	一加仑	90	
4	庭院之春 满天星	黑方	150	
5	庭院之春 白木香攀援藤本	一加仑	200	
6	多罗库 多色报春花	11cm双色盆	350	
7	虹越 多季茶香黄色灌木月季	五加仑	99	
8	庭院之春 混色	50穴盘苗	85	
9	虹越 进口洋水仙黄色种球	25cm	120	

返回空格位置

图7-3

04 利用公式填充功能，即可依次判断出其他商品中空格所在的位置，如图7-4所示。

	A	B	C	D
1	商品名称	规格	销量	空格位置
2	多罗库 丁香色四季樱草	72穴盘苗	200	4
3	虹越 原生仙客来四色	一加仑	90	3
4	庭院之春 满天星	黑方	150	5
5	庭院之春 白木香攀援藤本	一加仑	200	5
6	多罗库 多色报春花	11cm双色盆	350	4
7	虹越 多季茶香黄色灌木月季	五加仑	99	3
8	庭院之春 混色	50穴盘苗	85	5
9	虹越 进口洋水仙黄色种球	25cm	120	3
10	多罗库 千叶吊兰	一加仑	300	4
11	虹越 蔷薇花	11cm双色盆	250	3

判断出其他空格位置

图7-4

实战实例2：从商品名称中提取品牌名称

本例沿用实战实例1中的表格，现在从商品名称中提取品牌名称。找到的规律是，所有品牌名称与后面的商品名称以空格间隔，有了这个规律可以实现自动提取。这里就需要结合LEFT函数才能实现，而上一个例子介绍了查找空格位置的办法，这也是本例中找到品牌名称的第一步设置。FIND函数通常只能查找指定字符所在的位置，单独使用的意义不大，可以嵌套其他函数，根据查找的字符位置返回对应的内容。

01 打开下载文件中的"素材\第7章\7.1\从货品名称中提取品牌名称.xlsx"文件，如图7-5所示。

打开文件

图7-5

02 将光标定位在D2单元格中，输入公式：=LEFT(A2,FIND(" ",A2)-1)，如图7-6所示。

03 按【Enter】键，即可返回商品的品牌名称，如图7-7所示。

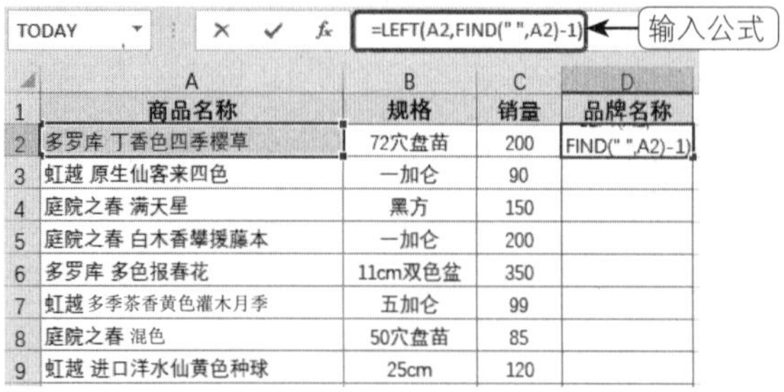

图7-6

图7-7

04 利用公式填充功能，即可依次返回其他商品的品牌名称，如图7-8所示。

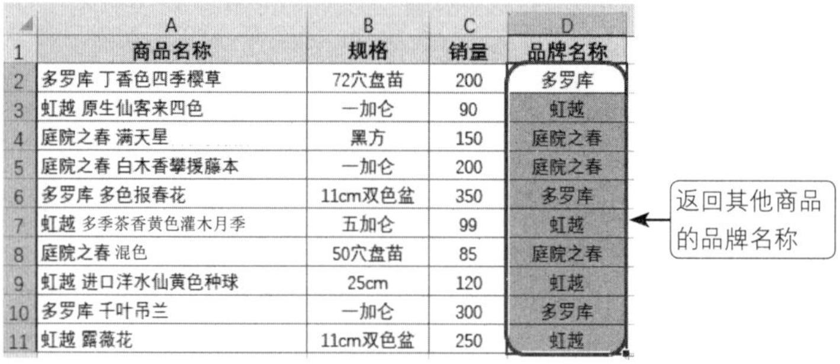

图7-8

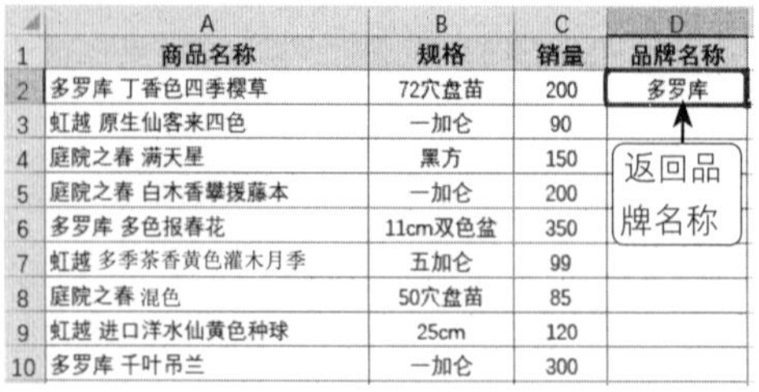

公式解析：

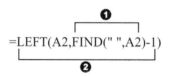

=LEFT(A2,FIND(" ",A2)-1)

❶ 使用FIND函数找到A2单元格中空格的位置，并用返回的值减去1。因为品牌名称在空格前，所以要进行减1处理，即4-1=3。

❷ 使用LEFT函数从左边开始提取字符，提取长度为❶步的返回值，也就是提取A2单元格从左边起前3个字符，以此类推，即可分别提取出其他商品的品牌名称。

7.1.2 SEARCH：查找字符串中指定字符起始位置（不区分大小写）

函数功能：SEARCH函数用于在第二个文本字符串中查找第一个文本字符串，并返回第一个文本字符串的起始位置的编号，该编号从第二个文本字符串的第一个字符算起。

函数语法：SEARCH(find_text,within_text,[start_num])

参数解析：

- find_text：必需。要查找的文本。
- within_text：必需。要在其中搜索 find_text 参数的值的文本。
- start_num：可选。within_text 参数中用于搜索的起始字符编号。

实战实例：从商品订单号中提取交易日期

本例表格统计了商品的交易订单号，订单号中包含了交易日期，需要使用SEARCH函数单独将交易日期提取出来。

01 打开下载文件中的"素材\第7章\7.1\从商品订单号中提取交易日期.xlsx"文件，如图7-9所示。

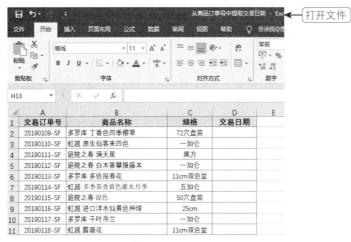

图7-9

02 将光标定位在D2单元格中，输入公式：=LEFT(A2,SEARCH("-",A2)-1)，如图7-10所示。

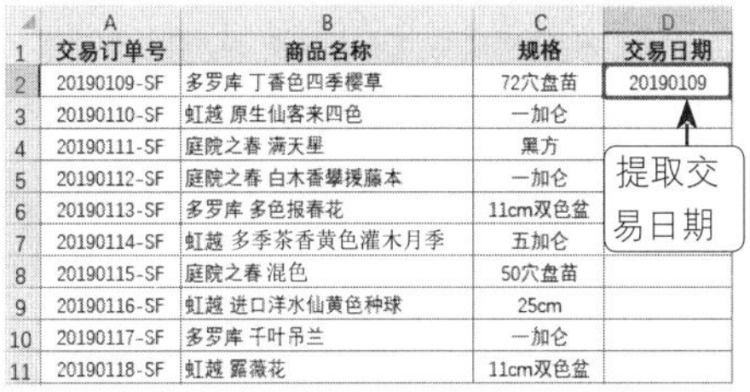

03 按【Enter】键，即可提取商品的交易日期，如图7-11所示。

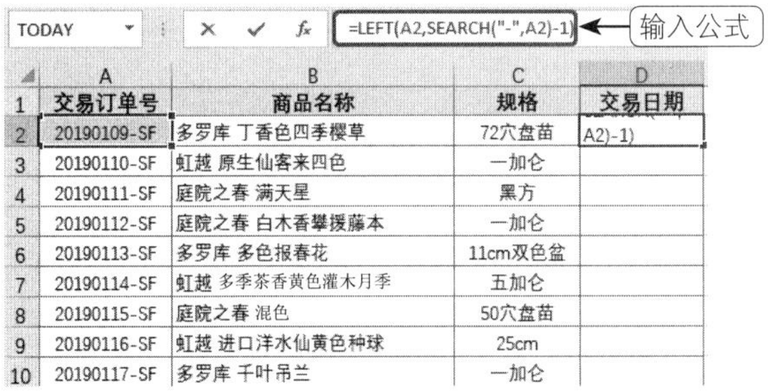

图7-10   图7-11

04 利用公式填充功能，即可依次提取其他商品的交易日期，如图7-12所示。

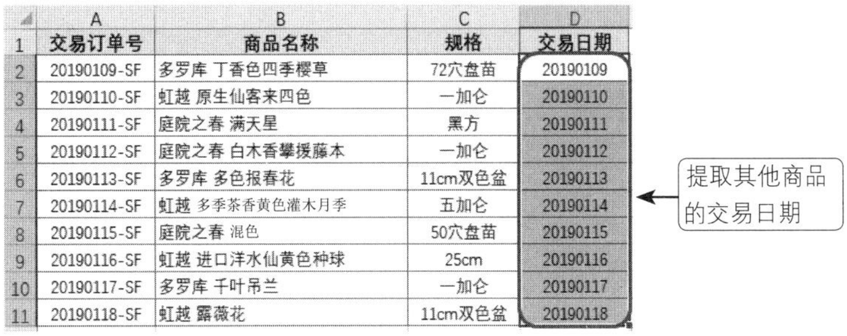

图7-12

公式解析：

=LEFT(A2,SEARCH("-",A2)-1)

❶ 使用SEARCH函数查找A2单元格中"**-**"字符的位置，即9。

❷ 使用LEFT函数从左边开始提取字符，提取长度为❶步的返回值，可提取A2单元格从左边起前9个字符，再将9-1，得到最终返回的字符数8，即交易日期的年月日。

7.1.3 LEFT：从最左侧开始提取指定个数的字符

函数功能：LEFT函数用于返回从文本左侧开始提取指定个数的字符。

函数语法：LEFT(text, [num_chars])

参数解析：

- text：必需。包含要提取的字符的文本字符串。
- num_chars：可选。指定要由 LEFT 函数提取的字符的数量。

实战实例1：提取出类别编码

本例表格统计了商品的货品编码，货品编码是由三个字母和数字组成的，下面需要单独将前面的三个字母提取出来列为"类别编码"。

01 打开下载文件中的"素材\第7章\7.1\提取出类别编码.xlsx"文件，如图7-13所示。

02 将光标定位在A2单元格中，输入公式：=LEFT(B2,3)，如图7-14所示。

图7-13　　　　　　　　　　　　　　　　图7-14

03 按【Enter】键，即可返回商品的类别编码，如图7-15所示。

04 利用公式填充功能，即可依次返回其他商品的类别编码，如图7-16所示。

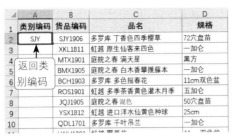

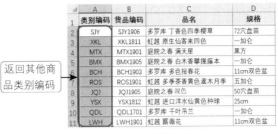

| | 图7-15 | | 图7-16 |

实战实例2：从学历中提取毕业院校

本例表格统计了员工的学历，学历中包括了毕业院校和专业名称（毕业院校和专业之间采用空格间隔），要求将毕业院校名称单独提取出来显示在一列中，可以使用LEFT函数结合FIND函数实现。

01 打开下载文件中的"素材\第7章\7.1\从学历中提取毕业院校.xlsx"文件，如图7-17所示。

02 将光标定位在C2单元格中，输入公式：=LEFT(B2,FIND(" ",B2))，如图7-18所示。

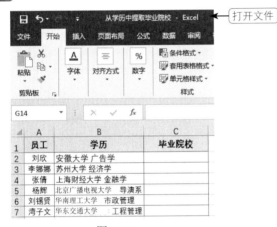

图7-17

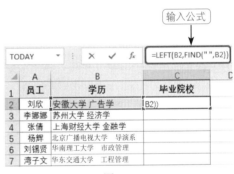

图7-18

03 按【Enter】键，即可返回第一位员工的毕业院校，如图7-19所示。

04 利用公式填充功能，即可依次返回其他员工的毕业院校，如图7-20所示。

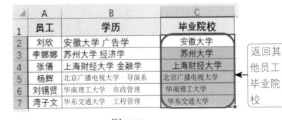

图7-19

图7-20

公式解析：

=LEFT(B2,FIND(" ",B2))

❶ 使用FIND函数查找B2单元格中" "字符的位置，即空格的位置。

❷ 使用LEFT函数从最左侧第一个字开始提取，提取字符个数为❶步返回值。

实战实例3：统计各个年级参赛的总人数

本例为某高中各年级各班的参赛情况表，需要按年级统计出参赛的总人数。这时需要使用LEFT函数提取年级，然后使用SUM函数对满足条件的人数求和。

01 打开下载文件中的"素材\第7章\7.1\统计各个年级参赛的人数合计.xlsx"文件，如图7-21所示。

图7-21

02 将光标定位在E1单元格中，输入公式：=SUM((LEFT($A$2:$A$8,2)=D1)*$B$2:$B$8)，如图7-22所示。

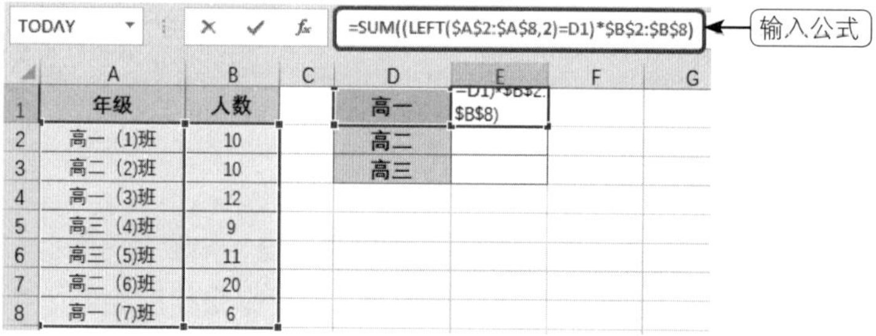

图7-22

03 按【Ctrl+Shift+Enter】组合键，即可计算出高一年级的参赛总人数，如图7-23所示。

图7-23

04 利用公式填充功能，即可依次计算出其他年级的参赛总人数，如图7-24所示。

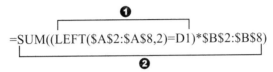

图7-24

公式解析：

❶

$$=SUM((LEFT(\$A\$2:\$A\$8,2)=D1)*\$B\$2:\$B\$8)$$

❷

❶ 使用LEFT函数依次提取A2:A8单元格区域的前两个字符，并判断它们是否为D1中指定的"高一"，如果是则返回TRUE，否则返回FALSE，返回的是一个数组（由TRUE和FALSE组成的数组）。

❷ 将**❶**步数组中TRUE值对应在B2:B8单元格区域中的数值返回，也就是返回具体的人数数字，即由{10;12;6}组成的数组，再将这个数组内的数字使用SUM函数进行求和运算，即10+12+6=28。

7.1.4 RIGHT：从最右侧开始提取指定个数的字符

函数功能：RIGHT 函数用于根据所指定的字符数返回文本字符串中最后一个或多个字符。

函数语法：RIGHT(text,[num_chars])

参数解析：

- text：必需。包含要提取字符的文本字符串。
- num_chars：可选。指定要由 RIGHT 函数提取的字符的数量。

实战实例1：提取员工的入职时间

本例表格统计了员工的职务和入职时间，并且是显示在一列中的，下面需要单独将入职时间提取出来，可以使用RIGHT函数，规定需要提取的字符数即可。

01 打开下载文件中的"素材\第7章\7.1\提取员工的入职时间.xlsx"文件，如图7-25所示。

02 将光标定位在D2单元格中，输入公式：=RIGHT(C2,10)，如图7-26所示。

03 按【Enter】键，即可提取第一名员工的入职日期，如图7-27所示。

04 利用公式填充功能，即可依次提取其他员工的入职日期，如图7-28所示。

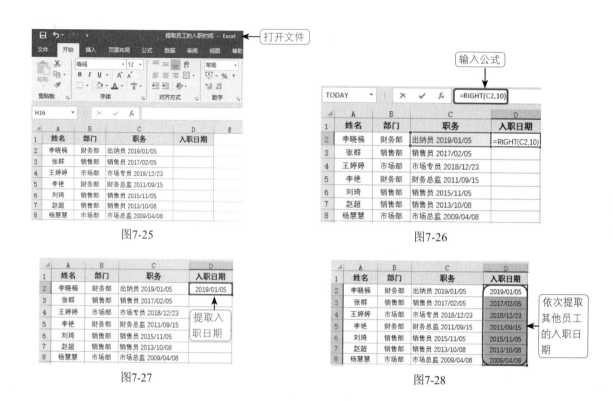

图7-25　　　　　　　　　　　　　　　　图7-26

图7-27　　　　　　　　　　　　　　　　图7-28

实战实例2：从文字与金额合并显示的字符串中提取金额数据

在本节实战实例1中，由于要提取的日期字符数是固定的10个，所以设置公式可以直接从右侧提取10个字符即可。如果要提取的字符串也是从最右侧开始，但是长度不一，则无法直接使用RIGHT函数提取，此时需要配合其他的函数来确定提取的长度。例如，在本例的表格中要计算基本工资和业绩奖金这两项数据的和，则需要先提取业绩奖金数据才能进行求和计算。

01 打开下载文件中的"素材\第7章\7.1\从文字与金额合并显示的字符串中提取金额数据.xlsx"文件，如图7-29所示。

02 将光标定位在D2单元格中，输入公式：=B2+RIGHT(C2,LEN(C2)-4)，如图7-30所示。

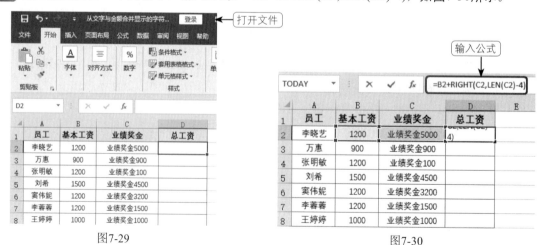

图7-29　　　　　　　　　　　　　　　　图7-30

03 按【Enter】键，即可计算出第一位员工的总工资，如图7-31所示。

04 利用公式填充功能，即可依次计算出其他员工的总工资，如图7-32所示。

员工	基本工资	业绩奖金	总工资
李晓艺	1200	业绩奖金5000	6200
万惠	900	业绩奖金900	
张明敏	1200	业绩奖金100	
刘希	1500	业绩奖金4500	
窦伟妮	1200	业绩奖金3200	
李蓉蓉	1200	业绩奖金1500	
王婷婷	1000	业绩奖金1000	

得到总工资

图7-31

员工	基本工资	业绩奖金	总工资
李晓艺	1200	业绩奖金5000	6200
万惠	900	业绩奖金900	1800
张明敏	1200	业绩奖金100	1300
刘希	1500	业绩奖金4500	6000
窦伟妮	1200	业绩奖金3200	4400
李蓉蓉	1200	业绩奖金1500	2700
王婷婷	1000	业绩奖金1000	2000

依次计算所有员工的总工资

图7-32

公式解析：

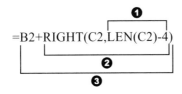

$$=B2+RIGHT(C2,LEN(C2)-4)$$

❶ 使用LEN函数判断C2单元格中字符串的总长度，即8，减4是因为"业绩奖金"共4个字符，减去后的值为去除"业绩奖金"文字后剩下的字符数，即8-4=4。

❷ 使用RIGHT函数从C2单元格中字符串的最右侧开始提取，提取的字符数是❶步返回的结果，从右侧提取4个字符，即5000。

❸ 将B2和❷步的值相加，即1200+5000=6200。

实战实例3：从学历中提取专业名称

本例表格中的学历记录了员工的毕业院校和专业名称（名称之间用空格分隔），需要单独将专业名称提取出来。但是这里的专业名称字符长度不同，并且前面的毕业院校名称长度也不一样，这时就需要寻找规律来实现RIGHT函数的第二参数值的返回。

01 打开下载文件中的"素材\第7章\7.1\从学历中提取专业名称.xlsx"文件，如图7-33所示。

02 将光标定位在C2单元格中，输入公式：=RIGHT(B2,LEN(B2)-FIND(" ",B2))，如图7-34所示。

图7-33

图7-34

 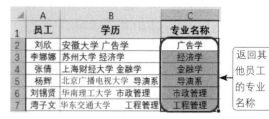

图7-35 　　　　　　　　　　　　　　　　　　　图7-36

公式解析：

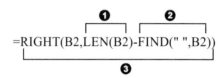

❶ LEN函数统计B2单元格中字符串的长度，即8。

❷ 使用FIND函数在B2单元格中返回" "（毕业院校和专业名称之间的空格字符）的位置，即5。

❸ 将❶步减去❷步的值，即8-5=3作为RIGHT函数的第2个参数。

❹ 使用RIGHT函数从B2单元格的右侧开始提取，提取字符数为❶步减去❷步的值，也就是提取3个字符，得到专业名称为"广告学"。

7.1.5　MID：提取文本字符串中从指定位置开始的特定个数的字符

函数功能：MID 函数用于返回文本字符串中从指定位置开始的特定数目的字符，该数目由用户指定。

函数语法：MID(text, start_num, num_chars)

参数解析：

- text：必需。包含要提取字符的文本字符串。

- start_num：必需。文本中要提取的第一个字符的位置，第一个字符的 start_num 为 1，以此类推。

- num_chars：必需。指定希望 MID 从文本中返回字符的个数。

实战实例1：从货号中提取商品出厂时间

本例表格记录了在售商品的货号信息，货号中包含了服装的货号编码、尺码以及出厂时间，之间用了"-"分隔，下面需要单独将出厂时间提取出来。

01 打开下载文件中的"素材\第7章\7.1\从货号中提取商品出厂时间.xlsx"文件，如图7-37所示。

02 将光标定位在C2单元格中，输入公式：=MID(B2,7,6)，如图7-38所示。

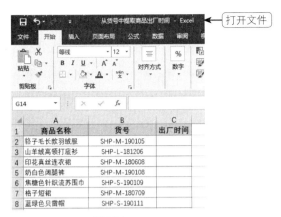

	A	B	C
1	商品名称	货号	出厂时间
2	貉子毛长款羽绒服	SHP-M-190105	
3	山羊绒高领打底衫	SHP-L-181206	
4	印花真丝连衣裙	SHP-M-180608	
5	奶白色阔腿裤	SHP-M-190108	
6	焦糖色针织流苏围巾	SHP-S-190109	
7	格子短裙	SHP-M-180709	
8	蓝绿色贝雷帽	SHP-S-190111	

图7-37

	A	B	C
1	商品名称	货号	出厂时间
2	貉子毛长款羽绒服	SHP-M-190105	6)
3	山羊绒高领打底衫	SHP-L-181206	
4	印花真丝连衣裙	SHP-M-180608	
5	奶白色阔腿裤	SHP-M-190108	
6	焦糖色针织流苏围巾	SHP-S-190109	
7	格子短裙	SHP-M-180709	
8	蓝绿色贝雷帽	SHP-S-190111	

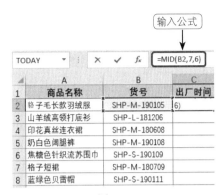

图7-38

03 按【Enter】键，即可提取商品的出厂时间，如图7-39所示。

04 利用公式填充功能，即可依次提取其他商品的出厂时间，如图7-40所示。

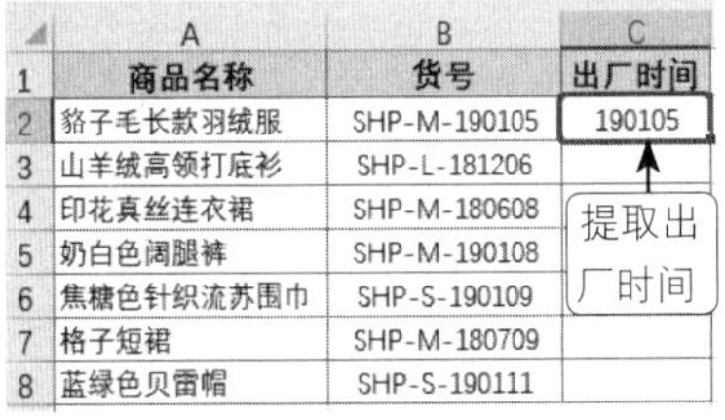

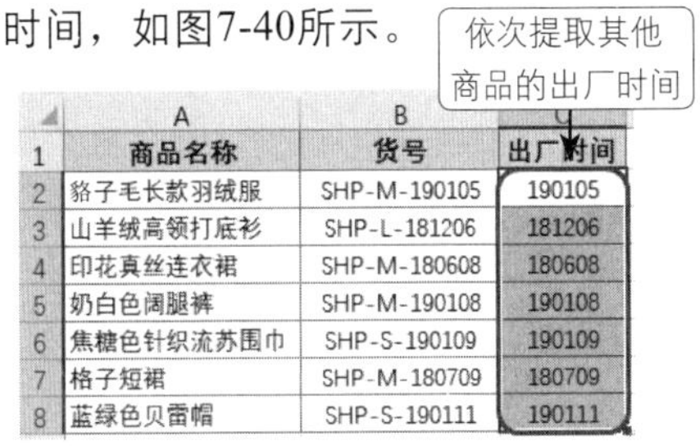

	A	B	C
1	商品名称	货号	出厂时间
2	貉子毛长款羽绒服	SHP-M-190105	190105
3	山羊绒高领打底衫	SHP-L-181206	
4	印花真丝连衣裙	SHP-M-180608	
5	奶白色阔腿裤	SHP-M-190108	
6	焦糖色针织流苏围巾	SHP-S-190109	
7	格子短裙	SHP-M-180709	
8	蓝绿色贝雷帽	SHP-S-190111	

图7-39

	A	B	C
1	商品名称	货号	出厂时间
2	貉子毛长款羽绒服	SHP-M-190105	190105
3	山羊绒高领打底衫	SHP-L-181206	181206
4	印花真丝连衣裙	SHP-M-180608	180608
5	奶白色阔腿裤	SHP-M-190108	190108
6	焦糖色针织流苏围巾	SHP-S-190109	190109
7	格子短裙	SHP-M-180709	180709
8	蓝绿色贝雷帽	SHP-S-190111	190111

图7-40

实战实例2：提取公司所属地

如果要提取的字符串在原字符串中起始位置不固定，则无法直接使用MID函数提取。这时需要配合其他函数来确定提取位置。例如本例要从数据表中提取公司名称中括号内的文本，但括号的位置不固定，其公式设置如下。

01 打开下载文件中的“素材\第7章\7.1\提取公司所属地.xlsx”文件，如图7-41所示。

02 将光标定位在C2单元格中，输入公式：=MID(A2,FIND("（",A2)+1,2)，如图7-42所示。

	A	B	C
1	投标公司名称	报价	所属地区
2	达尔利精密电子（南京）有限公司	8元/m³	
3	达尔利精密电子（济南）有限公司	11元/m³	
4	信瑞精密电子（德州）有限公司	7.5元/m³	
5	信华科技集团精密电子分公司（杭州）	8.5元/m³	
6	亚东科技机械有限责任公司（台州）	10元/m³	

图7-41

	A	B	C
1	投标公司名称	报价	所属地区
2	达尔利精密电子（南京）有限公司	8元/m³	FIND("（",A2)+1,2)
3	达尔利精密电子（济南）有限公司	11元/m³	
4	信瑞精密电子（德州）有限公司	7.5元/m³	
5	信华科技集团精密电子分公司（杭州）	8.5元/m³	
6	亚东科技机械有限责任公司（台州）	10元/m³	

图7-42

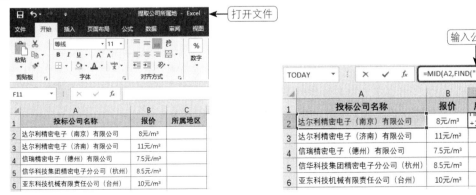

03 按【Enter】键，即可提取投标公司的所属地区名称，如图7-43所示。

04 利用公式填充功能，即可依次提取其他投标公司的所属地区名称，如图7-44所示。

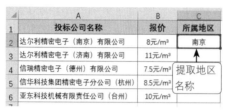

图7-43

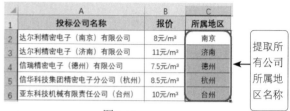

图7-44

公式解析：

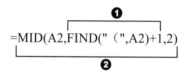

❶ FIND函数返回"（"在A2单元格中的位置，然后进行加1处理。因为要提取的位置在"（"之后，因此要进行加1处理，即9+1=10。

❷ 从A2单元格中字符串的❶步返回值为起始，共提取2个字符，从第10个字符开始提取，提取2个字符，即"南京"。

7.2
文本新旧替换函数

文本替换函数有REPLACE函数、SUBSTITUTE函数，如果要将数据中的指定字符替换为另一个新字符，可以使用REPLACE函数。SUBSTITUTE函数还可以用新字符替换部分字符串。

7.2.1 REPLACE：将一个字符串中的部分字符用另一个字符串替换

函数功能： REPLACE函数使用其他文本字符串并根据所指定的字符数替换某文本字符串中的部分文本。无论默认语言如何设置，REPLACE函数始终将每个字符（不管是单字节还是双字节）按 1 计数。

函数语法： REPLACE(old_text, start_num, num_chars, new_text)

参数解析：

- old_text：必需。要替换其部分字符的文本。
- start_num：必需。要用 new_text 替换的 old_text 中字符的位置。
- num_chars：必需。希望 replace 使用 new_text 替换 old_text 中字符的个数。
- new_text：必需。将用于替换 old_text 中字符的文本。

实战实例1：屏蔽中奖号码的后四位

本例需要将表格内中奖的手机号码后四位全部替换为"*"，起到屏蔽的作用（本例手机号码为虚拟号码，只做实例使用）。

01 打开下载文件中的"素材\第7章\7.2\屏蔽中奖号码的后四位.xlsx"文件，如图7-45所示。

02 将光标定位在C2单元格中，输入公式：=REPLACE(A2,8,4,"****")，如图7-46所示。

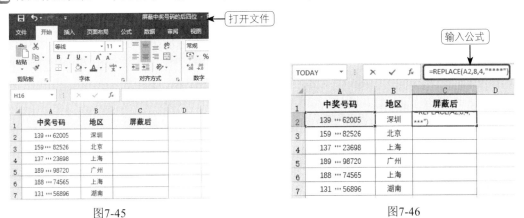

图7-45　　　　　　　　　　　　　　　　　　　图7-46

03 按【Enter】键，即可屏蔽中奖手机号码的后四位数字为"*"，如图7-47所示。

04 利用公式填充功能，即可依次屏蔽其他中奖手机号码的后四位数字，如图7-48所示。

图7-47　　　　　　　　　　　　　　　　　　　图7-48

公式解析：

=REPLACE(A2,8,4,"****")

从A2单元格的第8个字符开始替换，将后面四位数字都替换为"*"。

实战实例2：完善班级名称

本例中需要将班级和年级名称连接在一起，得到完整的班级名称。

01 打开下载文件中的"素材\第7章\7.2\完善班级名称.xlsx"文件，如图7-49所示。

02 将光标定位在D2单元格中，输入公式：=REPLACE(B2,1,,"高一")，如图7-50所示。

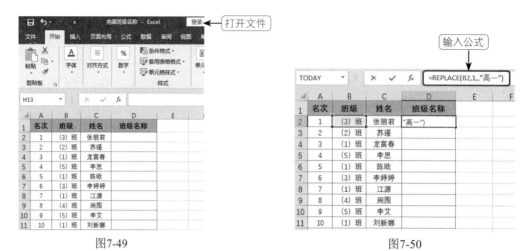

图7-49   图7-50

03 按【Enter】键，即可完善班级名称，如图7-51所示。

04 利用公式填充功能，即可依次完善其他学生所在完整班级名称，如图7-52所示。

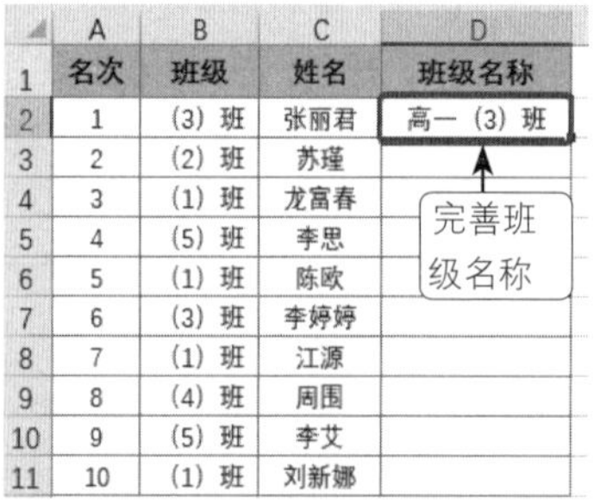

图7-51 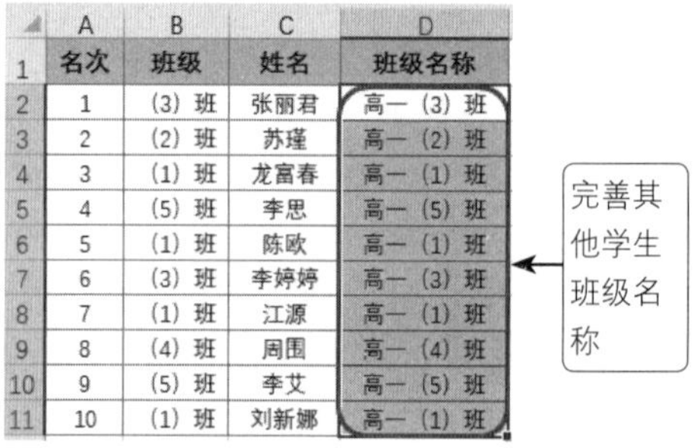   图7-52

公式解析：

$$=REPLACE(B2,1,,"高一")$$

使用REPLACE函数从第1个字符之后插入"高一"。

7.2.2   SUBSTITUTE：用新字符串替换字符串中的部分字符串

函数功能：SUBSTITUTE函数用于在文本字符串中用new_text替代old_text。

函数语法：SUBSTITUTE(text,old_text,new_text,instance_num)

参数解析：

- text：表示需要替换其中字符的文本，或对含有文本的单元格的引用。
- old_text：表示需要替换的旧文本。
- new_text：用于替换 old_text 的文本。
- instance_num：可选。用来指定要以 new_text 替换第几次出现的 old_text。

实战实例1：删除不规范的空格符号

如果表格中的数据输入不规范或者复制过来的文本存在很多空格。使用SUBSTITUTE函数可以一次性删除其中的空格，让文本内容更加紧凑。

01 打开下载文件中的"素材\第7章\7.2\删除不规范的空格符号.xlsx"文件，如图7-53所示。

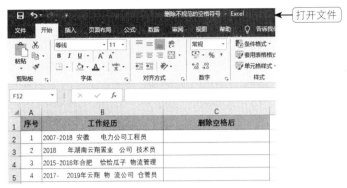

图7-53

02 将光标定位在C2单元格中，输入公式：= SUBSTITUTE(B2," ","")，如图7-54所示。

03 按【Enter】键，即可删除文本中的所有空格，如图7-55所示。

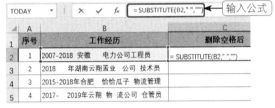

图7-54

图7-55

04 利用公式填充功能，即可依次删除所有文本中的空格，如图7-56所示。

图7-56

实战实例2：将日期规范化再进行求差

本例表格中记录了食品的生产日期和到期日期，但都不是规范的标准日期格式，这样的日期是无法进行计算的，我们可以使用SUBSTITUTE函数统一将其转换为标准日期后再进行计算。

01 打开下载文件中的"素材\第7章\7.2\将日期规范化再进行求差.xlsx"文件，如图7-57所示。

207

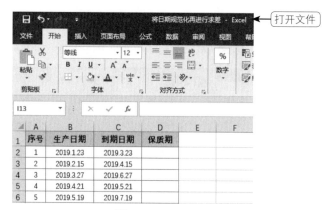

图7-57

02 将光标定位在D2单元格中，输入公式：= SUBSTITUTE(C2,".","-")-SUBSTITUTE(B2,".","-")，如图7-58所示。

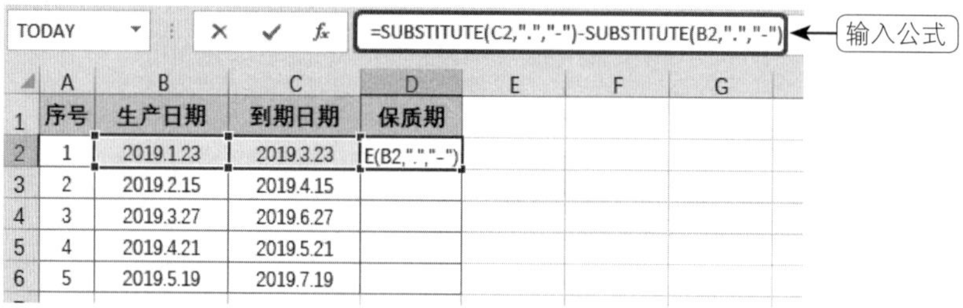

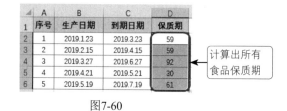

图7-58

03 按【Enter】键，即可计算出食品的保质期，如图7-59所示。

04 利用公式填充功能，即可依次计算出所有食品保质期，如图7-60所示。

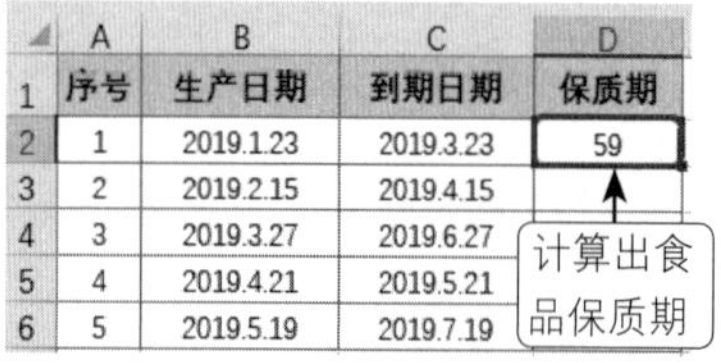

图7-59 图7-60

公式解析：

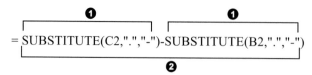

= SUBSTITUTE(C2,".","-")-SUBSTITUTE(B2,".","-")

❶ 使用SUBSTITUTE函数将C2单元格和B2单元格中的日期规范化（也就是将"."替换为"-"）。

❷ 将规范化后的日期进行差值计算。

实战实例3：查找特定文本并且将第一次出现的删除，其他保留

本例需要通过设置公式将订单号中的第二处"-"符号删除，下面介绍具体的公式。

01 打开下载文件中的"素材\第7章\7.2\查找特定文本且将第一次出现的删除,其他保留.xlsx"文件,如图7-61所示。

02 将光标定位在C2单元格中,输入公式: =SUBSTITUTE(A2,"-",,2),如图7-62所示。

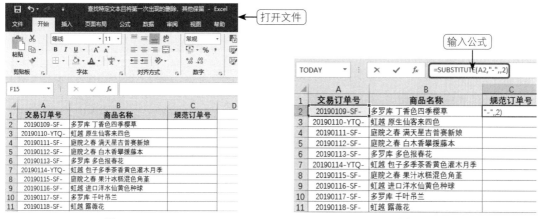

图7-61　　　　　　　　　　　　　　　　　图7-62

03 按【Enter】键,即可快速删除第二次出现的"-",如图7-63所示。

04 利用公式填充功能,即可依次删除其他类别中第二次出现的"-",如图7-64所示。

图7-63　　　　　　　　　　　　　　　　　图7-64

公式解析:

$$=SUBSTITUTE(A2,"-",,2)$$

使用SUBSTITUTE函数将A2单元格中第二次出现的"-"进行替换,将这一部分指定的内容替换为空值,其他的不替换,替换第几次出现的字符时使用第四个参数指定。

7.3
文本格式转换函数

用于文本格式转换包括:将数字转换为其他货币格式、将文本数字转换为数值、将文本转换为大写或者小写字母形式、将数值转换为按指定数字格式显示的文本等。这些转换操作都可以使用Excel文本转换函数来实现。

7.3.1 ASC：将全角字符更改为半角字符

函数功能： 对于双字节字符集（DBCS）语言，ASC函数将全角（双字节）字符转换成半角（单字节）字符。

函数语法： ASC(text)

参数解析：

● text：表示为文本或包含文本的单元格引用。如果文本中不包含任何全角字母，则文本不会更改。

实战实例：修正全半角字符不统一导致数据无法统计问题

在如图7-65所示表格中，可以看到"高一(1)班"分组人数有两条记录，但使用SUMIF函数统计时只统计出总数为12。出现这种情况是因为SUMIF函数以"高一(1)班"为查找对象，这其中的括号是在英文半角状态下输入的，而A列中的字符有半角的和全角的，这就造成了当格式不匹配时就找不到了，所以不被作为统计对象。这时就可以使用ASC函数先一次性将数据源中的字符格式统一起来，然后进行数据统计。

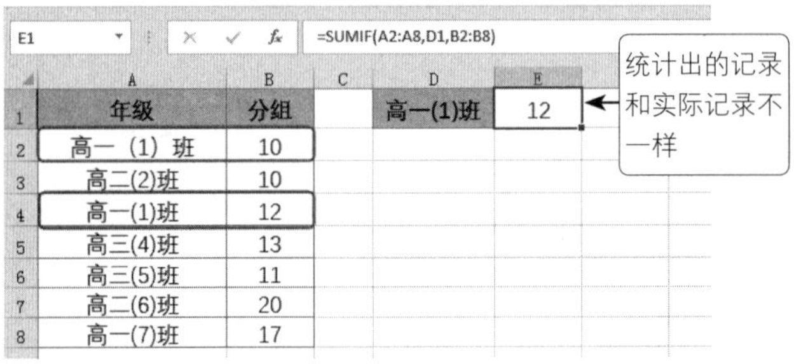

图7-65

01 打开下载文件中的"素材\第7章\7.3\修正全半角字符不统一导致数据无法统计问题.xlsx"文件，如图7-66所示。

图7-66

02 将光标定位在F2单元格中，输入公式：=ASC(A2)，如图7-67所示。

03 按【Enter】键转换半角字符，然后利用公式填充功能，即可将A列中所有全角字符全部转换为半角字符，如图7-68所示。

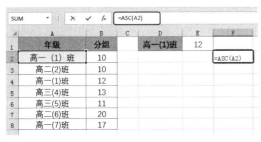

图7-67   图7-68

04 选中F列中转换后的数据，按【Ctrl+C】组合键复制，然后再选中A2单元格，在"开始"选项卡的"剪贴板"组中单击"粘贴"下拉按钮，在下拉列表中单击"值"命令（见图7-69），实现数据的覆盖粘贴。

05 完成数据格式的重新修正后，可以看到E2单元格中得到正确的计算结果了，如图7-70所示。

图7-69   图7-70

7.3.2 DOLLAR：四舍五入数值并添加千分位符号和 $ 符号

函数功能：DOLLAR函数是依照货币格式将小数四舍五入到指定的位数并转换成美元货币格式文本，使用的格式为 ($#,##0.00_);($#,##0.00)。

函数语法：DOLLAR (number,decimals)

参数解析：

- number：表示数字、包含数字的单元格引用，或是计算结果为数字的公式。
- decimals：表示十进制数的小数位数。如果 decimals 为负数，则 number 在小数点左侧进行舍入；如果省略 decimals，则假设其值为 2。

实战实例：将金额转换为美元货币格式

表格的B列为销售额数据，金额显示的格式为人民币，现在需要将其快速转换为美元货币格式。

01 打开下载文件中的"素材\第7章\7.3\将金额转换为美元货币格式.xlsx"文件，如图7-71所示。

02 将光标定位在C2单元格中，输入公式：=DOLLAR(B2)，如图7-72所示。

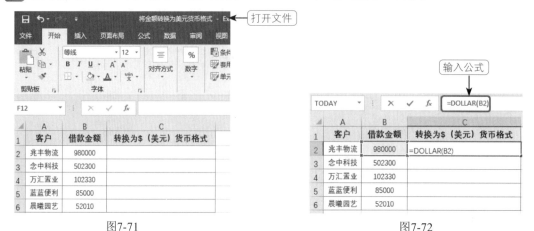

图7-71　　　　　　　　　　　　　　　图7-72

03 按【Enter】键，即可将金额转换为美元货币格式，如图7-73所示。

04 利用公式填充功能，即可依次将其他金额全部转换为美元货币格式，如图7-74所示。

图7-73　　　　　　　　　　　　　　　图7-74

7.3.3　LOWER：将文本字符串中所有大写字母转换为小写字母

函数功能： LOWER函数是将一个文本字符串中的所有大写字母转换为小写字母。

函数语法： LOWER(text)

参数解析：

- text：必需。要转换为小写字母的文本，LOWER 函数不改变文本中的非字母的字符。

实战实例：将英文文本转换为小写形式

本例要求将 A列单元格中的英文文本全部转换为小写形式，可以使用LOWER函数来实现。

01 打开下载文件中的"素材\第7章\7.3\将文本转换为小写形式.xlsx"文件，如图7-75所示。

02 将光标定位在B2单元格中，输入公式：=LOWER(A2)，如图7-76所示。

图7-75

图7-76

03 按【Enter】键,即可将A2单元格中的字母全部转换为小写形式,如图7-77所示。

04 利用公式填充功能,即可依次将A列单元格中其他字母转换为小写形式,如图7-78所示。

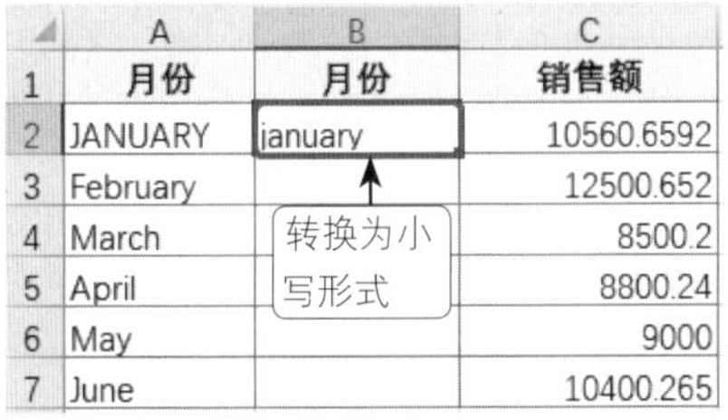

图7-77

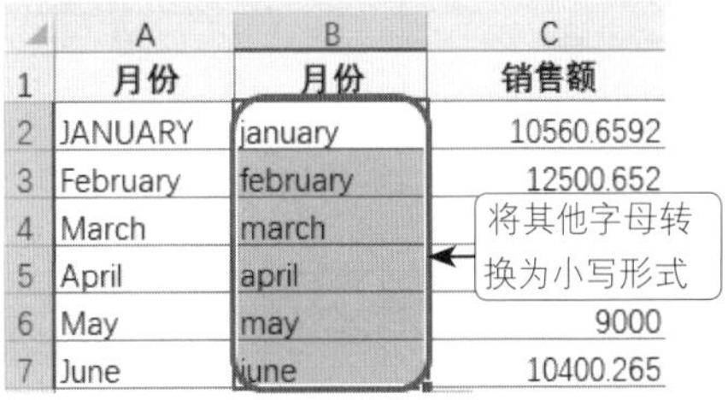

图7-78

7.3.4 PROPER:将英文文本字符串中的首字母转换成大写

函数功能:PROPER函数是将文本字符串的首字母及任何非字母字符之后的首字母转换成大写,并将其余的字母转换成小写。

函数语法:PROPER(text)

参数解析:

● text:必需。用引号括起来的文本、返回文本值的公式或是对包含文本(要进行部分大写转换)的单元格的引用。

实战实例:将英文单词的首字母转换为大写

本例表格需要将A列单元格中的英文单词转换为首字母大写,可以使用PROPER函数来实现。

01 打开下载文件中的"素材\第7章\7.3\将单词的首字母转换为大写.xlsx"文件,如图7-79所示。

02 将光标定位在B2单元格中,输入公式:=PROPER(A2),如图7-80所示。

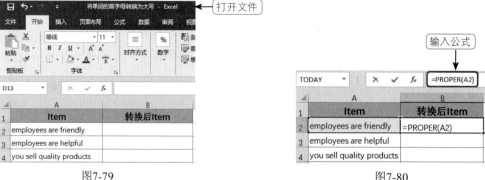

图7-79　　　　　　　　　　　　　图7-80

03 按【Enter】键，即可将A2单元格中的首字母转换为首字母大写，如图7-81所示。

04 利用公式填充功能，即可依次将其他英文转换为首字母大写，如图7-82所示。

图7-81

图7-82

7.3.5　RMB：四舍五入数值并添加千分位符号和￥符号

函数功能： RMB函数是依照货币格式将小数四舍五入到指定的位数并转换成人民币格式。使用的格式为 (￥#,##0.00_);(￥#,##0.00)。

函数语法： RMB(number, [decimals])

参数解析：

- number：必需。对包含数字的单元格的引用或是计算结果为数字的公式。
- decimals：可选。小数点右边的位数，如果 decimals 为负数，则 number 从小数点往左按相应位数四舍五入；如果省略 decimals，则假设其值为 2。

实战实例：将数字转换为人民币格式

本例表格的C列为发票显示的小写金额并且为数值格式，这里需要将其转换为人民币格式。

01 打开下载文件中的"素材\第7章\7.3\将数字转换为人民币格式.xlsx"文件，如图7-83所示。

02 将光标定位在D2单元格中，输入公式：=RMB(C2)，如图7-84所示。

03 按【Enter】键，即可将发票金额转换为人民币格式，如图7-85所示。

04 利用公式填充功能，即可依次将其他发票金额转换为人民币格式，如图7-86所示。

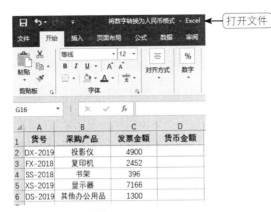

图7-83

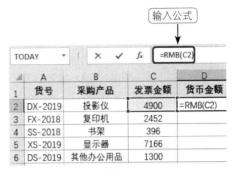

图7-84

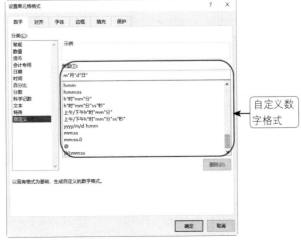

图7-85

图7-86

7.3.6 TEXT：将数值转换为按指定数字格式表示的文本

函数功能：TEXT函数是将数值转换为按指定数字格式表示的文本。

函数语法：TEXT(value,format_text)

参数解析：

- value：表示数值，计算结果为数字的公式，或对包含数字的单元格的引用。
- format_text：是作为用引号括起的文本字符串的数字格式。通过单击"设置单元格格式"对话框中的"数字"选项卡的"类别"框中的"数字""日期""时间""货币"或"自定义"并查看显示的格式，可以查看不同的数字格式（见图 7-87）。Format_text 不能包含星号 (*)。

图7-87

215

实战实例1：返回值班日期对应的星期数

本例表格为员工值班表，显示了每位员工的值班日期，为了查看方便，需要显示出各日期对应的星期数。

01 打开下载文件中的"素材\第7章\7.3\返回值班日期对应的星期数.xlsx"文件，如图7-88所示。

02 将光标定位在C2单元格中，输入公式：=TEXT(B2,"AAAA")，如图7-89所示。

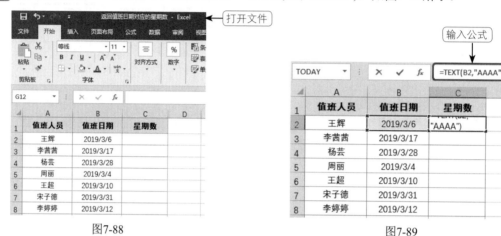

图7-88

图7-89

03 按【Enter】键，即可将值班日期转换为星期数，如图7-90所示。

04 利用公式填充功能，即可依次将其他值班日期转换为星期数，如图7-91所示。

图7-90

图7-91

实战实例2：将数值转换为万元显示单位

本例表格记录了公司某个年份所有项目的设计费用，单位是"元"，为了读取方便，可以将这些数值快速转换为以"万元"为显示单位。

01 打开下载文件中的"素材\第7章\7.3\数字转换为万元显示单位.xlsx"文件，如图7-92所示。

02 将光标定位在C2单元格中，输入公式：=TEXT(B2,"0!.0000万元")，如图7-93所示。

图7-92

图7-93

03 按【Enter】键，即可将设计费转换为以万元为单位显示，如图7-94所示。

04 利用公式填充功能，即可依次将其他设计费转换为以万元为单位显示，如图7-95所示。

图7-94

图7-95

实战实例3：解决日期计算返回日期序列号问题

在进行日期数据的计算时，默认会显示为日期对应的序列号值，如图7-96所示。常规的处理办法是，需要重新设置单元格的格式为日期格式才能正确显示出标准日期。除此之外，可以使用TEXT函数将计算结果一次性转换为标准日期，具体的操作过程如下。

图7-96

01 打开下载文件中的"素材\第7章\7.3\解决日期计算返回日期序列号的问题.xlsx"文件，如图7-97所示。

图7-97

02 将光标定位在D2单元格中，输入公式：=TEXT(EDATE(B2,C2),"yy/mm/dd")，如图7-98所示。

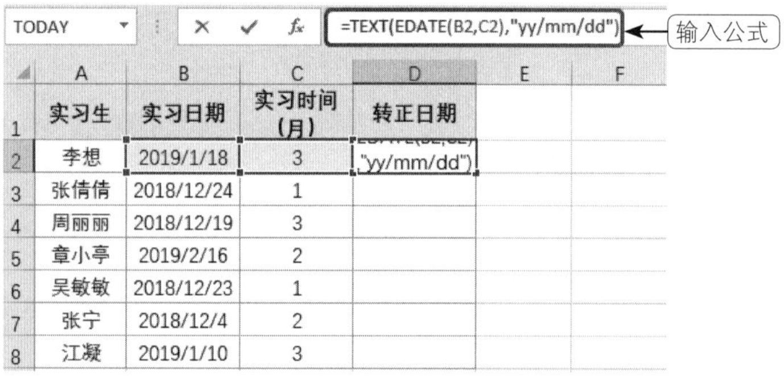

图7-98

03 按【Enter】键，即可计算出第一位实习生的转正日期，如图7-99所示。
04 利用公式填充功能，即可依次计算出其他实习生的转正日期，如图7-100所示。

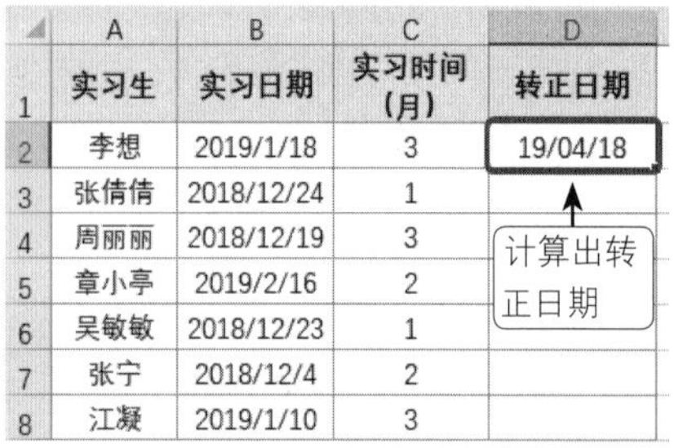

图7-99   图7-100

公式解析：

=TEXT(EDATE(B2,C2),"yy/mm/dd")

❶ 使用EDATE函数计算出所指定月数之前或之后的日期，此步是根据实习日期和实习时间计算出转正日期，但返回结果是日期序列号。

❷ 使用TEXT函数将❶步结果转换为标准的日期格式，即"yy/mm/dd"。

实战实例4：将员工加班时长转换为指定时间格式

本例中输入了每位员工的加班开始时间和加班结束时间，现在需要统计出每位员工的加班时长，并且将其格式设置为"X小时X分"。

01 打开下载文件中的"素材\第7章\7.3\将员工加班时长显示为指定时间格式.xlsx"文件，如图7-101所示。

02 将光标定位在D2单元格中，输入公式：=TEXT(C2-B2,"h小时m分")，如图7-102所示。

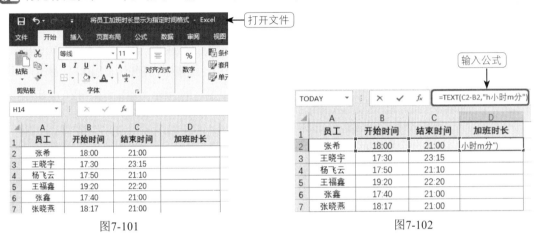

图7-101

图7-102

03 按【Enter】键，即可计算出第一位员工的加班时长，如图7-103所示。

04 利用公式填充功能，即可依次计算出其他员工的加班时长，如图7-104所示。

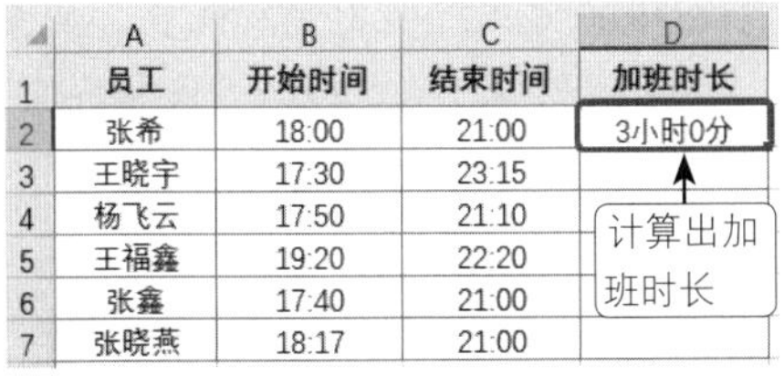

图7-103

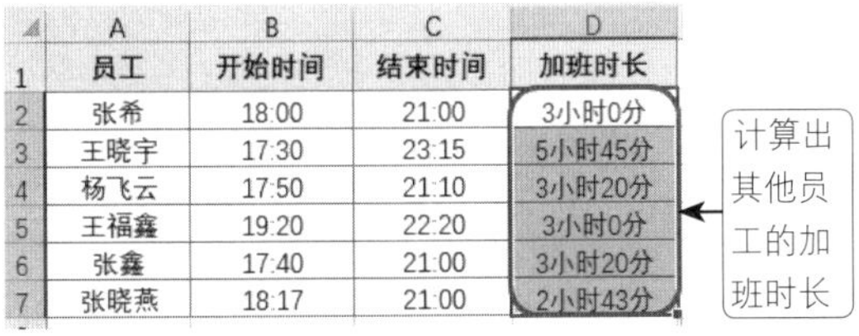

图7-104

公式解析：

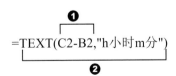

=TEXT(C2-B2,"h小时m分")

❶将C2单元格与B2单元格中的时间值相减。

❷使用TEXT函数将相减后的时间值转换为"h小时m分"的时间格式。

7.3.7　UPPER：将小写英文文本转换为大写形式

函数功能：UPPER函数用于将小写英文文本转换为大写形式。

函数语法：UPPER(text)

参数解析：

- text：必需。需要转换为大写形式的文本，可以为引用或文本字符串。

实战实例：将小写英文文本转换为大写形式

本例要求将A列的小写英文文本全部转换为大写形式，下面介绍具体方法。

01 打开下载文件中的"素材\第7章\7.3\将文本转换为大写形式.xlsx"文件，如图7-105所示。

02 将光标定位在B1单元格中，输入公式：=UPPER(A1)，如图7-106所示。

图7-105　　　　　　　　　　　　　　　　图7-106

03 按【Enter】键，即可将A1单元格中的小写英文文本转换为大写形式，如图7-107所示。

04 利用公式填充功能，即可依次将A单元格中的所有小写英文文本转换为大写形式，如图7-108所示。

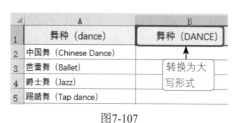

图7-107

图7-108

7.3.8　VALUE：将代表数字的文本字符串转换为数值

函数功能：VALUE函数用于将代表数字的文本字符串转换成数值。

函数语法：VALUE(text)

参数解析：

- text：必需。带引号的文本，或对包含要转换文本的单元格的引用。

实战实例：将文本型数字转换为数值

在表格中计算总金额时，由于单元格的格式被设置成文本格式，从而导致总金额无法计算，此时可以统一将文本型数字转换为数值，公式就会得到正确的计算结果。

01 打开下载文件中的"素材\第7章\7.3\将文本型数字转换为数值.xlsx"文件，如图7-109所示。

02 将光标定位在E2单元格中，输入公式：=VALUE(D2)，如图7-110所示。

图7-109   图7-110

03 按【Enter】键，即可将D2单元格中的文本型数字转换为数值格式，如图7-111所示。

04 利用公式填充功能，即可依次将D单元格中的其他文本型数字转换为数值格式，如图7-112所示。

图7-111   图7-112

05 此时可以看到E8单元格中的求和公式得到正确的计算结果，如图7-113所示。

图7-113

221

7.4
文本的其他操作

除了前面介绍的一些文本函数之外，还有其他几个较为常用的语言本函数，如字符串合并 CONCATENATE 函数、删除多余空格 TRIM 函数、CLEAN 函数、字符串比较 EXACT 函数等。

7.4.1 CONCAT：将多个区域和 / 或字符串的文本组合起来

函数功能： CONCAT 函数将多个区域和/或字符串的文本组合起来，但不提供分隔符或 IgnoreEmpty 参数。此函数类似 CONCATENATE 函数，优点是更短、更方便，而且除了单元格引用外它还支持区域引用。

函数语法： CONCAT(text1, [text2],...)

参数解析：

- text1：必需。要连接的文本项。字符串或字符串数组，如单元格区域。
- text2,...：可选。要连接的其他文本项。文本项最多可以有 253 个文本参数，每个参数可以是一个字符串或字符串数组，如单元格区域。

实战实例：合并所有文本数据

本例表格统计了报名学员的各项基本信息，要求将学员所在地区、学员姓名和所在班级合并为新的一列。

01 打开下载文件中的"素材\第7章\7.4\合并所有文本数据.xlsx"文件，如图7-114所示。

02 将光标定位在F2单元格中，输入公式：=CONCAT(A2:C2)，如图7-115所示。

图7-114　　　　　　　　　　　　　　图7-115

03 按【Enter】键，即可将地区、所在班级和学员姓名合并为一段文本，如图7-116所示。

04 利用公式填充功能，即可依次将所有单元格中的地区、所在班级和学员姓名合并为整个文本，如图7-117所示。

图7-116   图7-117

7.4.2 CONCATENATE：将多个文本字符串合并成一个文本字符串

函数功能： CONCATENATE 函数可将最多 255 个文本字符串合并成一个文本字符串，合并项可以是文本、数字、单元格引用或这些项的组合。

函数语法： CONCATENATE(text1, [text2], ...)

参数解析：

- text1：必需。要合并的第一个文本项。
- text2,...：可选。其他文本项，最多为 255 项，项与项之间必须用逗号隔开。

实战实例1：合并所有文本数据

本例表格统计了全市分数排名前几位的学生，现在需要将学校名称、班级名称和学生姓名合并为一段文本。

01 打开下载文件中的"素材\第7章\7.4\合并所有文本数据.xlsx"文件，如图7-118所示。

02 将光标定位在D2单元格中，输入公式：=CONCATENATE(A2,B2,C2)，如图7-119所示。

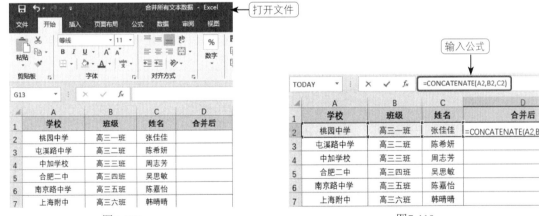

图7-118   图7-119

03 按【Enter】键，即可将学校名称、班级名称和学生姓名合并为一段文本，如图7-120所示。

04 利用公式填充功能，即可依次将所有学校名称、班级名称和学生姓名合并为文本，如图7-121所示。

图7-120　　　　　　　　　　　　　　　　图7-121

实战实例2：合并业绩总额和达标情况

本例表格统计了每位业务员全年四个季度的销售额，下面需要统计每位业务员的总业绩，并将其和达标业绩额100000元相比较，由此判断今年的业绩是否达标。

01 打开下载文件中的"素材\第7章\7.4\合并业绩总额和达标情况.xlsx"文件，如图7-122所示。

图7-122

02 将光标定位在F2单元格中，输入公式：=CONCATENATE(SUM(B2:E2),"-", IF(SUM(B2:E2)>=1000000,"达标","不达标"))，如图7-123所示。

	A	B	C	D	E	F	G	H	I
1	业务员	第一季度	第二季度	第三季度	第四季度	业绩是否达标			
2	黎小田	56900	90000	89500	156000	"不达标"))			
3	章楠	89000	105200	152000	59800				
4	李辉	19500	98500	596000	300000				
5	杨婷婷	90000	90005	560000	10520				
6	姜凯	105920	150000	900000	569000				
7	李晓云	98050	59000	102500	98500				
8	周娜	102563	523000	300000	98000				
9	蒋一	998520	590000	985030	196000				

图7-123

03 按【Enter】键，即可统计出第一位业务员的总业绩并判断达标结果，如图7-124所示。

04 利用公式填充功能，即可依次统计出其他业务员的总业绩并判断达标结果，如图7-125所示。

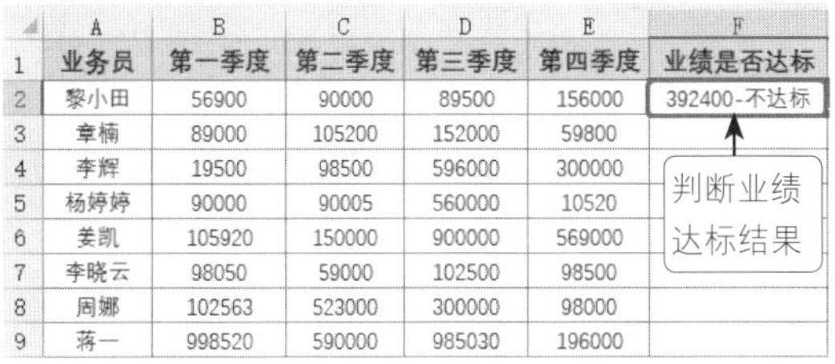

	A	B	C	D	E	F
1	业务员	第一季度	第二季度	第三季度	第四季度	业绩是否达标
2	黎小田	56900	90000	89500	156000	392400-不达标
3	章楠	89000	105200	152000	59800	
4	李辉	19500	98500	596000	300000	
5	杨婷婷	90000	90005	560000	10520	
6	姜凯	105920	150000	900000	569000	
7	李晓云	98050	59000	102500	98500	
8	周娜	102563	523000	300000	98000	
9	蒋一	998520	590000	985030	196000	

判断业绩达标结果

图7-124

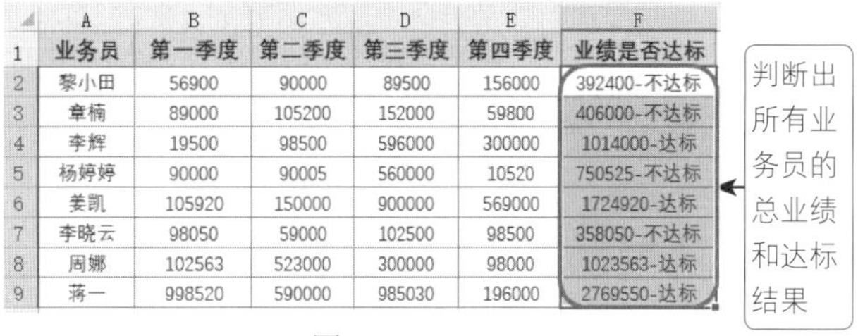

	A	B	C	D	E	F
1	业务员	第一季度	第二季度	第三季度	第四季度	业绩是否达标
2	黎小田	56900	90000	89500	156000	392400-不达标
3	章楠	89000	105200	152000	59800	406000-不达标
4	李辉	19500	98500	596000	300000	1014000-达标
5	杨婷婷	90000	90005	560000	10520	750525-不达标
6	姜凯	105920	150000	900000	569000	1724920-达标
7	李晓云	98050	59000	102500	98500	358050-不达标
8	周娜	102563	523000	300000	98000	1023563-达标
9	蒋一	998520	590000	985030	196000	2769550-达标

判断出所有业务员的总业绩和达标结果

图7-125

公式解析：

$$=CONCATENATE(SUM(B2:E2),"-",IF(SUM(B2:E2)>=1000000,"达标","不达标"))$$

❶ 使用SUM函数统计计出第一位业务员的总业绩。

❷ 使用IF函数根据条件判断出业务员总业绩是否大于等于1000000元，如果是则返回"达标"，否则返回"不达标"。

❸ 最后使用CONCATENATE函数将❶步中的总业绩和"-""达标"或者"不达标"合并在一起，即"392400-不达标"。

7.4.3 TRIM：删除文本中的多余空格

函数功能：除了单词之间的单个空格外，还可以清除文本中所有的多余空格。当从其他应用程序中获取带有不规则空格的文本时，可以使用TRIM函数。

函数语法：TRIM(text)

参数解析：

- text：必需。需要删除文本的空格。

实战实例：删除产品名称中多余的空格

在本例表格中，产品名称前后及规格前均有多个空格，使用TRIM函数可以一次性删除前后空格并且在规格的前面保留一个空格作为间隔。

01 打开下载文件中的"素材\第7章\7.4\删除产品名称中多余的空格.xlsx"文件，如图7-126所示。

02 将光标定位在B2单元格中，输入公式：=TRIM(A2)，如图7-127所示。

03 按【Enter】键，即可删除A2单元格中产品名称的空格，如图7-128所示。

04 利用公式填充功能，即可依次删除其他单元格中的产品名称的空格，如图7-129所示。

图7-126

图7-127

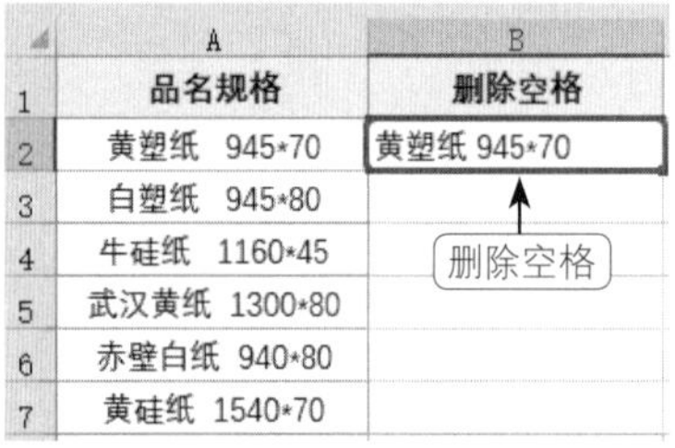

图7-128

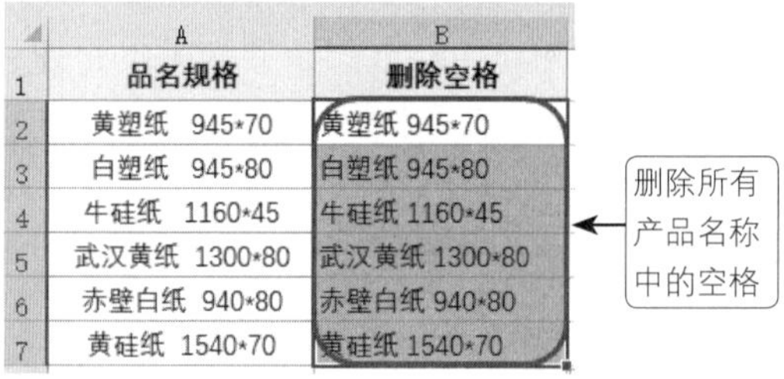

图7-129

7.4.4 CLEAN：删除文本中不能打印的字符

函数功能：CLEAN函数用于删除文本中不能打印的字符。对于从其他应用程序中输入的文本，可以使用 CLEAN 函数删除其中含有的当前操作系统中无法打印的字符。例如，删除通常出现在数据文件头部或尾部无法打印的低级计算机代码。

函数语法：CLEAN(text)

参数解析：

- text：必需。从工作表中删除不能打印的字符。

实战实例：删除不规范的换行符

如果数据中存在不规范的换行符也会不便于后期对数据的分析，尤其是当数字中存在换行符时还会导致数字无法参与计算，可以使用CLEAN函数一次性删除文本中的换行符。

01 打开下载文件中的"素材\第7章\7.4\删除不规范的换行符.xlsx"文件，如图7-130所示。

02 将光标定位在C2单元格中，输入公式：=CLEAN(B2)，如图7-131所示。

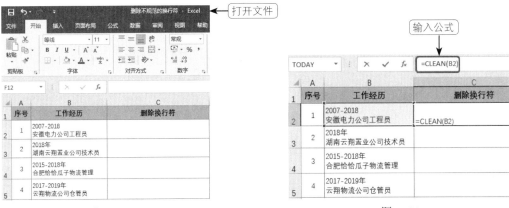

图7-130

图7-131

03 按【Enter】键，即可删除B2单元格中的换行符并得到整理后的文本，如图7-132所示。

04 利用公式填充功能，即可依次删除B列中的换行符并得到整理后的文本，如图7-133所示。

图7-132

图7-133

7.4.5 EXACT：比较两个文本字符串是否完全相同

函数功能：EXACT函数用于比较两个字符串：如果它们完全相同，则返回 TRUE；否则返回 FALSE。EXACT函数虽然区分大小写，但是会忽略格式上的差异。利用 EXACT 函数可以测试在文档中输入的文本。

函数语法：EXACT(text1, text2)

参数解析：

- text1：必需。第一个文本字符串。
- text2：必需。第二个文本字符串。

实战实例：比较用户密码设置是否相同

本例表格统计了用户各个网站的密码，为了密码的安全保护，要求检测每个网站的密码设置是否相同（本实例中所列举的用户ID及密码，均为虚假，只供举例使用）。

01 打开下载文件中的"素材\第7章\7.4\比较用户密码设置是否相同.xlsx"文件，如图7-134所示。

02 将光标定位在D2单元格中，输入公式：=IF(EXACT(B2,C2),"相同","不相同")，如图7-135所示。

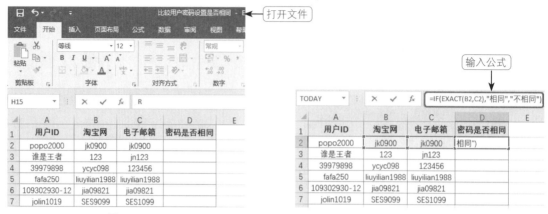

图7-134　　　　　　　　　　　　　　　　图7-135

03 按【Enter】键，即可判断出第一名用户的登录密码设置是否相同，如图7-136所示。

04 利用公式填充功能，即可依次判断出其他用户的登录密码设置是否相同，如图7-137所示。

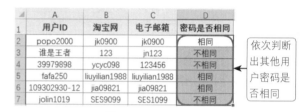

图7-136　　　　　　　　　　　　　　　　图7-137

7.4.6　TEXTJOIN：将多个区域的文本组合起来并指定分隔符

函数功能： TEXTJOIN 函数将多个区域的文本组合起来，并且用指定的分隔符分隔开。

函数语法： TEXTJOIN(分隔符, ignore_empty, text1, [text2], ...)

参数解析：

- 分隔符：文本字符串（空）一个或多个用双引号括起来的字符，也是对有效文本字符串的引用。如果提供了一个数字，它将被视为文本。
- ignore_empty：可选。如果为 TRUE，则忽略空白单元格。
- text1：要加入的文本项。文本字符串或字符串数组，如单元格区域。
- text2, ...：要加入的其他文本项。文本项目最多可以包含 252 个文本参数，包括 text1，每个都可以是文本字符串或字符串数组，如单元格区域。

实战实例：合并商品信息

本例表格统计了商品名称、货号和尺码信息，要求将这些服饰基本信息全部连接在一起，并且在中间用"-"分隔符显示。

01 打开下载文件中的"素材\第7章\7.4\合并商品信息.xlsx"文件，如图7-138所示。

02 将光标定位在D2单元格中，输入公式：=TEXTJOIN("-",1,A2:C2)，如图7-139所示。

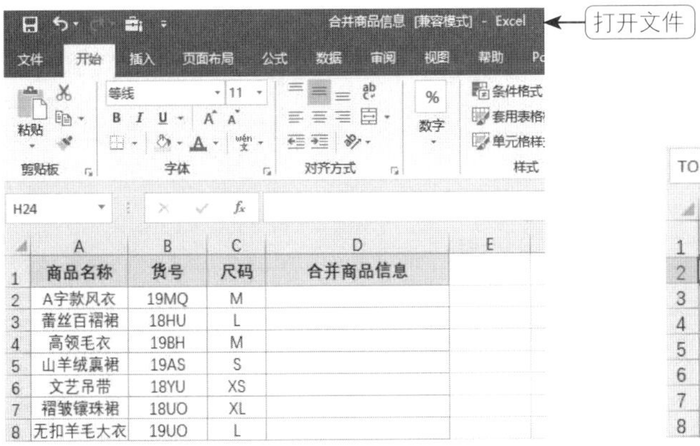

图7-138

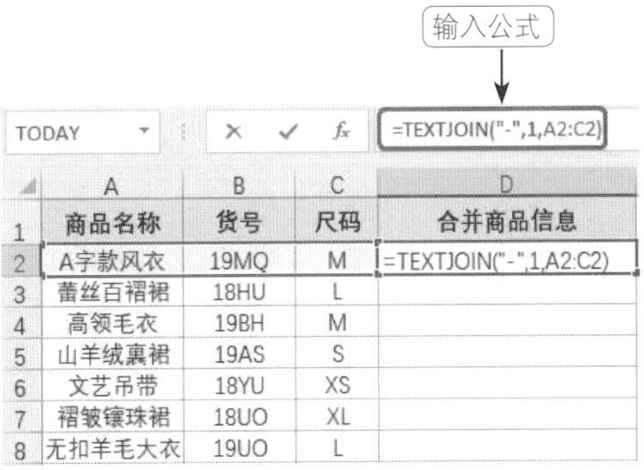

图7-139

03 按【Enter】键，即可将A2单元格中的商品名称、货号和尺码合并成一段文本，并在中间添加分隔符"-"，如图7-140所示。

04 利用公式填充功能，即可依次将其他单元格中的商品名称、货号和尺码合并成一段文本，并在中间添加分隔符"-"，如图7-141所示。

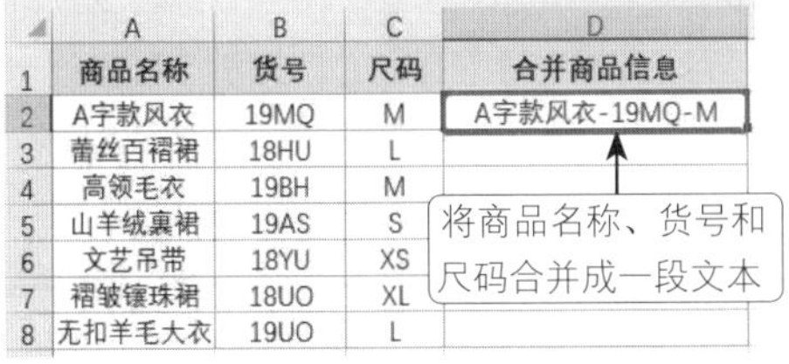

图7-140

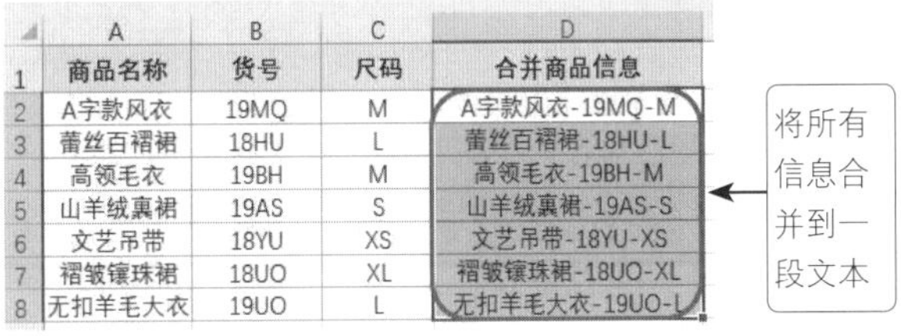

图7-141

7.4.7 REPT：按照给定的次数重复显示文本

函数功能： REPT函数用于按照给定的次数重复显示文本。

函数语法： REPT(text, number_times)

参数解析：

- text：表示需要重复显示的文本。
- number_times：表示用于指定文本重复次数的正数。

实战实例：快速输入多个相同符号

在个人信息采集表格中，需要人员手工填写身份证号码，可以使用REPT函数一次性绘制18个方框。

01 打开下载文件中的"素材\第7章\7.4\快速输入多个相同符号.xlsx"文件，如图7-142所示。

02 将光标定位在B5单元格中，输入公式：=REPT("□",18)，如图7-143所示。

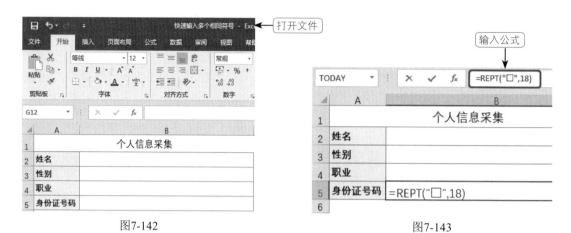

图7-142

图7-143

03 按【Enter】键，即可快速返回18个方框符号，如图7-144所示。

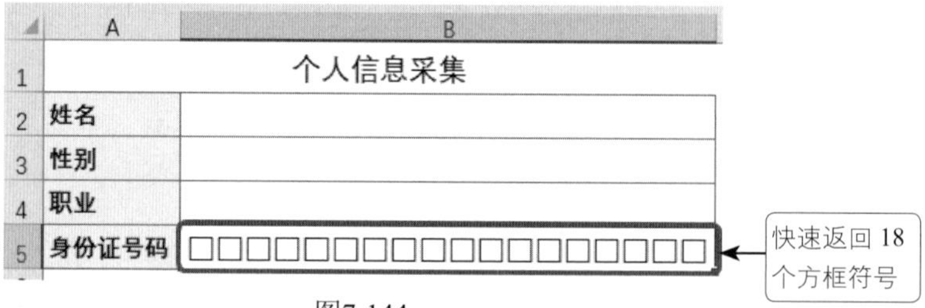

图7-144

第 8 章
统计函数

本章概述)))))))))))))))))))))))))

※ 统计函数是指统计工作表函数，用于对数据区域进行统计分析。

※ 统计函数的种类较多，在日常的数据分析中应用广泛。

※ 统计函数可以分为基础统计函数、数据预测函数以及其他常用统计函数等。

学习要点)))))))))))))))))))))))))

※ 掌握常用基础统计函数的使用。

※ 掌握方差、协方差与偏差函数的使用。

※ 掌握数据预测函数的使用。

学习功能)))))))))))))))))))))))))

※ 基础统计函数：AVERAGE函数、AVERAGEA函数、AVERAGEIF函数、AVERAGEIFS函数、COUNT函数、COUNTA函数、COUNTIF函数、COUNTIFS函数、MAX(MIN)函数、MAXIFS(MINIFS)函数。

※ 方差、协方差与偏差函数：VAR.S函数、VAR.P 函数等。

※ 数据预测函数：LINEST函数、TREND函数、LOGEST函数、GROWTH函数、FORECAST函数、CORREL函数。

※ 其他常用指标统计函数：PROB函数、KURT函数等。

8.1

基础统计函数

统计函数在日常工作中是较常用的函数，如计算平均值（包括常规计算与按条件计算）、统计数据个数（包括常规统计与按条件统计）、求最大值、最小值等，这些函数可以归纳为基础统计函数。

8.1.1 AVERAGE：计算平均值

函数功能：AVERAGE函数用于计算所有参数的算术平均值。

函数语法：AVERAGE(number1,number2,...)

参数解析：

- number1,number2,...：表示要计算平均值的 1 ～ 30 个参数。

实战实例1：计算财务部平均工资

本例表格中对财务部所有员工的工资进行了统计，现在需要计算出部门平均工资，可以利用AVERAGE函数来计算。

01 打开下载文件中的"素材\第8章\8.1\统计财务部平均工资.xlsx"文件，如图8-1所示。

02 将光标定位在F2单元格中，输入公式：=AVERAGE(D2:D10)，如图8-2所示。

图8-1

图8-2

03 按【Enter】键，即可计算出财务部的平均工资，如图8-3所示。

	A	B	C	D	E	F
1	员工工号	姓名	性别	基本工资		财务部平均工资
2	nl-456	张佳佳	女	3500		3248.888889
3	nl-457	周传明	男	2720		
4	nl-458	陈秀月	女	2800		
5	nl-459	杨世奇	男	4300		
6	nl-460	袁晓宇	男	2500		
7	nl-461	夏甜甜	女	3100		
8	nl-462	吴晶晶	女	3850		
9	nl-463	蔡天放	男	3050		
10	nl-464	朱小琴	女	3420		

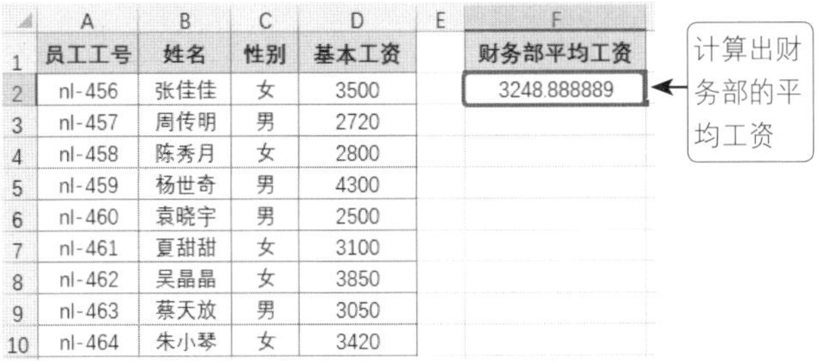

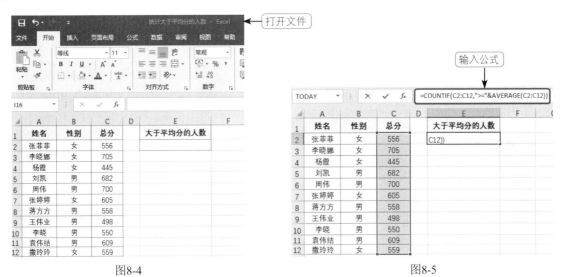

图8-3

实战实例2：统计大于平均分数的人数

本例表格统计了班级学生的总分数，要求统计出大于平均分数的总人数，可以使用AVERAGE函数配合COUNTIF函数来计算。

01 打开下载文件中的“素材\第8章\8.1\统计大于平均分的人数.xlsx”文件，如图8-4所示。

02 将光标定位在E2单元格中，输入公式：=COUNTIF(C2:C12,">="&AVERAGE(C2:C12))，如图8-5所示。

	A	B	C	D	E
1	姓名	性别	总分		大于平均分的人数
2	张菲菲	女	556		
3	李晓娜	女	705		
4	杨霞	女	445		
5	刘凯	男	682		
6	周伟	男	700		
7	张婷婷	女	605		
8	蒋方方	男	558		
9	王伟业	男	498		
10	李晓	男	550		
11	袁伟结	男	609		
12	撒玲玲	女	559		

图8-4

	A	B	C	D	E
1	姓名	性别	总分		大于平均分的人数
2	张菲菲	女	556		C12))
3	李晓娜	女	705		
4	杨霞	女	445		
5	刘凯	男	682		
6	周伟	男	700		
7	张婷婷	女	605		
8	蒋方方	男	558		
9	王伟业	男	498		
10	李晓	男	550		
11	袁伟结	男	609		
12	撒玲玲	女	559		

图8-5

03 按【Enter】键，即可计算出班级大于平均分数的总人数，如图8-6所示。

	A	B	C	D	E
1	姓名	性别	总分		大于平均分的人数
2	张菲菲	女	556		5
3	李晓娜	女	705		
4	杨霞	女	445		
5	刘凯	男	682		
6	周伟	男	700		
7	张婷婷	女	605		
8	蒋方方	男	558		
9	王伟业	男	498		
10	李晓	男	550		
11	袁伟结	男	609		
12	撒玲玲	女	559		

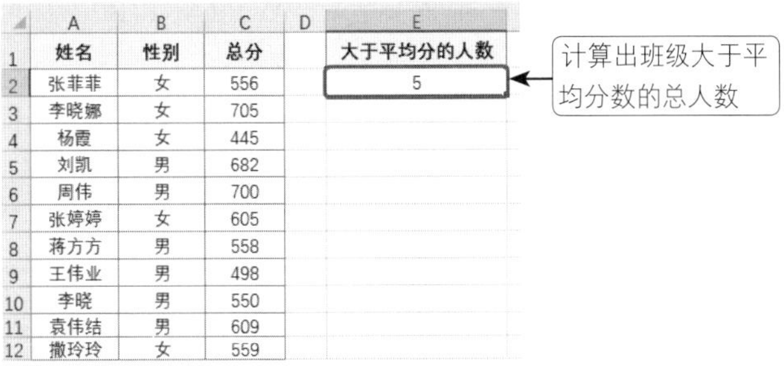

图8-6

公式解析：

$$=COUNTIF(C2:C12, " >= " \&AVERAGE(C2:C12))$$

❶ 使用AVERAGE函数统计C2:C12单元格区域中分数的平均分数。

❷ 将❶步中计算出的平均分数和其他分数相比较，使用COUNTIF函数将所有大于等于平均分分数的单元格个数进行统计（8.1.7小节会具体介绍COUNTIF函数）。

实战实例3：动态统计网站平均点击率

实现数据动态计算这一需求很多时候都要用到，例如销售记录、学生成绩等随时添加可以立即更新平均值、总和值等。下面的例子中要求实现网站平均点击率的动态计算，即有新条目添加时，平均值能自动重算。想要实现平均业绩能动态计算，那么要借助"表格"功能，此功能相当于将数据转换为动态区域，具体操作如下。

01 打开下载文件中的"素材\第8章\8.1\动态统计网站平均点击率.xlsx"文件，如图8-7所示。

02 在当前表格中选中任意单元格，在"插入"选项卡的"表格"组中单击"表格"按钮（见图8-8），打开"创建表"对话框。

图8-7

图8-8

03 勾选"表包含标题"复选框（见图8-9），单击"确定"按钮，即可完成表的创建。

04 将光标定位在D2单元格中，输入公式：=AVERAGE(B2:B10)，如图8-10所示。

05 按【Enter】键，即可计算出平均点击率，如图8-11所示。

06 当添加了两行新数据时，平均点击率也会自动更新计算，如图8-12所示。

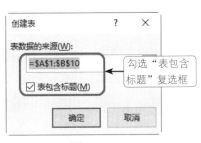

图8-9

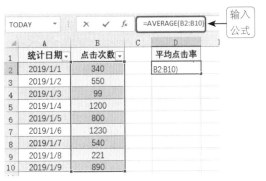

图8-10

图8-11

图8-12

8.1.2 AVERAGEA：计算平均值（包括文本、逻辑值）

函数功能： AVERAGEA函数返回其参数（包括数字、文本和逻辑值）的平均值。AVERAGEA函数与AVERAGE函数的区别在于：AVERAGE函数不计算文本值。

函数语法： AVERAGEA(value1,value2,...)

参数解析：

- value1,value2,... ：表示为需要计算平均值的 1 ～ 30 个单元格、单元格区域或数值。

实战实例：计算业务员的平均业绩（包含文本值）

本例统计了业务员全年四个季度的业绩数据，其中有些业务员因为特殊原因导致"无业绩"，下面需要计算出每一位业务员全年的平均业绩，可以利用AVERAGEA函数来实现。

01 打开下载文件中的"素材\第8章\8.1\计算业务员的平均业绩（包含文本值）.xlsx"文件，如图8-13所示。

02 将光标定位在F2单元格中，输入公式：=AVERAGEA(B2:E2)，如图8-14所示。

03 按【Enter】键，即可计算出第一位业务员的全年平均业绩（包含文本值），如图8-15所示。

04 利用公式填充功能，即可分别计算出其他业务员的全年平均业绩（包含文本值），如图8-16所示。

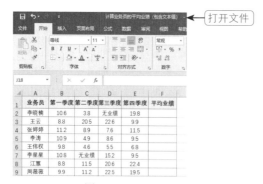

图8-13

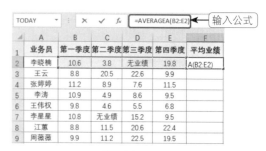

图8-14

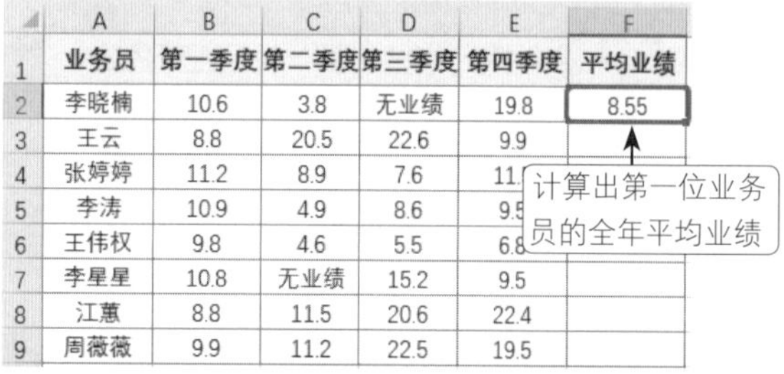

图8-15

计算出第一位业务员的全年平均业绩

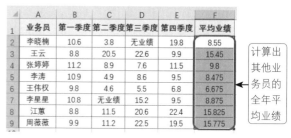

图8-16

计算出其他业务员的全年平均业绩

8.1.3 AVERAGEIF：对区域中满足条件的单元格求平均值

函数功能：AVERAGEIF函数返回某个区域内满足给定条件的所有单元格的平均值（算术平均值）。

函数语法：AVERAGEIF(range,criteria,average_range)

参数解析：

- range：是要计算平均值的一个或多个单元格，其中包括数字、包含数字的名称、数组或引用。
- criteria：是数字、表达式、单元格引用或文本形式的条件，用于定义要对哪些单元格计算平均值。例如，条件可以表示为 32、"32"、">32"、"apples" 或 B4。
- average_range：是要计算平均值的实际单元格集，如果忽略，则使用 range。

实战实例1：统计各分店平均销售业绩

本例表格统计了各位业务员所在分店名称和专柜品牌名称，并统计了每位业务员的销售业绩，要求根据指定条件统计指定分店的平均业绩。

01 打开下载文件中的"素材\第8章\8.1\统计各分店平均销售业绩.xlsx"文件，如图8-17所示。

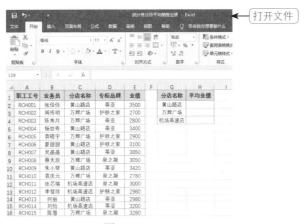

图8-17

02 将光标定位在H2单元格中，输入公式：= AVERAGEIF($C$2:$C$16,G2,$E$2:$E$16)，如图8-18所示。

图8-18

03 按【Enter】键，即可计算出第一个分店"黄山路店"的平均销售业绩数据，如图8-19所示。

图8-19

04 利用公式填充功能，即可分别计算出其他分店的平均销售业绩数据，如图8-20所示。

	A	B	C	D	E	F	G	H
1	职工工号	业务员	分店名称	专柜品牌	业绩		分店名称	平均业绩
2	RCH001	张佳佳	黄山路店	蒂亚	3500		黄山路店	3375
3	RCH002	周传明	万辉广场	护肤之家	2700		万辉广场	2918.3333
4	RCH003	陈秀月	万辉广场	蒂亚	2800		机场高速店	3060
5	RCH004	杨世奇	黄山路店	蒂亚	3400			
6	RCH005	袁晓宇	万辉广场	护肤之家	2900			
7	RCH006	夏甜甜	黄山路店	护肤之家	3100			
8	RCH007	吴晶晶	黄山路店	蒂亚	3850			
9	RCH008	蔡天放	万辉广场	泉之凝	3050			
10	RCH009	朱小琴	黄山路店	蒂亚	3420			
11	RCH010	袁庆元	万辉广场	泉之凝	2780			
12	RCH011	张芯瑜	机场高速店	泉之凝	3000			
13	RCH012	李慧珍	机场高速店	护肤之家	2980			
14	RCH013	何丽	黄山路店	蒂亚	2980			
15	RCH014	刘怡	机场高速店	蒂亚	3200			
16	RCH015	陈慧	万辉广场	泉之凝	3280			

计算出所有分店的平均销售业绩数据

图8-20

公式解析：

= AVERAGEIF($C$2:$C$16,G2,$E$2:$E$16)

❶ 在$C$2:$C$16区域中找到满足G2单元格中指定的分店的名称。

❷ 将❶步中找到的满足条件对应在$E$2:$E$16区域中的业绩并进行平均值运算。

实战实例2：使用通配符对某一类数据求平均值

本例表格统计了各种商品的规格和销量，现在只想统计出眼霜类商品的平均销量。要找出眼霜类商品，其规则是只要商品名称中包含有"眼霜"文字就为符合条件的数据，因此可以在设置判断条件时使用通配符"*"，代表任意字符。

01 打开下载文件中的"素材\第8章\8.1\使用通配符对某一类数据求平均值.xlsx"文件，如图8-21所示。

图8-21

02 将光标定位在E2单元格中，输入公式：=AVERAGEIF(A2:A11,"*眼霜*",C2:C11)，如图8-22所示。

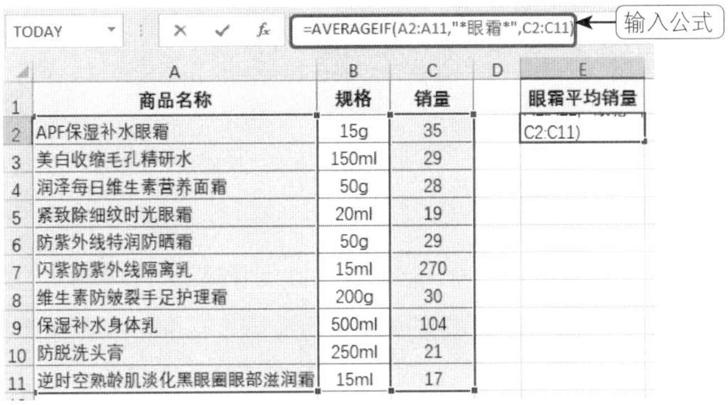

	A	B	C	D	E
1	商品名称	规格	销量		眼霜平均销量
2	APF保湿补水眼霜	15g	35		C2:C11)
3	美白收缩毛孔精研水	150ml	29		
4	润泽每日维生素营养面霜	50g	28		
5	紧致除细纹时光眼霜	20ml	19		
6	防紫外线特润防晒霜	50g	29		
7	闪紫防紫外线隔离乳	15ml	270		
8	维生素防皱裂手足护理霜	200g	30		
9	保湿补水身体乳	500ml	104		
10	防脱洗头膏	250ml	21		
11	逆时空熟龄肌淡化黑眼圈眼部滋润霜	15ml	17		

图8-22

03 按【Enter】键，即可计算出眼霜的平均销量，如图8-23所示。

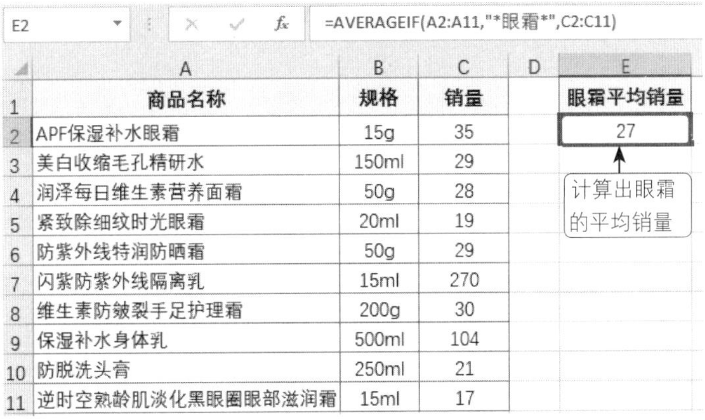

	A	B	C	D	E
1	商品名称	规格	销量		眼霜平均销量
2	APF保湿补水眼霜	15g	35		27
3	美白收缩毛孔精研水	150ml	29		
4	润泽每日维生素营养面霜	50g	28		
5	紧致除细纹时光眼霜	20ml	19		
6	防紫外线特润防晒霜	50g	29		
7	闪紫防紫外线隔离乳	15ml	270		
8	维生素防皱裂手足护理霜	200g	30		
9	保湿补水身体乳	500ml	104		
10	防脱洗头膏	250ml	21		
11	逆时空熟龄肌淡化黑眼圈眼部滋润霜	15ml	17		

图8-23

公式解析：

=AVERAGEIF(A2:A11,"*眼霜*",C2:C11)

公式的关键点是对第2个参数的设置，其中使用了通配符“*”。“*”可以代替任意字符，如“*眼霜*”即等同于各类品牌和功效的眼霜名称。除了“*”是通配符以外，“？”也是通配符，它用于代替任意单个字符，如“张？”，即代表“张三”“张四”和“张有”等，但不能代替“张有才”，因为“有才”是两个字符。

8.1.4 AVERAGEIFS：对区域中满足多个条件的单元格求平均值

函数功能：AVERAGEIFS函数返回满足多重条件的所有单元格的平均值（算术平均值）。

函数语法：AVERAGEIFS(average_range,criteria_range1,criteria1,criteria_range2,criteria2,...))

参数解析：

- average_range：表示为要计算平均值的一个或多个单元格，其中包括数字、包含数字的名称、数组或引用。
- criteria_range1, criteria_range2, ...：表示为计算关联条件的 1 ～ 127 个区域。
- criteria1, criteria2, ...：表示为数字、表达式、单元格引用或文本形式的 1 ～ 127 个条件，用于定义要对哪些单元格求平均值。例如，条件可以表示为 32、"32"、">32"、"apples" 或 B4。

实战实例1：计算满足双条件的平均值

本例表格统计了3月份店铺每日的营业额，要求统计3月份上半月的平均营业额，可以利用AVERAGEIFS函数来实现。

01 打开下载文件中的"素材\第8章\8.1\计算满足双条件的平均值.xlsx"文件，如图8-24所示。

图8-24

02 将光标定位在D2单元格中，输入公式：=AVERAGEIFS(B2:B11,A2:A11,">=2019-3-1",A2:A11,"<=2019-3-15")，如图8-25所示。

03 按【Enter】键，即可计算出3月份上半月的平均营业额，如图8-26所示。

图8-25

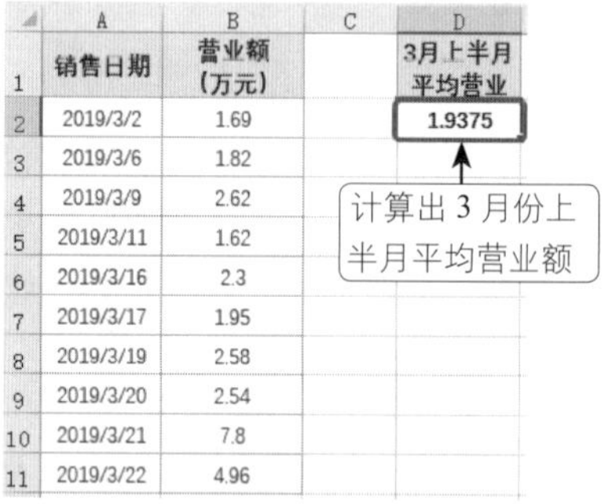

图8-26

公式解析：

$$=AVERAGEIFS(B2:B11,A2:A11,">=2019-3-1",A2:A11,"<=2019-3-15")$$

❶ 第一个用于条件判断的区域与第一个条件，表示在A2:A11单元格区域中找">=2019-3-1"的日期。

❷ 第二个用于条件判断的区域与第二个条件，表示在A2:A11单元格区域中找"<=2019-3-15"的日期。

❸ 使用AVERAGEAIFS函数将同时满足❶步与❷步条件的对应在B2:B11单元格区域中的营业额进行

求平均值。

实战实例2：计算五中英语作文的平均分数

本例表格中统计了全市各个竞赛参与的学生所属学校名称和分数，要求统计出参赛学校为"五中"，竞赛科目为"英语作文"的平均分。可以使用AVERAGEIFS函数来实现。

01 打开下载文件中的"素材\第8章\8.1\计算五中英语作文的平均分.xlsx"文件，如图8-27所示。

图8-27

02 将光标定位在单元格F2中，输入公式：=AVERAGEIFS(D2:D13,B2:B13,"五中",C2:C13,"英语作文")，如图8-28所示。

03 按【Enter】键，即可计算出五中英语作文的平均分数，如图8-29所示。

图8-28   图8-29

公式解析：

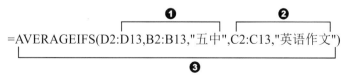

=AVERAGEIFS(D2:D13,B2:B13,"五中",C2:C13,"英语作文")

❶ 第一个用于条件判断的区域与第一个条件，表示在B2:B13单元格区域中满足条件"五中"的数据。

❷ 第二个用于条件判断的区域与第二个条件，表示在C2:C13单元格区域中满足条件"英语作文"的

241

数据。

❸ 使用AVERAGEAIFS函数将同时满足❶步与❷步的条件对应在D2:D13单元格区域中的数值进行求平均值。

8.1.5 COUNT：统计单元格区域中含有数值数据的单元格个数

函数功能： COUNT函数用于返回数字参数的个数，即统计数组或单元格区域中含有数字的单元格个数。

函数语法： COUNT(value1,value2,...)

参数解析：

● value1,value2,...：表示包含或引用各种类型数据的参数（1～30个），其中只有数字类型的数据才能被统计。

实战实例1：统计本月获得满勤奖的总人数

本例表格统计了公司员工的出勤记录，要求将获得满勤奖的总人数统计出来，即统计表格中是数字的单元格个数，可以使用COUNT函数来实现。

01 打开下载文件中的"素材\第8章\8.1\统计本月份获得满勤奖的人数.xlsx"文件，如图8-30所示。

图8-30

02 将光标定位在E2单元格中，输入公式：=COUNT(C2:C13)，如图8-31所示。

03 按【Enter】键，即可统计出获得满勤奖的总人数，如图8-32所示。

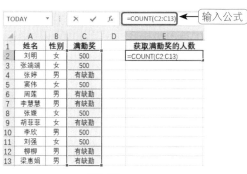

	A	B	C	D	E
1	姓名	性别	满勤奖		获取满勤奖的人数
2	刘明	女	500		=COUNT(C2:C13)
3	张端端	女	500		
4	张婷	男	有缺勤		
5	窦伟	女	500		
6	周莲	男	有缺勤		
7	李慧慧	男	有缺勤		
8	张媛	女	500		
9	胡菲菲	女	有缺勤		
10	李欣	男	500		
11	刘强	女	500		
12	柳柳	男	有缺勤		
13	梁惠娟	男	有缺勤		

图8-31

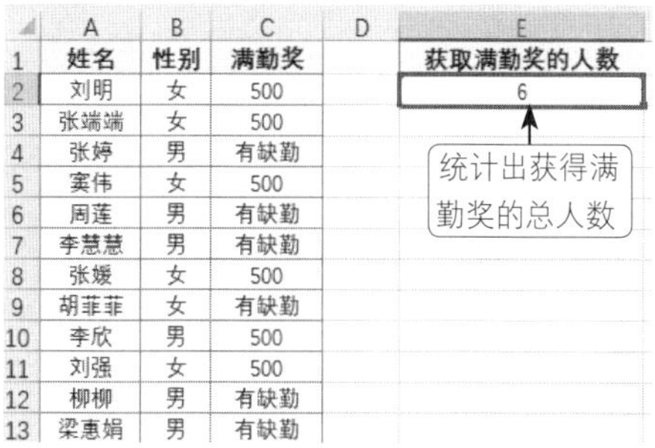

	A	B	C	D	E
1	姓名	性别	满勤奖		获取满勤奖的人数
2	刘明	女	500		6
3	张端端	女	500		
4	张婷	男	有缺勤		
5	窦伟	女	500		
6	周莲	男	有缺勤		
7	李慧慧	男	有缺勤		
8	张媛	女	500		
9	胡菲菲	女	有缺勤		
10	李欣	男	500		
11	刘强	女	500		
12	柳柳	男	有缺勤		
13	梁惠娟	男	有缺勤		

图8-32

实战实例2：统计销售部人数

本例表格统计了公司员工的基本信息，下面需要根据部门列的信息，统计出销售部总共有多少人，可以使用COUNT函数将“部门”为“销售部”的单元格个数统计出来。

01 打开下载文件中的“素材\第8章\8.1\统计销售部人数.xlsx”文件，如图8-33所示。

	A	B	C	D	E	F
1	员工	部门	性别	工龄		销售部人数
2	刘鑫磊	销售部	男	2		
3	王倩	销售部	女	5		
4	李晓彤	设计部	男	2		
5	汪洋	市场部	男	2		
6	李阳	销售部	男	2		
7	张婷婷	设计部	女	5		
8	李涛	市场部	男	9		
9	王辉	销售部	男	11		
10	姜蕙	市场部	女	7		
11	李晓楠	设计部	女	1		
12	梁美娟	销售部	女	3		
13	章凯	销售部	男	2		

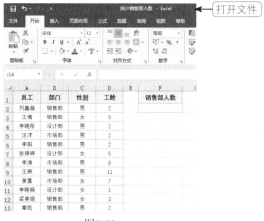

图8-33

02 将光标定位在F2单元格中，输入公式：=COUNT(SEARCH("销售部",B2:B13))，如图8-34所示。

03 按【Ctrl+Shift+Enter】组合键，即可统计出销售部的总人数，如图8-35所示。

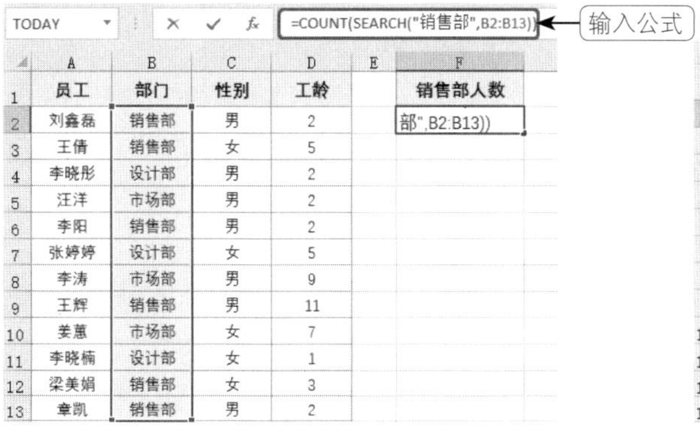

	A	B	C	D	E	F
1	员工	部门	性别	工龄		销售部人数
2	刘鑫磊	销售部	男	2		部",B2:B13))
3	王倩	销售部	女	5		
4	李晓彤	设计部	男	2		
5	汪洋	市场部	男	2		
6	李阳	销售部	男	2		
7	张婷婷	设计部	女	5		
8	李涛	市场部	男	9		
9	王辉	销售部	男	11		
10	姜蕙	市场部	女	7		
11	李晓楠	设计部	女	1		
12	梁美娟	销售部	女	3		
13	章凯	销售部	男	2		

图8-34

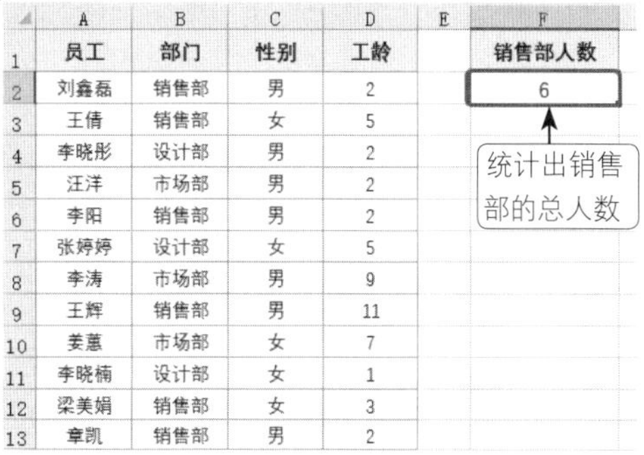

	A	B	C	D	E	F
1	员工	部门	性别	工龄		销售部人数
2	刘鑫磊	销售部	男	2		6
3	王倩	销售部	女	5		
4	李晓彤	设计部	男	2		
5	汪洋	市场部	男	2		
6	李阳	销售部	男	2		
7	张婷婷	设计部	女	5		
8	李涛	市场部	男	9		
9	王辉	销售部	男	11		
10	姜蕙	市场部	女	7		
11	李晓楠	设计部	女	1		
12	梁美娟	销售部	女	3		
13	章凯	销售部	男	2		

图8-35

公式解析：

$$=COUNT(SEARCH("销售部",B2:B13))$$

❶ 使用SEARCH函数在B2:B13单元格区域中找到"销售部"。

❷ 将❶步中找到的满足条件的单元格个数进行统计。

8.1.6 COUNTA：统计单元格区域中含有数据的单元格个数

函数功能：COUNTA函数返回包含任何值（包括数字、文本或逻辑数字）的参数列表中的单元格个数或项数。

函数语法：COUNTA(value1,value2,...)

参数解析：

● value1,value2,...：表示包含或引用各种类型数据的参数（1～30个），其中参数可以是任何类型，它们包括空格但不包括空白单元格。

实战实例：统计出参加考试的人数

本例表格统计了公司参加年度考核的员工成绩，有些人没有参加考核，所以显示空白单元格，可以利用COUNTA函数来统计出参加考试的人数。

01 打开下载文件中的"素材\第8章\8.1\统计出参加考试的人数.xlsx"文件，如图8-36所示。

02 将光标定位在E2单元格中，输入公式：=COUNTA(C2:C13)，如图8-37所示。

图8-36　　　　　　　　　　　　　图8-37

03 按【Enter】键，即可统计出参加考试的人数，如图8-38所示。

图8-38

8.1.7 COUNTIF：统计满足给定条件的数据个数

函数功能： COUNTIF函数计算区域中满足给定条件的单元格个数。

函数语法： COUNTIF(range,criteria)

参数解析：

- range：表示为需要计算其中满足条件的单元格个数的单元格区域。
- criteria：表示为确定哪些单元格将被计算在内的条件，其形式可以为数字、表达式或文本。

实战实例1：统计某课程的报名人数

本例表格中统计了学生报名课程的统计表，下面需要统计出某项课程的报名人数，例如要统计"轻粘土手工"课程的报名人数，具体设置如下。

01 打开下载文件中的"素材\第8章\8.1\统计某课程的报名人数.xlsx"文件，如图8-39所示。

02 将光标定位在G2单元格中，输入公式：=COUNTIF(D2:D18,"轻粘土手工")，如图8-40所示。

图8-39　　　　　　　　　　　　　　图8-40

03 按【Enter】键，即可统计出"轻粘土手工"课程的报名人数，如图8-41所示。

图8-41

实战实例2：统计业绩小于等于1万的人数

本例表格统计了销售部员工1月份的业绩，要求统计出业绩在1万元以下的总人数（包括1万元）。

01 打开下载文件中的"素材\第8章\8.1\统计业绩小于等于1万的人数.xlsx"文件，如图8-42所示。

02 将光标定位在E2单元格中，输入公式：=COUNTIF(C2:C10,"<=10000")，如图8-43所示。

图8-42   图8-43

03 按【Enter】键，即可统计出业绩小于等于1万的总人数，如图8-44所示。

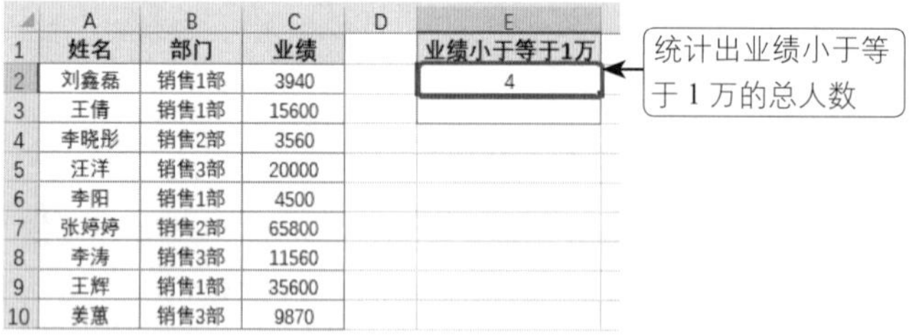

图8-44

8.1.8 COUNTIFS：统计满足多重条件的单元格数目

函数功能：COUNTIFS函数计算某个区域中满足多重条件的单元格数目。

函数语法：COUNTIFS(range1, criteria1,range2, criteria2, ...)

参数解析：

- range1, range2,...：表示计算关联条件的 1 ～ 127 个区域。每个区域中的单元格必须是数字或包含数字的名称、数组或引用，空值和文本值将被忽略。
- criteria1, criteria2,...：表示数字、表达式、单元格引用或文本形式的 1 ～ 127 个条件，用于定义要对哪些单元格进行计算。例如，条件可以表示为 32、"32"、">32"、"apples" 或 B4。

实战实例1：统计销售1部业绩大于1万元人数

本例表格统计了各销售分部员工的销售业绩，要求统计出"销售1部"中业绩大于1万元的总人数。

01 打开下载文件中的"素材\第8章\8.1\销售1部业绩大于1万人数.xlsx"文件，如图8-45所示。

图8-45

02 将光标定位在E2单元格中，输入公式：=COUNTIFS(B2:B10,"销售1部",C2:C10,">10000")，如图8-46所示。

03 按【Enter】键，即可统计出销售1部业绩大于1万元的总人数，如图8-47所示。

图8-46　　　　　　　　　　　　　　　　图8-47

公式解析：

=COUNTIFS(B2:B10,"销售1部",C2:C10,">10000")

❶ 判断B2:B10单元格区域中有哪些是"销售1部"。

❷ 判断C2:C10单元格区域中有哪些满足">10000"的条件。

❸ 使用COUNTIFS函数统计出同时满足❶步和❷步条件的记录数。

实战实例2：统计指定品牌每日的销售记录数

本例表格中对产品每日的销售情况进行了统计，这里需要根据E列中建立的指定日期，来统计出指定品牌对应的销售记录条数，可以利用COUNIFS函数来实现。

01 打开下载文件中的"素材\第8章\8.1\统计指定品牌每日的销售记录数.xlsx"文件，如图8-48所示。

图8-48

02 将光标定位在F2单元格中，输入公式：=COUNTIFS(B$2:B$10,"护肤之家", A$2:A$10, "2019/3/"&ROW(A1))，如图8-49所示。

图8-49

03 按【Enter】键，即可统计出"护肤之家"品牌在2019/3/1的销售记录条数，如图8-50所示。

04 利用公式填充功能，即可统计出"护肤之家"品牌在其他日期的销售记录条数，如图8-51所示。

	A	B	C	D	E	F
1	销售日期	品牌名称	营业额		日期	销售记录数
2	2019/3/1	护肤之家	9750		2019/3/1	1
3	2019/3/2	悦木之源	10227		2019/3/2	
4	2019/3/3	悦木之源	9854		2019/3/	
5	2019/3/2	护肤之家	9534			
6	2019/3/3	护肤之家	8873			
7	2019/3/1	悦木之源	9683			
8	2019/3/2	护肤之家	9108			
9	2019/3/2	悦木之源	8980			
10	2019/3/3	护肤之家	9750			

统计出"护肤之家"品牌在 2019/3/1 的销售记录条数

图8-50

	A	B	C	D	E	F
1	销售日期	品牌名称	营业额		日期	销售记录数
2	2019/3/1	护肤之家	9750		2019/3/1	1
3	2019/3/2	悦木之源	10227		2019/3/2	2
4	2019/3/3	悦木之源	9854		2019/3/3	2
5	2019/3/2	护肤之家	9534			
6	2019/3/3	护肤之家	8873			
7	2019/3/1	悦木之源	9683			
8	2019/3/2	护肤之家	9108			
9	2019/3/2	悦木之源	8980			
10	2019/3/3	护肤之家	9750			

统计出"护肤之家"品牌在其他日期的销售记录条数

图8-51

公式解析：

=COUNTIFS(B$2:B$10,"护肤之家",A$2:A$10,"2019/3/"&ROW(A1))

❶ 使用ROW函数返回A1单元格的行号，返回的值为1，利用公式向下复制功能，会依次返回2、3、4……。

❷ 使用"&"连字符将❶步返回值与"2019/3/"合并，得到"2019/3/1"这个日期（利用公式向下复制功能，可依次得到"2019/3/2""2019/3/3"这些日期）。

❸ 使用COUNTIFS函数统计B$2:B$10单元格区域中的"护肤之家"品牌，A$2:A$10单元格区域中日期为❷步结果指定的日期的记录条数。

8.1.9 MAX（MIN）：返回一组值中的最大值、最小值

函数功能：MAX（MIN）函数用于返回数据集中的最大（最小）数值。

函数语法1：MAX(number1,number2,...)

参数解析1：

- number1,number2,...：要从中查找的最大值为 1～255 个数字。

函数语法2：MIN(number1, [number2], ...)

参数解析2：

- number1, number2, ...：要从中查找的最小值为 1～255 个数字。

实战实例1：返回最高产量

本例表格中统计了每日工厂产量，可以使用MAX函数来统计最高产量值。

01 打开下载文件中的"素材\第8章\8.1\返回最高产量.xlsx"文件，如图8-52所示。

02 将光标定位在D2单元格中，输入公式：=MAX(B2:B9)，如图8-53所示。

图8-52　　　　　　　　　　　　　图8-53

03 按【Enter】键，即可统计出最高产量值，如图8-54所示。

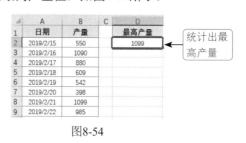

图8-54

实战实例2：统计8月份最高用电量

本例表格统计了各个地区在7月份和8月份的用电量，要求统计指定月份的最高用电量，要使用IF函数配合MAX函数来设置此公式。

01 打开下载文件中的"素材\第8章\8.1\统计8月份最高用电量.xlsx"文件，如图8-55所示。

图8-55

02 将光标定位在E2单元格中，输入公式：=MAX(IF(B2:B13="8月",C2:C13))，如图8-56所示。

03 按【Ctrl+Shift+Enter】组合键，即可统计出8月份的最高用电量，如图8-57所示。

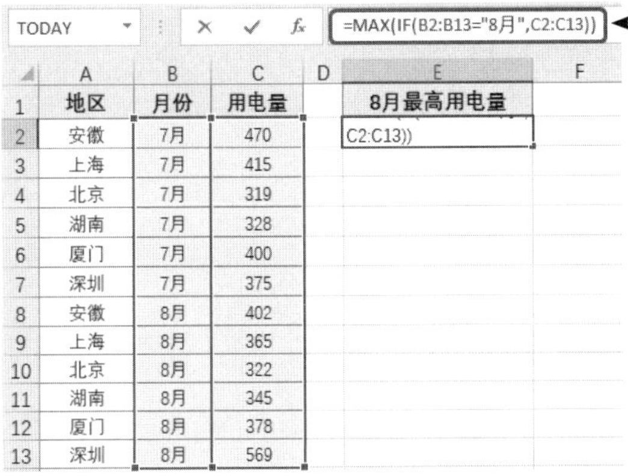

图8-56

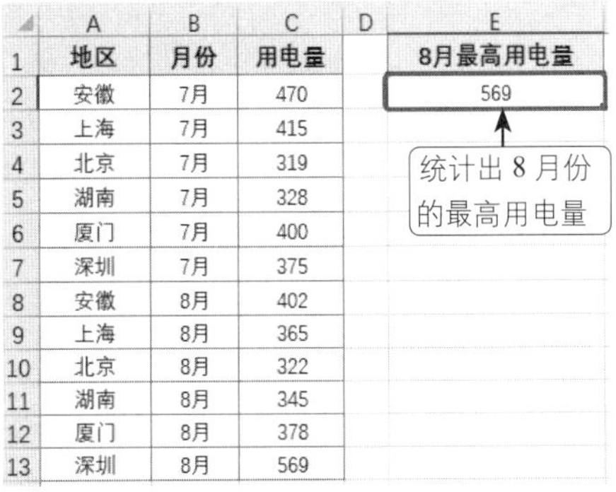

图8-57

小提示

要想实现按条件求最大值函数（包括后面要介绍的求最小值函数），可以借助IF函数设计数组公式达到目的。因此需要记住此公式的模式，以方便在其他应用场合中套用。而在Excel 2019版本中，新增的MAXIFS函数和MINIFS函数可以实现求指定条件区域中的最大值和最小值，在8.1.10小节中将会介绍。

公式解析：

$$=MAX(IF(B2:B13="8月",C2:C13))$$

❶ 这是一个数组公式，首先使用IF函数依次判断B2:B13单元格区域中各个值是否为"8月"，取对应在C2:C13单元格区域中的数值，得到所有8月份的用电量，返回的是一个数组。

❷ 在❶步数组中用MAX函数从中取出最大值。

实战实例3：忽略0值求出最低分数

本例表格对学生的分数进行了统计（其中有些单元格内显示的是0分），需要忽略其中的0值并计算出最低分数值，可以使用MIN函数和IF函数来实现。

01 打开下载文件中的"素材\第8章\8.1\忽略0值求出最低分数.xlsx"文件，如图8-58所示。

02 将光标定位在D2单元格中，输入公式：=MIN(IF(B2:B9<>0,B2:B9))，如图8-59所示。

03 按【Ctrl+Shift+Enter】组合键，即可忽略0值并求出最低分数，如图8-60所示。

图8-58

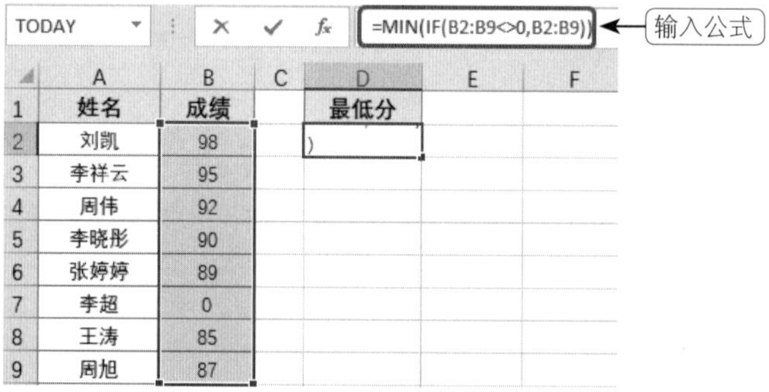

=MIN(IF(B2:B9<>0,B2:B9))

输入公式

图8-59

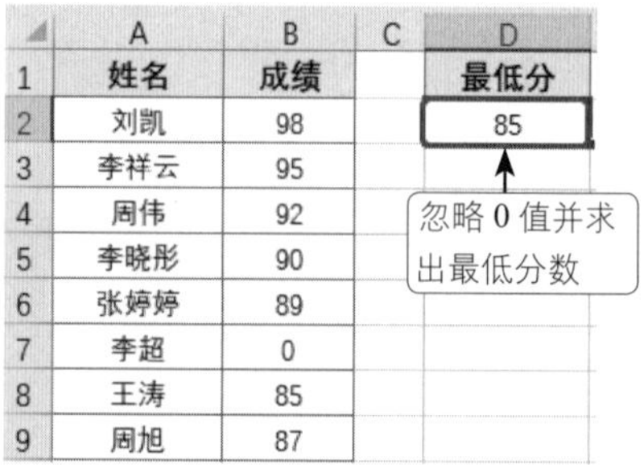

图8-60

公式解析：

$$= MIN(IF(B2:B9<>0,B2:B9))$$

❶ 依次判断B2:B9单元格区域中的各个值是否不等于0的值，如果是则取出其值，如果不是则返回FALSE，返回一个数组。

❷ 使用MIN函数将❶步数组中的最小值取出。

实战实例4：计算出单日最高的销售额

本例表格记录了不同日期的销售额情况，要求统计出单日里最高的销售额是多少（单日可能有多条记录），可以使用MAX函数和SUMIF函数来设置此公式。

01 打开下载文件中的"素材\第8章\8.1\计算出单日最高的销售额.xlsx"文件，如图8-61所示。

02 将光标定位在E2单元格中，输入公式：=MAX(SUMIF(A2:A9,A2:A9,C2:C9))，如图8-62所示。

图8-61   图8-62

03 按【Ctrl+Shift+Enter】组合键，即可统计出单日最大营业额，结果如图8-63所示。

图8-63

公式解析：

❶ 因为是数组公式，所以SUMIF函数的作用是以A列中的日期为条件汇总出每一天的营业额，得到的是一个数组。

❷ 再使用MAX函数提取出❶步数组中的最大值，即单日的最高营业额。

实战实例5：根据部门与工龄计算应发奖金

在某一项目完成后企业准备给研发部和企划部两个部门的员工发放奖金，其规则如下：

● 研发部的员工按工龄以 400 元递增，企划部的员工按工龄以 200 元递增。

● 计算年限为工龄数减一年。

● 最高不得超过 1500 元。

可以使用MIN函数和SUM函数来设置此公式。

01 打开下载文件中的 "素材\第8章\8.1\根据部门与工龄计算应发奖金.xlsx" 文件，如图8-64所示。

02 将光标定位在D2单元格中，输入公式：=MIN(SUM((B2={"研发部","企划部"})*{400,200})*(C2-

1),1500)，如图8-65所示。

图8-64   图8-65

03 按【Enter】键，即可计算出第一位员工的应发奖金，如图8-66所示。

04 利用公式填充功能，依次计算出每位员工的应发奖金，如图8-67所示。

图8-66   图8-67

在了解了上面的公式解析后可以看到这是一个活用MIN函数的例子，MIN函数在此公式中起到的作用就是要在计算值与1500元之间取最小值，满足最高不超过1500元这个条件。公式的关键在于SUM函数的部门，这是数组函数的写法，可以选中D2单元格，在"公式"选项卡"公式审核"组中单击"公式求值"按钮，通过逐步分解公式去学习。

公式解析：

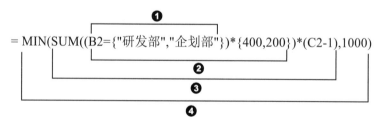

= MIN(SUM((B2={"研发部","企划部"})*{400,200})*(C2-1),1000)

❶ 判断B2单元格中员工所属的部门是{"研发部","企划部"}中哪一个，对应一个级别时返回TRUE，其他则返回FALSE，返回的是由TRUE和FALSE组成的数组。

❷ 将❶步中的数组与{400,200}数组相乘，FALSE值转换为0，TRUE值转换为奖金幅度，即当前单

元格公式得到的是数组{400,0}。

❸ 当❷步返回奖金幅度后，再将C2单元格中的工龄减去1得到年份数，两者相乘得到员工获得的奖金，即400*（2-1）=400元。

❹ 由于规定不能超过1500元，最后可以利用MIN函数取前面步骤得出的结果与1000之间的最小值。

8.1.10 MAXIFS（MINIFS）：返回一组给定条件或标准指定的单元格中的最大值、最小值

函数功能：MAXIFS（MINIFS）函数返回一组给定条件或标准指定的单元格中的最大值、最小值。

函数语法1：MAXIFS(max_range, criteria_range1, criteria1, [criteria_range2, criteria2], ...)

参数解析1：

- max_range：确定最大值的实际单元格区域。
- criteria_range1：是一组用于条件计算的单元格。（min_range 和 criteria_rangeN 参数的大小和形状必须相同，否则这些函数会返回 #VALUE! 错误值。）
- criteria1：用于确定哪些单元格是最大值的条件，格式为数字、表达式或文本。
- criteria_range2,criteria2, ... ：附加区域及其关联条件，最多可以输入 126 个区域 / 条件对。

函数语法2：MINIFS(min_range, criteria_range1, criteria1, [criteria_range2, criteria2], ...)

参数解析2：

- min_range：确定最小值的实际单元格区域。
- criteria_range1：是一组用于条件计算的单元格。
- criteria1：用于确定哪些单元格是最小值的条件，格式为数字、表达式或文本。
- criteria_range2,criteria2, ... ：附加区域及其关联条件，最多可以输入 126 个区域 / 条件对。

实战实例1：统计上海地区女装的最高销售额

本例表格统计了各个地区各类商品当月的销售额数据，要求统计出上海地区女装类的最高销售额。

01 打开下载文件中的 "素材\第8章\8.1\统计上海地区女装的最高销售额.xlsx" 文件，如图8-68所示。

02 将光标定位在F2单元格中，输入公式：=MAXIFS(D2:D14,C2:C14,"女装",B2:B14,"上海")，如图8-69所示。

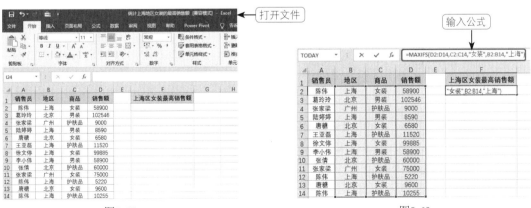

图8-68   图8-69

03 按【Enter】键，即可统计出上海地区女装的最高销售额，如图8-70所示。

图8-70

实战实例2：统计一车间女性员工的最低工资

本例表格统计了各个车间员工的基本工资，要求统计出一车间女性员工的最低工资。

01 打开下载文件中的"素材\第8章\8.1\统计一车间女性最低工资.xlsx"文件，如图8-71所示。

图8-71

02 将光标定位在F2单元格中，输入公式：=MINIFS(D2:D14,C2:C14,"女",B2:B14,"一车间")，如图8-72所示。

03 按【Enter】键，即可统计出一车间女性员工的最低工资，如图8-73所示。

图8-72    图8-73

8.1.11 LARGE（SMALL）：返回某数据集的某个最大值、最小值

函数功能： LARGE函数返回某一数据集中的某个最大值。

函数语法： LARGE(array,k)

参数解析：

- array：表示为需要从中查询第 k 个最大值的数组或数据区域。
- k：表示为返回值在数组或数据单元格区域中的位置，即名次。

函数功能： SMALL函数返回数据集中的第 k 个最小值，使用此函数可以返回在数据集中特定相对位置上的值。

函数语法： SMALL(array,k)

参数解析：

- array：必需。需要找到第 k 个最小值的数组或数值数据区域。
- k：必需。要返回的数据在数组或数据区域中的位置（从小到大）。

实战实例1：返回排名前三的销售额

本例表格统计了某品牌护肤品在全国各地的销售额，要求将销售额排名前三的数据单独统计出来。

01 打开下载文件中的"素材\第8章\8.1\返回排名前三的销售额.xlsx"文件，如图8-74所示。

图8-74

02 将光标定位在单元格区域F2:F4中，输入公式：=LARGE(A2:D7,{1;2;3})，如图8-75所示。

03 按【Ctrl+Shift+Enter】组合键，即可统计出A2:D7单元格区域中第1、2、3三名的业绩数据，如图8-76所示。

图8-75

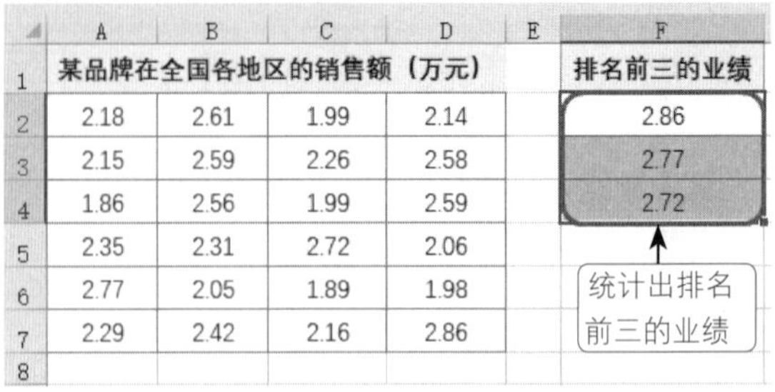

图8-76

公式解析：

$$=LARGE(A2:D7,\{1;2;3\})$$

如果一次只返回一个名次的值，可以直接指定为1，2，3，公式表达式中为"{1;2;3}"，但此处使用数组公式一次性返回前3名的数据，那么就使用数组来指定，指定方式需要使用分号间隔。

实战实例2：分班级统计各班级的前三名成绩

本例要求分班级统计各班级的前三名成绩，不仅要使用LARGE函数，还要使用IF函数辅助判断，具体公式设置如下。

01 打开下载文件中的"素材\第8章\8.1\分班级统计各班级的前三名成绩.xlsx"文件，如图8-77所示。

图8-77

02 将光标定位在单元格区域F2:F4中，输入公式：=LARGE(IF($A$2:$A$10=F1,$C$2:$C$10),{1;2;3})，如图8-78所示。

03 按【Ctrl+Shift+Enter】组合键，即可对F1单元格中的班级进行判断并返回对应班级前3名的成绩，如图8-79所示。

04 将光标定位在单元格区域G2:G4中，输入公式：=LARGE(IF($A$2:$A$10=G1,$C$2:$C$10),{1;2;3})，如图8-80所示。

05 按【Ctrl+Shift+Enter】组合键，即可对F2单元格中的班级进行判断并返回对应班级前3名的成绩，如图8-81所示。

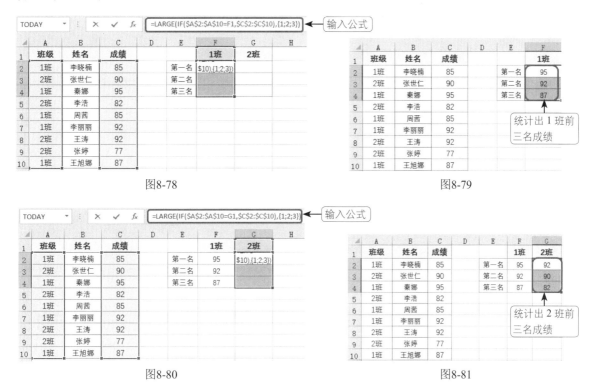

图8-78　　　　　　　　　　　　　　　　　　图8-79

图8-80　　　　　　　　　　　　　　　　　　图8-81

公式解析：

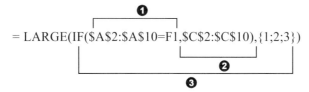

$$= LARGE(IF(\$A\$2:\$A\$10=F1,\$C\$2:\$C\$10),\{1;2;3\})$$

❶ 因为是数组公式，所以使用IF函数依次判断A2:A10单元格区域中的各个值是否等于F1单元格中的值，如果等于则返回TRUE，否则返回FALSE，返回的是一个数组。

❷ 将❶步数组依次对应C2:C10单元格区域取值，❶步数组中为TRUE时返回其对应的值；❶步数组为FALSE时则返回FALSE，结果还是一个数组。

❸ 一次性从❷步数组中提取前三名的值。

实战实例3：返回倒数第一名的成绩与对应姓名

SMALL函数可以返回数据区域中的第几个最小值，因此可以从成绩表中返回任意指定的第几个最小值，并且通过搭配其他函数使用，还可以返回这个指定最小值对应的姓名。下面来看具体的公式设计与分析。

01 打开下载文件中的"素材\第8章\8.1\返回倒数第一名的成绩与对应姓名.xlsx"文件，如图8-82所示。

02 将光标定位在D2单元格中，输入公式：=SMALL(B2:B11,1)，如图8-83所示。

图8-82   图8-83

03 按【Enter】键，即可返回倒数第一名的成绩（也就是最低分），如图8-84所示。

04 将光标定位在E2单元格中，输入公式：=INDEX(A2:A11,MATCH(SMALL(B2:B11,1),B2:B11,))，如图8-85所示。

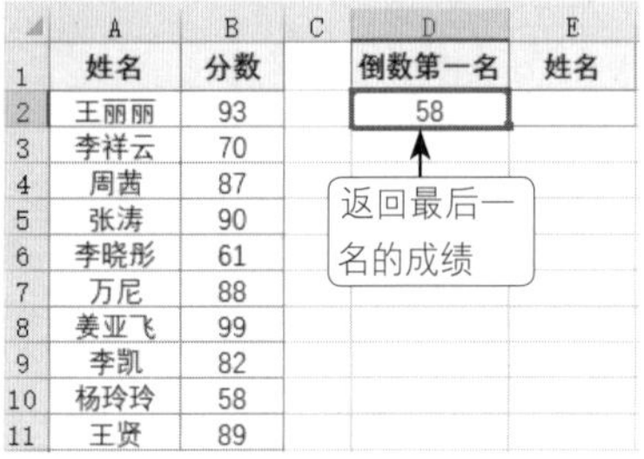

图8-84 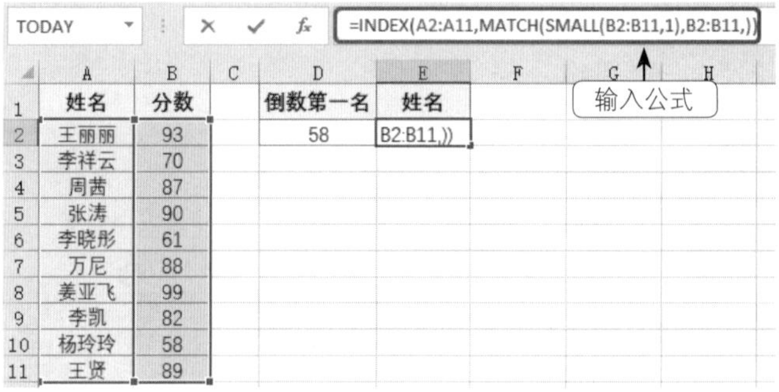   图8-85

05 按【Enter】键，即可返回最低分数所对应的学生姓名，如图8-86所示。

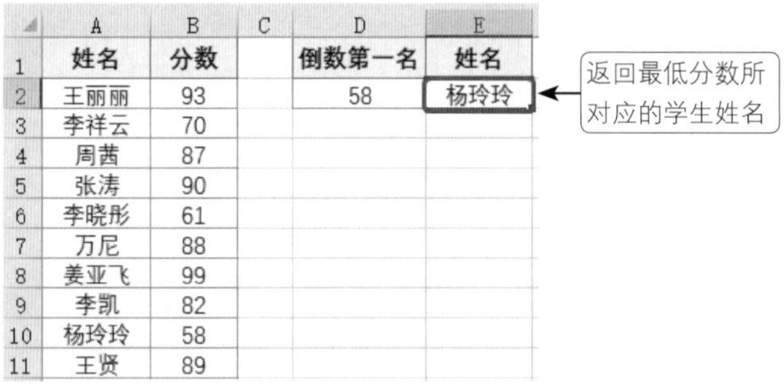

图8-86

公式解析：

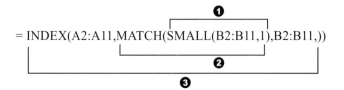

= INDEX(A2:A11,MATCH(SMALL(B2:B11,1),B2:B11,))

❶ 返回B2:B11单元格区域最小的一个值。

❷ 返回❶步在B2:B11单元格区域中的位置，如在第5行，就返回数字"5"。

❸ 返回A2:A11单元格区域中❷步返回结果所指定行处的值。

8.1.12 TRIMMEAN：求一组数据集的内部平均值

函数功能： TRIMMEAN函数用于从数据集的头部和尾部除去一定百分比的数据点后，再求出该数据集的平均值。

函数语法： TRIMMEAN(array,percent)

参数解析：

- array：表示为需要进行筛选，并求平均值的数组或数据区域。
- percent：表示为计算时所要除去的数据点的比例。当 percent=0.2，在 10 个数据中去除 2 个数据点（10*0.2=2），在 20 个数据中去除 4 个数据点（20*0.2=4）。

实战实例：通过6位评委打分并计算选手的最后得分

某公司正在进行技能比赛，评分规则是：6位评委分别为进入决赛的3名选手打分，最后通过6位评委的打分结果计算出3名选手的最后得分，可以使用TRIMMEAN函数。

01 打开下载文件中的"素材\第8章\8.1\通过6位评委打分计算选手的最后得分.xlsx"文件，如图8-87所示。

02 将光标定位在B10单元格中，输入公式：= TRIMMEAN (B3:B8,0,2)，如图8-88所示。

图8-87　　　　　　　　　　　　　图8-88

03 按【Enter】键，即可计算出"黄俊"的最后得分，如图8-89所示。

04 利用公式填充功能向右填充，即可计算出其他选手的最后得分，如图8-90所示。

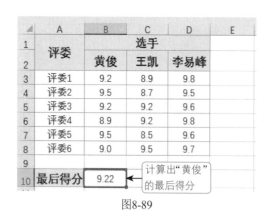

图8-89

图8-90

8.1.13 GEOMEAN：返回数据集的几何平均值

函数功能：GEOMEAN函数用于返回正数数组或数据区域的几何平均值。

函数语法：GEOMEAN(number1,number2,...)

参数解析：

- number1,number2,...：表示为需要计算其平均值的 1～30 个参数，也可以不使用这种用逗号分隔参数的形式，而用单个数组或数组引用的形式。

实战实例：判断两组数据的稳定性

本例表格统计了五次模拟考试中两名学生的分数，可以利用求几何平均值的方法判断出哪名学生五次模拟考试的成绩比较稳定。

01 打开下载文件中的"素材\第8章\8.1\判断两组数据的稳定性.xlsx"文件，如图8-91所示。

图8-91

02 将光标定位在F1单元格中，输入公式：= GEOMEAN(B2:B6)，如图8-92所示。

03 按【Enter】键，即可计算出张媛的几何平均值，如图8-93所示。

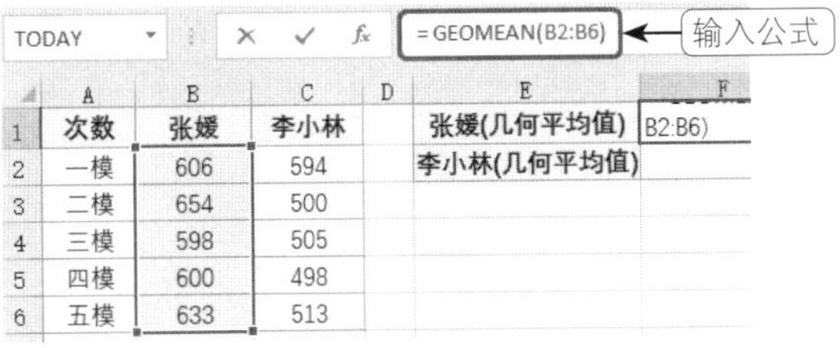

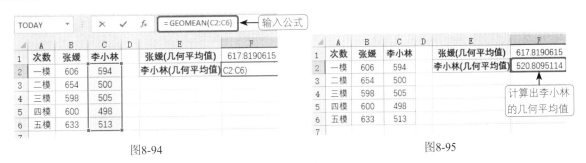

图8-92 　　　　　　　　　　　　　　　　　　图8-93

04 将光标定位在F2单元格中，输入公式：= GEOMEAN(C2:C6)，如图8-94所示。

05 按【Enter】键，即可得到李小林的几何平均值，如图8-95所示。张媛的五次模拟考试几何平均值大于李小林的五次模拟考试几何平均值，几何平均值越大表示其值更加稳定，因此张媛的五次模拟考试成绩更加稳定。

图8-94　　　　　　　　　　　　　　　　　　图8-95

8.1.14　RANK.EQ：返回数组的最高排位

函数功能：RANK.EQ函数表示返回一个数字在数字列表中的排位，其大小相对于列表中的其他值，如果多个值具有相同的排位，则返回该组数值的最高排位。

函数语法：RANK.EQ(number,ref,[order])

参数解析：

- number：表示要查找排名的数字。
- ref：表示要在其中查找排名的数字列表。
- order：表示指定排名方式的数字（当此参数为0时表示按降序排名，即最大的数值排名值为1；当此参数为1时表示按升序排名，即最小的数值排名为值1，此参数可省略，省略时默认为0）。

实战实例：对每月产量进行排名

本例表格中给出了全年12个月的产量数据，现在要求对产量数据排名次，了解哪个月产量最高。

01 打开下载文件中的"素材\第8章\8.1\对每月产量进行排名.xlsx"文件，如图8-96所示。

02 将光标定位在C2单元格中，输入公式：=RANK.EQ(B2,$B$2:$B$13,0)，如图8-97所示。

图8-96　　　　　　　　　　　　　图8-97

03 按【Enter】键，即可计算出1月份产量的排名，如图8-98所示。

04 利用公式填充功能，即可依次计算出其他月份产量的排名，如图8-99所示。

图8-98 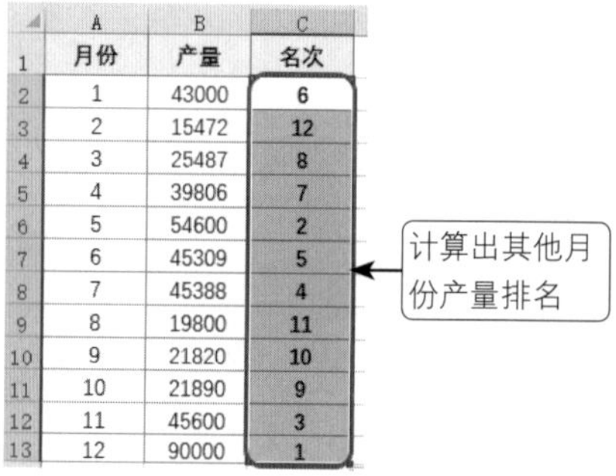　　　　　　　　　　　　图8-99

公式解析：

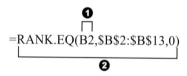

$$=\text{RANK.EQ}(B2,\$B\$2:\$B\$13,0)$$

❶ 用于判断其排名的目标值，即1月份的产量。

❷ 目标列表区域，在这个区域中判断1月份产量的排名。此单元格区域使用绝对引用是因为公式需要向下复制，当复制公式时，只有参数1发生变化，而用于判断的这个区域是始终不能发生改变的。

8.2
方差、协方差与偏差

　　根据样本数据，可以使用统计函数计算各种基于样本的方差值、标准偏差值、协方差、平均值偏差的平方和以及平均绝对偏差，这些可以帮助我们对样本数据进一步分析。

8.2.1 VAR.S：计算基于样本的方差

函数功能：VAR.S函数用于估算基于样本的方差（忽略样本中的逻辑值和文本）。

函数语法：VAR.S(number1,[number2],...)

参数解析：

- number1：表示对应于样本总体的第一个数值参数。
- number2, ...：可选。对应于样本总体的 2 ~254 个数值参数。

实战实例：估算产品质量的方差

例如，要考察一台机器的生产能力，利用抽样程序来检验生产出来的产品质量，假设提取9个值（由于机器检测特殊原因，所以其中有一项没有数据，显示"机器检测"）。根据行业通用法则：如果一个样本中的9个数据项的方差大于0.005，则该机器必须关闭待修。

01 打开下载文件中的"素材\第8章\8.2\估算产品质量的方差.xlsx"文件，如图8-100所示。

02 将光标定位在B2单元格中，输入公式：=VARA(A2:A10)，如图8-101所示。

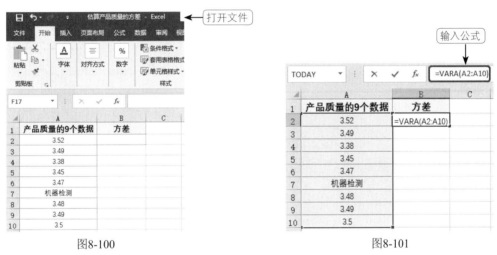

图8-100

图8-101

03 按【Enter】键，即可计算出方差值，如图8-102所示。计算出的方差值越小越稳定，表示数据间差别小。

图8-102

8.2.2 VAR.P：计算基于样本总体的方差

函数功能：VAR.P函数用于计算基于样本总体的方差（忽略逻辑值和文本）。

函数语法：VAR.P(number1,[number2],...])

参数解析：

- number1：表示对应于样本总体的第一个数值参数。
- number2, ...：可选。对应于样本总体的2～254个数值参数。

实战实例：以样本值估算总体的方差

例如，要考察一台机器的生产能力，利用抽样程序来检验生产出来的产品质量，假设提取14个值，想通过这个样本数据估算总体的方差。

01 打开下载文件中的"素材\第8章\8.2\以样本值估算总体的方差.xlsx"文件，如图8-103所示。

02 将光标定位在B2单元格中，输入公式：=VAR.P(A2:A15)，如图8-104所示。

图8-103

图8-104

03 按【Enter】键，即可估算出方差值，如图8-105所示。

图8-105

8.2.3 STDEV.S：计算基于样本估算标准偏差

函数功能： STDEV.S函数用于计算基于样本估算标准偏差（忽略样本中的逻辑值和文本）。

函数语法： STDEV.S(number1,[number2],...)

参数解析：

- number1：表示对应于总体样本的第一个数值参数，也可以用单一数组或对某个数组的引用来代替用逗号分隔的参数。
- number2, ...: 可选。对应于总体样本的 2～254 个数值参数，也可以用单一数组或对某个数组的引用来代替用逗号分隔的参数。

实战实例：估算班级女生身高的标准偏差

例如，要考察一个班级女生的身高情况，随机抽取14名女生的身高数据，要求基于此样本估算标准偏差。

01 打开下载文件中的"素材\第8章\8.2\估算班级女生身高的标准偏差.xlsx"文件，如图8-106所示。

02 将光标定位在B2单元格中，输入公式：=AVERAGE(A2:A15)，如图8-107所示。

图8-106　　　　　　　　　　　　　　　图8-107

03 按【Enter】键，即可计算出身高平均值，如图8-108所示。

04 将光标定位在C2单元格中，输入公式：=STDEV.S(A2:A15)，如图8-109所示。

05 按【Enter】键，即可基于此样本估算出标准偏差，如图8-110所示。通过计算结果可以得出结论为：本班级女生的身高分布在1.63±0.04552502米区间。

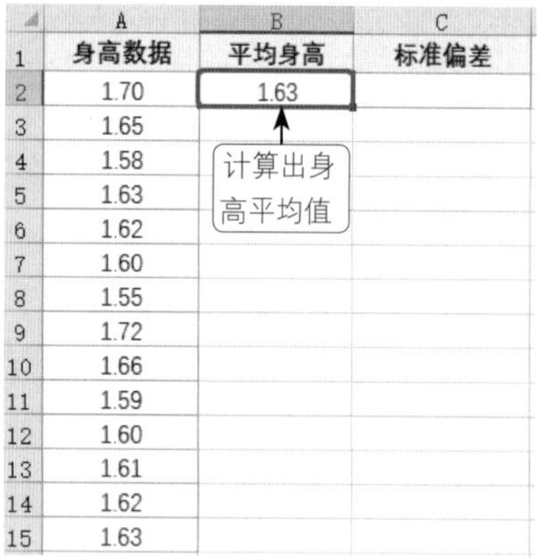

图8-108

图8-109

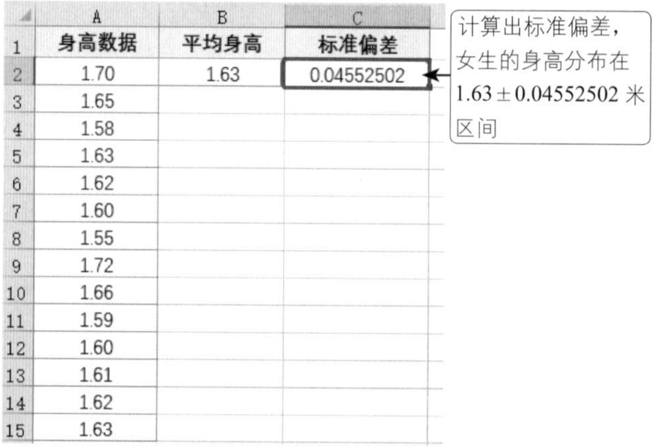

图8-110

8.2.4 STDEV.P：计算样本总体的标准偏差

函数功能：STDEV.P函数计算样本总体的标准偏差（忽略逻辑值和文本）。对于大样本来说，STDEV.S函数与 STDEV.P函数的计算结果大致相同，但对于小样本来说，二者计算结果差别会很大。STDEV.S函数与STDEV.P函数的区别可以描述为：假设总体数量是100，样本数量是20，当要计算20个样本的标准偏差时使用STDEV.S函数，但如果要根据20个样本值估算总体100的标准偏差则使用STDEV.P函数。

函数语法：STDEV.P(number1,[number2],...)

参数解析：

- number1: 必需。对应于总体的第一个数值参数。
- number2, ...: 可选。对应于总体的 2 ~ 254 个数值参数，也可以用单一数组或对某个数组的引用来代替用逗号分隔的参数。

实战实例：以样本值估算总体的标准偏差

例如，要考察班级女生的身高情况，随机抽取14名女生的身高数据，要求基于此样本估算总体的标准偏差。

01 打开下载文件中的"素材\第8章\8.2\以样本值估算总体的标准偏差.xlsx"文件，如图8-111所示。

02 将光标定位在B2单元格中，输入公式：=STDEV.P(A2:A15)，如图8-112所示。

图8-111   图8-112

03 按【Enter】键，即可基于此样本值估算出总体的标准偏差，如图8-113所示。

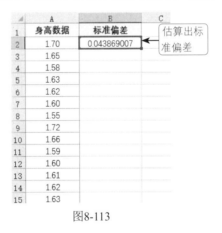

图8-113

8.2.5 COVARIANCE.S：返回样本协方差

函数功能：COVARIANCE.S函数表示返回样本协方差，也就是两个数据集中每对数据点的偏差乘积的平均值。如果协方差值结果为正值，则说明两者是正相关的；结果为负值就说明是负相关的；如果为0，也就是统计上说的"相互独立"。

函数语法：COVARIANCE.S(array1,array2)

参数解析：

● array1：表示第一个所含数据为整数的单元格区域。

269

- array2：表示第二个所含数据为整数的单元格区域。

实战实例：计算甲状腺与碘食用量的协方差

本例表格为16个调查地点的地方性甲状腺患病量与其食品、水中含碘量的调查数据，现在通过计算协方差判断出甲状腺与含碘量是否存在显著关系。

01 打开下载文件中的"素材\第8章\8.2\计算甲状腺与碘食用量的协方差.xlsx"文件，如图8-114所示。

图8-114

02 将光标定位在E2单元格中，输入公式：=COVARIANCE.S(B2:B17,C2:C17)，如图8-115所示。

03 按【Enter】键，即可返回协方差为"-114.8803"，如图8-116所示。从结果可知：甲状腺患病量与碘食用量相关，含碘量越少，甲状腺患病率越高。

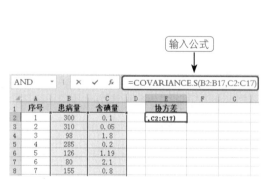

图8-115

图8-116

8.2.6 COVARIANCE.P：返回总体协方差

函数功能： COVARIANCE.P函数表示返回总体协方差，也就是两个数据集中每对数据点的偏差乘积的平均数。COVARIANCE.S函数与COVARIANCE.P函数的区别可以描述为：假设总体数量是100，样本数量是20，当要计算20个样本的协方差时使用COVARIANCE.S函数，如果要根据20个样本值估算总体100的协方差则使用COVARIANCE.P函数。

函数语法： COVARIANCE.P(array1,array2)

参数解析：

- array1：表示第一个所含数据为整数的单元格区域。
- array2：表示第二个所含数据为整数的单元格区域。

实战实例：以样本值估算总体的协方差

本例表格是以16个调查地点的地方性甲状腺患病量与其食品、水中含碘量的调查数据，现在要求基本于此样本值估算总体的协方差。

01 打开下载文件中的"素材\第8章\8.2\以样本值估算总体的协方差.xlsx"文件，如图8-117所示。

图8-117

02 将光标定位在E2单元格中，输入公式：=COVARIANCE.P(B2:B17,C2:C17)，如图8-118所示。

03 按【Enter】键，即可计算出总体协方差为"-107.70023"，如图8-119所示。

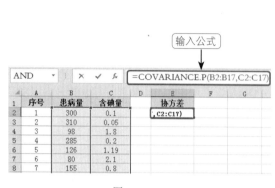

图8-118

图8-119

8.2.7 AVEDEV：计算数值的平均绝对偏差

函数功能： AVEDEV函数用于返回数值的平均绝对偏差。偏差表示每个数值与平均值之间的差，平均偏差表示每个偏差绝对值的平均值，该函数可以评测数据的离散度。

函数语法： AVEDEV(number1,number2,...)

参数解析：

- number1,number2,...：表示用来计算绝对偏差平均值的一组参数，其个数可以在 1 ～ 30 个之间。

实战实例：判断哪个班级学生被保送的可能性最高

某学校对保送研究生的分数规定为500分，在两个班级中各抽取10名学生测试保送率，通过计算平均绝对偏差判断哪个班级被保送的可能性最高。

01 打开下载文件中的"素材\第8章\8.2\判断哪个班级学生被保送的可能性最高.xlsx"文件，如图8-120所示。

02 将光标定位在D2单元格中，输入公式：=AVEDEV(A2:A11)，如图8-121所示。

图8-120

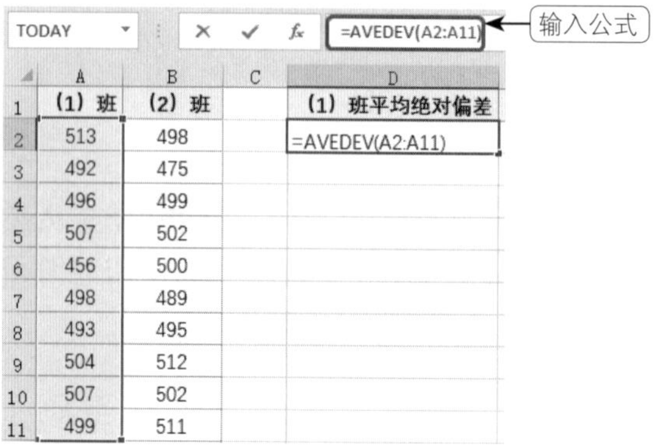

图8-121

03 按【Enter】键，即可计算出（1）班得分的平均绝对偏差，如图8-122所示。

04 利用公式填充功能向右填充，即可计算出（2）班得分的平均绝对偏差，如图8-123所示。计算结果值越大，表示测定值之间的差异越大，由此计算出（2）班的分数获得保送的机会更大。

	A	B	C	D
1	(1) 班	(2) 班		(1) 班平均绝对偏差
2	513	498		9.8
3	492	475		
4	496	499		得到（1）班
5	507	502		平均绝对偏差
6	456	500		
7	498	489		
8	493	495		
9	504	512		
10	507	502		
11	499	511		

图8-122

	A	B	C	D	E
1	(1) 班	(2) 班		(1) 班平均绝对偏差	(2) 班平均绝对偏差
2	513	498		9.8	7.24
3	492	475			
4	496	499		得到（2）班	
5	507	502		平均绝对偏差	
6	456	500			
7	498	489			
8	493	495			
9	504	512			
10	507	502			
11	499	511			

图8-123

8.3
数据预测

Excel提供了关于估计线性模型参数和指数模型参数的一些预测函数，使用这些函数可以进行统计学中的数据预测处理。

8.3.1　LINEST：对已知数据进行最佳直线拟合

函数功能： LINEST函数使用最小二乘法对已知数据进行最佳直线拟合，并返回描述此直线的数组。

函数语法： LINEST(known_y's,known_x's,const,stats)

参数解析：

- known_y's：表示表达式 y=mx+b 中已知的 y 值集合。
- known_x's：表示关系表达式 y=mx+b 中已知的可选 x 值集合。
- const：表示为逻辑值，指明是否强制使常数 b 为 0，若 const 为 TRUE 或省略时，b 将参与正常计算；若 const 为 FALSE 时，b 将被设为 0，并同时调整 m 值，使得 y=mx。
- stats：表示为逻辑值，指明是否返回附加回归统计值，若 stats 为 TRUE，则函数返回附加回归统计值；若 stats 为 FALSE 或省略，则函数返回系数 m 和常数项 b。

实战实例：根据生产数量预测产品的单个成本

LINEST函数是我们在做销售、成本预测分析时使用比较多的函数。本例表格中A列为生产数量，B列是对应的单个产品成本。要求预测：当生产60个产品时，相对应的成本是多少？

01 打开下载文件中的"素材\第8章\8.3\根据生产数量预测产品的单个成本.xlsx"文件，如图8-124所示。

02 将光标定位在单元格区域D2:E2中，输入公式：=LINEST($B$2:$B$8,$A$2:$A$8)，如图8-125所示。

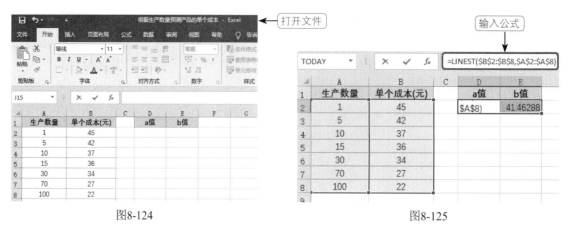

图8-124　　　　　　　　　　　　　　　　　图8-125

03 按【Ctrl+Shift+Enter】组合键，即可根据两组数据直接计算出a和b的值，如图8-126所示。

图8-126

04 A列和B列对应的线型关系式为y=ax+b。将光标定位在B11单元格中，输入公式：=A11*D2+E2，按【Enter】键，即可预测出生产数量为60件时的单个成本值，如图8-127所示。

05 更改A11单元格的生产数量，可以预测出数量为80件时的单个成本值，如图8-128所示。

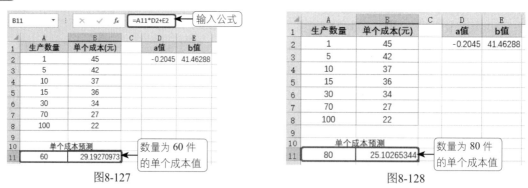

图8-127　　　　　　　　　　　　　　　　　图8-128

8.3.2　TREND：构造线性回归直线方程

函数功能： TREND函数用于返回一条线性回归拟合线的值，即找到适合已知数组 known_y's和known_x's 的直线（用最小二乘法），并返回指定数组 new_x's在直线上对应的 y 值。

函数语法：TREND(known_y's,known_x's,new_x's,const)

参数解析：

- known_y's：表示为已知关系 y=mx+b 中的 y 值集合。
- known_x's：表示为已知关系 y=mx+b 中可选的 x 值的集合。
- new_x's：表示为需要 TREND 函数返回对应 y 值的新 x 值。
- const：表示为逻辑值，指明是否将常量 b 强制为 0。

实战实例：根据前几次模拟考试成绩预测后期考试分数

如果要根据某学生前几次的模拟考试成绩预测后面两次的分数，可以使用TREND函数。

01 打开下载文件中的"素材\第8章\8.3\根据前几次模拟考预测后期考试分数.xlsx"文件，如图8-129所示。

图8-129

02 将光标定位在单元格区域B9:B10中，输入公式：=TREND(B2:B6,A2:A6,A9:A10)，如图8-130所示。

03 按【Ctrl+Shift+Enter】组合键，即可预测出第6、7次的模拟考试分数，如图8-131所示。

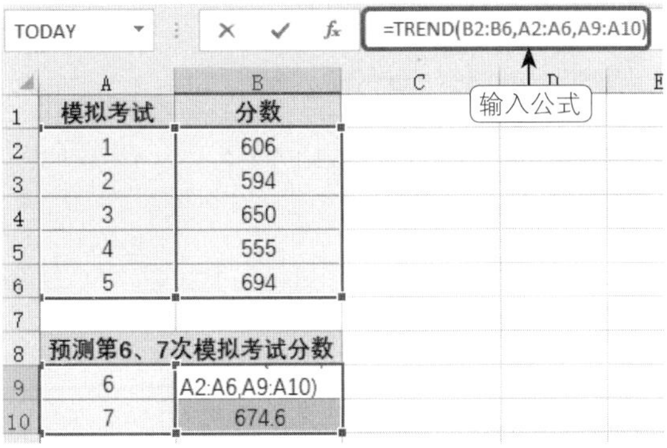

图8-130

图8-131

275

8.3.3　LOGEST：回归拟合曲线返回该曲线的数值

函数功能： LOGEST函数在回归分析中，计算最符合观测数据组的指数回归拟合曲线，并返回描述该曲线的数值数组，因为此函数返回数值数组，所以必须以数组公式的形式输入。

函数语法： LOGEST(known_y's,known_x's,const,stats)

参数解析：

- known_y's：表示为一组符合 y=b*m^x 函数关系的 y 值的集合。
- known_x's：表示为一组符合 y=b*m^x 运算关系的可选 x 值集合。
- const：表示为逻辑值，指明是否强制使常数 b 为 0。若 const 为 TRUE 或省略时，b 将参与正常计算；若 const 为 FALSE 时，b 将被设为 0，并同时调整 m 值使得 y=mx。
- stats：表示为逻辑值，指明是否返回附加回归统计值。若 stats 为 TRUE，则函数返回附加回归统计值；若 stats 为 FALSE 或省略，则函数返回系数 m 和常数项 b。

实战实例：预测网站专题的点击量

如果网站中某专题的点击量呈指数增长趋势，则可以使用LOGEST函数来对后期点击量进行预测。

01 打开下载文件中的"素材\第8章\8.3\预测网站专题的点击量.xlsx"文件，如图8-132所示。

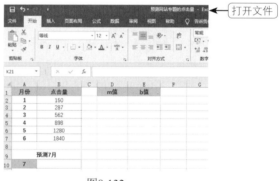

图8-132

02 将光标定位在单元格区域D2:E2中，输入公式：=LOGEST(B2:B7,A2:A7,TRUE,FALSE)，如图8-133所示。

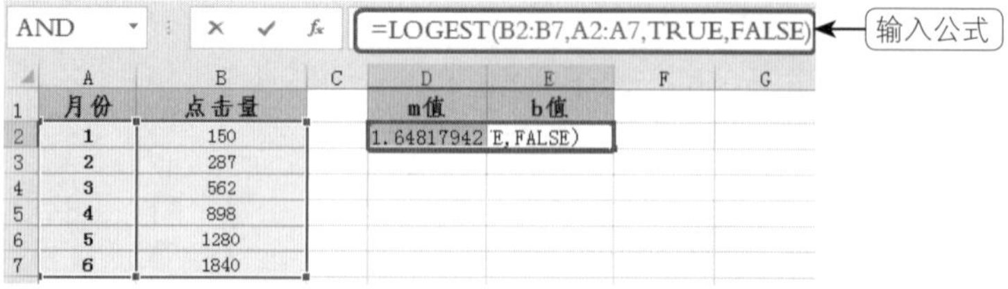

图8-133

03 按【Ctrl+Shift+Enter】组合键，即可根据两组数据直接计算出m值和b值，如图8-134所示。

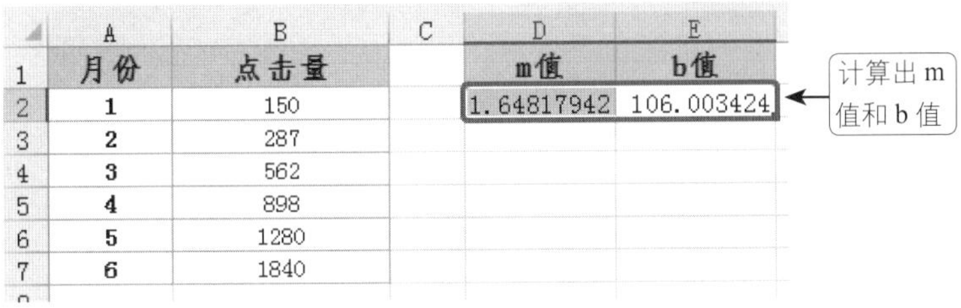

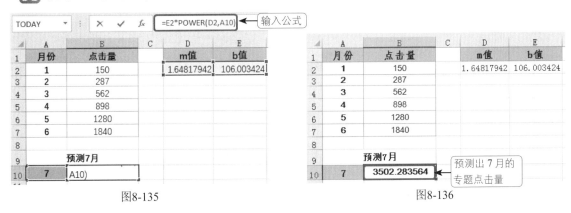

图8-134

04 A列和B列对应的线型关系式为y=b*m^x。将光标定位在B10单元格中，输入公式：=E2*POWER(D2,A10)，如图8-135所示。

05 按【Enter】键，即可预测出7月的专题点击量，如图8-136所示。

图8-135   图8-136

8.3.4 GROWTH：根据现有的数据预测指数增长值

函数功能：GROWTH函数用于对给定的数据预测指数增长值。根据现有的 x 值和 y 值，GROWTH 函数返回一组新的 x 值所对应的 y 值，可以使用 GROWTH 工作表函数来拟合满足现有 x 值和 y 值的指数曲线。

函数语法：GROWTH(known_y's,known_x's,new_x's,const)

参数解析：

- known_y's：表示满足指数回归拟合曲线的一组已知的 y 值。
- known_x's：表示满足指数回归拟合曲线的一组已知的 x 值。
- new_x's：表示一组新的 x 值，可通过 GROWTH 函数返回各自对应的 y 值。
- const：表示一组逻辑值，指明是否将系数 b 强制设为 1。若 const 为 TRUE 或省略时，则 b 将参与正常计算；若 const 为 FALSE 时，则 b 将被设为 1。

实战实例：预测销售量

本例表格统计了9个月的销售量，通过9个月产品销售量可以预算出10、11、12月的产品销售量。具体操作如下。

01 打开下载文件中的"素材\第8章\8.3\预测销售量.xlsx"文件，如图8-137所示。

图8-137

[02] 将光标定位在单元格区域E2:E4中，输入公式：=GROWTH(B2:B10,A2:A10,D2:D4)，如图8-138所示。

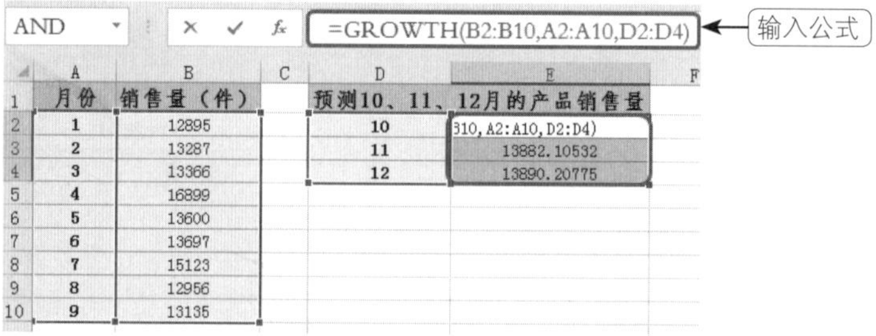

图8-138

[03] 按【Ctrl+Shift+Enter】组合键，即可预测出10、11、12月产品的销售量，如图8-139所示。

图8-139

8.3.5 FORECAST：根据已有的数值计算或预测未来值

函数功能： FORECAST函数根据已有的数值计算或预测未来值。此预测值为基于给定的 x 值推导出的 y 值，已知的数值为已有的 x 值和 y 值，再利用线性回归对新值进行预测，可以使用该函数对未来销售额、库存需求或消费趋势进行预测。

函数语法： FORECAST(x,known_y's,known_x's)

参数解析：

- x：为需要进行预测的数据点。
- known_y's：为相依的数组或数据区域。
- known_x's：为独立的数组或数据区域。

实战实例：预测未来值

本例需要根据已知的1~11月的库存需求量，预测第12月的库存需求量。

01 打开下载文件中的"素材\第8章\8.3\预测未来值.xlsx"文件，如图8-140所示。

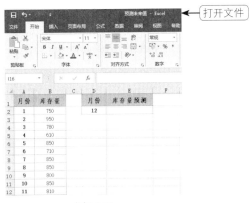

图8-140

02 将光标定位在E2单元格中，输入公式：=FORECAST(12,B2:B12,A2:A12)，如图8-141所示。

03 按【Enter】键，即可预测出第12月份的库存需求量，如图8-142所示。

图8-141 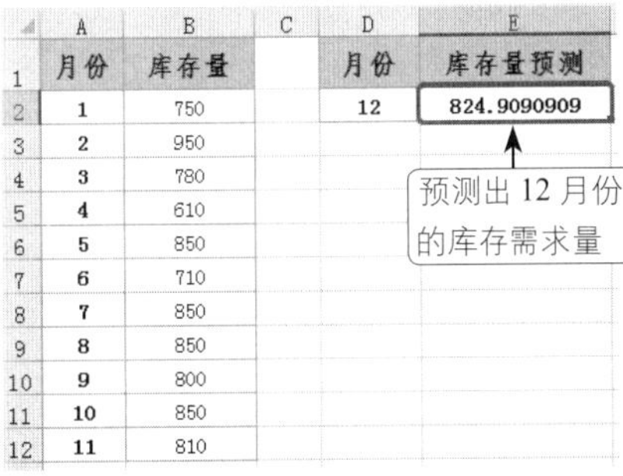   图8-142

8.3.6 CORREL：返回两变量相关系数

函数功能：CORREL函数返回两个不同事物之间的相关系数，使用相关系数可以确定两种属性之间的关系。

函数语法：CORREL(array1,array2)

参数解析：

- array1：表示第一组数值的单元格区域。
- array2：表示第二组数值的单元格区域。

实战实例：分析温度和空调销量的相关性

本例中需要根据气温和空调销量数据，使用CORREL函数返回两者之间的相关系数。

01 打开下载文件中的"素材\第8章\8.3\分析温度和空调销量的相关性.xlsx"文件，如图8-143所示。

图8-143

02 将光标定位在D2单元格中，输入公式：=CORREL(A2:A7,B2:B7)，如图8-144所示。

03 按【Enter】键，即可计算出一元线线回归的相关系数，如图8-145所示。系数在1以下，表示这两者具有相关性。

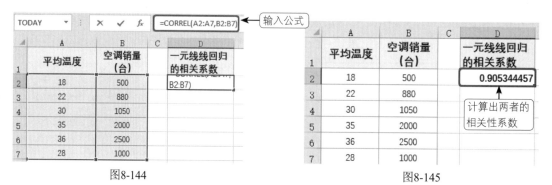

图8-144

图8-145

8.4
其他常用指标统计函数

除了前面介绍的各类统计函数，Excel还提供了一些常用指标统计函数，如统计众数、中值、频数、峰值等。

8.4.1　MODE.SNGL：返回数组中的众数

函数功能：MODE.SNGL函数用于返回在某一数组或数据区域中出现频率最多的数值。

函数语法：MODE.SNGL (number1,[number2],...)

参数解析:

- number1:表示要计算其众数的第一个参数。
- number2, ...:可选。表示要计算其众数的 2~254 个参数。

实战实例:返回频率最高的身高

本例表格中给出的是某个公司新进员工的身高数据,要求统计出现频率最高的身高数据(身高众数)。

01 打开下载文件中的"素材\第8章\8.4\返回频率最高的身高.xlsx"文件,如图8-146所示。

图8-146

02 将光标定位在D2单元格中,输入公式: = MODE.SNGL(B2:B15),如图8-147所示。

03 按【Enter】键,即可统计出频率出现最高的身高众数,如图8-148所示。

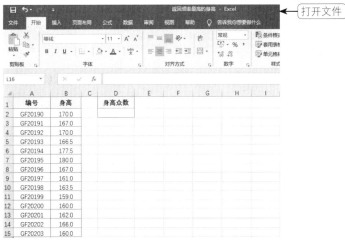

图8-147

图8-148

8.4.2 MEDIAN:求一组数的中值

函数功能:MEDIAN函数用于返回给定数值集合的中位数。

函数语法：MEDIAN(number1,number2,...)

参数解析：

● number1,number2,... ：表示要找出中位数的 1 ～ 30 个数字参数。

实战实例：返回中间值的身高

本例表格统计了新进员工的身高数据，要求快速返回处于中间位置的具体身高值，可以使用
MEDIAN函数。

01 打开下载文件中的"素材\第8章\8.4\返回中间的身高.xlsx"文件，如图8-149所示。

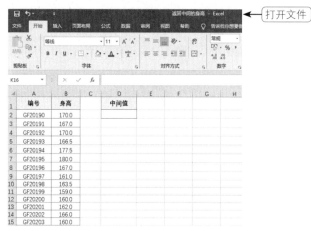

图8-149

02 将光标定位在D2单元格中，输入公式： =MEDIAN(B2:B15)，如图8-150所示。

03 按【Enter】键，即可返回位于中间值的身高数据，如图8-151所示。

图8-150

图8-151

8.4.3　MODE.MULT：返回一组数据集中出现频率最高的数值

函数功能：MODE.MULT函数用于返回一组数据或数据区域中出现频率最高或重复出现的数值的垂

直数组，水平数组请使用TRANSPOSE(MODE.MULT(number1,number2,...))。

函数语法：MODE.MULT((number1,[number2],...)

参数解析：

- number1：表示要计算其众数的第一个数字参数。（参数可以是数字或者是包含数字的名称、数组或引用。）
- number2,...：可选。表示要计算其众数的2~254个数字参数，也可以用单一数组或对某个数组的引用来代替用逗号分隔的参数，如果数组或引用参数包含文本、逻辑值或空白单元格，则这些值将被忽略，但包含零值的单元格将计算在内。

实战实例：统计出现次数最多的错误代码

本例表格中统计了员工上网时出现的错误代码，可以使用MODE.MULT函数统计出现次数最多的错误代码，使用MODE.MULT函数可以一次性返回。

01 打开下载文件中的"素材\第8章\8.4\统计出现次数最多的出错代码.xlsx"文件，如图8-152所示。

图8-152

02 将光标定位在单元格区域D2:D7中，输入公式：=MODE.MULT(B2:B13)，如图8-153所示。

03 按【Ctrl+Shift+Enter】组合键，即可统计出现次数最多的错误代码为"687"和"541"，如图8-154所示。

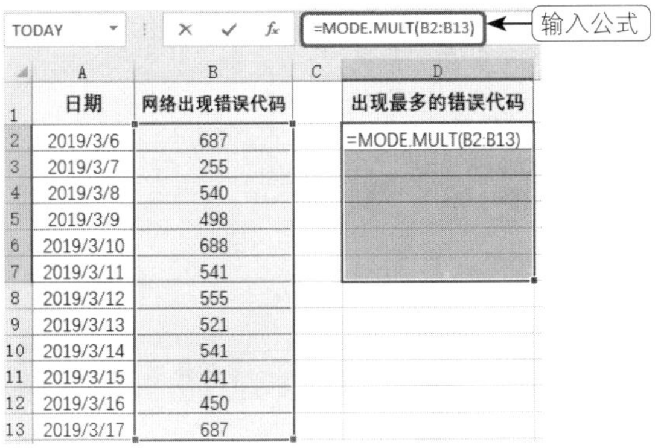

图8-153 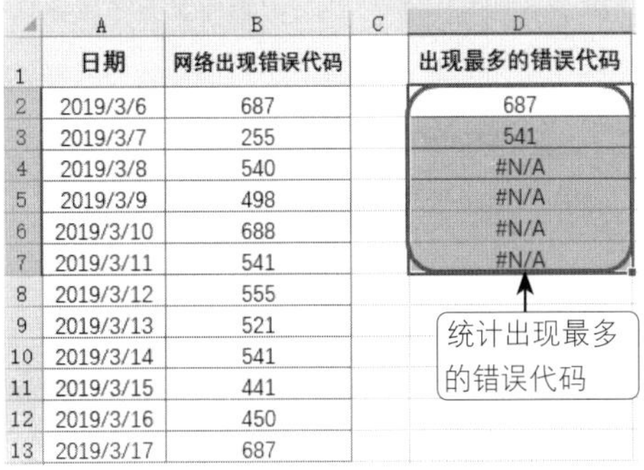   图8-154

8.4.4 FREQUENCY：频数分布统计

函数功能：FREQUENCY函数计算数值在某个区域内的出现频率，然后返回一个垂直数组。例如，使用FREQUENCY函数可以在分数区域内计算测验分数的个数，由于FREQUENCY函数返回一个数组，所以它必须以数组公式的形式输入。

函数语法：FREQUENCY(data_array,bins_array)

参数解析：

- data_array：是一个数组或对一组数值的引用，需要为它计算频率。
- bins_array：是一个区间数组或对区间的引用，该区间用于对 data_array 中的数值进行分组。

实战实例：统计考试分数的分布区间

本例表格中统计某次数学竞赛中80名学员的考试成绩，现在需要统计出各个分数段的人数，可以使用FREQUENCY函数。

01 打开下载文件中的"素材\第8章\8.4\统计考试分数的分布区间.xlsx"文件，如图8-155所示。

图8-155

02 将光标定位在单元格区域H3:H6中，输入公式：=FREQUENCY(A2:D21, F3:F6)，如图8-156所示。

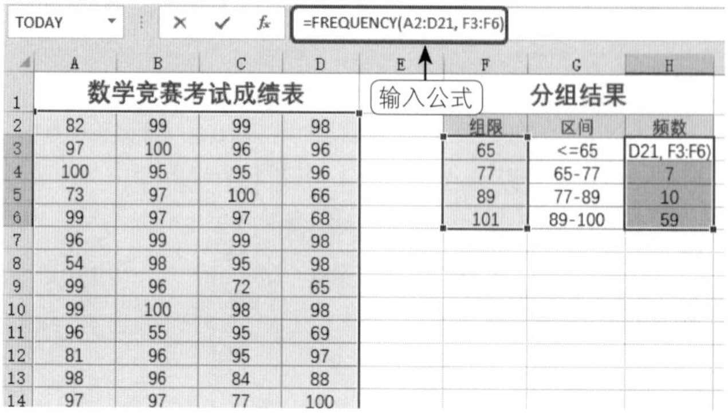

图8-156

[03] 按【Ctrl+Shift+Enter】组合键，即可统计出各个成绩区间分布的总人数，如图8-157所示。

图8-157

8.4.5 PROB：返回数值落在指定区间内的概率

函数功能：PROB函数用于返回区域中的数值落在指定区间内的概率。

函数语法：PROB(x_range,prob_range,lower_limit,upper_limit)

参数解析：

- x_range：表示具有各自相应概率值的 x 数值区域。
- prob_range：表示与 x_range 中的数值相对应的一组概率值，并且一组概率值的和为1。
- lower_limit：表示用于概率求和计算的数值下界。
- upper_limit：表示用于概率求和计算的数值上界。

实战实例：计算出中奖概率

本例表格统计了各种奖项的中奖率，要求计算出中特等奖或一等奖的概率。

[01] 打开下载文件中的"素材\第8章\8.4\计算出中奖概率.xlsx"文件，如图8-158所示。

[02] 将光标定位在E2单元格中，输入公式：=PROB(A2:A7,C2:C7,1,2)，如图8-159所示。

图8-158   图8-159

03 按【Enter】键，即可计算出中特等奖或一等奖的概率（返回小数值），如图8-160所示。

04 选中E2单元格，在"开始"选项卡的"数字"组中单击"百分比样式"按钮，如图8-161所示，即可将其更改为百分比数据格式（默认为整数）。

图8-160

图8-161

05 选中E2单元格，在"开始"选项卡的"数字"组中单击两次"增加小数位数"按钮（见图8-162），即可将其更改为两位小数的百分比格式，效果如图8-163所示。

图8-162

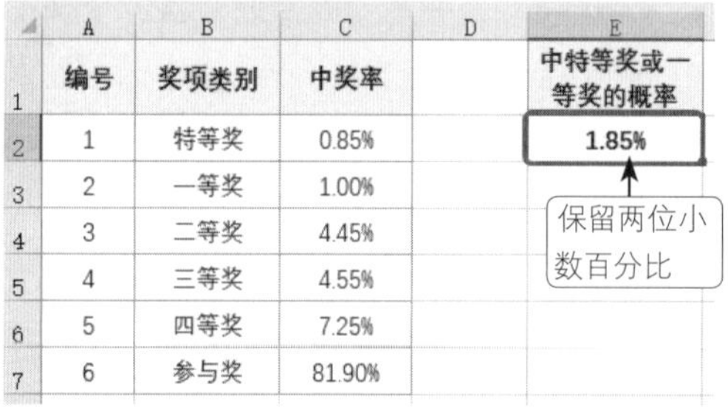

图8-163

8.4.6 KURT：返回数据集的峰值

函数功能： KURT函数用于返回一组数据的峰值，峰值反映与正态分布相比某一分布的相对尖锐度或平坦度，正峰值表示相对尖锐的分布；负峰值表示相对平坦的分布。

函数语法： KURT(number1,number2,...)

参数解析：

- number1,number2,...：表示为需要计算其峰值的 1~30 个参数，可以使用逗号分隔参数的形式，还可使用单一数组，即对数组单元格的引用。

实战实例：计算员工在一段时期内薪酬的峰值

本例表格中的数据为各地软件开发员的基本工资，需要计算该组数据的峰值，检验软件开发员的薪酬情况。

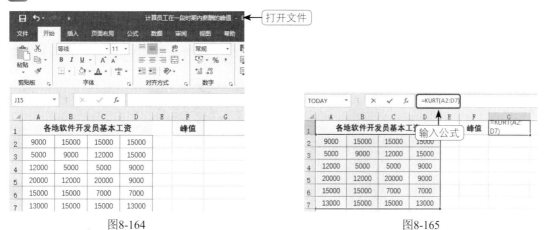

[01] 打开下载文件中的"素材\第8章\8.4\计算员工在一段时期内薪酬的峰值.xlsx"文件，如图8-164所示。

[02] 将光标定位在G1单元格中，输入公式：=KURT(A2:D7)，如图8-165所示。

图8-164　　　　　　　　　　　　　　　　　　图8-165

[03] 按【Enter】键，即可计算出该组薪酬数据的峰值为"-0.6563834"，如图8-166所示，这里的峰值为负值，表示该组薪酬数据是相对平坦的分布。

图8-166

09

第 9 章
财务函数

本章概述 〉〉〉〉〉〉〉〉〉〉〉〉〉〉〉〉〉〉

※ 财务函数主要用于获取相关财务数据的处理。

※ 在日常财务工作中，财务函数可以进行一般的财务计算，如确定贷款的支付额以及投资的未来值或净现值等。

学习要点 〉〉〉〉〉〉〉〉〉〉〉〉〉〉〉〉〉〉〉

※ 掌握常用投资计算函数的使用。

※ 掌握常用折旧计算函数的使用。

※ 掌握偿还计算函数的使用。

学习功能 〉〉〉〉〉〉〉〉〉〉〉〉〉〉〉〉〉〉

※ 投资计算函数：FV函数、IPMT函数、ISPMTF函数、PMT函数、PPMT函数、NPV函数、XNPV函数、EFFECT函数、NOMINAL函数、NPER函数等。

※ 折旧计算函数：DB函数、DDB函数、SLN函数、SYD函数等。

※ 偿还计算函数：IRR函数、MIRR函数、RATE函数、XIRR函数等。

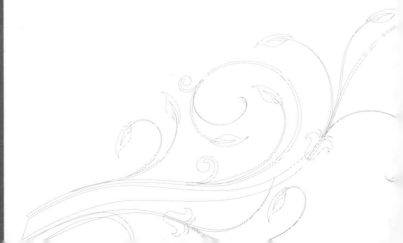

9.1

投资计算函数

投资计算函数主要用于计算各种投资的未来值、利息额、净现值、偿还额等数值。例如，计算贷款分期偿还的本金额和利息额、计算住房公积金的未来值、计算某项保险的未来值、将实际年利率转换为名义年利率、计算一笔投资的期数等。

9.1.1 FV：固定利率及等额分期付款方式返回投资未来值

函数功能：FV函数基于固定利率及等额分期付款方式，返回某项投资的未来值。

函数语法：FV(rate,nper,pmt,pv,type)

参数解析：

- rate：表示为各期利率。
- nper：表示为总投资期，也就是该项投资的付款期总数。
- pmt：表示为各期所应支付的金额。
- pv：表示为现值，从该项投资开始计算时已经入账的款项，或一系列未来付款的当前值的累积和（也称为本金）。
- type：表示为数字 0 或 1（0 为期末，1 为期初）。

实战实例1：计算住房公积金的未来值

本例表格数据为一笔住房公积金缴纳数据，缴纳的月数为80个月，月缴纳金额为560元，年利率为22%，要求计算出该住房公积金的未来值，可以使用FV函数来实现。

01 打开下载文件中的 "素材\第9章\9.1\计算住房公积金的未来值.xlsx" 文件，如图9-1所示。

02 将光标定位在B5单元格中，输入公式：=FV(B1/12,B2,B3)，如图9-2所示。

图9-1　　　　　　　　　　　图9-2

03 按【Enter】键，即可计算出住房公积金的未来值，如图9-3所示。

	A	B
1	年利率	22%
2	缴纳的月数	80
3	月缴纳金额	560
4		
5	住房公积金的未来值	(¥100,114.76)

计算出住房公积金的未来值

图9-3

实战实例2：计算投资的未来值

本例表格数据为一笔95000元的投资，存款期限为6年，年利率为3.45%，每月的存款额为2850元，要求计算出该笔投资在5年后的收益额，可以使用FV函数来实现。

01 打开下载文件中的"素材\第9章\9.1\计算投资的未来值.xlsx"文件，如图9-4所示。

02 将光标定位在B5单元格中，输入公式：=FV(B3/12,B2*12,-B4,-B1)，如图9-5所示。

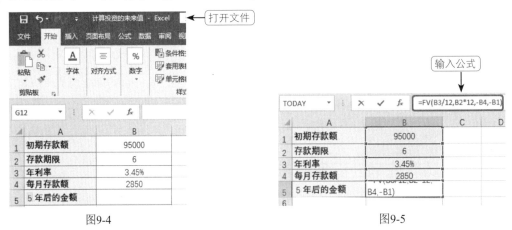

图9-4　　　　　　　　　　　图9-5

03 按【Enter】键，即可计算出该笔投资5年后的收益金额，如图9-6所示。

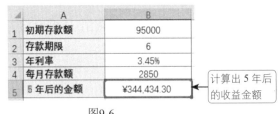

	A	B
1	初期存款额	95000
2	存款期限	6
3	年利率	3.45%
4	每月存款额	2850
5	5年后的金额	¥344,434.30

计算出5年后的收益金额

图9-6

实战实例3：计算某项保险的未来值

本例表格数据为一笔10000元的保险，保险的年利率为4.34%，付款年限为25年，要求计算出购买该笔保险的未来值是多少，可以使用FV函数来实现。

01 打开下载文件中的"素材\第9章\9.1\计算某项保险的未来值.xlsx"文件，如图9-7所示。

02 将光标定位在B5单元格中，输入公式：=FV(B1,B2,B3,1)，如图9-8所示。

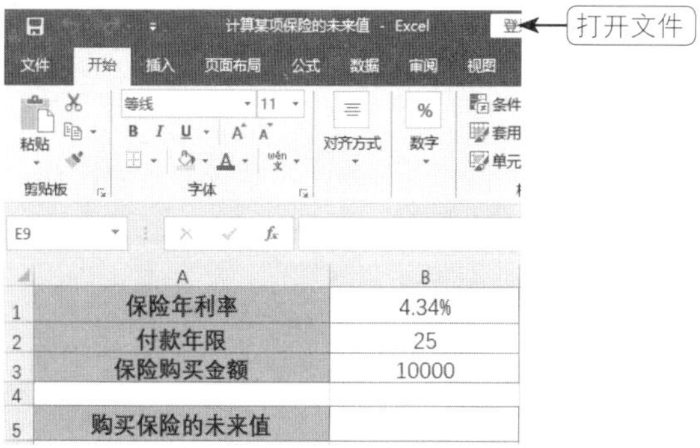

图9-7

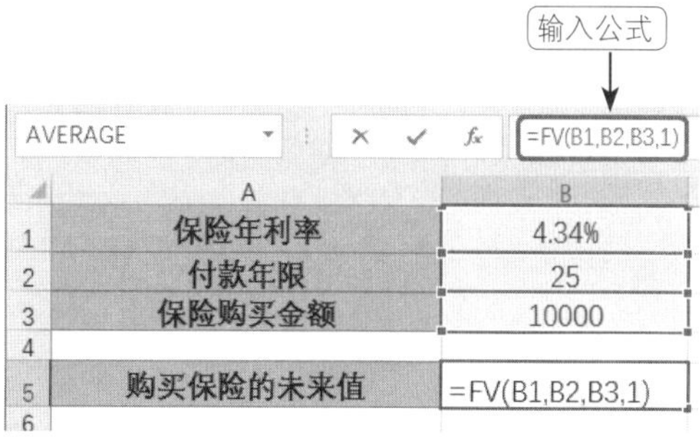

图9-8

03 按【Enter】键，即可计算出购买该保险的未来值，如图9-9所示。

图9-9

9.1.2 FVSCHEDULE：计算投资在变动或可调利率下的未来值

函数功能：FVSCHEDULE函数基于一系列复利返回本金的未来值，用于计算某项投资在变动或可调利率下的未来值。

函数语法：FVSCHEDULE(principal,schedule)

参数解析：

- principal：表示为现值。
- schedule：表示为利率数组。

实战实例：计算投资在可变利率下的未来值

本例表格数据为某笔30万元的借款在4年间的利率分别为：5.21%、4.97%、5.16%、4.89%，要求计算出该笔借款在4年后的回收金额，可以使用FVSCHEDULE函数来实现。

01 打开下载文件中的"素材\第9章\9.1\计算投资在可变利率下的未来值.xlsx"文件，如图9-10所示。

02 将光标定位在B4单元格中，输入公式：=FVSCHEDULE(B1,B2:E2)，如图9-11所示。

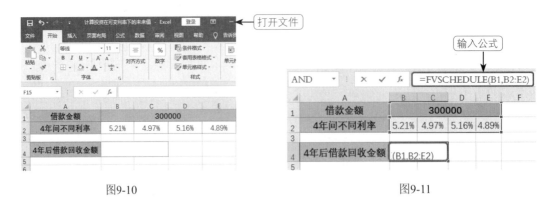

图9-10　　　　　　　　　　　　　　　　图9-11

03 按【Enter】键，即可计算出4年后该笔借款的回收金额，如图9-12所示。

图9-12

9.1.3　IPMT：返回贷款的给定期间内利息偿还额

函数功能：IPMT函数基于固定利率及等额分期付款方式，返回投资或贷款在某一给定期限内的利息偿还额。

函数语法：IPMT(rate,per,nper,pv,fv,type)

参数解析：

- rate：表示各期利率。
- per：表示用于计算其利息数额的期数，在 1 ～ nper 之间。
- nper：表示总投资期。
- pv：表示现值，即本金。
- fv：表示未来值，即最后一次付款后的现金余额，如果省略 fv，则假设其值为零。
- type：表示指定各期的付款时间是在期初还是在期末，若 0 为期末，那么 1 为期初。

实战实例：计算贷款每年偿还额中的利息额（等额分期付款方式）

本例表格数据为一笔100万元的贷款额，贷款年利率为6.65%，贷款年限为20年，要求计算该笔贷款每年偿还金额中有多少是利息。

01 打开下载文件中的"素材\第9章\9.1\计算贷款每年偿还额中的利息额（等额分期付款方式）.xlsx"文件，如图9-13所示。

02 将光标定位在B6单元格中，输入公式：=IPMT($B$1,A6,$B$2,$B$3)，如图9-14所示。

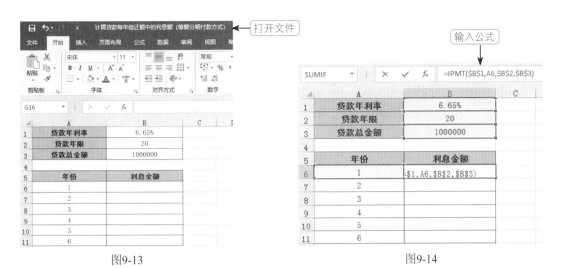

图9-13 · 图9-14

03 按【Enter】键，即可计算出第一年中偿还额中的利息额，如图9-15所示。

04 利用公式填充功能，即可计算出6年中各年份的利息额，如图9-16所示。

	A	B
1	贷款年利率	6.65%
2	贷款年限	20
3	贷款总金额	1000000
4		
5	年份	利息金额
6	1	(¥66,500.00)
7	2	
8	3	
9	4	
10	5	
11	6	

计算出第一年偿还额中的利息额

图9-15

	A	B
1	贷款年利率	6.65%
2	贷款年限	20
3	贷款总金额	1000000
4		
5	年份	利息金额
6	1	(¥66,500.00)
7	2	(¥64,814.85)
8	3	(¥63,017.63)
9	4	(¥61,100.90)
10	5	(¥59,056.71)
11	6	(¥56,876.57)

计算出所有年份的利息额

图9-16

9.1.4 ISPMT：等额本金还款方式的利息计算

函数功能：ISPMT函数基于等额本金还款方式计算特定投资期内要支付的利息额。

函数语法：ISPMT(rate,per,nper,pv)

参数解析：

- rate：表示为投资的利率。
- per：表示为要计算利息的期数，在 1 ~ nper 之间。
- nper：表示为投资的总支付期数。
- pv：表示为投资的当前值，而对于贷款来说 pv 为贷款数额。

实战实例：计算贷款每年偿还额中的利息额（等额本金付款方式）

本例表格数据为一笔100万元的贷款额，贷款年利率为6.65%，贷款年限为20年，要求计算该笔贷款每年偿还金额中有多少是利息。

01 打开下载文件中的"素材\第9章\9.1\计算贷款每年偿还额中的利息额（等额本金付款方式）.xlsx"文件，如图9-17所示。

02 将光标定位在B6单元格中，输入公式：=ISPMT($B$1,A6,$B$2,$B$3)，如图9-18所示。

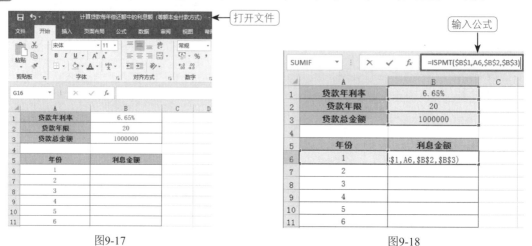

图9-17   图9-18

03 按【Enter】键，即可计算出第一年偿还额中的利息额，如图9-19所示。

04 利用公式填充功能，即可计算出所有年份的利息额，如图9-20所示。

图9-19   图9-20

9.1.5 PMT：基于固定利率返回贷款的每期等额付款额

函数功能：PMT函数基于固定利率及等额分期付款方式，返回贷款的每期付款额。

函数语法：PMT(rate,nper,pv,fv,type)

参数解析：

- rate：表示贷款利率。
- nper：表示该项贷款的付款总额。
- pv：表示为现值，即本金。
- fv：表示为未来值，即最后一次付款后希望得到的现金余额。
- type：表示指定各期的付款时间是在期初还是在期末，0为期末，1为期初。

实战实例1：计算贷款的每年偿还额

本例表格中的数据为一笔260万元的贷款额，贷款年利率为7.43%，贷款年限为40年，要求计算该笔贷款的每年偿还额，可以使用PMT函数来实现。

01 打开下载文件中的"素材\第9章\9.1\计算贷款的每年偿还额.xlsx"文件，如图9-21所示。

02 将光标定位在D2单元格中，输入公式：=PMT(B1,B2,B3)，如图9-22所示。

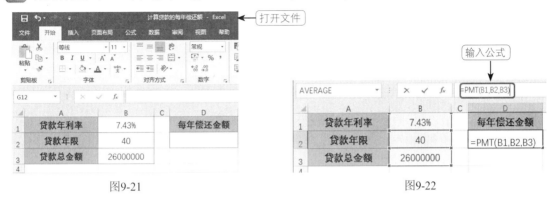

图9-21　　　　　　　　　　　　　　　　　图9-22

03 按【Enter】键，即可计算出每年的偿还金额，如图9-23所示。

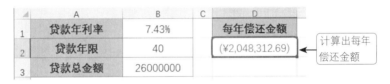

图9-23

实战实例2：按季度（月）支付时计算每期偿还额

本例表格中的数据为一笔260万元的贷款额，贷款年利率为7.43%，贷款年限为40年，要求计算该笔贷款每个季度以及每个月的偿还额是多少，可以使用PMT函数来实现。

01 打开下载文件中的"素材\第9章\9.1\按季度(月)支付时计算每期应偿还额.xlsx"文件，如图9-24所示。

02 将光标定位在D2单元格中，输入公式：=PMT(B1/4,B2*4,B3)，如图9-25所示。

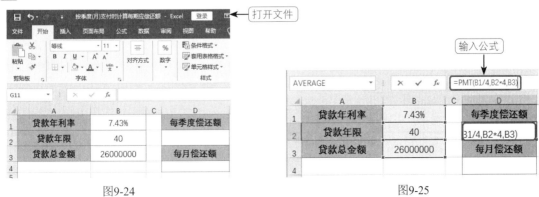

图9-24　　　　　　　　　　　　　　　　　图9-25

03 按【Enter】键，即可计算出每季度的偿还额，如图9-26所示。

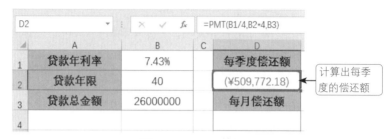

图9-26

04 将光标定位在D4单元格中，输入公式：=PMT(B1/12,B2*12,B3)，如图9-27所示。

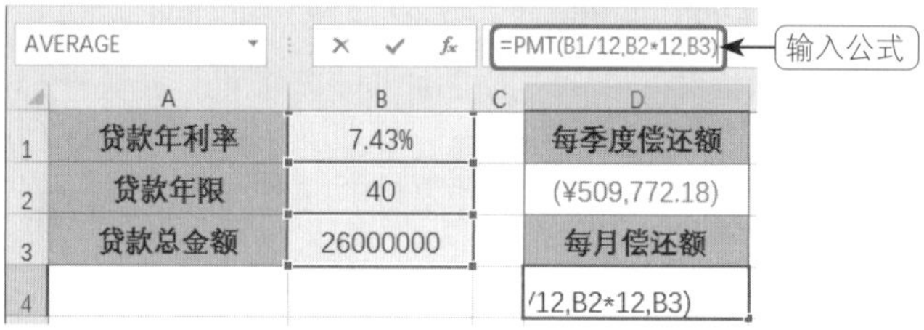

图9-27

05 按【Enter】键，即可计算出每月的偿还额，如图9-28所示。

图9-28

9.1.6 PPMT：计算指定期间内本金偿还额

函数功能：PPMT函数基于固定利率及等额分期付款方式，返回投资在某一给定期间内的本金偿还额。

函数语法：PPMT(rate,per,nper,pv,fv,type)

参数解析：

- rate：表示各期利率。
- per：表示为用于计算其利息数额的期数，在 1 ～ nper 之间。
- nper：表示为总投资期。
- pv：表示为现值，即本金。
- fv：表示为未来值，就是最后一次付款后的现金余额。如果省略 fv，则假设其值为 0。
- type：表示指定各期的付款时间是在期初还是在期末，0 为期末，1 为期初。

实战实例：计算指定期间的本金偿还额

本例表格中的数据为一笔260万元的贷款额，贷款年利率为7.43%，贷款年限为40年，要求计算出该笔贷款前两年的本金额，可以使用PPMT函数来实现。

01 打开下载文件中的"素材\第9章\9.1\计算指定期间的本金偿还额.xlsx"文件，如图9-29所示。

02 将光标定位在B5单元格中，输入公式：=PPMT($B$1,1,$B$2,$B$3)，如图9-30所示。

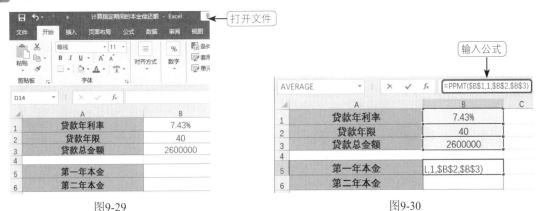

图9-29　　　　　　　　　　　　　　图9-30

03 按【Enter】键，即可计算出第一年的本金偿还额，如图9-31所示。

04 将光标定位在B6单元格中，输入公式：=PPMT($B$1,2,$B$2,$B$3)，如图9-32所示。

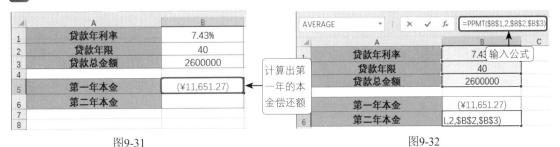

图9-31　　　　　　　　　　　　　　图9-32

05 按【Enter】键，即可计算出第二年的本金偿还额，如图9-33所示。

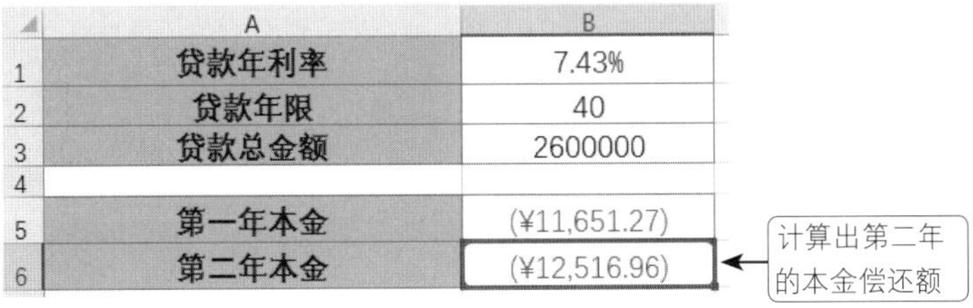

图9-33

9.1.7　NPV：返回投资的净现值

函数功能： NPV函数用于通过使用贴现率以及一系列未来支出（负值）和收入（正值），返回一项投资的净现值。

函数语法：NPV(rate,value1,value2,...)

参数解析：

- rate：表示为某一期间的贴现率。
- value1,value2,...：表示为 1 ～ 29 个参数，代表支出及收入。

实战实例：计算一笔投资的净现值

本例表格中的数据为一笔投资的年贴现率、初期投资金额以及第1年~第3年的收益额，要求计算出年末、年初发生的投资净现值，可以使用NPV函数来实现。

01 打开下载文件中的"素材\第9章\9.1\计算一笔投资的净现值.xlsx"文件，如图9-34所示。

02 将光标定位在B7单元格中，输入公式：=NPV(B1,B2:B5)，如图9-35所示。

图9-34

图9-35

03 按【Enter】键，即可计算出年末发生的净现值，如图9-36所示。

04 将光标定位在B8单元格中，输入公式：=NPV(B1,B3:B5)+B2，如图9-37所示。

图9-36

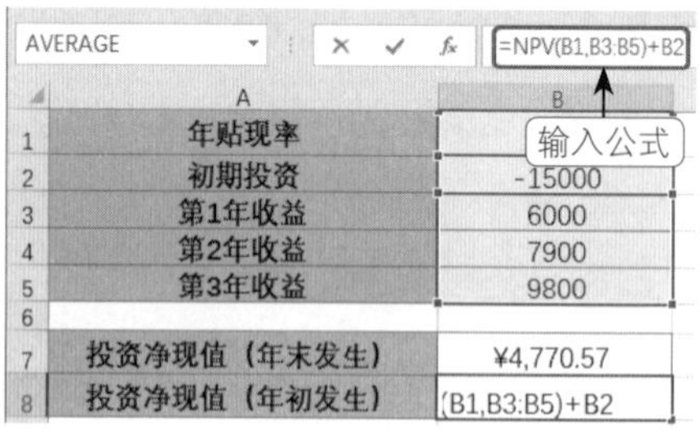

图9-37

05 按【Enter】键，即可计算出年初发生的净现值，如图9-38所示。

	A	B	
1	年贴现率	7.90%	
2	初期投资	-15000	
3	第1年收益	6000	
4	第2年收益	7900	
5	第3年收益	9800	
6			
7	投资净现值（年末发生）	¥4,770.57	
8	投资净现值（年初发生）	¥5,147.45	计算出年初发生的净现值

图9-38

9.1.8 PV：返回投资的现值

函数功能：PV函数用于返回投资的现值，即一系列未来付款的当前值的累积和。

函数语法：PV(rate,nper,pmt,fv,type)

参数解析：

- rate：表示为各期利率。
- nper：表示为总投资（或贷款）期数。
- pmt：表示为各期所应支付的金额。
- fv：表示为未来值。
- type：表示指定各期的付款时间是在期初还是在期末，0为期末，1为期初。

实战实例：计算一笔投资的现值

本例表格中的数据为一笔投资，年利率为7.65%，贷款年限为15年，月偿还额为350元，要求计算出该笔投资的现值是多少，可以使用PV函数来实现。

01 打开下载文件中的"素材\第9章\9.1\计算一笔投资的现值.xlsx"文件，如图9-39所示。

02 将光标定位在B4单元格中，输入公式：=PV(B1/12,B2*12,-B3)，如图9-40所示。

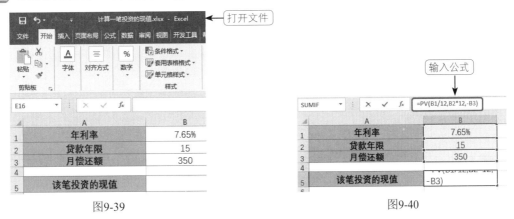

图9-39　　　　　　　　　　　　　图9-40

03 按【Enter】键，即可计算出该笔投资的现值，如图9-41所示。

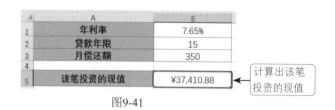

图9-41

9.1.9 XNPV：返回一组不定期现金流的净现值

函数功能：XNPV函数用于返回一组不定期现金流的净现值。

函数语法：XNPV(rate,values,dates)

参数解析：

- rate：表示为现金流的贴现率。
- values：表示与 dates 中的支付时间相对应的一系列现金流转。
- dates：表示与现金流支付相对应的支付日期表。

实战实例：计算出一笔不定期投资额的净现值

本例表格中的数据为一笔投资，年贴现率为13%，表格中列出了具体的投资额以及不同日期中预计的投资回报金额，要求计算出该投资项目的净现值是多少，可以使用XNPV函数来实现。

01 打开下载文件中的"素材\第9章\9.1\计算出一组不定期盈利额的净现值.xlsx"文件，如图9-42所示。

02 将光标定位在单元格C8中，输入公式：=XNPV(C1,C2:C6,B2:B6)，如图9-43所示。

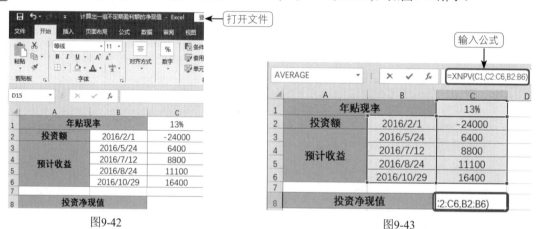

图9-42   图9-43

03 按【Enter】键，即可计算出该笔不定期投资额的净现值，如图9-44所示。

图9-44

9.1.10 EFFECT：计算实际年利率

函数功能：EFFECT函数是利用给出的名义年利率和一年中的复利期数，计算实际年利率。

函数语法：EFFECT(nominal_rate,npery)

参数解析：

- nominal_rate：表示为名义年利率。
- npery：表示为每年的复利期数。

实战实例：计算债券的年利率

本例表格给出了某项债券的名义利率为8.89%，每年复利期数为4，要求计算出年利率，可以使用EFFECT函数来实现。

01 打开下载文件中的"素材\第9章\9.1\计算债券的年利率.xlsx"文件，如图9-45所示。

02 将光标定位在B4单元格中，输入公式：=EFFECT(B1,B2)，如图9-46所示。

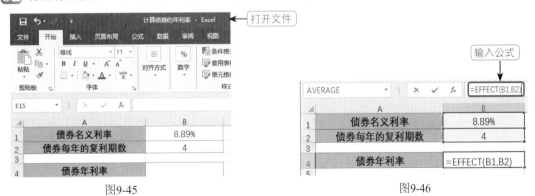

图9-45   图9-46

03 按【Enter】键，即可计算出债券的实际年利率，如图9-47所示。

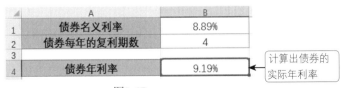

图9-47

9.1.11 NOMINAL：计算名义利率

函数功能： NOMINAL函数基于给定的实际利率和年复利期数，返回名义年利率。

函数语法： NOMINAL(effect_rate,npery)

参数解析：

- effect_rate：表示为实际利率。
- npery：表示为每年的复利期数。

实战实例：将实际年利率转换为名义年利率

本例表格给出了某项债券的名义利率为8.89%，每年复利期数为4，要求计算出名义年利率，可以使用NOMINAL函数来实现。

01 打开下载文件中的"素材\第9章\9.1\将实际年利率转换为名义年利率.xlsx"文件，如图9-48所示。

02 将光标定位在B4单元格中，输入公式：=NOMINAL(B1,B2)，如图9-49所示。

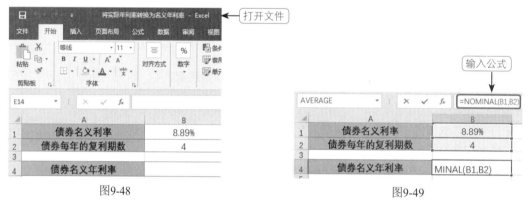

图9-48　　　　　　　　　　　　　　　　图9-49

03 按【Enter】键，即可将实际年利率转换为名义年利率，如图9-50所示。

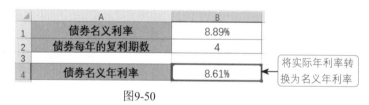

图9-50

9.1.12 NPER：返回某项投资的总期数

函数功能： NPER函数基于固定利率及等额分期付款方式，返回某项投资（或贷款）的总期数。

函数语法： NPER(rate,pmt,pv,fv,type)

参数解析：

- rate：表示为各期利率。
- pmt：表示为各期所应支付的金额。

- pv：表示为现值，即本金。
- fv：表示为未来值，即最后一次付款后希望得到的现金余额。
- type：表示指定各期的付款时间是在期初还是在期末，0 为期末，1 为期初。

实战实例：计算一笔投资的期数

本例表格中的数据为一项投资的初期投资额为0元，希望的投资未来值为85万元，年利率为5.89%，每月的投资额为25000元，要求计算出本项投资的期数是多少，可以使用NPER函数和ROUNDUP函数来实现。

01 打开下载文件中的"素材\第9章\9.1\计算一笔投资的期数.xlsx"文件，如图9-51所示。

02 将光标定位在B5单元格中，输入公式：=ROUNDUP(NPER(B1/12,-B4,B3,B2),0)，如图9-52所示。

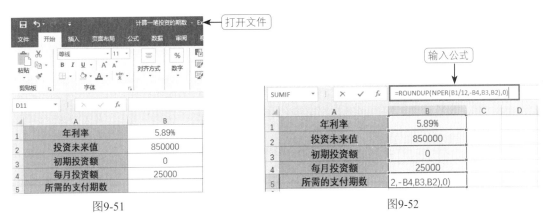

图9-51　　　　　　　　　　　　　　图9-52

03 按【Enter】键，即可计算出该笔投资所需的支付期数，如图9-53所示。

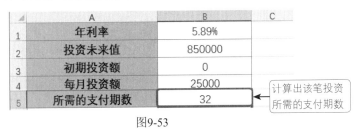

图9-53

公式解析：

$$= ROUNDUP(NPER(B1/12,-B4,B3,B2),0)$$

❶ 使用NPER函数返回投资的总期数，得到一个非整数值。

❷ 使用ROUNDUP函数将❶步得到的值向上舍入，无小数位表示向上舍入到整数位。

9.2
折旧计算函数

折旧计算函数主要用于计算固定资产的折旧值，例如，使用固定余额递减法、双倍余额递减法、年限总和折旧法等。

9.2.1　DB：使用固定余额递减法计算折旧值

函数功能：DB函数使用固定余额递减法，计算一笔资产在给定期间内的折旧值。
函数语法：DB(cost, salvage, life, period, [month])
参数解析：

- cost：表示为资产原值。
- salvage：表示为折旧末尾时的值，有时也称为资产残值。
- life：表示为资产的折旧期限，也称为资产的使用寿命。
- period：表示为计算折旧的时间。period 必须使用与 life 相同的单位。
- month：表示为第一年的月份数。省略时假定其值为 12。

实战实例1：使用固定余额递减法计算出固定资产的每月折旧额

固定余额递减法是一种加速折旧法，是在预计的使用年限内将后期折旧的一部分移到前期，并使前期折旧额大于后期折旧额的一种方法。本例假设一笔可使用年限为9年，原值为45万元的固定资产，残值为25000元，每年使用的月数为11个月，要求计算出每月的折旧额是多少，可以使用DB函数来实现。

01 打开下载文件中的"素材\第9章\9.2\用固定余额递减法计算出固定资产的每月折旧额.xlsx"文件，如图9-54所示。

02 将光标定位在B5单元格中，输入公式：=DB($A$2,$C$2,$B$2,A5,$D$2)/$D$2，如图9-55所示。

图9-54

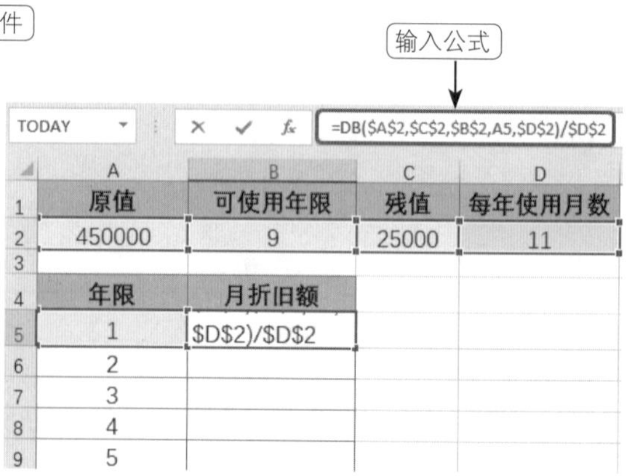

图9-55

03 按【Enter】键，即可计算出第一年的月折旧额，如图9-56所示。

04 利用公式填充功能，即可计算出该项固定资产其他年份的月折旧额，如图9-57所示。

图9-56

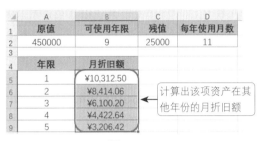

图9-57

实战实例2：使用固定余额递减法计算出固定资产的每年折旧额

本例假设一笔可使用年限为9年，原值为45万元的固定资产，残值为25000元，每年使用的月数为11个月，要求计算出每年的折旧额是多少，可以使用DB函数来实现。

01 打开下载文件中的"素材\第9章\9.2\用固定余额递减法计算出固定资产的每年折旧额.xlsx"文件，如图9-58所示。

02 将光标定位在B5单元格中，输入公式：=DB($A$2,$C$2,$B$2,A5,$D$2)，如图9-59所示。

图9-58

图9-59

03 按【Enter】键，即可计算出该项固定资产第一年的折旧额，如图9-60所示。

04 利用公式填充功能，即可计算出该项固定资产其他年份的折旧额，如图9-61所示。

图9-60

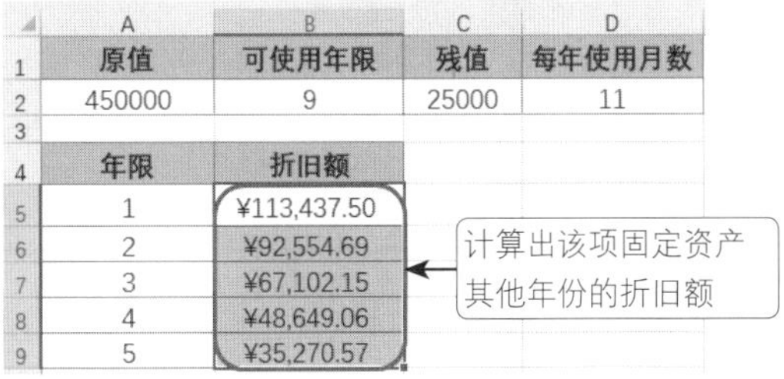

图9-61

9.2.2 DDB：使用双倍余额递减法计算折旧值

函数功能：DDB函数是采用双倍余额递减法计算一笔资产在给定期间内的折旧值。由于采用双倍余额递减法在确定固定资产折旧率时，不考虑固定资产的净残值因素，因此在连续计算各年折旧额时，如果发现使用双倍余额递减法计算的折旧额小于采用直线法计算的折旧额，那么就改用直线法计算折旧额。

函数语法：DDB(cost, salvage, life, period, [factor])

参数解析：

- cost：表示为资产原值。
- salvage：表示为资产在折旧期末的价值，也称为资产残值。
- life：表示为折旧期限，也称为资产的使用寿命。
- period：表示为需要计算折旧值的期间。period 必须使用与 life 相同的单位。
- factor：可选。表示为余额递减速率，若省略，则假设为 2。

实战实例：使用双倍余额递减法计算固定资产的每年折旧额

为了方便操作，采用双倍余额递减法计提折旧的固定资产，应当在固定折旧年限到期以前两年内，将固定资产账面净值扣除预计净残值后的余额平均摊销。所以本例中使用了IF函数进行了年数的判断，当使用年限进入到倒数第2年时就不再计提折旧了。

01 打开下载文件中的"素材\第9章\9.2\双倍余额递减法计算固定资产的每年折旧额.xlsx"文件，如图9-62所示。

02 将光标定位在B5单元格中，输入公式：=IF(A5<=$B$2-2,DDB($A$2,$C$2,$B$2,A5),0)，如图9-63所示。

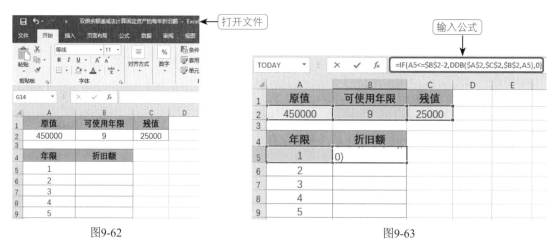

图9-62　　　　　　　　　　　图9-63

03 按【Enter】键，即可计算出该项固定资产第一年的折旧额，如图9-64所示。

04 利用公式填充功能，即可计算出该项固定资产其他年份的折旧额，如图9-65所示。

图9-64

图9-65

9.2.3 SLN：返回某项资产在一个期间中的线性折旧值

函数功能：SLN函数用于计算某项资产在一个期间中的线性折旧值。

函数语法：SLN(cost,salvage,life)

参数解析：

● cost：表示为资产原值。

● salvage：表示为资产在折旧期末的价值，即称为资产残值。

● life：表示为折旧期限，即称为资产的使用寿命。

实战实例1：使用直线折旧法计算固定资产的每月折旧额

直线折旧法是在不考虑减值准备的情况下计算的，其公式如下：

固定资产年折旧率=（1-预计净残值率）/预计使用寿命（年）

固定资产月折旧率=年折旧率/12

固定资产月折旧额=固定资产原值*月折旧率

在Excel中有专门用于计算折旧额的函数，SLN函数就是用于计算某项资产在一个期间中的线性折旧值。

01 打开下载文件中的"素材\第9章\9.2\直线法计算固定资产的每月折旧额.xlsx"文件，如图9-66所示。

02 将光标定位在E2单元格中，输入公式：=SLN(B2,D2,C2*12)，如图9-67所示。

图9-66

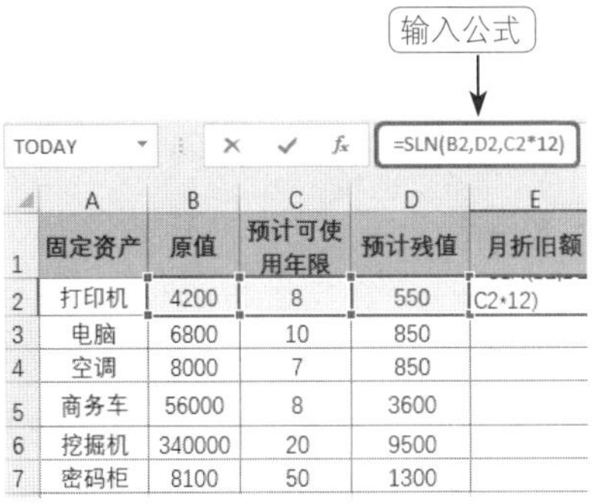

图9-67

[03] 按【Enter】键，即可计算出第一个固定资产的月折旧额，如图9-68所示。

[04] 利用公式填充功能，即可计算出其他固定资产的月折旧额，如图9-69所示。

图9-68 　　　　　　　　　　　　　　　　　　　　　图9-69

实战实例2：使用直线折旧法计算固定资产的每年折旧额

本例沿用上一个实例的表格，要求计算出每一项固定资产的每年折旧额。

[01] 打开下载文件中的"素材\第9章\9.2\直线法计算固定资产的每年折旧额.xlsx"文件，如图9-70所示。

[02] 将光标定位在E2单元格中，输入公式：=SLN(B2,D2,C2)，如图9-71所示。

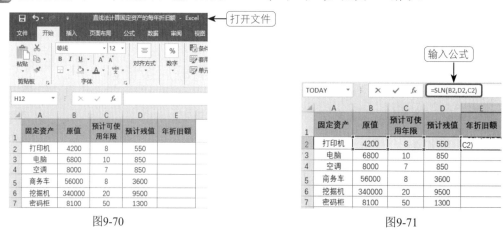

图9-70 　　　　　　　　　　　　　　　　　　　　　图9-71

[03] 按【Enter】键，即可计算出第一个固定资产的年折旧额，如图9-72所示。

[04] 利用公式填充功能，即可计算出其他固定资产的年折旧额，如图9-73所示。

图9-72 　　　　　　　　　　　　　　　　　　　　　图9-73

9.2.4　SYD：使用年数总和折旧法计算折旧值

函数功能：SYD函数按年数总和折旧法计算某项固定资产指定期间的折旧值。

函数语法：SYD(cost,salvage,life,per)

参数解析：

- cost：表示为资产原值。
- salvage：表示为资产在折旧期末的价值，即资产残值。
- life：表示为折旧期限，即资产的使用寿命。
- per：表示为期间，单位要与 life 相同。

实战实例：使用年数总和法计算固定资产的年折旧额

年数总和法又称总和年限法、折旧年限积数法、年数比率法、级数递减法，是固定资产加速折旧法的一种。它是将固定资产的原值减去残值后的净额乘以一个逐年递减的分数来计算每年的折旧额，可以使用SYD函数来实现。

01 打开下载文件中的"素材\第9章\9.2\年数总和法计算固定资产的年折旧额.xlsx"文件，如图9-74所示。

02 将光标定位在B5单元格中，输入公式：=SYD($A$2,$C$2,$B$2,A5)，如图9-75所示。

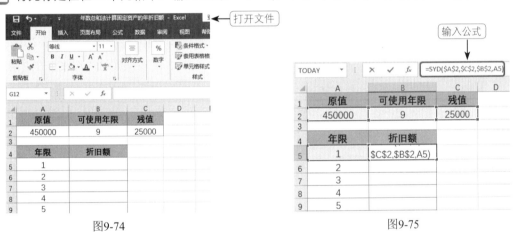

图9-74　　　　　　　　　　　　　　　图9-75

03 按【Enter】键，即可计算出该固定资产第一年的折旧额，如图9-76所示。

04 利用公式填充功能，即可计算出该固定资产其他年份的年折旧额，如图9-77所示。

图9-76　　　　　　　　　　　　　　图9-77

9.3

偿还率计算函数

偿还率计算函数主要用于计算各种收益率等，例如：计算一笔投资的内部收益率、计算不同利率下的修正内部收益率、计算一笔投资的年增长率、计算一组不定期盈利额的内部收益率等。

9.3.1 IRR：计算内部收益率

函数功能：IRR函数返回由数值代表的一组现金流的内部收益率。

函数语法：IRR(values,guess)

参数解析：

- values：表示为进行计算的数组，即用来计算返回的内部收益率的数值。
- guess：表示为对函数 IRR 计算结果的估计值。

实战实例：计算一笔投资的内部收益率

本例表格记录了某投资在不同年份的现金流情况，要求计算出该笔投资的内部收益率，可以使用IRR函数来实现。

01 打开下载文件中的"素材\第9章\9.3\计算一笔投资的内部收益率.xlsx"文件，如图9-78所示。

02 将光标定位在D2单元格中，输入公式：=IRR(B2:B6)，如图9-79所示。

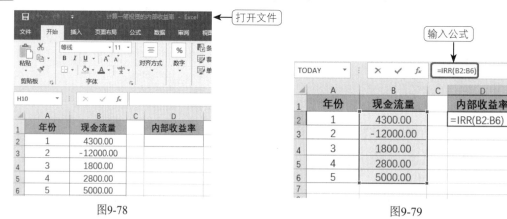

图9-78

图9-79

03 按【Enter】键，即可计算出该笔投资的内部收益率，如图9-80所示。

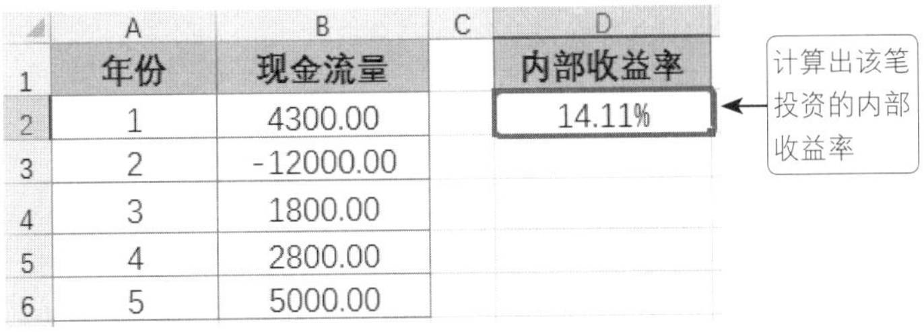

	A	B	C	D
1	年份	现金流量		内部收益率
2	1	4300.00		14.11%
3	2	-12000.00		
4	3	1800.00		
5	4	2800.00		
6	5	5000.00		

计算出该笔投资的内部收益率

图9-80

9.3.2 MIRR：返回某一连续期间内现金流的修正内部收益率

函数功能： MIRR函数是返回某一连续期间内现金流的修正内部收益率，MIRR函数同时考虑了投资的成本和现金再投资的收益率。

函数语法： MIRR(values,finance_rate,reinvest_rate)

参数解析：

- values：表示为进行计算的数组，即用来计算返回的内部收益率的数值。
- finance_rate：表示为现金流中使用的资金支付的利率。
- reinvest_rate：表示为将现金流再投资的收益率。

实战实例：计算不同利率下的修正内部收益率

本例表格记录了某项投资每年的现金流量值，并且给出了支付利率和再投资利率，要求计算出其修正内部收益率，可以使用MIRR函数来实现。

01 打开下载文件中的 "素材\第9章\9.3\计算不同利率下的修正内部收益率.xlsx" 文件，如图9-81所示。

02 将光标定位在D2单元格中，输入公式：=MIRR(B2:B6,B8,B9)，如图9-82所示。

图9-81

图9-82

03 按【Enter】键，即可计算出修正内部收益率，如图9-83所示。

311

	A	B	C	D	
1	年份	现金流量		修正内部收益率	计算出修正
2	1	4300.00		13.24%	内部收益率
3	2	-12000.00			
4	3	1800.00			
5	4	2800.00			
6	5	5000.00			
7					
8	支付利	15.00%			
9	再投资利率	12.00%			

图9-83

9.3.3　RATE：返回年金的各期利率

函数功能：RATE函数返回年金的各期利率。

函数语法：RATE(nper,pmt,pv,fv,type,guess)

参数解析：

- nper：表示为总投资期，即该项投资的付款期总数。
- pmt：表示为各期付款额。
- pv：表示为现值，即本金。
- fv：表示为未来值。
- type：表示指定各期的付款时间是在期初还是在期末，0为期末，1为期初。
- guess：表示为预期利率。如果省略预期利率，则假设该值为10%。

实战实例：计算一笔投资的年增长率

本例表格中的数据为一笔35万元的投资额，投资年限为6年，收益金额为58万元，要求计算出该笔投资的年增长率是多少，可以使用RATE函数来实现。

01 打开下载文件中的"素材\第9章\9.3\计算一笔投资的年增长率.xlsx"文件，如图9-84所示。

02 将光标定位在B5单元格中，输入公式：=RATE(B2,0,-B1,B3)，如图9-85所示。

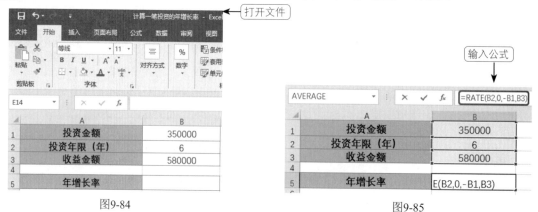

图9-84　　　　　　　　　　　　　图9-85

03 按【Enter】键，即可计算出该笔投资的年增长率，如图9-86所示。

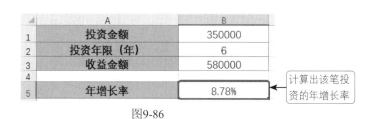

图9-86

9.3.4 XIRR：计算不定期现金流的内部收益率

函数功能： XIRR函数返回一组不定期现金流的内部收益率。

函数语法： XIRR(values,dates,guess)

参数解析：

- values：表示与 dates 中的支付时间相对应的一系列现金流。
- dates：表示与现金流支付相对应的支付日期。
- guess：表示对 XIRR 函数计算结果的估计值。

实战实例：计算一组不定期盈利额的内部收益率

本例假设某项投资的期初投资额为25万元，未来几个月的收益日期不确定，收益金额也是不确定的，要求计算出该项投资的内部收益率是多少，可以使用XIRR函数来实现。

01 打开下载文件中的"素材\第9章\9.3\计算一组不定期盈利额的内部收益率.xlsx"文件，如图9-87所示。

02 将光标定位在C8单元格中，输入公式：=XIRR(C1:C6,B1:B6)，如图9-88所示。

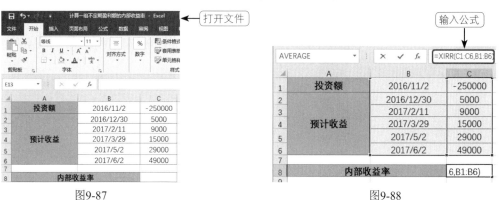

图9-87   图9-88

03 按【Enter】键，即可计算出该笔不定期投资额的内部收益率，如图9-89所示。

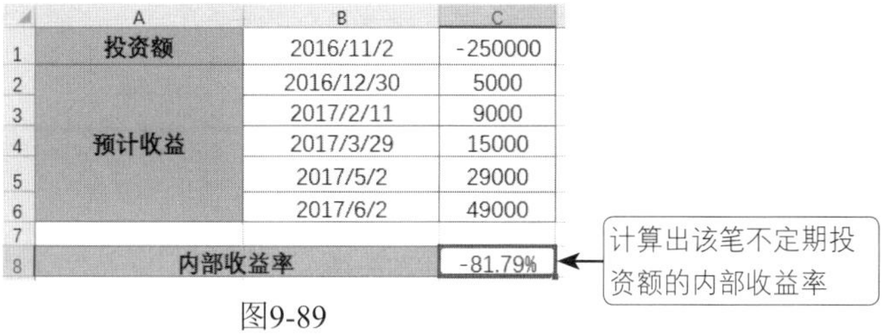

图9-89

10

第 10 章
查找与引用函数

本章概述)))))))))))))))))))))))))

※ 查找函数用于对数据进行按条件匹配，然后返回匹配后的结果。

※ 查找函数对于数据库的处理是非常重要的，熟练掌握此类函数可以帮助在工作中快速从庞大的数据库中找到满足条件的数据。

学习要点)))))))))))))))))))))))))

※ 掌握查找函数的使用。
※ 掌握数据引用函数的使用。

学习功能)))))))))))))))))))))))))

※ 数据引用函数：CHOOSE函数、ROW函数、COLUMN函数、OFFSET函数。
※ 数据查找函数：VLOOKUP函数、LOOKUP函数、HLOOKUP函数、MATCH函数、INDEX函数。

10.1

数据的引用

数据的引用函数包括对行号、列号、单元格地址等的引用，它们多数属于辅助性的函数，除OFFSET函数外，其他函数一般不单独使用，多是用于作为其他函数的参数。ROW函数和COLUMN函数通常会和VLOOKUP查找函数一起使用，方便复制公式的时候自动引用要查找的数据所在行或列。

10.1.1 CHOOSE：根据给定的索引值返回数值参数清单中的数值

函数功能：CHOOSE函数用于从给定的参数中返回指定的值。
函数语法：CHOOSE(index_num, value1, [value2], ...)
参数解析：

- index_num：表示指定所选定的值参数。index_num 必须为 1 ~ 254 之间的数字，也可以为公式或者对包含 1 ~ 254 之间某个数字的单元格的引用。
- value1, value2, ...：value1 是必需的，后续值是可选的。 1 ~ 254 个数值参数，CHOOSE 函数将根据 index_num 从中选择一个数值或一项要执行的操作，参数可以是数字、单元格引用、定义的名称、公式、函数或文本。

实战实例1：判断分店业绩是否达标

本例表格统计了各个分店当月的销售业绩，要求根据业绩数据判断各分店是否达标，这里规定：业绩大于20000元时达标，否则不达标。

01 打开下载文件中的"素材\第10章\10.1\判断分店业绩是否达标.xlsx"文件，如图10-1所示。

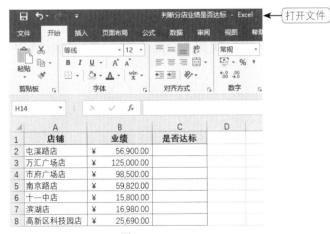

图10-1

02 将光标定位在C2单元格中，输入公式：=CHOOSE(IF(B2>20000,1,2),"达标","不达标")，如图

10-2所示。

03 按【Enter】键，即可判断出第一家分店业绩是否达标，如图10-3所示。

图10-2

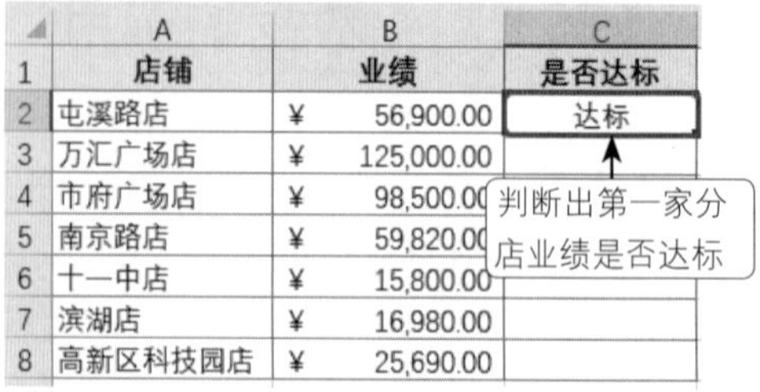

图10-3

04 利用公式填充功能，即可判断出其他分店业绩是否达标，如图10-4所示。

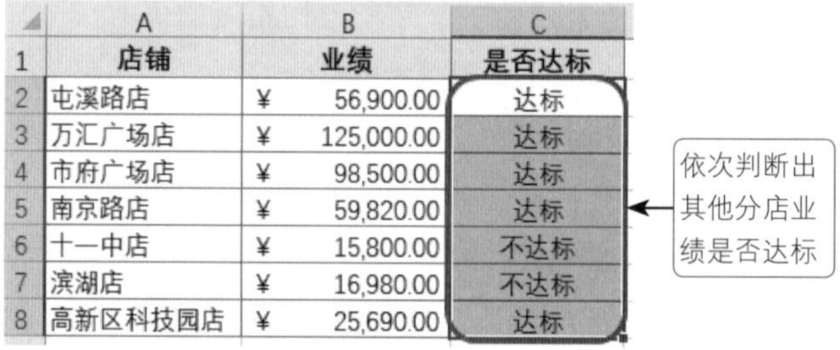

图10-4

公式解析：

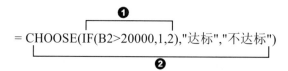

= CHOOSE(IF(B2>20000,1,2),"达标","不达标")

❶ 使用IF函数判断，如果B2单元格中的销售额大于20000时返回"1"，否则返回"2"。

❷ 使用CHOOSE函数设置当❶步结果为"1"时，返回"达标"；当❶步结果为"2"时，则返回"不达标"。

实战实例2：统计参赛者的获奖结果（金、银、铜牌）

本例中的表格是一份参赛者的游泳成绩用时记录，现在要求根据排名情况统计出游泳成绩的前三名（也就是金、银、铜牌得主，非前三名的显示"未得奖"文字）。

01 打开下载文件中的"素材\第10章\10.1\统计游泳成绩的金、银、铜牌.xlsx"文件，如图10-5所示。

02 将光标定位在D2单元格中，输入公式：=IF(C2>3,"未得奖",CHOOSE(C2,"金牌","银牌","铜牌"))，如图10-6所示。

图10-5

03 按【Enter】键，即可统计出第一名参赛者的获奖结果，如图10-7所示。

图10-6

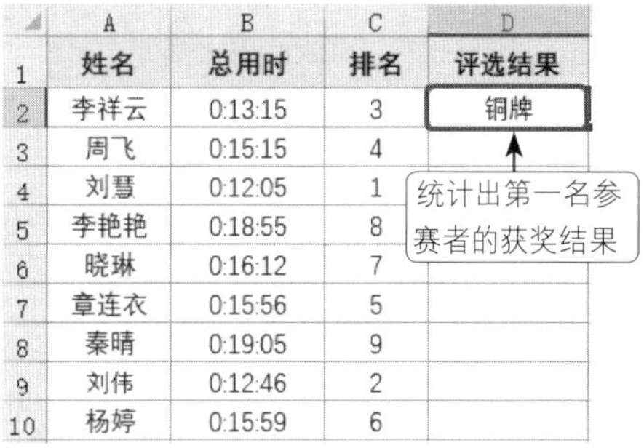

图10-7

04 利用公式填充功能，即可统计出所有参赛者的获奖结果，如图10-8所示。

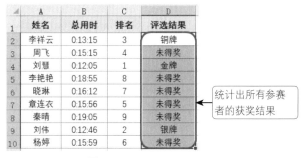

图10-8

公式解析：

❶

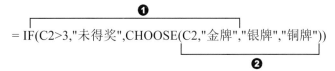

= IF(C2>3,"未得奖",CHOOSE(C2,"金牌","银牌","铜牌"))

❷

❶ 使用IF函数判断C2单元格中的数据是否大于3，如果C2单元格中的数据大于3就返回"未得奖"，如果小于等于3就执行"CHOOSE(C2,"金牌","银牌","铜牌")"，这样首先排除了大于3的数字，只剩下1、2、3了。

❷ 使用CHOOSE函数判断当C2单元格中的值为1时返回"金牌"，当值为2时返回"银牌"，当值为

3时返回"铜牌"。

实战实例3：返回成绩最好的三名学生姓名

在众多数据中通常会查找一些最大值、最小值等，通过查找函数可以实现在找到这些值后能返回其对应的项目，本例表格中需要快速返回总分最高的三名学生姓名。本例和VLOOKUP函数一起嵌套使用。

01 打开下载文件中的"素材\第10章\10.1\返回成绩最好的三名学生姓名.xlsx"文件，如图10-9所示。

图10-9

02 将光标定位在单元格F2中，输入公式：=VLOOKUP(LARGE($C$2:$C$12,E2), CHOOSE({1, 2}, $C$2:$C$12,$A$2:$A$12),2,0)，如图10-10所示。

图10-10

03 按【Enter】键，即可返回第一名总分最高的学生姓名，如图10-11所示。

04 利用公式填充功能，即可依次返回第二名和第三名总分最高的学生姓名，如图10-12所示。

	A	B	C	D	E	F
1	学生	班级	总分		前三名	学生
2	李晓楠	高三（1）班	706		1	张雯
3	蒋云辉	高三（5）班	665		2	
4	王婷	高三（2）班	598		3	
5	张雯	高三（2）班	756			
6	刘文娜	高三（1）班	703			
7	李文玉	高三（4）班	525			
8	杨霞	高三（1）班	698			
9	李丽丽	高三（1）班	662			
10	章林	高三（4）班	605			
11	王超	高三（2）班	635			
12	姜笑笑	高三（4）班	700			

返回第一名总分最高的学生姓名

图10-11

	A	B	C	D	E	F
1	学生	班级	总分		前三名	学生
2	李晓楠	高三（1）班	706		1	张雯
3	蒋云辉	高三（5）班	665		2	李晓楠
4	王婷	高三（2）班	598		3	刘文娜
5	张雯	高三（2）班	756			
6	刘文娜	高三（1）班	703			
7	李文玉	高三（4）班	525			
8	杨霞	高三（1）班	698			
9	李丽丽	高三（1）班	662			
10	章林	高三（4）班	605			
11	王超	高三（2）班	635			
12	姜笑笑	高三（4）班	700			

依次返回第二名和第三名总分最高的学生姓名

图10-12

公式解析：

❶

❷

=VLOOKUP(LARGE($C$2:$C$12,E2),CHOOSE({1,2},$C$2:$C$12,$A$2:$A$12),2,0)

❸

❶ 使用LARGE函数返回C2:C12单元格区域中对应于E2单元格中的最大值，此值是作为VLOOKUP函数的查找对象，即第一个参数值。

❷ CHOOSE函数参数可以使用数组，因此返回的是 "{706,"李晓楠";665,"蒋云辉";598,"王婷";756,"张雯";703,"刘文娜";525,"李文玉";698,"杨霞";662,"李丽丽";605,"章林";635,"王超";700,"姜笑笑"}" 这样一个数组，就是把C2:C12单元格区域作为第一列，把A2:A12单元格区域作为第二列。

❸ VLOOKUP函数从❷步返回的第1列数组中查找❶步的值，也就是最大值，找到后返回❷步第2列数组上的值，即最高分数"756"对应的姓名为"张雯"。

小提示

本例实际是VLOOKUP函数反向查找的示例，查找值在右侧，返回值在左侧。VLOOKUP函数本身不具备反向查找的功能，因此借助CHOOSE函数将数组的顺序颠倒了，从而实现反向查找。在讲解VLOOKUP函数时我们未涉及反向查找的问题，此处学习后，当再次遇到反向查找问题时，可以套用此公式模板。
应对反向查找 "INDEX+MATCH" 函数也是不错的选择，如针对本例需求，也可以使用公式 "=INDEX($A$2:$A$12,MATCH(LARGE($C$2:$C$12,E2),$C$2:$C$12,))"，LOOKUP函数也可以解决反向查找的问题。

10.1.2 ROW：返回引用的行号函数

函数功能： ROW函数用于返回引用的行号。

函数语法： ROW (reference)

参数解析：

● reference：表示为需要得到其行号的单元格或单元格区域。如果省略 reference，则假定是对函数 ROW 所在单元格的引用；如果 reference 为一个单元格区域，并且函数 ROW 作为垂直数组输入，则函数 ROW 将 reference 的行号以垂直数组的形式返回。reference 不能引用多个区域。（如果无参数，则返回函数所在单元格的行号；如果参数是单个单元格，则返回的是给定引用的行号；如果参数是一个单元格区域，则必须纵向选择连续的单元格区域再输入公式。）

单独使用ROW函数（包括后面的COLUMN函数）去返回行号或一组行号并不具备太大意义，它们一般都是应用于其他函数中，用返回值作为其他函数的参数使用，可以更加灵活地进行判断。

实战实例1：自动生成大批量序号

在制作工作表时，由于输入的数据较多，自动生成的编号也较长。例如，要在下面工作表的A2:A101单元格中自动生成员工编号NL-1: NL-100（甚至更多），通过ROW函数可以快速进行序号的生成。

01 打开下载文件中的"素材\第10章\10.1\自动生成大批量序号.xlsx"文件，如图10-13所示。

图10-13

02 将光标定位在单元格区域A2:A101（如果员工多，可以选择更多单元格区域）中，输入公式：="NL-"&ROW()-1，如图10-14所示。

03 按【Ctrl+Shift+Enter】组合键，即可一次性得到批量员工编号，如图10-15所示。

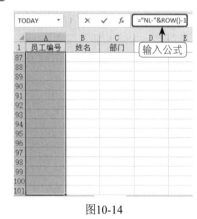

图10-14

图10-15

公式解析：

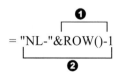

$$= \text{"NL-"} \& \text{ROW()-1}$$

❶ 用当前行号减1，因为当前行是A2单元格，所以当前行号是2，要得到序号1，所以进行减1处理。

❷ 使用"&"符号将""NL-""与❶步返回值相连接，" NL-" 为自由设置的，读者可以根据工作要求自行设置。

实战实例2：分科目统计平均分

本例表格中统计了学生成绩，并且将语文与数学两个科目的成绩统计在一列中，如果想分科目统计平均分就无法直接求取了，此时可以使用ROW函数辅助，使公式能自动判断奇偶行，从而完成只对目标数据计算。

01 打开下载文件中的"素材\第10章\10.1\分科目统计平均分.xlsx"文件，如图10-16所示。

图10-16

02 将光标定位在F2单元格中，输入公式：=AVERAGE(IF(MOD(ROW(B2:B15),2)=0,C2:C15))，如图10-17所示。

03 按【Ctrl+Shift+Enter】组合键，计算出语文平均分数，如图10-18所示。

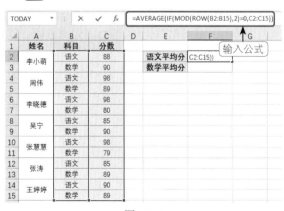

图10-17

图10-18

04 将光标定位在F3单元格中，在编辑栏中输入公式：=AVERAGE(IF(MOD(ROW(B2:B15)+1,2)=0,C2:C15))，如图10-19所示。

05 按【Ctrl+Shift+Enter】组合键，即可计算出数学平均分数，如图10-20所示。

图10-19　　　　　　　　　　　　　　　　　图10-20

由于"ROW(B2:B15)"返回的是"{2;3;4;5;6;7;8;9;10;11;12;13;14;15}"这样一个数组，第一个是偶数，"语文"位于偶数行，因此求"语文"平均分数时正好是偶数行的值求平均值。相反，"数学"位于奇数行，因此需要加1处理，将"ROW(B2:B15)"的返回值转换成"{3;4;5;6;7;8;9;10;11;12;13;14;15;16}"，这时奇数行上的值除以2余数为0，表示是符合求值条件的数据。

公式解析：

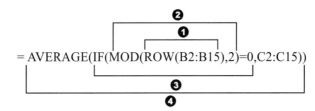

= AVERAGE(IF(MOD(ROW(B2:B15),2)=0,C2:C15))

❶ 使用ROW函数返回B2:B15单元格区域中所有的行号，返回的是一个"{2,3,4,5,6,7,8,9,10,11,12,13,14,15}"数组，如果要计算数学成绩平均分，那么F3单元格中的公式为"ROW(B2:B15)+1"，即返回的数组为"{3,4,5,6,7,8,9,10,11,12,13,14,15,16}"。

❷ 使用MOD函数将❶步数组中各值除以2，当❶步为偶数时，返回结果为0；当❶步为奇数时，返回结果为1，最终返回的数组是"{0,1,0,1,0,1,0,1,0,1,0,1,0,1}"。

❸ 使用IF函数判断❷步的结果是否为0，若是则返回TRUE，否则返回FALSE，然后将结果为TRUE对应在C2:C15单元格区域的数值中返回，返回一个数组为"{88, FALSE; 98, FALSE; 98, FALSE; 85, FALSE; 98, FALSE; 85, FALSE; 90, FALSE}"。

❹ 使用AVERAGE函数对❸步数组中的数值求平均值。

10.1.3　COLUMN：返回引用的列号函数

函数功能： COLUMN函数用于返回引用的列号（用法与ROW()函数一样，可以返回当前列的列号、指定列的列号或通过数组公式返回一组列号）。

函数语法： COLUMN([reference])

参数解析：

- reference：可选。要返回其列号的单元格或单元格区域，如果省略参数 reference 或该参数为一个单元格区域，并且 COLUMN 函数是以水平数组公式的形式输入的，则 COLUMN 函数将以水平数组的形式返回参数 reference 的列号。

实战实例：实现隔列求总支出额

由于COLUMN 函数用于返回给定引用的列号，如果只是单一使用这个函数意义不大（同ROW函数一样），因此需要配合其他函数，本例表格是按照月份统计了各个费用类别的支出金额，下面需要将偶数月的支出金额求和，涉及隔列求和计算，需要嵌套使用SUM和IF函数。

01 打开下载文件中的"素材\第10章\10.1\实现隔列求总支出额.xlsx"文件，如图10-21所示。

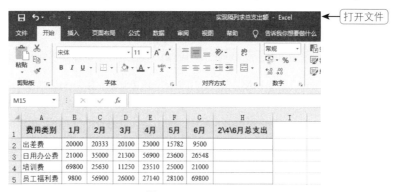

图10-21

02 将光标定位在H2单元格中，输入公式：=SUM(IF(MOD(COLUMN($A2:$G2),2)=0,$B2:$G2))，如图10-22所示。

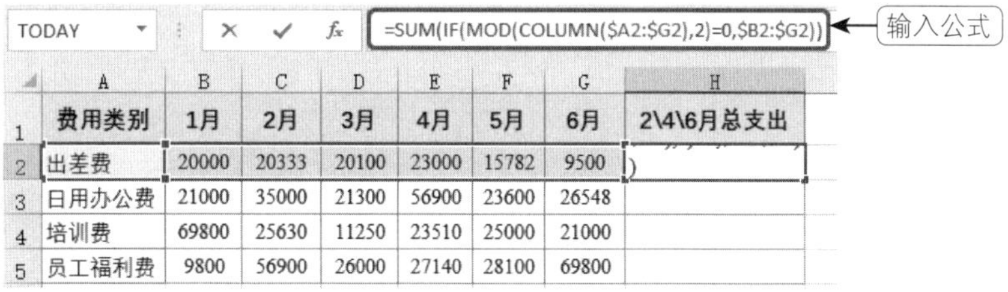

图10-22

03 按【Ctrl+Shift+Enter】组合键，计算出差费在偶数月的总支出额，如图10-23所示。

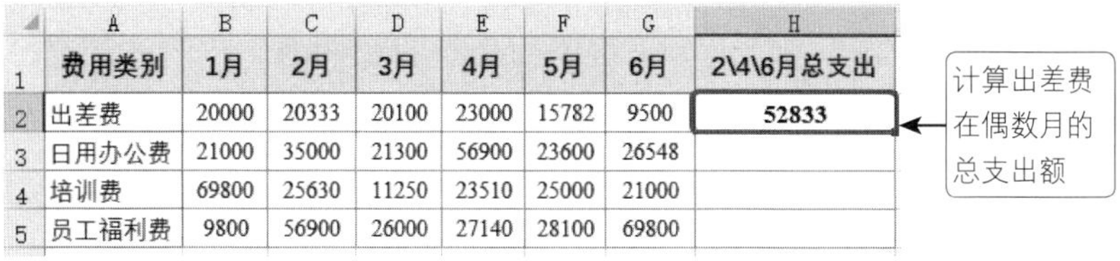

图10-23

04 利用公式填充功能，依次计算出其他费用类别在偶数月的总支出额，如图10-24所示。

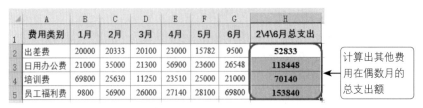

图10-24

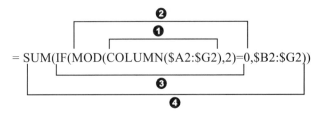

COLUMN函数还可以作为VLOOKUP函数表达式中的某一个参数，帮助公式在向右复制时，可以根据引用列号的不断变化，自动引用其他列数据，实现VLOOKUP函数的数据查找。

公式解析：

$$= SUM(IF(MOD(COLUMN(\$A2:\$G2),2)=0,\$B2:\$G2))$$

❶ 使用COLUMN函数返回A2:G2单元格区域中各列的列号，返回的是一个数组，即"{1;2;3;4;5;6;7}"这个数组。

❷ MOD函数判断❶步返回数组的各值与2相除后的余数是否为0，即判断数组各值的奇偶性，余数为0则为偶数，余数不为0则为奇数。

❸ 再用IF函数判断，如果余数为0则返回"0"，否则返回"FALSE"，得到数组为"{FALSE;0;FALSE;0; FALSE;0; FALSE }"。

❹ 将❷步返回数组中结果为0 的对应在B2:G2单元格区域中的值进行求和，即对数组"{FALSE,20333,FALSE,23000,FALSE,9500,FALSE}"中的数据进行求和。

10.1.4 OFFSET：以指定引用为参照系，通过给定偏移量得到新引用

函数功能：OFFSET函数以指定的引用为参照系，通过给定偏移量得到新的引用。返回对单元格或单元格区域中指定行数和列数的区域的引用，返回的引用可以是单个单元格或单元格区域也可以指定要返回的行数和列数。

函数语法：OFFSET(reference, rows, cols, [height], [width])

参数解析：

- reference：表示作为偏移量参照系的引用区域。reference 必须为对单元格或相连单元格区域的引用；否则，OFFSET 函数将返回错误值 #VALUE!。

- rows：表示相对于偏移量参照系的左上角单元格，上（下）偏移的行数，如果使用 5 作为参数 rows，则说明目标引用区域的左上角单元格比 reference 低 5 行，行数可为正数（代表在起始引用的下方）或负数（代表在起始引用的上方）。

- cols：表示相对于偏移量参照系的左上角单元格，左（右）偏移的列数，如果使用 5 作为参数 cols，则说明目标引用区域的左上角的单元格比 reference 靠右 5 列，列数可为正数（代表在起始引用的右边）或负数（代表在起始引用的左边）。
- height：可选。需要返回的引用的行高，height 必须为正数。
- width：可选。需要返回的引用的列宽，width 必须为正数。

在如图10-25所示中，公式：=OFFSET(起点，3，1)，表示以"起点"为参照点，向下偏移3行，再向右偏移1列，获取的为"D列-7"处的值。

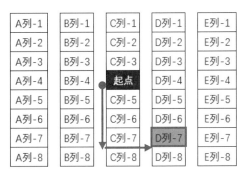

图10-25

如果使用第四个和第五个参数，则新的返回值就是一个区域了，如图10-26所示的公式：=OFFSET(起点，2,1，2,2)，表示以"起点"为参照点，向下偏移2行，再向右偏移1列，然后返回2行2列的区域。

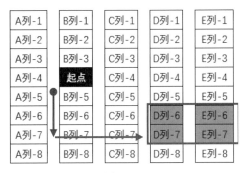

图10-26

如果参数使用负数，则表示向相反的方向偏移。如图10-27所示的公式：=OFFSET(起点，-3，-1,4,1)，表示以"起点"为参照点，向上偏移3行，再向左偏移1列，然后返回4行1列的区域。

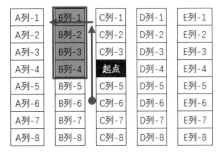

图10-27

实战实例1：对库存量累计求和

本例表格中统计了每日的商品入库数量，要求对入库量按日累计进行求和。

01 打开下载文件中的"素材\第10章\10.1\对库存量累计求和.xlsx"文件，如图10-28所示。

02 将光标定位在C2单元格中，输入公式：=SUM(OFFSET($B$2,0,0,ROW()-1))，如图10-29所示。

图10-28

图10-29

03 按【Enter】键，即可计算出第一天的累计库存量（当日的入库量），如图10-30所示。

04 利用公式填充功能，即可计算出所有日期的累计库存量，如图10-31所示。

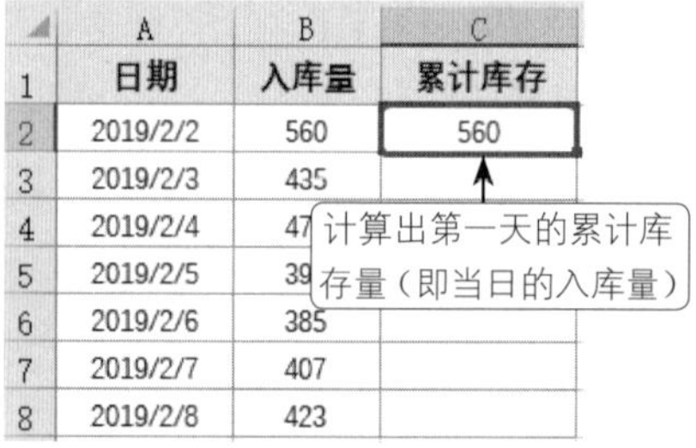

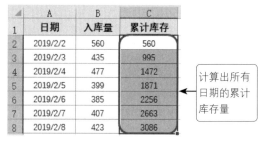

图10-30

图10-31

公式解析：

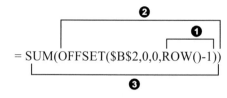

❷
❶
= SUM(OFFSET($B$2,0,0,ROW()-1))
❸

❶ ROW()返回当前单元格的行号，也就是C2单元格的行号为"2"，再用当前行的行号减去1，表示需要返回的引用区域的行数（即1），随着公式向下复制行数逐渐增加，如C2单元格中的公式，ROW()的值是2，返回值是"2-1"；C3单元格中的公式，ROW()的值是3，返回值是"3-1"（即"2"），后面依次类推。

❷ OFFSET函数以B2单元格参照，向下偏移0行，向右偏移0列（表示仍然还在本单元格中），返回❶步结果指定的几行的值，就是返回第1行的值，即B2单元格中的"560"。

❸ 将❷步结果求和，即得到"560"为第一日的累计库存量。随着公式向下复制，比如C3单元格中的累计库存量是以B2单元格为参照，向下偏移0行，向右偏移0列，再返回第2行的值，即B3单元格中的"435"和B2单元格中"560"（即第一日的库存量）相加得到第二日的累计库存量。

实战实例2：实现数据动态查询

本例表格统计了应聘人员的笔试、面试和总分，要求在右侧建立查询标识，根据辅助数字（用于确定偏移量）快速返回应聘人员的各项成绩列表。可以使用OFFSET函数实现数据的动态查询，关键在于辅助数字的设置。

01 打开下载文件中的"素材\第10章\10.1\实现数据动态查询.xlsx"文件，如图10-32所示。

图10-32

02 将光标定位在F2单元格中，输入辅助数字"1"，再将光标定位在H1单元格中，输入公式：=OFFSET(A1,0,$F$2)，如图10-33所示。

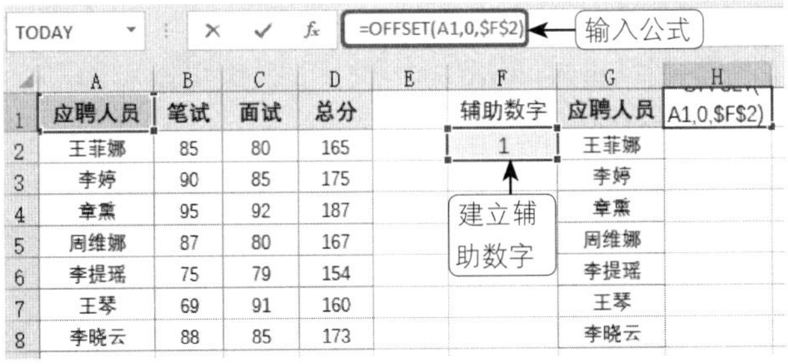

图10-33

03 按【Enter】键，即可根据F2单元格中的值确定偏移量，以A1单元格为参照，向下偏移0行，向右偏移1列，返回标识项"笔试"，如图10-34所示。

	A	B	C	D	E	F	G	H
1	应聘人员	笔试	面试	总分		辅助数字	应聘人员	笔试
2	王菲娜	85	80	165		1	王菲娜	
3	李婷	90	85	175			李婷	
4	章熏	95	92	187			章熏	
5	周维娜	87	80	167			周维娜	
6	李提瑶	75	79	154			李提瑶	
7	王琴	69	91	160			王琴	
8	李晓云	88	85	173			李晓云	

返回“笔试”

图10-34

04 利用公式填充功能，依次返回应聘人员的“笔试”成绩，如图10-35所示。

	A	B	C	D	E	F	G	H
1	应聘人员	笔试	面试	总分		辅助数字	应聘人员	笔试
2	王菲娜	85	80	165		1	王菲娜	85
3	李婷	90	85	175			李婷	90
4	章熏	95	92	187			章熏	95
5	周维娜	87	80	167			周维娜	87
6	李提瑶	75	79	154			李提瑶	75
7	王琴	69	91	160			王琴	69
8	李晓云	88	85	173			李晓云	88

返回应聘人员的“笔试”成绩

图10-35

05 更改F2单元格中的辅助数字为“3”，即可实现以A1单元格为参照，向下偏移0行，向右偏移3列，依次返回应聘人员的“总分”成绩，如图10-36所示。

	A	B	C	D	E	F	G	H
1	应聘人员	笔试	面试	总分		辅助数字	应聘人员	总分
2	王菲娜	85	80	165		3	王菲娜	165
3	李婷	90	85	175			李婷	175
4	章熏	95	92	187			章熏	187
5	周维娜	87	80	167			周维娜	167
6	李提瑶	75	79	154			李提瑶	154
7	王琴	69	91	160			王琴	160
8	李晓云	88	85	173			李晓云	173

返回应聘人员的“总分”成绩

图10-36

实战实例3：OFFSET用于创建动态图表的数据源

OFFSET函数在动态图表的创建中应用得很广泛，只要活用公式就可以创建出众多有特色的图表。在本例中要求图表中只显示最近7日的注册量情况，并且随着数据的更新，图表也会始终重新绘制最近7日的走势图。

01 打开下载文件中的“素材\第10章\10.1\OFFSET用于创建动图表的数据源.xlsx”文件，如图10-37所示。

02 在“公式”选项卡的“定义的名称”组中单击“定义名称”按钮（见图10-38），打开“新建名称”对话框。

03 在“名称”文本框中输入“日期”，在“引用位置”文本框中输入公式：=OFFSET($A$1,COUNT($A:$A),0,-7)（见图10-39），单击“确定”按钮即可完成定义名称。

04 继续打开“新建名称”对话框，并在“名称”文本框中输入“注册量”，在“引用位置”文本框中输入公式：=OFFSET($B$1,COUNT($A:$A),0,-7)（见图10-40），单击“确定”按钮即可完成定义名称。

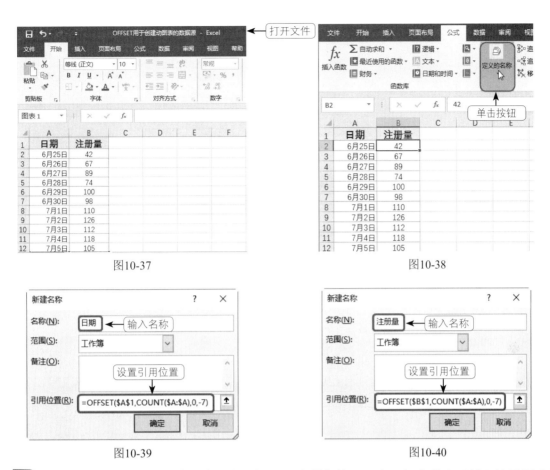

图10-37

图10-38

图10-39

图10-40

05 单击表格中的任意空白单元格，在"插入"选项卡的"图表"组中单击"插入柱形图或条形图"下拉按钮，在打开的下拉列表中单击"簇状柱形图"命令（见图10-41），即可插入空白图表。

06 在图表上单击鼠标右键，在弹出的快捷菜单中单击"选择数据"命令（见图10-42），打开"选择数据源"对话框。

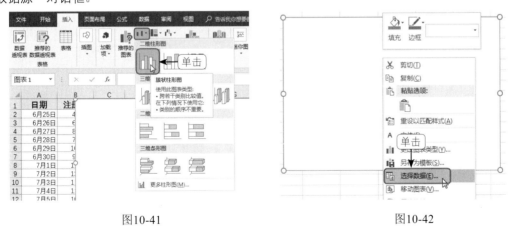

图10-41

图10-42

07 在该对话框中单击"图例项"下方的"添加（A）"按钮（见图10-43），打开"编辑数据系列"对话框。

08 设置"系列值"为"=日注册量统计!注册量"（"日注册量统计"是当前工作表的名称），如图10-44所示。

329

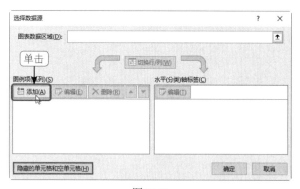

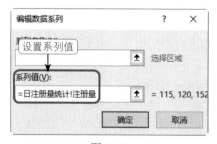

图10-43   图10-44

09 设置完成后单击"确定"按钮返回到"选择数据源"对话框，再单击"水平（分类）轴标签"下方的"编辑"按钮（见图10-45），打开"轴标签"对话框。

10 在该对话框中将"轴标签区域"设置为"=日注册量统计!日期"（"日注册量统计"是当前工作表的名称），如图10-46所示。

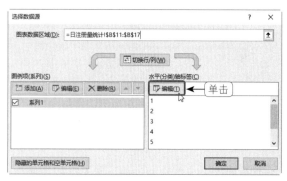

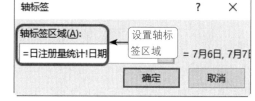

图10-45   图10-46

11 依次单击"确定"按钮返回到表格中，可以看到图表显示的是最后7日的数据，如图10-47所示。

12 当有新数据添加时，图表又随之自动更新，如图10-48所示。

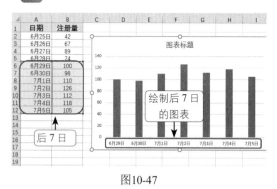

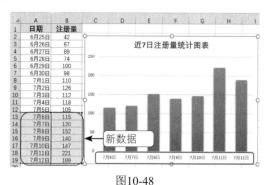

图10-47   图10-48

公式解析：

$$= \text{OFFSET}(\$A\$1,\text{COUNT}(\$A:\$A),0,-7)$$

❶ （上方括号）
❷ （下方括号）

❶ 使用COUNT函数统计A列的条目数。

❷ 以A1单元格为参照，向下偏移行数为❶步返回值，即偏移到最后一条记录（添加新数据时，会自动更新为偏移到新数据所在的最后一条记录），根据数据条目的变动，此返回值根据实际情况变动，向右偏移0列（表示仍然在本列中），并最终返回"日期"列的最后的7行（即参数"-7"）。

10.2

数据的查找

数据的查找函数主要有VLOOKUP函数、LOOKUP函数、HLOOKUP函数、INDEX函数、MATCH函数等，通常INDEX函数可以和MATCH函数嵌套使用。利用它们可以设置按条件查找，并返回指定的数据。VLOOKUP函数、LOOKUP函数、HLOOKUP函数可以单独使用，也可以和其他函数嵌套使用。在10.1节中有些函数也会和VLOOKUP函数、LOOKUP函数搭配使用。

10.2.1 VLOOKUP：查找目标数据并返回当前行中指定列处的值

函数功能： VLOOKUP函数在表格或数值数组的首行中查找指定的数值，并由此返回表格或数组当前行中指定列处的值。

函数语法： VLOOKUP(lookup_value,table_array,col_index_num,[range_lookup])

参数解析：

- lookup_value：必需。要查找的值必须位于table-array中指定的单元格区域的第一列中。
- table_array：必需。VLOOKUP函数在其中查找lookup_value和返回值的单元格区域，用于查找的区域（注意查找目标一定要在该区域的第一列，并且该区域中一定包含要返回值所在的列）。
- col_index_num：必需。表示table_array参数中必须返回的匹配值的列号，就是要返回哪一列上的值。
- range_lookup：可选。一个逻辑值，指定VLOOKUP函数要查找精确匹配值还是近似匹配值，指定值是0或FALSE就表示精确查找，而值为1或TRUE（假定表中的第一列按数字或字母排序，然后查找最接近的值，这是未指定值时的默认方法。）时表示模糊。

实战实例1：查找指定产品的库存量

本例表格中统计了库存产品的编号、名称和具体库存数量，要求建立查询列表，根据指定产品编号查询对应的库存量，可以使用VLOOKUP函数。

01 打开下载文件中的"素材\第10章\10.2\查找指定产品的库存量.xlsx"文件，如图10-49所示。

02 将光标定位在F2单元格中，输入公式：=VLOOKUP(E2,A2:C12,3,0)，如图10-50所示。

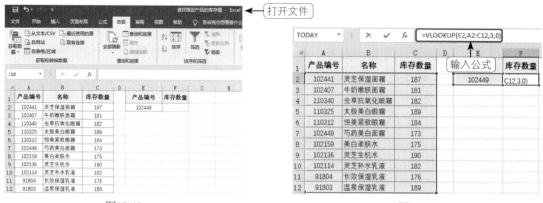

图10-49

图10-50

03 按【Enter】键，返回产品编号"102449"对应的商品库存数量，如图10-51所示。

04 更改查询的产品编号，即可返回产品编号"102114"对应的商品库存数量，如图10-52所示。

图10-51

图10-52

实战实例2：根据货号自动查询相关信息

本例表格统计了仓库中所有代售商品的货号、规格、库存量和单价，如果想在众多商品条目中查看某条指定商品的所有信息，可以使用VLOOKUP函数来建立一个查询系统，从而实现根据商品货号自动查询该商品的其他基本信息。

01 打开下载文件中的"素材\第10章\10.2\根据货号自动查询相关信息.xlsx"文件，如图10-53所示。

图10-53

02 在"商品库存表"后新建"查询表"工作表，并建立查询列标识。将光标定位在A2单元格中，输入一个待查询的货号（如MGH-001），如图10-54所示。

03 将光标定位在B2单元格中，输入公式：= VLOOKUP($A2,商品库存表!$A$2:$E$14,COLUMN(商品库存表!B1),FALSE)，如图10-55所示。

图10-54　　　　　　　　　　　　　　　　图10-55

04 按【Enter】键，即可返回A2单元格中指定货号对应的商品名称，如图10-56所示。

05 选中B2单元格，利用公式填充功能向右填充到E2单元格，即可依次返回该货号对应的商品基本信息，如图10-57所示。

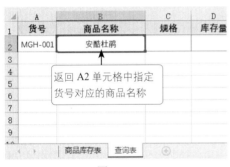

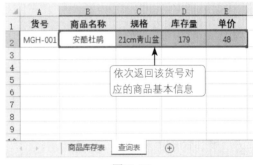

图10-56　　　　　　　　　　　　　　　　图10-57

06 将光标定位在单元格A2中，重新输入查询货号（如MGH-005），按【Enter】键，即可查询其对应的商品基本信息，如图10-58所示。

图10-58

公式解析：

❶

= VLOOKUP($A2,商品库存表!$A$2:$E$14,COLUMN(商品库存表!B1),FALSE)

❷

❶ COLUMN函数返回商品库存表中B1单元格的列号，返回结果为2。随着公式向右复制，会依次返回C1、D1、E1……的列号，值依次为3、4、5……。因此使用这个值来为VLOOKUP函数指定返回哪一列上的值，这是一个嵌套COLUMN函数的典型例子，用该函数的返回值作为VLOOKUP函数的参数。

❷ 利用VLOOKUP函数在商品库存表的A2:E14单元格区域的首列中（即第1列也就是A列"货号"列）寻找与查询表A2单元格中相同的值，也就是货号"MGH-001"，找到后返回对应在❶步返回值指定那一列上的值，也就是返回第2列，即B1单元格中对应的商品名称。公式向右复制后，依次返回"规格""库存量""单价"信息。

实战实例3：代替IF函数的多层嵌套（模糊匹配）

VLOOKUP函数具有模糊匹配的属性，即由VLOOKUP函数的第4个可选参数决定。当要实现精确的查询时，第4个参数必须指定为FALSE，表示精确匹配。如果设置此参数为TRUE，或省略此参数则表示模糊匹配。本例中规定：工龄1年以下工龄工资为0元，1~4年为500元，5~9年为1200元，10~12年为2000元，12年及以上的工龄工资为5000元。

01 打开下载文件中的"素材\第10章\10.2\代替IF函数的多层嵌套（模糊匹配）.xlsx"文件，如图10-59所示。

02 首先要建立好分段区间，A3:B7单元格区域（这个区域在公式中要被引用）。将光标定位在H3单元格中，输入公式：=VLOOKUP(G3,$A$3:$B$7,2)，如图10-60所示。

03 按【Enter】键，即可根据G3单元格中的工龄计算出工龄工资，如图10-61所示。

图10-59

图10-60

图10-61

04 利用公式填充功能，即可根据其他员工的工龄计算出对应的工龄工资，如图10-62所示。

图10-62

（1）对于公式的多条件判断，一般我们首先会想到IF函数或者IFS函数，但有几个判断区间就需要有几层IF嵌套。当条件过多时，使用VLOOKUP函数写入公式则会更加简洁，也可以有效避免出错。

（2）可以直接将数组写到参数中，例如本例中如果未建立A3:B7单元格区域中的工龄工资发放标准，则可以直接将公式写为"=VLOOKUP(G3, {0,"0";1,"500";5,"1200";9,"2000";12,"5000"},2)"，在这样的数组中，以逗号间隔为列，分列为第1列，工龄工资为第2列，在第1列上判断工龄区间，然后返回第2列上对应的工龄工资。

公式解析：

$$= VLOOKUP(G3,\$A\$3:\$B\$7,2)$$

❶ 第一个参数G3单元格为要查找的工龄，即8年。

❷ 第二个参数表示查询的区间为$A$3:$B$7，8在$A$3:$B$7单元格区域中找不到，因此会去找小于这个值的最大值，所以找到的值是5。

❸ 返回对应在$A$3:$B$7单元格区域中的第2列，也就是"工龄工资"列中的值，即"5"对应工龄工资为1200。

实战实例4：根据销售区域判断提成率

本例中需要根据销售地区返回对应业绩的提成率，判断的第一个条件销售地区是"华南"还是"华东"，不同地区不同的业绩又对应不同的提成率，可以使用嵌套IF函数来解决。

01 打开下载文件中的"素材\第10章\10.2\根据销售区域判断提成率.xlsx"文件，如图10-63所示。

02 将光标定位在D9单元格中，输入公式：=VLOOKUP(B9,IF(C9="华南",$A$3:$B$6,$C$3:$D$6),2)，如图10-64所示。

03 按【Enter】键，即可计算出业务员"李想"的提成率，如图10-65所示。

04 利用公式填充功能，即可计算出其他业务员的提成率，如图10-66所示。

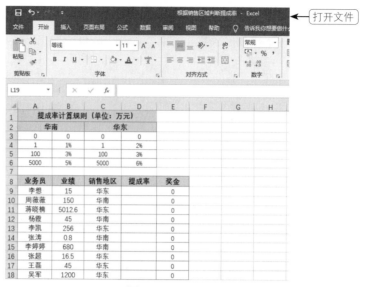

图10-63

图10-64

图10-65

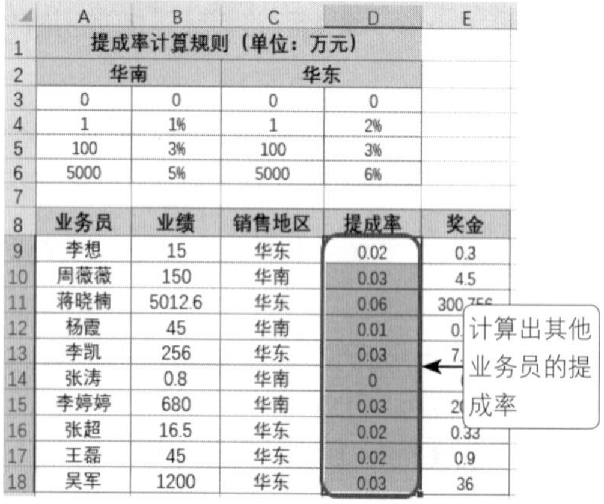

图10-66

公式解析：

$$\overbrace{}^{❶}$$

=VLOOKUP(B9,IF(C9="华南",$A$3:$B$6,$C$3:$D$6),2)

❷

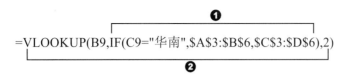

❶ 使用IF函数判断C9单元格中的销售地区是否为“华南”，如果是则返回查找范围为“$A$3:$B$6”，否则返回查找范围为“$C$3:$D$6”，此处是“华东”，所以返回“$C$3:$D$6”。

❷ 将❶步中使用IF函数返回的值作为VLOOKUP函数的第2个参数（就是作为B9单元格业绩数据的查找范围），要查询的业绩为“15万元”，将其对应在“$C$3:$D$6”单元格区域中第2列的值（提成率），即在1~100万元之间（2%）。

实战实例5：查找并返回符合条件的多条记录

在使用VLOOKUP函数查找时，如果同时有多条满足条件的记录，默认只能查找出第一条满足条件的记录。比如本例中需要查找指定读者借阅卡的所有借阅记录（一个读者可能在不同的日期借阅多次）。要解决此问题可以借助辅助列，在辅助列中为每条记录添加一个唯一的、用于区分不同记录的字符来解决，具体操作如下。

01 打开下载文件中的“素材\第10章\10.2\查找并返回符合条件的多条记录.xlsx”文件，如图10-67所示。

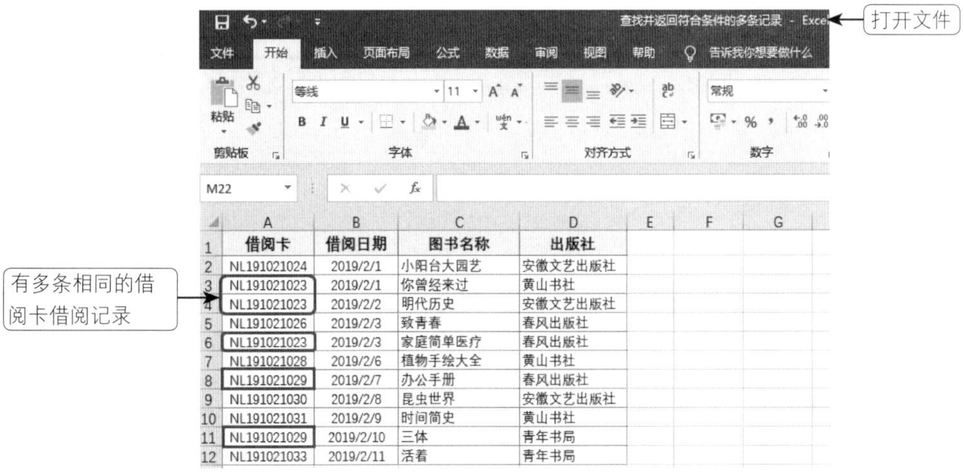

图10-67

02 选中A列并单击鼠标右键，在弹出的快捷菜单中单击“插入”命令（见图10-68），即可在A列前插入新的空白列。

03 将光标定位在A2单元格中，输入公式：=COUNTIF(B$2:B2,$G$2)，如图10-69所示。

04 按【Enter】键，返回辅助数字“0”，如图10-70所示。

05 利用公式填充功能，即可得到一组辅助数字，如图10-71所示。

图10-68

	A	B	C	D	E
1		借阅卡	借阅日期	输入公式	出版社
2	$G$2	NL191021024	2019/2/1	小阳台大园艺	安徽文艺出版社
3		NL191021023	2019/2/1	你曾经来过	黄山书社
4		NL191021023	2019/2/2	明代历史	安徽文艺出版社
5		NL191021026	2019/2/3	致青春	春风出版社
6		NL191021023	2019/2/3	家庭简单医疗	春风出版社
7		NL191021028	2019/2/6	植物手绘大全	黄山书社
8		NL191021029	2019/2/7	办公手册	春风出版社
9		NL191021030	2019/2/8	昆虫世界	安徽文艺出版社
10		NL191021031	2019/2/9	时间简史	黄山书社
11		NL191021029	2019/2/10	三体	青年书局
12		NL191021033	2019/2/11	活着	青年书局

=COUNTIF(B$2:B2,$G$2)

图10-69

	A	B	C
1		借阅卡	借阅日期
2	0	NL191021024	2019/2/1
3		NL191021023	2019/2/1
4		NL191021023	2019/2/2
5		NL191021026	2019/2/3
6		NL191021023	2019/2/3
7		NL191021028	2019/2/6
8		NL191021029	2019/2/7
9		NL191021030	2019/2/8
10		NL191021031	2019/2/9
11		NL191021029	2019/2/10

返回辅助数字

图10-70

	A	B	C	D
1		借阅卡	借阅日期	图书名称
2	0	NL191021024	2019/2/1	小阳台大园艺
3	1	NL191021023	2019/2/1	你曾经来过
4	2	NL191021023	2019/2/2	明代历史
5	2	NL191021026	2019/2/3	致青春
6	3	NL191021023	2019/2/3	家庭简单医疗
7	3	NL191021028	2019/2/6	植物手绘大全
8	3	NL191021029	2019/2/7	办公手册
9	3	NL191021030	2019/2/8	昆虫世界
10	3	NL191021031	2019/2/9	时间简史
11	3	NL191021029	2019/2/10	三体
12	3	NL191021033	2019/2/11	活着

得到一组辅助数字

图10-71

06 在G2单元格中输入一个借阅卡卡号（如NL191021023），将光标定位在H2单元格中，输入公式：=VLOOKUP(ROW(1:1),$A:$E,COLUMN(C:C),FALSE)，如图10-72所示。

	A	B	C	D	E	F	G	H
1		借阅卡	借阅日期	图书名称	出版社		借阅卡	借阅日期
2	0	NL191021024	2019/2/1	小阳台大园艺	安徽文艺出版社		NL191021023	C:C),FALSE)
3	1	NL191021023	2019/2/1	你曾经来过	黄山书社			
4	2	NL191021023	2019/2/2	明代历史	安徽文艺出版社			
5	2	NL191021026	2019/2/3	致青春	春风出版社			
6	3	NL191021023	2019/2/3	家庭简单医疗	春风出版社			
7	3	NL191021028	2019/2/6	植物手绘大全	黄山书社			
8	3	NL191021029	2019/2/7	办公手册	春风出版社			
9	3	NL191021030	2019/2/8	昆虫世界	安徽文艺出版社			
10	3	NL191021031	2019/2/9	时间简史	黄山书社			
11	3	NL191021029	2019/2/10	三体	青年书局			
12	3	NL191021033	2019/2/11	活着	青年书局			

=VLOOKUP(ROW(1:1),$A:$E,COLUMN(C:C),FALSE) 输入公式

图10-72

07 按【Enter】键，返回的是借阅卡NL191021023对应的第一个借阅日期，如图10-73所示。

	A	B	C	D	E	F	G	H
1		借阅卡	借阅日期	图书名称	出版社		借阅卡	借阅日期
2	0	NL191021024	2019/2/1	小阳台大园艺	安徽文艺出版社		NL191021023	2019/2/1
3	1	NL191021023	2019/2/1	你曾经来过	黄山书社			
4	2	NL191021023	2019/2/2	明代历史	安徽文艺出版社			
5	2	NL191021026	2019/2/3	致青春	春风出版社			
6	3	NL191021023	2019/2/3	家庭简单医疗	春风出版社			
7	3	NL191021028	2019/2/6	植物手绘大全	黄山书社			
8	3	NL191021029	2019/2/7	办公手册	春风出版社			
9	3	NL191021030	2019/2/8	昆虫世界	安徽文艺出版社			
10	3	NL191021031	2019/2/9	时间简史	黄山书社			
11	3	NL191021029	2019/2/10	三体	青年书局			
12	3	NL191021033	2019/2/11	活着	青年书局			

借阅卡 NL191021023 对应的第一个借阅日期

图10-73

08 利用公式填充功能先向右再向下填充单元格，即可返回借阅卡NL191021023对应的所有借阅日期记录（共3条记录），如图10-74所示。

	A	B	C	D	E	F	G	H	I	J
1		借阅卡	借阅日期	图书名称	出版社		借阅卡	借阅日期	图书名称	出版社
2	0	NL191021024	2019/2/1	小阳台大园艺	安徽文艺出版社		NL191021023	2019/2/1	你曾经来过	黄山书社
3	1	NL191021023	2019/2/1	你曾经来过	黄山书社			2019/2/2	明代历史	安徽文艺出版社
4	1	NL191021023	2019/2/2	明代历史	安徽文艺出版社			2019/2/3	家庭简单医疗	春风出版社
5	2	NL191021026	2019/2/3	致青春	春风出版社			#N/A	#N/A	#N/A
6	3	NL191021023	2019/2/3	家庭简单医疗	春风出版社			#N/A	#N/A	#N/A
7	3	NL191021028	2019/2/6	植物手绘大全	黄山书社			#N/A	#N/A	#N/A
8	3	NL191021029	2019/2/7	办公手册	春风出版社			#N/A	#N/A	#N/A
9	3	NL191021030	2019/2/8	昆虫世界	安徽文艺出版社			#N/A	#N/A	#N/A
10	3	NL191021031	2019/2/9	时间简史	黄山书社					
11	3	NL191021029	2019/2/10	三体	青年书局					
12	3	NL191021033	2019/2/11	活着	青年书局					

返回借阅卡"NL191021023"
对应的所有借阅记录

图10-74

09 修改G2单元格中的借阅卡号为"NL191021029"，依次返回本借阅卡对应的多条借阅记录（本例共2条记录），如图10-75所示。

	A	B	C	D	E	F	G	H	I	J
1		借阅卡	借阅日期	图书名称	出版社		借阅卡	借阅日期	图书名称	出版社
2	0	NL191021024	2019/2/1	小阳台大园艺	安徽文艺出版社		NL191021029	2019/2/7	办公手册	春风出版社
3	0	NL191021023	2019/2/1	你曾经来过	黄山书社			2019/2/10	三体	青年书局
4	0	NL191021023	2019/2/2	明代历史	安徽文艺出版社			#N/A	#N/A	#N/A
5	0	NL191021026	2019/2/3	致青春	春风出版社					
6	0	NL191021023	2019/2/3	家庭简单医疗	春风出版社					
7	0	NL191021028	2019/2/6	植物手绘大全	黄山书社					
8	1	NL191021029	2019/2/7	办公手册	春风出版社					
9	1	NL191021030	2019/2/8	昆虫世界	安徽文艺出版社			#N/A	#N/A	#N/A
10	1	NL191021031	2019/2/9	时间简史	黄山书社					
11	2	NL191021029	2019/2/10	三体	青年书局					
12	2	NL191021033	2019/2/11	活着	青年书局					

返回借阅卡"NL191021029"
对应的借阅记录

图10-75

公式解析1：

=COUNTIF(B$2:B2,$G$2)

❶ 查找区域为"B$2:B2"。

❷ 在❶步中的区域查找G2中指定的借阅卡号。

公式解析2：

=VLOOKUP(ROW(1:1),$A:$E,COLUMN(C:C),FALSE)

❶ 将"ROW(1:1)"作为VLOOKUP函数的查找值，当前返回第1行的行号1，向下填充公式时，会随之变为ROW(2:2)、ROW(3:3)……，即先找"1"、再找"2"、再找"3"，直到找不到为止。

❷ 将"COLUMN(C:C)"作为VLOOKUP函数的第三个参数值，也就是匹配值所在的列号，若指定返回哪一列上的值时，则使用"COLUMN(C:C)"的返回值，这样便于公式向右复制时不必手动逐一指定此值。

❸ 最后使用VLOOKUP函数查找❶步中的值在$A:$E单元格区域中对应于❷步中的值。

实战实例6：VLOOKUP应对多条件匹配

VLOOKUP函数一般情况下只能实现单条件查找。在实际工作中，很多时候也需要返回满足多个条件的对应值，本例介绍如何使用VLOOKUP函数设置公式实现双条件的匹配查找。本例中需要查询指定商品类目在指定年份的销售额数据。

01 打开下载文件中的"素材\第10章\10.2\ VLOOKUP应对多条件匹配.xlsx"文件，如图10-76所示。

02 将光标定位在G2单元格中，输入公式：= VLOOKUP(E2&F2,IF({1,0},A2:A11&B2:B11,C2 :C11),2,)，如图10-77所示。

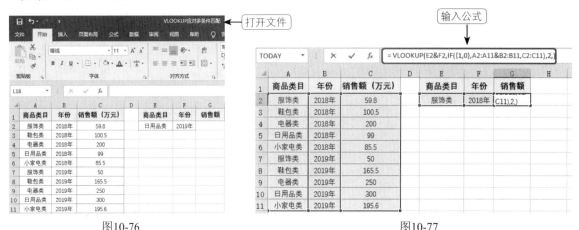

图10-76 图10-77

03 按【Ctrl+Shift+Enter】组合键，即可统计出"服饰类"商品在2018年的销售额数据，如图10-78所示。

04 修改查找的商品类目和销售年份，即可统计出"日用品类"商品在2019年的销售额数据，如图10-79所示。

图10-78 图10-79

10.2.2 LOOKUP：查找目标数据并返回当前行中指定数组中的值

函数功能： LOOKUP 函数可以从单行或单列区域或者从一个数组返回值。LOOKUP 函数具有两种语法形式：向量形式和数组形式。LOOKUP函数的向量形式语法是在单行区域或单列区域（称为向量）中查找值，然后返回第二个单行区域或单列区域中相同位置的值；数组形式在数组的第一行或第一列中查找指定的值，并返回数组最后一行或最后一列内同一位置的值。

函数语法1（向量型）： LOOKUP(lookup_value, lookup_vector, [result_vector])

参数解析：

- lookup_value：必需。表示 LOOKUP 函数在第一个向量中搜索的值，Lookup_value 可以是数字、文本、逻辑值、名称或数值的引用。

- lookup_vector：必需。表示只包含一行或一列的区域，lookup_vector 中的值可以是文本、数字或逻辑值。
- result_vector：可选。只包含一行或一列的区域，result_vector 参数必须与 lookup_vector 大小相同。

函数语法2（数组型）：LOOKUP(lookup_value, array)

参数解析：

- lookup_value：必需。表示 LOOKUP 函数在数组中搜索的值，lookup_value 参数可以是数字、文本、逻辑值、名称或数值的引用。
- array：必需。表示包含要与 lookup_value 进行比较的文本、数字或逻辑值的单元格区域。

实战实例1：LOOKUP模糊查找

在10.2.1小节中的VLOOKUP函数可以通过设置第4个参数为TRUE时，实现模糊查找，而LOOKUP函数本身就具有模糊查找的属性，如果LOOKUP函数找不到所设置的目标值，则会寻找小于或等于目标值的最大数值，利用这个特性可以实现模糊匹配。

本例继续沿用10.2.1小节中的实战实例3，使用LOOKUP函数也可以很便捷地解决问题。

01 打开下载文件中的“素材\第10章\10.2\ LOOKUP模糊查找.xlsx”文件，如图10-80所示。

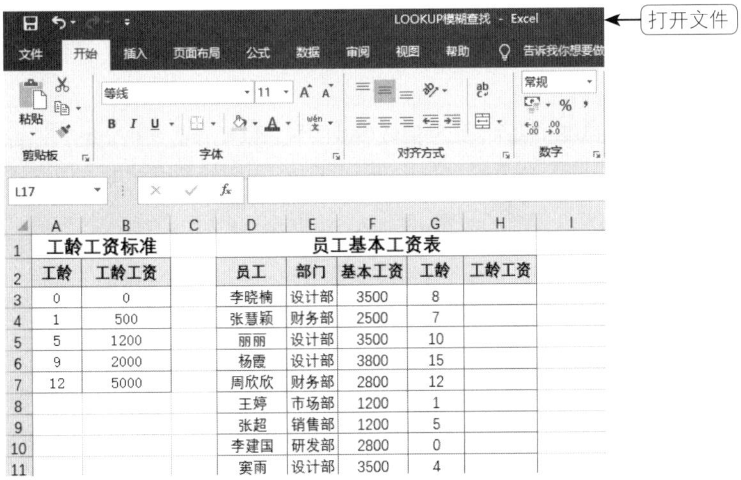

工龄工资标准	
工龄	工龄工资
0	0
1	500
5	1200
9	2000
12	5000

员工基本工资表				
员工	部门	基本工资	工龄	工龄工资
李晓楠	设计部	3500	8	
张慧颖	财务部	2500	7	
丽丽	设计部	3500	10	
杨霞	设计部	3800	15	
周欣欣	财务部	2800	12	
王婷	市场部	1200	1	
张超	销售部	1200	5	
李建国	研发部	2800	0	
窦雨	设计部	3500	4	

图10-80

02 首先要建立好分段区间，单元格区域为A3:B7（这个区域在公式中要被引用），将光标定位在单元格H3中，输入公式：=LOOKUP(G3,$A$3:$B$7)，如图10-81所示。

03 按【Enter】键，即可根据G3单元格中的工龄计算出工龄工资，如图10-82所示。

04 利用公式填充功能，即可计算出其他员工的工龄所对应的工龄工资，如图10-83所示。

图10-81

图10-82

图10-83

其判断原理为，如8在A3:A7单元格区域中找不到，则找到的是小于8的最大数5，其对应在B列上的数据是"1200"；再如15在A3:A7单元格区域中找不到，则找到的是小于15的最大数12，其对应在B列上的数据是"5000"。

实战实例2：通过简称或关键字模糊匹配

本例中给出了各个银行对应的利率，使用的名称是银行简称，而在实际查询匹配时使用的是银行全称（如某某路某某支行），现在要求根据全称能自动从A、B两列中匹配相应的利率。

01 打开下载文件中的"素材\第10章\10.2\通过简称或关键字模糊匹配.xlsx"文件，如图10-84所示。

图10-84

02 将光标定位在G2单元格中，输入公式：=LOOKUP(1,0/FIND($A$2:$A$6,D2),$B$2:$B$6)，如图10-85所示。

图10-85

03 按【Enter】键，即可根据银行的全称匹配得到相应的利率，如图10-86所示。

图10-86

04 选中G2单元格，利用公式填充功能，即可得到其他借款银行对应的利率，如图10-87所示。

图10-87

小提示

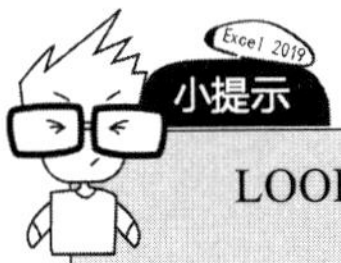

LOOKUP函数具有模糊查找的特性，LOOKUP函数与VLOOKUP函数的区别如下：

（1）如果查找对象小于查找区域中的最小值，LOOKUP函数将返回错误值 #N/A。

（2）如果LOOKUP函数找不到完全匹配的查找对象，则在所设置的查找区域中小于或等于查找值的最大数值，即我们所说的模糊查找（这一特性可以在学习下面第一个例子后再理解一次）。

利用这一特性，我们可以用一个通用公式来作查找引用：

=LOOKUP(1,0/(条件),用于返回值的区域)

（3）VLOOKUP函数一般用于精确查找，虽然将最后一个参数省略或设置为TRUE时也可以实现模糊查找，但一般模糊查找可以直接交给LOOKUP函数。VLOOKUP函数只能从给定数据区域的首列中查找，而LOOKUP函数则可以使用向量型语法任意指定查找的列和用于返回值的列，因此它可以进行反向查找，VLOOKUP函数则不能反向查找（除非借助其他函数的帮助）。

公式解析：

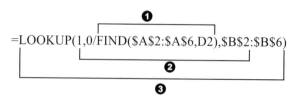

=LOOKUP(1,0/FIND($A$2:$A$6,D2),$B$2:$B$6)

❶ 使用FIND函数查找当前银行全称中是否包括$A$2:$A$6区域中的名称，如果包括则返回起始位置数字；如果不包括则返回错误值#VALUE!，返回的是一个数组，针对G2单元格中的公式，返回的是"{#VALUE!;#VALUE!;#VALUE!;#VALUE!;1}"数组。

❷ 用0与❶步数组中各个值相除，0除以#VALUE!，返回#VALUE!，0除以数字返回0，表示能找到数据返回0，构成一个由#VALUE!和0组成的数组，即"{#VALUE!;#VALUE!;#VALUE!;#VALUE!;0}"。

❸ LOOKUP函数在❷步数组中查找1，在❷步数组中最大的只有0，因此与0匹配，并返回对应在B列上的值。

实战实例3：LOOKUP辅助数据查找

通过上面的例子我们可以看到，LOOKUP函数具有极强的数据查找功能。下面介绍使用LOOKUP函数辅助数据提取的例子，这在不规则数据的整理中经常要用到。本例中需要根据商品规格提取出厚度数据。

01 打开下载文件中的"素材\第10章\10.2\ LOOKUP辅助数据查找.xlsx"文件，如图10-88所示。

02 将光标定位在B2单元格中，输入公式：=LOOKUP(9^9,RIGHT(A2,ROW(1:9))*1)，如图10-89所示。

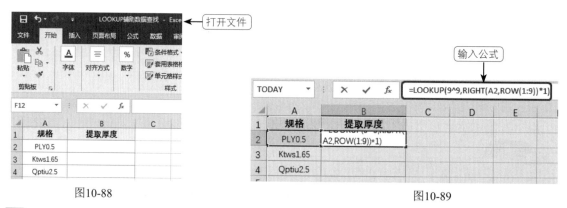

图10-88

图10-89

03 按【Enter】键，即可提取出厚度值，如图10-90所示。

04 利用公式填充功能，依次提取出其他规格中的厚度值，如图10-91所示。

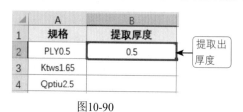

图10-90

图10-91

344

公式解析：

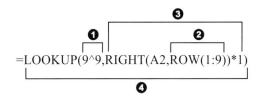

❶ 一位数中最大的数字。

❷ ROW函数提取1~9行的行号，得到一个数组。

❸ RIGHT函数从A2单元格的右侧开始提取，分别提取1、2、3、4、……、9位，得到的也是一个数组，然后将数组中各值乘以1，得到的是原数组中数值的返回值，非数值的将返回#VALUE!错误值。

❹ LOOKUP函数从❸步数组中查找❶步，找不到时返回小于此值的最大值。

实战实例4：LOOKUP满足多条件查找

本例中需要根据部门和职位这两个条件，查找对应的基本工资。可以使用LOOKUP函数通用公式"=LOOKUP(1,0/(条件),引用区域)"实现同时满足多条件的查找。

01 打开下载文件中的"素材\第10章\10.2\ LOOKUP满足多条件查找.xlsx"文件，如图10-92所示。

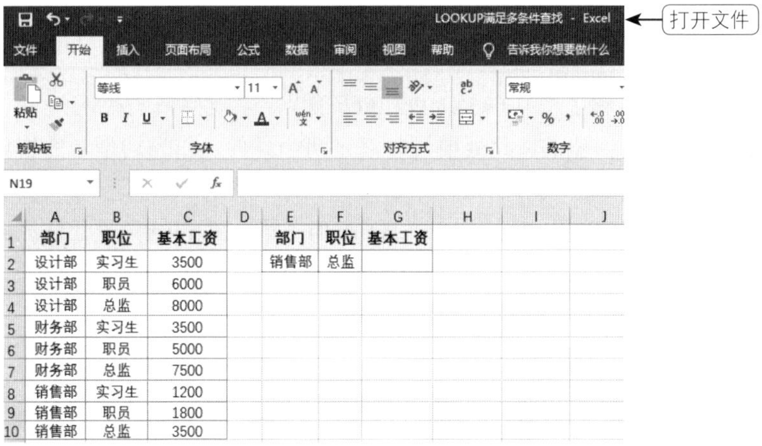

图10-92

02 将光标定位在G2单元格中，输入公式：=LOOKUP(1,0/((E2=A2:A10)*(F2=B2:B10)),C2:C10)，如图10-93所示。

03 按【Enter】键，即可查询到"销售部"中"总监"的基本工资，如图10-94所示。

04 更改部门和职位名称后，即可实现快速更新查询条件后的基本工资，如图10-95所示。

图10-93

图10-94

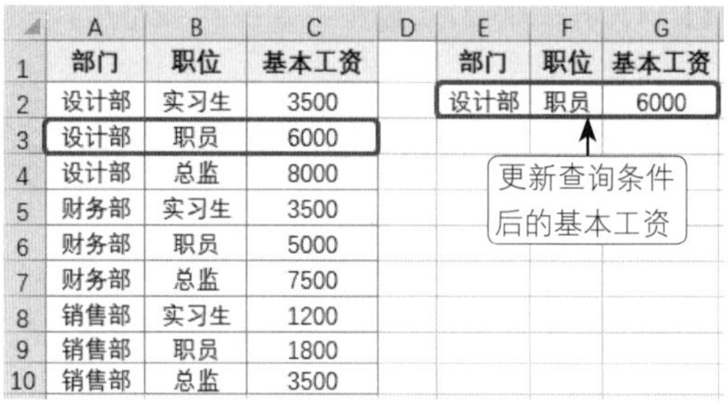

图10-95

公式解析：

$$= LOOKUP(1,0/((E2=A2:A10)*(F2=B2:B10)),C2:C10)$$

在上一范例中已经讲解了"=LOOKUP(1,0/(条件),用于返回值的区域)"这个通用公式，并通过解析公式了解了是如何逐步返回值的。此处要同时满足两个条件，作为初学者而言如果暂时还不能理解这样的公式，那么可以牢记通用公式（在此函数起始处已强调此公式的重要性），当要满足两个条件时，只需要中间用"*"连接，即(E2=A2:A10)*(F2=B2:B10)，然后在A2:A10单元格区域中查找和E2单元格相同的部门名称，在B2:B10单元格区域中查找和F2单元格中相同的职位名称，如果还有第三个条件，可再按相同方法连接第三个条件，只要把条件都写在"0/"下方即可。

10.2.3　HLOOKUP：在首行查找指定的数值并返回当前行中指定列处的数值

函数功能： HLOOKUP函数用于在表格的首行或数值数组中搜索值，然后返回表格或数组中指定行的所在列中的值。当比较值位于数据表格的首行时，如果要向下查看指定的行数，则可使用 HLOOKUP 函数，当比较值位于所需查找的数据的左边一列时，则可使用 VLOOKUP函数。

函数语法： HLOOKUP(lookup_value, table_array, row_index_num, [range_lookup])

参数解析：

- lookup_value：必需。要在表格的第一行中查找的值，lookup_value 可以是数值、引用或文本字符串。
- table_array：必需。在其中查找数据的信息表，使用对区域或区域名称的引用。
- row_index_num：必需。table_array 中将返回匹配值的行序号。row_index_num 为 1 时，返回 table_array 第一行的值；row_index_num 为 2 时，返回 table_array 第二行中的值，以此类推。

- range_lookup：可选。一个逻辑值，指定希望 HLOOKUP 函数查找精确匹配值还是近似匹配值，如果为 TRUE 或省略时，则返回近似匹配值；如果找不到精确匹配值时，则返回小于 lookup_value 的最大值。

实战实例：根据不同的提成率计算业务员的奖金

本例表格中需要根据不同业绩所对应的提成率，将每位业务员的奖金计算出来。这里规定：业绩在0~50000之间的提成率为0%，业绩在50000~100000之间的提成率为3%，业绩在100000元以上的提成率为6%，可以使用HLOOKUP函数来实现。

01 打开下载文件中的"素材\第10章\10.2\根据不同的提成率计算业务员的奖金.xlsx"文件，如图10-96所示。

02 将光标定位在D5中单元格，输入公式：=C5*HLOOKUP(C5,$A$1:$D$2,2)，如图10-97所示。

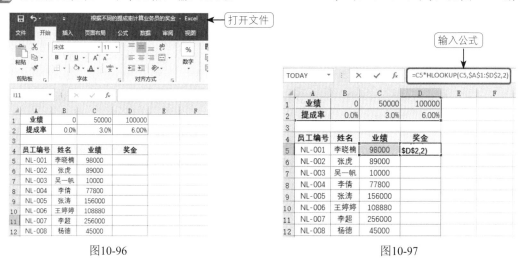

图10-96   图10-97

03 按【Enter】键，根据业绩返回对应的提成率并相乘计算出第一名业务员的奖金，如图10-98所示。

04 利用公式填充功能，依次根据提成率计算出其他业务员的奖金，如图10-99所示。

图10-98   图10-99

公式解析：

=C5*HLOOKUP(C5,$A$1:$D$2,2)

❶ 使用HLOOKUP函数在$A$1:$D$2单元格区域中的首行寻找C5单元格中指定的值，因为找不到完全相等的值，所以返回的是小于C5单元格中的最大值，即50000，然后返回对应在第2行上的值，即返回3%。

❷ 将业绩98000乘以返回的提成率3%，得到奖金为2940元。

10.2.4 MATCH：查找并返回值所在位置

函数功能：MATCH函数用于返回在指定方式下与指定数值匹配的数组中元素的相应位置。

函数语法：MATCH(lookup_value,lookup_array,match_type)

参数解析：

- lookup_value：必需。为需要在数据表中查找的数值。
- lookup_array：必需。要查找的单元格区域，注意用于查找值的区域也如同LOOKUP函数一样要进行升序排列。
- match_type：可选。为数字-1、0或1，指明如何在lookup_array中查找lookup_value。当match_type为1或省略时，函数查找小于或等于lookup_ value的最大数值，lookup_array必须按升序排列；如果match_type为0，函数查找等于lookup_ value的第一个数值，lookup_array可以按任何顺序排列；如果match_type为-1，函数查找大于或等于lookup_value的最小值，lookup_array必须按降序排列。

实战实例1：判断某数据是否包含在另一组数据中

使用MATCH函数可以返回目标数据的给定单元格区域中的位置。本例表格统计了一组数学竞赛的获奖名单，并且单独记录了全市模拟考试总分排名前5名的学生信息，要求判断这组学生姓名是否出现在获奖名单中。

01 打开下载文件中的“素材\第10章\10.2\判断某数据是否包含在另一组数据中.xlsx”文件，如图10-100所示。

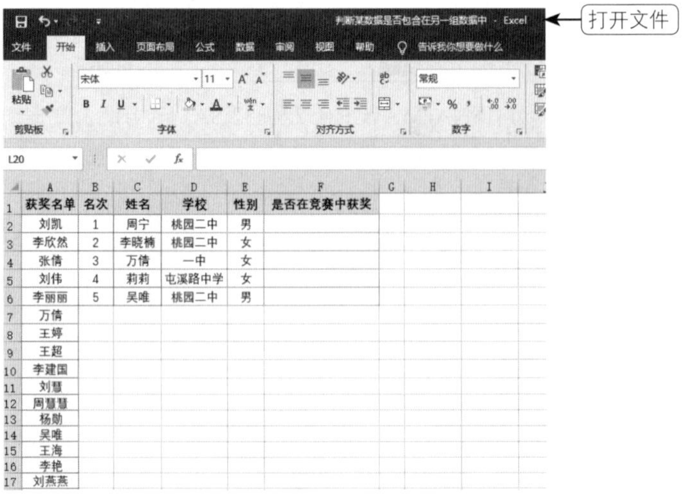

	A	B	C	D	E	F
1	获奖名单	名次	姓名	学校	性别	是否在竞赛中获奖
2	刘凯	1	周宁	桃园二中	男	
3	李欣然	2	李晓楠	桃园二中	女	
4	张倩	3	万倩	一中	女	
5	刘伟	4	莉莉	屯溪路中学	女	
6	李丽丽	5	吴唯	桃园二中	男	
7	万倩					
8	王婷					
9	王超					
10	李建国					
11	刘慧					
12	周慧慧					
13	杨勋					
14	吴唯					
15	王海					
16	李艳					
17	刘燕燕					

图10-100

02 将光标定位在F2单元格中，输入公式：=IF(ISNA(MATCH(C2,$A$2:$A$17,0)),"否","是")，如图10-101所示。

图10-101

03 按【Enter】键，即可判断出第一名学生是否在竞赛中获奖，如图10-102所示。

04 利用公式填充功能，即可依次判断出其他学生是否在竞赛中获奖，如图10-103所示。

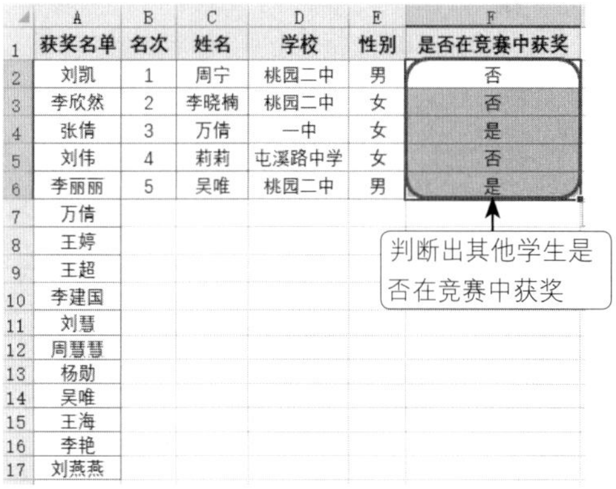

图10-102

图10-103

公式解析：

=IF(ISNA(MATCH(C2,$A$2:$A$17,0)),"否","是")

❶ 使用MATCH函数查找C2单元格中的姓名在$A$2:$A$17单元格区域中的精确位置，如果找不到则返回"#N/A"错误值。

❷ ISNA函数判断给定值是否是"#N/A"错误值，如果是则返回TRUE，否则返回FALSE。

❸ 最后使用IF函数判断❷步是否为错误值"#N/A"，如果是返回"否"，否则返回"是"。

实战实例2：查找指定店铺业绩是否达标

MATCH函数用于返回目标数据的位置，如果只是查找位置似乎并不能起到什么作用，所以MATCH函数常搭配INDEX函数使用（在10.2.5小节中将介绍此函数的参数）。INDEX函数用于返回指定位置上的值，配合使用这两个函数就可以实现对目标数据的查询并返回其值，比如本例想要查询指定店铺的业绩是否达标。

01 打开下载文件中的"素材\第10章\10.2\查找指定店铺业绩是否达标.xlsx"文件，如图10-104所示。

02 将光标定位在F2单元格中，输入公式：=INDEX(A2:C11,MATCH(E2,A2:A11,0),3)，如图10-105所示。

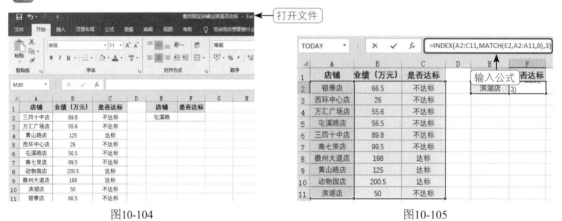

图10-104　　　　　　　　　　　　　　　　图10-105

03 按【Enter】键，即可返回"滨湖店"业绩是否达标，如图10-106所示。

04 更改E2单元格中的店铺名称为"黄山路店"，可以看到更新后的业绩是否达标，如图10-107所示。

图10-106　　　　　　　　　　　　　　　　图10-107

公式解析：

=INDEX(A2:C11,MATCH(E2,A2:A11,0),3)

❶ 使用MATCH函数在A2:A11单元格区域中寻找"滨湖店"，并返回其位置（位于第几行中），即第10行。

❷ 使用INDEX函数在 A2:C11单元格区域中返回❶步指定行处与第3列交叉处的值，也就是第10行第3列交叉处的值，即"不达标"。

10.2.5　INDEX：返回指定行列交叉处引用的值

函数功能：INDEX函数返回表格或区域中的值或值的引用。INDEX函数有两种形式：数组形式和引用形式。INDEX函数引用形式通常为返回引用，INDEX函数的数组形式通常是返回数值或数值数组，当INDEX函数的第一个参数为数组常数时，使用数组形式。

函数语法1（引用型）：INDEX(reference, row_num, [column_num], [area_num])

参数解析：

- reference：表示对一个或多个单元格区域的引用。
- row_num：表示引用中某行的行号，函数从该行返回一个引用。
- column_num：可选。引用中某列的列标，函数从该列返回一个引用。
- area_num：可选。选择引用中的一个区域，以从中返回 row_num 和 column_num 的交叉区域，选中或输入的第一个区域序号为 1，第二个为 2，以此类推。如果省略 area_num，则函数 index 使用区域 1。

函数语法2（数组型）：INDEX(array, row_num, [column_num])

参数解析：

- array：表示单元格区域或数组常量。
- row_num：表示选择数组中的某行，函数从该行返回数值。
- column_num：可选。选择数组中的某列，函数从该列返回数值。

实战实例1：返回指定行列交叉处的值

使用INDEX函数可以返回指定行或列交叉的值，行数与列数使用两个参数来指定。

01 打开下载文件中的"素材\第10章\10.2\返回指定行列交叉处的值.xlsx"文件，如图10-108所示。

图10-108

02 将光标定位在E2单元格中，输入公式：=INDEX(A1:C10,5,2)，如图10-109所示。

03 按【Enter】键，即可返回5行与2列交叉处的值，如图10-110所示。

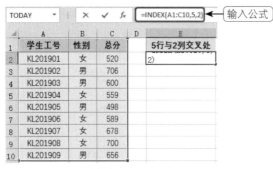

图10-109　　　　　　　　　　　　　　　　图10-110

小提示

在INDEX函数的参数中，如果只是手动的指出返回哪一行与哪一列交叉处的值，那么该公式不具备自动查找的功能。因此需要在内部嵌套MATCH函数，用这个函数去查找目标值并返回目标值所在的位置，外层的INDEX函数再返回这个位置上的值就实现了智能查找，只要改变查找对象，就可以实现自动查找，因此这两个函数是一直搭配使用的。

实战实例2：查找指定人员指定科目的分数

本例表格统计了应聘者的面试、笔试和总分，要求根据指定姓名和科目名称查询分数。现在的查询条件有两个（姓名和科目名称），查询对象行的位置与列的位置都要判断，因此需要在INDEX函数中嵌套使用两次MATCH函数。

01 打开下载文件中的"素材\第10章\10.2\查找指定人员指定科目的分数.xlsx"文件，如图10-111所示。

图10-111

02 将光标定位在C12单元格中，输入公式：=INDEX(B2:D9,MATCH(A12,A2:A9,0),MATCH(B12,B1:D1,0))，如图10-112所示。

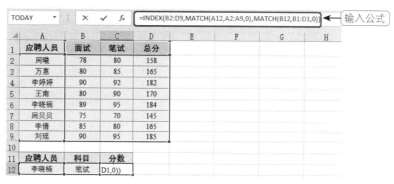

图10-112

03 按【Enter】键，即可查询应聘人员"李晓楠"的笔试分数，如图10-113所示。

04 当需要查询其他应聘者指定科目分数时，修改数据后按【Enter】键，即可获得新的查询结果，如图10-114所示。

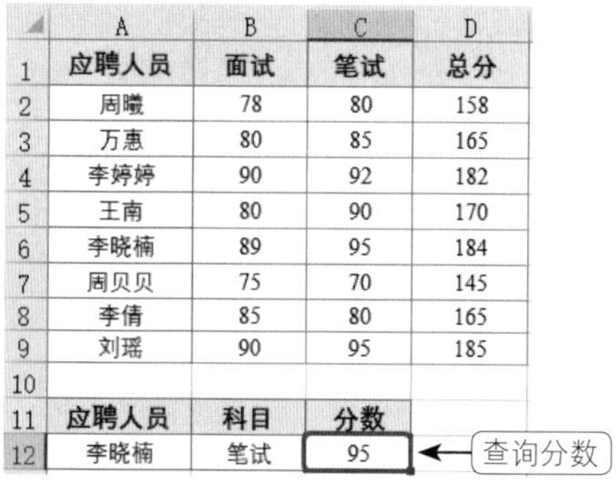

图10-113

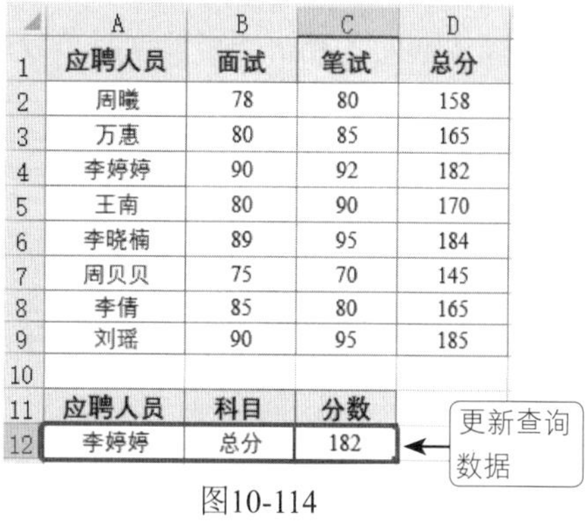

图10-114

公式解析：

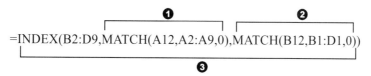

=INDEX(B2:D9,MATCH(A12,A2:A9,0),MATCH(B12,B1:D1,0))

❶ 使用MATCH函数在A2:A9单元格区域中寻找A12单元格中的值，也就是应聘者姓名，并返回其位置（位于第几行中），即5。

❷ 使用MATCH函数在B1:D1单元格区域中寻找B12单元格中的值，也就是科目名称，并返回其位置（位于第几列中），即2。

❸ 使用INDEX函数返回B2:D9单元格区域中❶步指定行处与❷步结果指定列出（交叉处）的值，也就是第5行第2列处的值，即95。

实战实例3：反向查询总分最高的应聘人员

本例表格统计了应聘人员各科目的成绩，要求快速查询出哪位应聘人员的总分最高。

01 打开下载文件中的"素材\第10章\10.2\反向查询总分最高的应聘人员.xlsx"文件，如图10-115

图10-115

02 将光标定位在D11单元格中，输入公式：=INDEX(A2:A9,MATCH(MAX(D2:D9),D2:D9,))，如图10-116所示。

03 按【Enter】键，即可查询出总分最高的应聘者姓名，如图10-117所示。

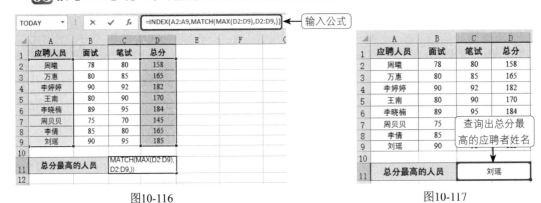

图10-116   图10-117

公式解析：

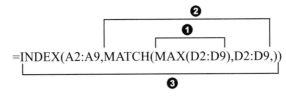

=INDEX(A2:A9,MATCH(MAX(D2:D9),D2:D9,))

❶ MAX函数返回D2:D9单元格区域中的最大值，即185。

❷ MATCH函数返回❶步结果在D2:D9单元格区域中的位置。

❸ INDEX函数返回A2:A9单元格区域中❷步结果指定位置处的值，即185对应在A2:A9单元格区域中的应聘人员姓名为"刘瑶"。

> 小提示
>
> 多条件查找的例子在前面介绍LOOKUP函数时也介绍过，它们都可以达到这种目的的筛选。关键是了解了函数属性与用法即可自如设计公式。另外对于反向查找，VLOOKUP函数不容易做到（需要借助于其他函数），而LOOKUP函数很容易做到，例如本例中的公式也可改为"=LOOKUP(0,0/(D2:D9=MAX(D2:D9)),A2:A9)"，可以达到相同的统计结果（注意仍然是使用LOOKUP函数条件判断的标准公式）。

实战实例4：返回值班次数最多的员工姓名

本例表格统计了值班日期和值班人姓名，要求根据B列值班人员出现的次数，统计值班次数最多的员工姓名，可以使用INDEX函数配合MATCH函数来实现。

01 打开下载文件中的"素材\第10章\10.2\返回值班次数最多的员工姓名.xlsx"文件，如图10-118

图10-118

02 将光标定位在D2单元格中，输入公式：=INDEX(B2:B12,MODE(MATCH(B2:B12,B2:B12,0)))，如图10-119所示。

03 按【Enter】键，即可统计出值班次数最多的员工姓名，如图10-120所示。

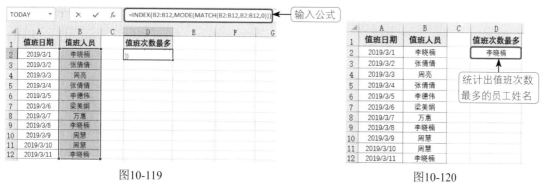

图10-119　　　　　　　　　　　　　　　图10-120

公式解析：

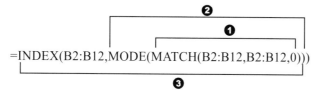

=INDEX(B2:B12,MODE(MATCH(B2:B12,B2:B12,0)))

❶ 使用MATCH函数返回B2:B12单元格区域中B2到B12每个单元格的位置（出现多次的返回首个位置），返回的是一个数组。

❷ 使用MODE函数返回❶步结果中出现频率最多的数值。

❸ 使用INDEX函数返回B2:B12单元格区域中❷步结果指定行处的值。

11

第 11 章
信息函数

本章概述 》》》》》》》》》》》》》》》》》》

※ 信息函数主要用于返回单元格数据信息（如数值类型、是否是文本、是否是奇数等）、错误值信息以及操作环境信息等。

※ Excel中的信息函数属于辅助性函数，使用的不是太频繁，但有时也必不可少。

学习要点 》》》》》》》》》》》》》》》》》》》

※ 掌握信息获得函数的使用。

※ 掌握IS类函数的使用。

学习功能 》》》》》》》》》》》》》》》》》》》

※ 信息获得函数：CELL函数、TYPE函数。

※ IS类函数：ISBLANK函数、ISERROR函数、ISNA函数、ISNUMBER函数、ISEVEN函数、ISODD函数、ISTEXT函数、ISNONTEXT函数等。

11.1

信息获得函数

本节介绍的信息获得函数主要有CELL函数、TYPE函数，CELL函数用于根据你的指定返回单元格的相关信息、TYPE函数返回用数字查找表的数值类型。

11.1.1 CELL：返回单元格的信息

函数功能：CELL函数返回有关单元格的格式、位置或内容的信息。

函数语法：CELL(info_type, [reference])

参数解析：

- info_type：表示一个文本值，指定要返回的单元格信息的类型。
- reference：可选。需要其相关信息的单元格。

表11-1为CELL函数的info_type参数与返回值。

表11-1

info_type参数	返回值
"address"	引用中第一个单元格的引用，文本类型
"col"	引用中单元格的列标
"color"	如果单元格中的负值以不同颜色显示，则为值1，否则返回0（零）
"contents"	引用中左上角单元格的值（不是公式）
"filename"	包含引用的文件名（包括全部路径），文本类型，如果包含目标引用的工作表尚未保存，则返回空文本("")
"format"	与单元格中不同的数字格式相对应的文本值。如果单元格中负值以不同颜色显示，则在返回的文本值的结尾处加"-"；如果单元格中为正值或所有单元格均加括号，则在文本值的结尾处返回"()"
"parentheses"	如果单元格中为正值或所有单元格均加括号，则为值1，否则返回0
"prefix"	与单元格中不同的"标志前缀"相对应的文本值。如果单元格文本左对齐，则返回单引号(')；如果单元格文本右对齐，则返回双引号(")；如果单元格文本居中，则返回插入字符(^)；如果单元格文本两端对齐，则返回反斜线(\)；如果是其他情况，则返回空文本("")
"protect"	如果单元格没有锁定，则为值0；如果单元格锁定，则返回1
"row"	引用中单元格的行号
"type"	与单元格中的数据类型相对应的文本值。如果单元格为空，则返回"b"；如果单元格包含文本常量，则返回"l"；如果单元格包含其他内容，则返回"v"
"width"	取整后的单元格的列宽，以默认字号的一个字符的宽度为单位

实战实例：库存量过小时提示"补货"

如果数据带有单位，则无法在公式中进行大小判断，本例表格中的库存带有"盒"单位，要想使用

IF函数进行条件判断则无法进行，此时则可以使用CELL函数进行转换。

01 打开下载文件中的"素材\第11章\11.1\库存量过小时提示"补货".xlsx"文件，如图11-1所示。

02 将光标定位在C2单元格中，输入公式：=IF(CELL("contents",B2)<= "20","补货","")，如图11-2所示。

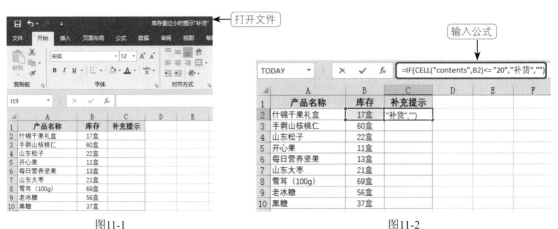

图11-1　　　　　　　　　　　　　　　　　图11-2

03 按【Enter】键，即可提取B2单元格中的数据并进行数量判断，最终返回是否补货提示，如图11-3所示。

04 利用公式填充功能，即可依次判断出其他产品是否需要补货提示，如图11-4所示。

图11-3　　　　　　　　　　　　　　　　　图11-4

公式解析：

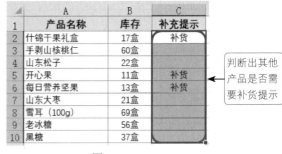

= IF(CELL("contents",B2)<= "20","补货"," ")

❶ 使用CELL函数提取B2单元格数据中的数值，也就是库存量。

❷ 使用IF函数判断❶步中提取的库存量是否小于等于20，如果是则返回"补货"，否则返回空值。

11.1.2　TYPE：返回单元格内的数值类型

函数功能：TYPE函数用于返回数据的类型。

函数语法：TYPE(value)

参数解析：

- value：必需。可以为任意 Microsoft Excel 数值，如数字、文本以及逻辑值等，如表 11-2 所示。

表11-2

如果value为	函数type返回
数字	1
文本	2
逻辑值	4
误差值	16
数组	64

实战实例：测试数据是否是数值型

本例表格中统计了每日的最高气温，可以看到B列单元格中的气温数值类型不同（有些是文本型数值），可以用TYPE函数来判断数据是否是数值型。

[01] 打开下载文件中的"素材\第11章\11.1\测试数据是否是数值型.xlsx"文件，如图11-5所示。

[02] 将光标定位在C2单元格中，输入公式：=TYPE(B2)，如图11-6所示。

图11-5　　　　　　　　　　　　　　　　　　图11-6

[03] 按【Enter】键，返回结果为1，表示B2单元格的数据是数值型（返回2，表示是文本型），如图11-7所示。

[04] 利用公式填充功能，依次判断出其他数据的类型，如图11-8所示。

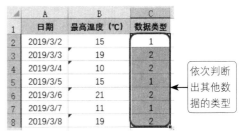

图11-7　　　　　　　　　　　　　　　　　　图11-8

11.2

IS 函数

IS函数是以"IS"开头的函数，此类函数可检验指定值并根据结果返回 TRUE 或 FALSE。在对某一值执行计算或执行其他操作之前，可以使用 IS 函数获取该值的相关信息，它主要用于对单元格中的数据进行判断，例如判断是否是空单元格、是否是某个指定的错误值、是否是文本等，返回的结果是逻辑值。

11.2.1 ISBLANK：判断测试对象是否为空单元格

函数功能： ISBLANK函数用于判断指定值是否为空值。

函数语法： ISBLANK(value)

参数解析：

- value：表示要检验的值。参数 value 可以是空白（空单元格）、错误值、逻辑值、文本、数字、引用值，或者引用要检验的以上任意值的名称。

实战实例1：统计停留车辆数

某停车场采用电子感应器对进入场内的车辆进行时间统计，现在要求根据车辆离开时间统计停留车辆数，其中空单元格表示车辆未离开，使用ISBLANK函数配合SUM函数可以实现对带有空值的数据计数。

01 打开下载文件中的"素材\第11章\11.2\统计停留车辆数.xlsx"文件，如图11-9所示。

02 将光标定位在E2单元格中，输入公式：=SUM(ISBLANK(C2:C11)*1)，如图11-10所示。

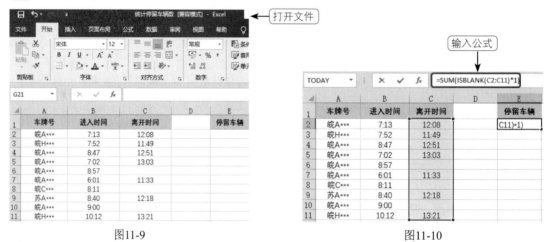

图11-9

图11-10

03 按【Ctrl+Shift+Enter】组合键，得到停留车辆的统计结果，如图11-11所示。

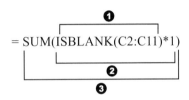

图11-11

公式解析：

$$= SUM(ISBLANK(C2:C11)*1)$$

❶ 使用ISBLANK函数判断C2:C11单元格区域中的值是否为空值，如果是返回TRUE，不是则返回FALSE，返回是一个数组。

❷ 用❶步结果进行乘以1处理，TRUE值乘以1返回1，FALSE值乘以1返回0，返回的是一个数组，这个数组由1和0组成。

❸ 再使用SUM函数对❷步数组求和，也就是将所有的0和1相加，得到总数为3。

实战实例2：标注"无业绩"的销售员

本例统计了销售部员工的业绩数据，其中有空单元格表示"无业绩"，现在要求标明"无业绩"字样，使用ISBLANK函数可以达到这一目的。

01 打开下载文件中的"素材\第11章\11.2\标注'无业绩'的销售员.xlsx"文件，如图11-12所示。

02 将光标定位在D2单元格中，输入公式：=IF(ISBLANK(C2),"无业绩","")，如图11-13所示。

图11-12　　　　　　　　　　　　　　　图11-13

03 按【Enter】键，即可判断出第一名销售部员工是否有业绩，如图11-14所示。

04 利用公式填充功能，即可批量判断出其他销售部员工是否有业绩，如图11-15所示。

图11-14

图11-15

公式解析：

= IF(ISBLANK(C2),"无业绩","")

❶ 先使用ISBLANK函数判断C2单元格中的值是否为空值，如果是空值则返回TRUE，否则返回FALSE。

❷ 再使用IF函数判断，如果❶步判断结果为TRUE，返回"无业绩"，否则返回空值。

11.2.2 ISERROR：检测一个值是否为错误值

函数功能：ISERROR函数用于判断指定数据是否为错误值。

函数语法：ISERROR(value)

参数解析：

● value：表示要检验的值。参数 value 可以是空白（空单元格）、错误值、逻辑值、文本、数字、引用值、或者引用要检验的以上任意值的名称。

实战实例：错误值结果显示为空

在计算比值时，如果除数为0则会返回错误值。为了避免出现这种错误值，可以使用ISERROR函数来检测，并在外层使用IF函数来判断。

01 打开下载文件中的"素材\第11章\11.2\将错误值结果显示为空.xlsx"文件，如图11-16所示。

02 将光标定位在D2单元格中，输入公式：=IF(ISERROR(B2/C2),"",B2/C2)，如图11-17所示。

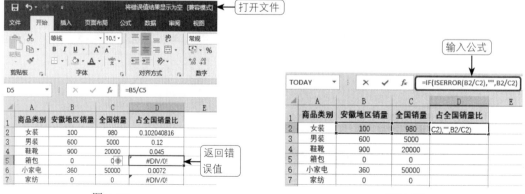

图11-16

图11-17

03 按【Enter】键，即可计算出第一个商品类别占全国销量比值，如图11-18所示。

04 利用公式填充功能，即可批量计算出其他商品类别占全国销量比值（可以看到原先的错误值返回空白），如图11-19所示。

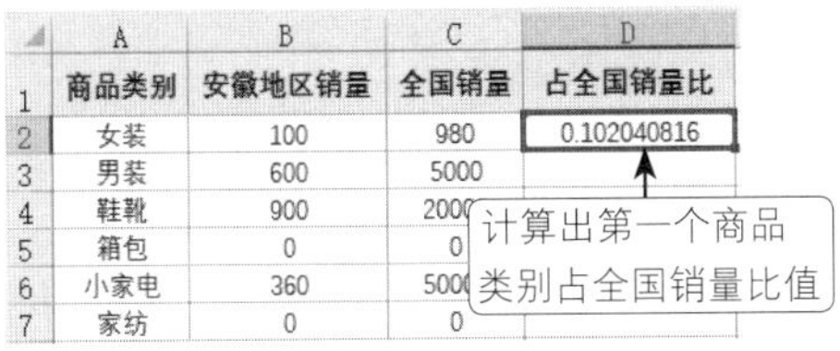

图11-18

图11-19

批量计算出其他商品的类别占全国销量的比值

公式解析：

❶

=IF(ISERROR(B2/C2)," ",B2/C2)

❷

❶ 先使用ISERROR函数判断"B2/C2"的计算结果是否为错误值，如果是返回TRUE，不是则返回FALSE。

❷ 再使用IF函数判断，如果❶步判断结果为TRUE，则返回空白，如果不是则返回"B2/C2"的计算结果。

11.2.3 ISNA：检测一个值是否为 #N/A 错误值

函数功能： ISNA函数用于判断指定数据是否为#N/A错误值。

函数语法： ISNA(value)

参数解析：

- value：表示要检验的值。参数 value 可以是空白（空白单元格）、错误值、逻辑值、文本、数字、引用值，或者引用要检验的以上任意值的名称。

实战实例：查询员工错误时显示"无此人员"

在使用LOOKUP函数或VLOOKUP函数进行查询时，当查询对象错误时通常都会返回#N/A错误值，为了避免这种错误值出现，可以配合IF函数与ISNA函数实现当出现查询对象错误时返回相应的提示文字。

01 打开下载文件中的"素材\第11章\11.2\查询员工错误时显示'无此人员'.xlsx"文件，如图11-20所示。

打开文件

姓名不在表格中时会返回错误值

图11-20

02 将光标定位在H2单元格中，输入公式：= IF(ISNA(VLOOKUP($G2,$A:$E,COLUMN(B1), FALSE)),"无此人员",VLOOKUP($G2,$A:$E,COLUMN(B1),FALSE))，如图11-21所示。

图11-21

03 按【Enter】键，返回"无此人员"（"李晓楠"没有出现在表格左侧表示查询不到），如图11-22所示。

04 利用公式填充功能，即可批量返回"无此人员"的信息，如图11-23所示。

图11-22 　　　　　　　　　　　　　　　　　图11-23

05 更改G2单元格中的人员姓名，即可返回对应的员工信息，如图11-24所示。

图11-24

公式解析：

= IF(ISNA(VLOOKUP($G2,$A:$E,COLUMN(B1),FALSE)),"无此人员",
VLOOKUP($G2,$A:$E,COLUMN(B1),FALSE))

VLOOKUP部分可以参照第10章中的公式解析学习，此公式只是在VLOOKUP函数外层嵌套了IF函数与ISNA函数，表示用ISNA函数判断VLOOKUP函数部分返回的是否是#N/A错误值，如果是则返回"无此人员"，如果不是则返回VLOOKUP函数查询到的值。

11.2.4　ISNUMBER：检测一个值是否为数值

函数功能：ISNUMBER函数用于判断指定数据是否为数字。

函数语法：ISNUMBER(value)

参数解析：

- value：表示要检验的值。参数 value 可以是空白（空白单元格）、错误值、逻辑值、文本、数字、引用值，或者引用要检验的以上任意值的名称。

实战实例：快速统计出离开的车辆

本例沿用11.2.1小节中实战实例1的表格，要求统计出停车场离开的车辆数，使用ISNUMBER函数配合SUM函数可以统计结果。

01 打开下载文件中的"素材\第11章\11.2\快速统计出离开的车辆.xlsx"文件，如图11-25所示。

02 将光标定位在E2单元格中，输入公式：=SUM(ISNUMBER(C2:C11)*1)，如图11-26所示。

图11-25　　　　　　　　　　　　图11-26

03 按【Ctrl+Shift+Enter】组合键，即可统计出离开的车辆总数，如图11-27所示。

图11-27

公式解析：

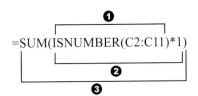

=SUM(ISNUMBER(C2:C11)*1)

❶ 使用ISNUMBER函数判断C2:C11单元格区域中的值是否为数值（非空值），如果是则返回TRUE，否则返回FALSE，返回的是一个数组。

❷ 用❶步结果进行乘以1处理，TRUE值乘以1返回1，FALSE值乘以1返回0，返回的是一个数组，这个数组由1和0组成。

❸ 再使用SUM函数对❷步数组求和，也就是将所有的0和1相加，得到总数为7。

11.2.5　ISEVEN：检测一个值是否为偶数

函数功能：ISEVEN函数用于判断指定值是否为偶数。
函数语法：ISEVEN(number)
参数解析：

- number：为指定的数值，如果 number 为偶数，则返回 TRUE，否则返回 FALSE。

实战实例：根据身份证号码判断性别

身份证号码由18位组成，并且第17位数字的奇偶性决定了身份证持有者的性别，如果是奇数代表是男性，如果是偶数则代表是女性（本例中身份证号码为虚拟号码，只用作实例展示）。

01 打开下载文件中的"素材\第11章\11.2\根据身份证号码判断性别.xlsx"文件，如图11-28所示。

02 将光标定位在D2单元格中，输入公式：=IF(ISEVEN(MID(C2,17,1)),"女","男")，如图11-29所示。

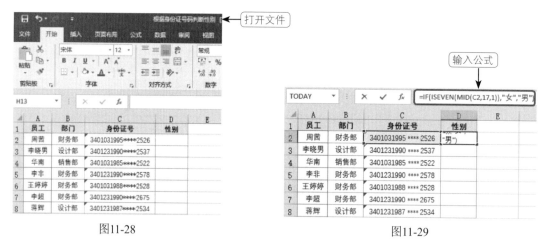

图11-28　　　　　　　　　　　　　　　图11-29

03 按【Enter】键，即可判断出第一名员工的性别，如图11-30所示。

04 利用公式填充功能，即可批量判断出所有员工的性别，如图11-31所示。

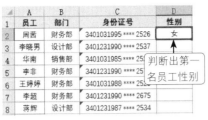
图11-30

图11-31

公式解析：

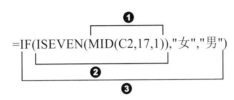

=IF(ISEVEN(MID(C2,17,1)),"女","男")

❶ 使用MID函数提取C2单元格中的第17位字符，即"2"。

❷ 再使用ISEVEN函数判断"2"是否为偶数。

❸ 最后使用IF函数对❷步判断结果依次返回性别信息，如果是偶数则返回"女"，不是偶数则返回"男"。

11.2.6 ISODD：检测一个值是否为奇数

函数功能：ISODD函数用于判断指定值是否为奇数。

函数语法：ISODD(number)

参数解析：

- number：表示待检验的数值。如果 number 不是整数，则截尾取整；如果参数 number 不是数值型，函数 ISODD 将返回错误值 #VALUE!。

实战实例1：根据员工编号判断性别

某公司为有效判断员工性别，规定员工编号上最后一位数如果为偶数表示"男"，反之为"女"，根据这一规定，可以使用ISODD函数来判断最后一位数的奇偶性，从而判断员工的性别。

01 打开下载文件中的"素材\第11章\11.2\根据员工编号判断性别.xlsx"文件，如图11-32所示。

02 将光标定位在D2单元格中，输入公式：=IF(ISODD(RIGHT(C2,1)),"女","男")，如图11-33所示。

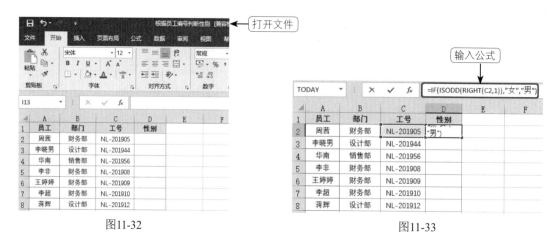

图11-32 图11-33

03 按【Enter】键，根据员工工号判断出第一位员工的性别，如图11-34所示。

04 利用公式填充功能，依次判断出其他员工的性别，如图11-35所示。

图11-34 图11-35

公式解析：

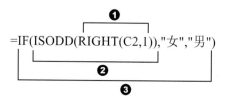

❶ 使用RIGHT函数从给定字符串的最右侧开始提取C2单元格中的一个字符，提取出的数字为"5"。

❷ 再使用ISEVEN函数对❶步结果的数据进行奇偶性判断，数字5很显然为奇数。

❸ 最后使用IF函数判断，如果❷步判断结果为TRUE，返回"女"，否则返回"男"。

实战实例2：分奇偶月计算总销售量

ISODD函数用来检测一个值是否为奇数。下面例子中要求将12个月的销量分奇数月与偶数月来分别统计总销售数量，可以使用ISODD函数配合ROW函数、SUM函数来进行公式的设置。

01 打开下载文件中的"素材\第11章\11.2\分奇偶月计算总销售量.xlsx"文件，如图11-36所示。

图11-36

02 将光标定位在C2单元格中，输入公式：=SUM(ISODD(ROW(B2:B13))*B2:B13)，如图11-37所示。

03 按【Ctrl+Shift+Enter】组合键，即可计算出偶数月的销量合计，如图11-38所示。

图11-37	图11-38

04 将光标定位在D2单元格中，输入公式：=SUM(ISODD(ROW(B2:B13)-1)*B2:B13)，如图11-39所示。

05 按【Ctrl+Shift+Enter】组合键，即可计算出奇数月的销量合计，如图11-40所示。

图11-39	图11-40

公式解析：

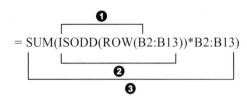

= SUM(ISODD(ROW(B2:B13))*B2:B13)

❶ 使用ROW函数提取B2:B13单元格区域的行号，即分别是2,3,4,5……，以此类推。

❷ 使用ISODD函数依次判断❶步中提取的行号是否为奇数。

❸ 将❷步的结果中是奇数的对应在B2:B13单元格区域上取值，即提取第3行、第5行、第7行等销售量数据，并进行求和运算。

11.2.7　ISTEXT：检测一个值是否为文本

函数功能：ISTEXT函数用于判断指定数据是否为文本。

函数语法：ISTEXT(value)

参数解析：

● value：表示要检验的值。参数 value 可以是空白（空白单元格）、错误值、逻辑值、文本、数字、引用值，或者引用要检验的以上任意值的名称。

实战实例：统计装修中的店铺数量

本例表格统计了全市区所有分店名称和销售业绩（有些新店由于在装修所以没有销售业绩），现在想统计装修中的店铺总数，可以使用ISTEXT函数配合SUM函数来设置公式。

01 打开下载文件中的"素材\第11章\11.2\统计装修中的店铺数量.xlsx"文件，如图11-41所示。

02 将光标定位在D2单元格中，输入公式：=SUM(ISTEXT(B2:B11)*1)，如图11-42所示。

图11-41　　　　　　　　　　　　　　图11-42

03 按【Ctrl+Shift+Enter】组合键，即可统计出"装修中"的店铺数量，如图11-43所示。

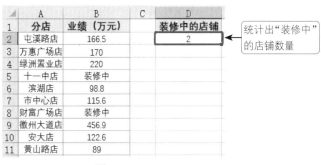

图11-43

公式解析：

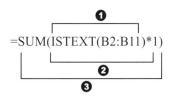

❶ 先使用ISTEXT函数判断B2:B11单元格区域是否为文本，如果是则返回TRUE，否则返回FALSE。

❷ 用❶步结果进行乘以1处理，TRUE值乘以1返回1，FALSE值乘以1返回0，返回的是一个由0和1组成的数组。

❸ 再使用SUM函数对❷步结果进行求和。

11.2.8 ISNONTEXT：检测一个值是否为非文本

函数功能：ISNONTEXT函数用于判断指定数据是否为非文本。

函数语法：ISNONTEXT(value)

参数解析：

- value：表示要检验的值。参数 value 可以是空白（空白单元格）、错误值、逻辑值、文本、数字、引用值，或者引用要检验的以上任意值的名称。

实战实例：统计公司实到人数

本例表格中统计了公司当日员工的上班打卡时间，其中有出差和各种请假情况（表格中以文字标识），使用ISNONTEXT函数配合SUM函数可以统计出实际出勤的总人数。

01 打开下载文件中的"素材\第11章\11.2\统计公司实到人数.xlsx"文件，如图11-44所示。

02 将光标定位在E2单元格中，输入公式：=SUM(ISNONTEXT(C2:C14)*1)，如图11-45所示。

03 按【Ctrl+Shift+Enter】组合键，即可统计出公司当日员工的实到人数，如图11-46所示。

图11-44 图11-45

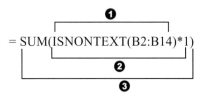

图11-46

公式解析：

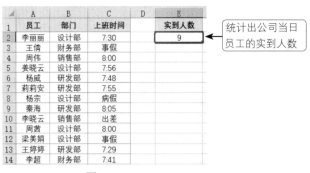

= SUM(ISNONTEXT(B2:B14)*1)

❶ 先使用ISNONTEXT函数判断B2:B14单元格区域是否为非文本，如果是则返回TRUE，否则返回FALSE。

❷ 用❶步结果进行乘以1处理，TRUE值乘以1返回1，FALSE值乘以1返回0，返回的是一个由0和1组成的数组。

❸ 再使用SUM函数对❷步结果进行求和。

12

第 12 章
员工档案管理

本章概述 》》》》》》》》》》》》》》》》》》》》》》

※ 对于企业的人事管理人员而言，必须对企业人事信息进行有效管理，创建员工信息数据表，创建员工信息查询表，并对企业员工情况进行分析，对员工生日、试用期到期进行提醒，对员工学历层次、年龄段进行分析。

※ 应用函数对员工档案进行处理可以简化工作，提高工作效率。

学习要点 》》》》》》》》》》》》》》》》》》》》》》

※ 学会建立员工档案管理表、员工档案查询表。

※ 掌握使用函数制作到期提醒。

※ 掌握透视表、透视图的制作方法，并进行相关数据的分析。

学习功能 》》》》》》》》》》》》》》》》》》》》》》

※ 逻辑函数：IF函数。

※ 文本函数：CONCATENATE函数、MID函数、LEN函数。

※ 日期与时间函数：TODAY函数、DATE函数、DAY函数、YEAR函数、MONTH函数、DATEDIF函数。

※ 数学函数：MOD函数。

※ 查找和引用函数：VLOOKUP函数、ROW函数。

12.1

员工档案管理表

12.1.1 创建员工档案管理表

　　员工档案通常包括：员工工号、姓名、性别、所在部门、出生日期、身份证号、学历、入职时间、工龄等，因此在建立档案管理表前要将该张表格需要包含的要素拟订出来，以完成表格框架的创建。

1. 冻结窗口方便数据的查看

01 打开下载文件中的"素材\第12章\员工档案管理表.xlsx"文件，如图12-1所示。

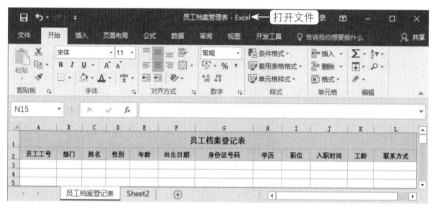

图12-1

02 选中D3单元格，单击"视图"选项卡，在"窗口"选项组单击"冻结窗格"下拉按钮，在下拉菜单中选择"冻结拆分窗格"命令，如图12-2所示。

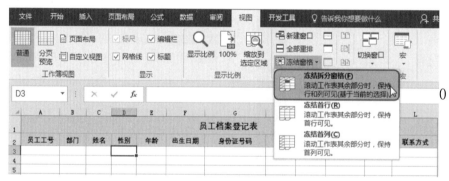

图12-2

03 在工作表中输入员工档案信息，此时向右拖动滚动条，始终显示员工工号、部门和姓名数据，如图12-3所示（注：本书涉及的身份证号和手机号码仅用于演示）。

图12-3

2. 设置单元格格式

01 选中要设置单元格格式的单元格区域，单击"开始"选项卡，在"字体"选项组中单击"对话框启动器"按钮（见图12-4），打开"设置单元格格式"对话框。

02 单击"数字"选项卡，在"分类"列表框中选中"文本"，如图12-5所示。

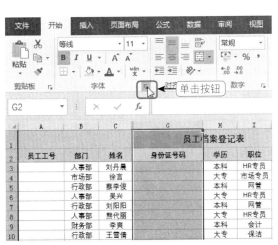

图12-4

图12-5

03 单击"确定"按钮，此时在"身份证号码"列输入18位身份证数字，即可以文本格式显示，如图12-6所示。

图12-6

小提示

如果输入了身份证号后显示为科学记数形式，这时再设置单元格格式为"文本"，系统不会自动显示出正确的身份证位数，此时需要双击每一个单元格才可以转换为文本，所以一般在未输入身份证位数之前先设置文本格式。

12.1.2 利用数据有效性防止工号重复输入

每个员工的工号在企业中是唯一的，但又是相似的，在手动输入员工工号时，为了避免输入错误，可以为"员工工号"列设置格式，不允许输入相同的员工工号。

1. 设置数据有效性

01 选中"员工工号"所在列，单击"数据"选项卡，在"数据工具"选项组单击"数据验证"下拉按钮，在下拉菜单中选择"数据验证"命令，如图12-7所示。

图12-7

02 打开"数据验证"对话框，单击"允许"下拉按钮，在下拉列表中选择"自定义"选项（见图12-8），接着在"公式"文本框输入公式：=COUNTIF($A$3:$A$52,A3)=1，如图12-9所示。

图12-8

图12-9

03 切换到"输入信息"选项卡，在"标题"文本框中输入"输入工号"，接着在"输入信息"文本框中输入"请输入员工工号"，如图12-10所示。

04 切换到"出错警告"选项卡，在"样式"下拉列表中选择"停止"样式，接着在"标题"文本框输入"重复信息"，在"错误信息"文本框输入"输入信息重复，请重新输入！"，如图12-11所示。

图12-10

图12-11

05 单击"确定"按钮，即可完成数据验证的设置。

公式解析：

$$=COUNTIF(\$A\$3:\$A\$52,A3)=1$$

判断A3:A52单元格区域输入的员工编号是否和A3单元格中已经设置的编号重复。

2. 根据提示输入工号

01 返回工作表中，此时为选中的单元格区域设置了数据有效性，选中任意单元格，可以看到提示信息，如图12-12所示。

02 在A3单元格中输入"QC-001"后，如果再在A4单元格中输入"QC-001"，此时系统弹出"重复输入"警告提示，提示输入了重复值，如图12-13所示。

图12-12

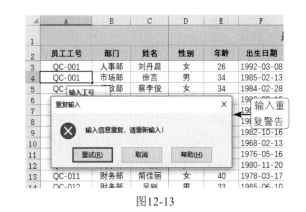

图12-13

12.1.3 从身份证号码中提取有效信息

为了体现表格的自动化功能，可以根据身份证号码设置公式自动返回员工性别、出生日期信息。

01 将光标定位在D3单元格中，输入公式：=IF(MOD(MID(G3,17,1),2)=1,"男","女")，按【Enter】键，即可从第一位员工的身份证号码中判断出该员工的性别，如图12-14所示。

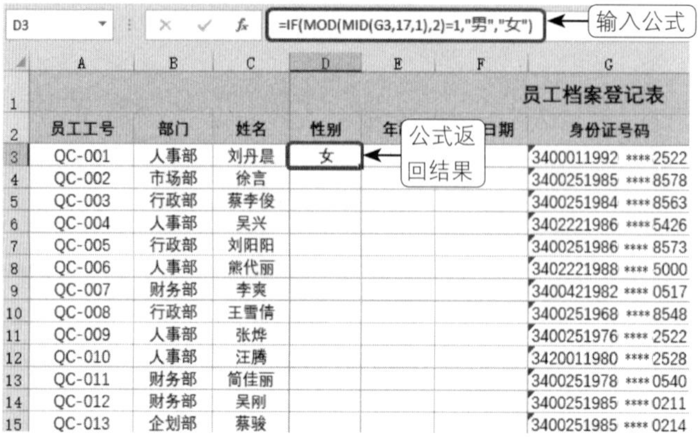

图12-14

02 利用公式填充功能，快速得出每位员工的性别，如图12-15所示。

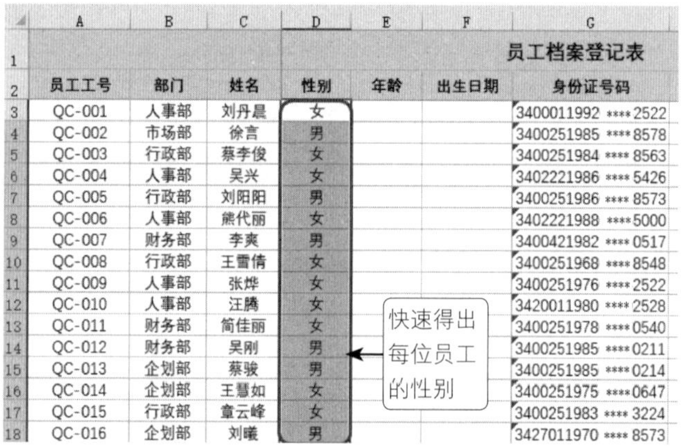

图12-15

公式解析：

$$=IF(MOD(MID(G3,17,1),2)=1,"男","女")$$

❶ MID函数从G3单元格中第17位数字开始，提取一位字符。

❷ MOD函数将❶步中提取的字符与2相除得到余数，并判断余数是否等于1，如果是则返回TRUE，否则返回FALSE。

❸ 函数根据❷步值返回最终结果，TRUE值返回"男"，FALSE值返回"女"。

03 将光标定位在F3单元格中，输入公式：=CONCATENATE(MID(G3,7,4),"-",MID(G3,11,2),"-",MID(G3,13,2))，按【Enter】键，即可从第一位员工的身份证号码中判断出该员工的出生日期，如图12-16所示。

F3 ▼ × ✓ fx =CONCATENATE(MID(G3,7,4),"-",MID(G3,11,2),"-",MID(G3,13,2)) ◄— 输入公式

员工工号	部门	姓名	性别	年龄	出生日期	身份证号码	学历	职位
						员工档案登记表		
QC-001	人事部	刘丹晨	女		1992-03-08	34000119920308 ****	本科	HR专员
QC-002	市场部	徐言	男			34002519850213	大专	市场专员
QC-003	行政部	蔡孝俊	女			34002519840228	本科	网管
QC-004	人事部	吴兴	女			34022219860216	大专	HR专员
QC-005	行政部	刘阳阳	男			34002519860305	本科	网管
QC-006	人事部	熊代丽	女			34022219880506	大专	HR专员
QC-007	财务部	李爽	男			34004219821016	本科	会计
QC-008	行政部	王雪倩	女			34002519680213	大专	保洁
QC-009	人事部	张烨	女			34002519760516	硕士	HR经理
QC-010	人事部	汪腾	女			34200119801120	大专	HR专员
QC-011	财务部	简佳丽	女			34002519780317	本科	主办会计
QC-012	财务部	吴刚	男			34002519850610	本科	会计
QC-013	企划部	蔡骏	男			34002519850610	硕士	主管

图12-16

04 利用公式填充功能，依次快速判断出每位员工的出生日期，如图12-17所示。

员工工号	部门	姓名	性别	年龄	出生日期	身份证号码	学历	职位
						员工档案登记表		
QC-001	人事部	刘丹晨	女		1992-03-08	34000119920308 ****	本科	HR专员
QC-002	市场部	徐言	男		1985-02-13	34002519850213 ****	大专	市场专员
QC-003	行政部	蔡孝俊	女		1984-02-28	34002519840228 ****	本科	网管
QC-004	人事部	吴兴	女		1986-02-16	34022219860216 ****	大专	HR专员
QC-005	行政部	刘阳阳	男		1986-03-05	34002519860305 ****	本科	网管
QC-006	人事部	熊代丽	女		1988-05-06	34022219880506 ****	大专	HR专员
QC-007	财务部	李爽	男		1982-10-16	34004219821016 ****	本科	会计
QC-008	行政部	王雪倩	女		1968-02-13	3400	大专	保洁
QC-009	人事部	张烨	女		1976-05-16	3400	硕士	HR经理
QC-010	人事部	汪腾	女		1980-11-20	3400	大专	HR专员
QC-011	财务部	简佳丽	女		1978-03-17	3400	本科	主办会计
QC-012	财务部	吴刚	男		1985-06-10	3400	本科	会计
QC-013	企划部	蔡骏	男		1985-06-10	34002519850610 ****	硕士	主管
QC-014	企划部	王慧如	女		1975-03-24	34002519750324 ****	大专	企划专员
QC-015	行政部	章云峰	女		1983-11-04	34002519831104 ****	硕士	行政副总

快速判断出每位员工的出生日期

图12-17

公式解析：

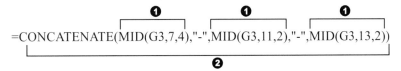

❶ 使用MID函数从G3单元格的第7位开始提取，提取4个字符，即"1992"；从G3单元格的第11位开始提取，提取2个字符，即"03"；从G3单元格的第13位开始提取，提取2个字符，即"08"。

❷ 使用CONCATENATE函数分别连接"1992-03-08"，得到完整的出生日期。

12.1.4 计算员工年龄和工龄

计算出员工的出生日期后，可以计算员工的年龄，并根据入职时间计算出员工的工龄。

01 将光标定位在E3单元格中，输入公式：=DATEDIF(F3,TODAY(),"Y")，按【Enter】键，即可从第1位员工的出生日期中计算出该员工的年龄，如图12-18所示。

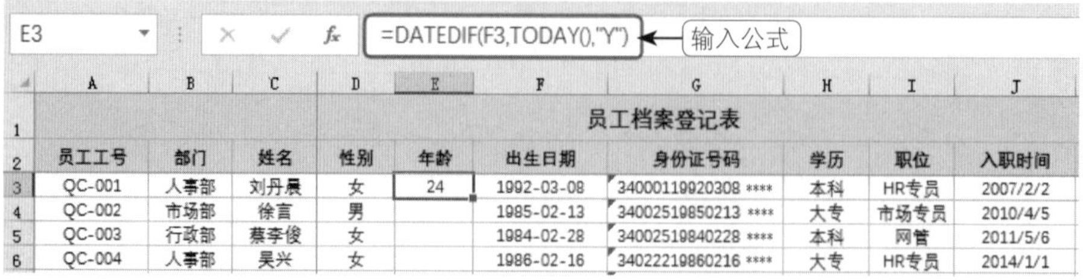

图12-18

02 利用公式填充功能，即可依次计算出每位员工的年龄，如图12-19所示。

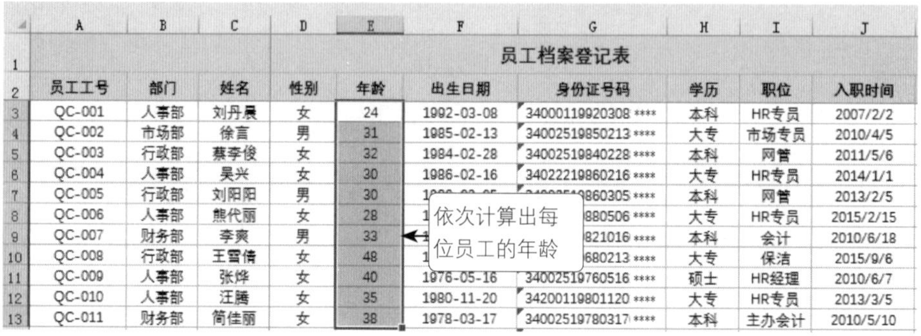

图12-19

03 将光标定位在K3单元格中，输入公式：=DATEDIF(J3,TODAY(),"Y")，按【Enter】键，即可从第1位员工的入职时间中计算出该员工的工龄，如图12-20所示。

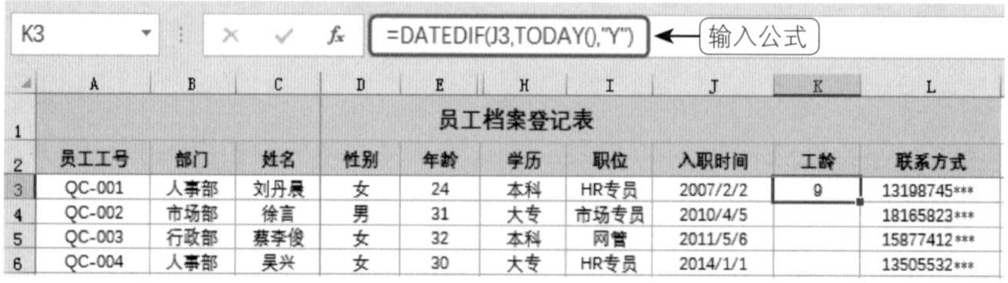

图12-20

04 利用公式填充功能，即可依次计算出每位员工的工龄，如图12-21所示。

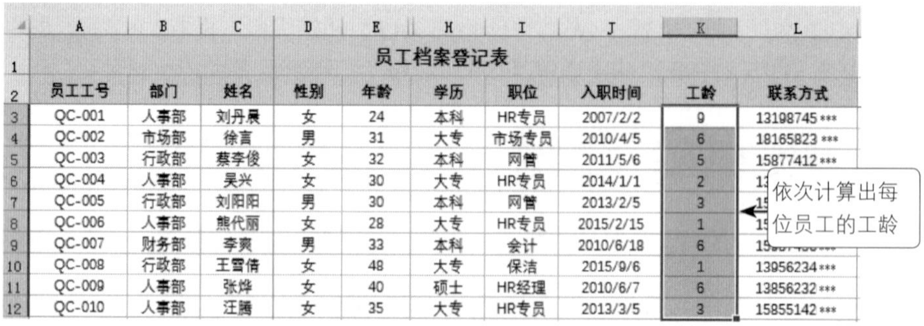

图12-21

公式解析：

$$=DATEDIF(F3,TODAY(),"Y")$$

计算出从F3单元格中的日期到当前日期之间的天数差。

12.2
员工档案查询表

12.2.1 创建员工档案查询表

建立了员工档案管理表之后，如果需要在众多员工信息中查询指定员工的各项基本信息，可以利用Excel中的函数功能建立一个查询表，当要查询某位员工的数据时，只需输入其工号即可快速查询。

01 打开下载文件中的"素材\第12章\员工档案查询表.xlsx"文件，如图12-22所示。

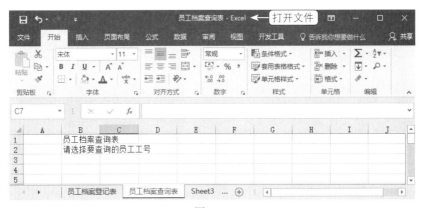

图12-22

02 切换到"员工档案登记表"，选中B2:L2单元格区域，单击"复制"按钮后，在下拉菜单中选择"复制"命令，如图12-23所示。

图12-23

03 切换回"员工档案查询表"，选中B4:B14单元格区域，在"剪贴板"选项组中单击"粘贴"下拉按钮，在其下拉列表中选择"选择性粘贴"命令，如图12-24所示。

04 打开"选择性粘贴"对话框，在"粘贴"区域选中"数值"单选按钮，接着选中"转置"复选框，如图12-25所示。

05 单击"确定"按钮，返回工作表中，即可将复制的列标识转置为行标识显示，如图12-26所示。

06 在"字体"和"对齐方式"选项组中设置表格的字体格式、边框颜色及单元格背景色，设置后的效果如图12-27所示。

图12-24

图12-25

图12-26

图12-27

12.2.2 使用 VLOOKUP 函数查询人员信息

创建好员工档案查询表后，需要创建下拉列表选择员工工号，还需要使用VLOOKUP函数根据员工工号查询员工的部门、姓名等其他信息。

1. 添加员工工号下拉菜单

01 选中D2单元格，单击"数据"选项卡，在"数据工具"选项组中单击"数据验证"下拉按钮，在其下拉列表中选择"数据验证"命令，如图12-28所示。

图12-28

02 打开"数据验证"对话框，在"允许"下拉列表中选择"序列"，接着在"来源"下拉列表中输入"=员工档案登记表!A3:A100"，如图12-29所示。

03 切换到"输入信息"选项卡，设置选中该单元格时所显示的提示信息，如图12-30所示。

图12-29

图12-30

04 设置完成后单击"确定"按钮，返回工作表中，选中的单元格会显示提示信息，提示从下拉列表中选择员工工号，如图12-31所示。

05 单击D2单元格右侧的下拉按钮，即可在下拉列表中选择员工的工号，如图12-32所示。

图12-31

图12-32

2. 使用VLOOKUP函数返回员工信息

01 将光标定位在C4单元格中，输入公式：=VLOOKUP($D$2,员工档案登记表!$A$3: $L$100,ROW(A2))，按【Enter】键，即可根据选择的员工工号返回员工所属部门，如图12-33所示。

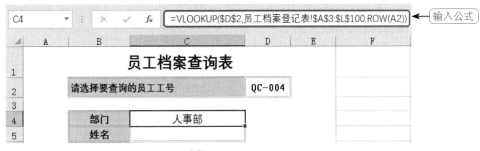

图12-33

02 利用公式填充功能，即可依次返回各项对应的信息，如图12-34所示。

383

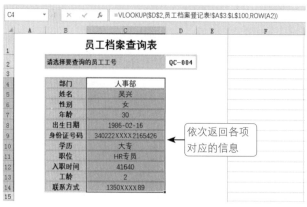

图12-34

03 选中C12单元格，单击"开始"选项卡，在"数字"选项组单击"数字格式"下拉按钮，在下拉列表中选择"短日期"，如图12-35所示。

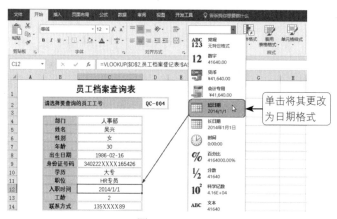

图12-35

04 单击D2单元格下拉按钮，在其下拉列表中选择其他员工工号，如QC-021，系统即可自动更新出该员工信息，如图12-36所示。

05 重复步骤4，选择其他员工工号，如QC-037，系统即可自动更新出该员工信息，如图12-37所示。

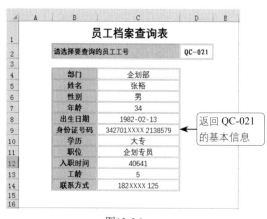

图12-36

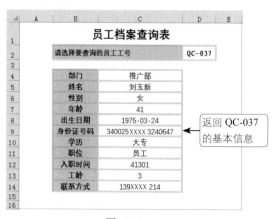

图12-37

公式解析：

=VLOOKUP($D$2,员工档案登记表!$A$3:$L$100,ROW(A2))

❷

❶ "ROW(A2)"，返回A2单元格所在的行号，因此返回结果为2。

❷ "=VLOOKUP($D$2,员工档案登记表! $A$3:$L$100,ROW(A2))"，在员工档案登记表的$A$3:$L$100
单元格区域的首列中寻找与D2单元格中相同的工号，找到后返回对应在第2列中的值，即对应的部门。

此公式中的查找范围与查找条件都使用了绝对引用方式，即在向下复制公式时都是不改变的，唯
一要改变的是用于指定返回档案登记表中$B$3:$L$500单元格区域哪一列值的参数，本例中使用了
"ROW(A2)"来表示，当将公式复制到C5单元格时，"ROW(A2)"变为"ROW(A3)"，返回值为3；
当将公式复制到C6单元格时，"ROW(A2)"变为"ROW(A4)"，返回值为4，依此类推。

12.3
使用函数制作到期提醒

12.3.1 生日到期提醒

当员工过生日时，人力资源部门需要给员工发生日祝福或准备礼物，由于企业人员众多，不能记住每
一个人的生日，此时可以使用函数和数据有效性将当天过生日的员工以醒目的方式显示出来，方便查看。

1. 使用函数计算员工生日情况

01 打开下载文件中的"素材\第12章\生日到期提醒.xlsx"文件，如图12-38所示。

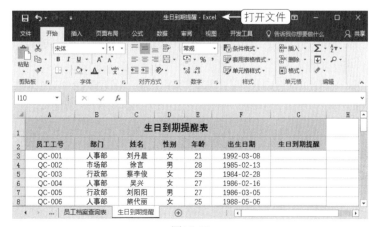

图12-38

385

02 将光标定位在G3单元格中，输入公式：=IF(DATE(YEAR(TODAY()),MONTH(F3),DAY(F3))-TODAY()>0,"还有"&DATE(YEAR(TODAY()),MONTH(F3),DAY(F3))-TODAY()&"天",IF(DATE(YEAR(TODAY()),MONTH(F3),DAY(F3))-TODAY()=0,"生日快乐","生日已过"))，按【Enter】键，即可判断第1位员工生日情况，如图12-39所示。

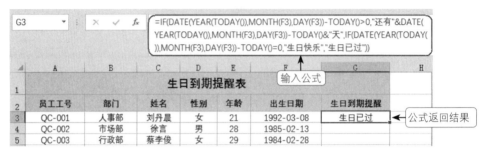

图12-39

03 利用公式填充功能，即可得出所有员工生日情况，如图12-40所示。

图12-40

公式解析：

❶

=IF(DATE(YEAR(TODAY()),MONTH(F3),DAY(F3))-TODAY()>0,
"还有"&DATE(YEAR(TODAY()),MONTH(F3),DAY(F3))-TODAY()&"天",
IF(DATE(YEAR(TODAY()),MONTH(F3),DAY(F3))-TODAY()=0,"生日快乐","生日已过"))

❷

❶ "DATE(YEAR(TODAY()),MONTH(F3),DAY(F3))-TODAY()>0,"还有"&DATE(YEAR(TODAY()),MONTH(F3),DAY(F3))-TODAY()&"天""表示如果出生日期-今天的日期大于0，则显示出生日期-今天的日期后剩余的天数，即"还有XX天"。

❷ "IF(DATE(YEAR(TODAY()),MONTH(F3),DAY(F3))-TODAY()=0,"生日快乐","生日已过"))"表示如果出生日期-今天的日期等于0，则显示"生日快乐"，否则显示"生日已过"。

2. 设置条件格式显示出过生日的员工

01 选中G3:G54单元格区域，单击"开始"选项卡，在"样式"选项组单击"条件格式"下拉按钮，在下拉列表中选择"新建规则"命令，如图12-41所示。

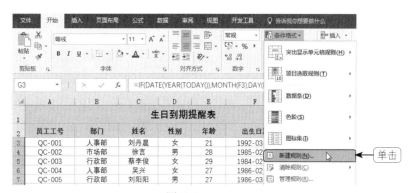

图12-41

02 打开"新建格式规则"对话框，在"选择规则类型"列表框中选择"使用公式确定要设置格式的单元格"（见图12-42），接着在"为符合此公式的值设置格式"文本框中输入公式：=IF(G3="生日快乐",TRUE)，单击"格式"按钮（见图12-43）。

图12-42

图12-43

03 打开"设置单元格格式"对话框，在"背景色"区域选中适合的颜色，此时"示例"区域填充了红色，如图12-44所示。

04 单击"确定"按钮，返回"新建格式规则"对话框，即可预览设置的格式，如图12-45所示。

图12-44

图12-45

05 单击"确定"按钮，返回工作表中，可以看到当天生日的员工所在单元格格式变更为指定样式，如图12-46所示。

图12-46

12.3.2 试用期到期提醒

企业对新进员工都有一个试用期考核，试用期为1个月至3个月不等，人力资源部门可以创建一个试用期到期提醒，对试用期员工进行考核，根据考核结果决定是转正或是辞退。

1.使用函数计算判断试用期

01 打开下载文件中的"素材\第12章\试用期到期提醒.xlsx"文件，如图12-47所示。

图12-47

02 将光标定位在E3单元格中，输入公式：=IF(DATEDIF(D3,TODAY(),"D")>60,"到期","未到期")，按【Enter】键，即可判断第一位员工试用期是否到期，如图12-48所示。

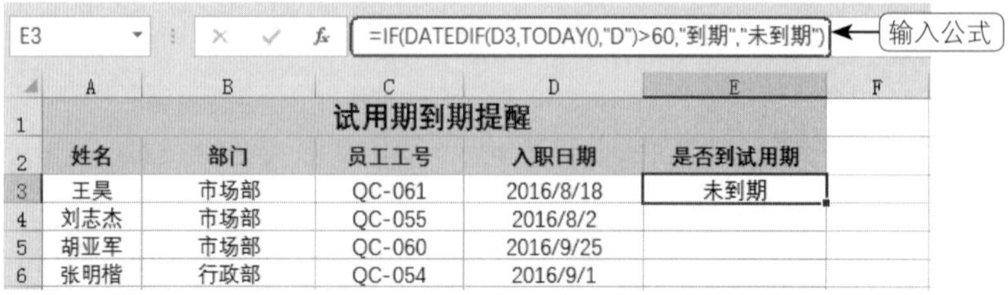

图12-48

03 利用公式填充功能，即可判断出所有员工试用期到期情况，如图12-49所示。

	A	B	C	D	E	F
1			试用期到期提醒			
2	姓名	部门	员工工号	入职日期	是否到试用期	
3	王昊	市场部	QC-061	2016/8/18	未到期	
4	刘志杰	市场部	QC-055	2016/8/2	到期	
5	胡亚军	市场部	QC-060	2016/9/25	未到期	
6	张明楷	行政部	QC-054	2016/9/1	未到期	
7	李丽芬	企划部	QC-056	2016/7/8	到期	
8	李慧	人事部	QC-058	2016/6/20	到期	
9	王丽琴	推广部	QC-053	2016/9/9	未到期	
10	汪磊	推广部	QC-059	2016/7/23	到期	
11	王丽亚	秘书部	QC-057	2016/8/15	未到期	

判断出所有员工试用期到期情况

图12-49

公式解析：

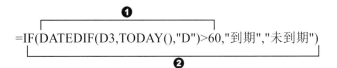

❶

=IF(DATEDIF(D3,TODAY(),"D")>60,"到期","未到期")

❷

❶ 使用DATEDIF函数计算出D3单元格中的日期到今天为止天数是否大于60天。

❷ 使用IF函数判断是否到期。根据❶步的结果，如果大于60天则显示"到期"，否则显示"未到期"。

2. 设置条件格式显示出试用期到期的员工

01 选中E3:E11单元格区域，单击"开始"选项卡，在"样式"选项组单击"条件格式"下拉按钮，在下拉列表中选择"新建规则"命令，如图12-50所示。

图12-50

02 打开"新建格式规则"对话框，在"选择规则类型"列表框中选择"使用公式确定要设置格式的单元格"，接着在"为符合此公式的值设置格式"文本框中输入公式"=IF(E3="到期",TRUE)"，单击"格式"按钮，如图12-51所示。

03 打开"设置单元格格式"对话框，在"背景色"区域选中绿色，接着单击"图案样式"下拉按钮，在下拉列表中选择一种样式，如图12-52所示。

 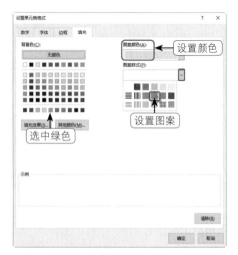

图12-51　　　　　　　　　　　　　　　图12-52

04 单击"确定"按钮，返回工作表中，即可看到"到期"单元格被标记为特殊格式，如图12-53所示。

	A	B	C	D	E	
1			试用期到期提醒			
2	姓名	部门	员工工号	入职日期	是否到试用期	
3	王昊	市场部	QC-061	2016/8/18	未到期	
4	刘志杰	市场部	QC-055	2016/8/2	到期	
5	胡亚军	市场部	QC-060	2016/9/25	未到期	
6	张明楷	行政部	QC-054	2016/9/1	未到期	"到期"单元
7	李丽芬	企划部	QC-056	2016/7/8	到期	格被标记为特
8	李慧	人事部	QC-058	2016/6/20	到期	殊格式
9	王丽琴	推广部	QC-053	2016/9/9	未到期	
10	汪磊	推广部	QC-059	2016/7/23	到期	
11	工丽亚	秘书部	QC-057	2016/8/15	未到期	

图12-53

12.4
员工学历层次分析

12.4.1　编制员工学历数据透视表

在"员工档案管理表"中记录了每个员工的学历，如果想要单独分析员工的学历层次，需要为"学历"创建数据透视表，使用数据透视表可以快速分析出企业中员工学历层次分布情况。

1. 创建数据透视表

01 打开下载文件中的"素材\第12章\员工学历层次分析.xlsx"文件，如图12-54所示。

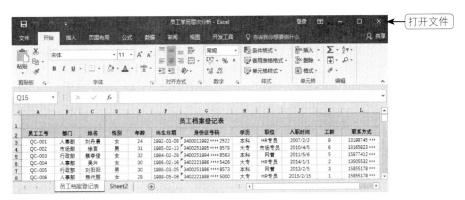

图12-54

02 选中"学历"列单元格区域（H3:H54单元格区域），单击"插入"选项卡，在"表格"选项组中单击"数据透视表"按钮，如图12-55所示。

03 打开"创建数据透视表"对话框，在"选择一个表或区域"列表框中显示了选中的单元格区域，选中"新工作表"单选按钮，如图12-56所示。

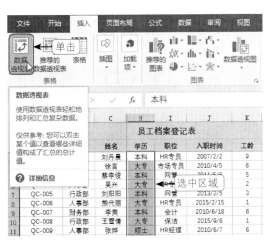

图12-55

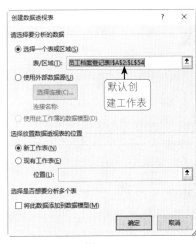

图12-56

04 单击"确定"按钮，即可新建数据透视表，在工作表标签上双击鼠标，然后输入新名称为"员工学历层次分析"即可，如图12-57所示。

图12-57

2. 添加字段分析

01 添加"学历"字段为行标签字段，接着添加"学历"字段，如图12-58所示。

图12-58

02 在"数值"区域单击"学历"下拉按钮，在打开的下拉列表中选择"值字段设置"命令，如图12-59所示。

03 打开"值字段设置"对话框，在计算类型列表框中选择"计数"，在"自定义名称"文本框中输入"人数"，如图12-60所示。

图12-59

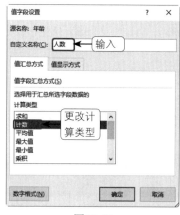

图12-60

04 单击"值显示方式"标签，选择"总计的百分比"显示方式，如图12-61所示。

05 单击"确定"按钮，返回到数据透视表中，可以看到各个年龄段人数占总人数的百分比，将"行标签"更改为"学历分类"，接着设置在第二行输入表格标题，如图12-62所示。

图12-61

图12-62

12.4.2 制作员工学历透视图

创建数据透视表统计出企业学历层次后，还可以创建图表将其直观地表现出来。

01 选中数据透视表中的任意单元格，切换到"数据透视表工具-分析"选项卡，在"工具"选项组中单击"数据透视图"按钮，如图12-63所示。

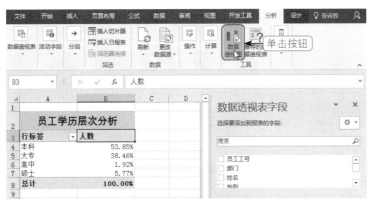

图12-63

02 打开"插入图表"对话框，在左侧单击"饼图"选项，接着选中"三维饼图"子图表类型，如图12-64所示。

03 单击"确定"按钮，返回工作表中，系统以数据透视表为数据源创建数据透视图，在"汇总"文本框中输入图表标题"员工学历层次分析"，如图12-65所示。

图12-64

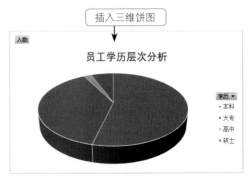

图12-65

04 选中图表，单击"数据透视图工具-格式"选项卡，在"形状样式"选项组中单击 ▽ 按钮，在下拉列表中选择"细微效果-橄榄色，强调颜色3"样式，如图12-66所示。

05 此时根据选择的样式为图表添加背景色，如图12-67所示。

06 选中图表，此时图表编辑框右上角出现"图表元素"和"图表样式"两个图标，单击"图表元素"图标，选中"数据标签"复选框，单击其右侧 ▷ 按钮，在右边菜单中选择"更多选项"命令，如图12-68所示。

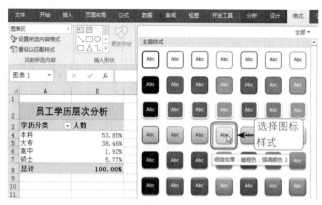

图12-66

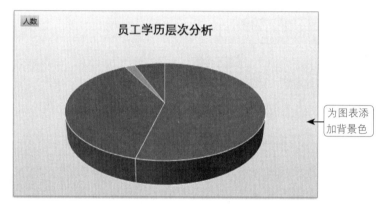

图12-67

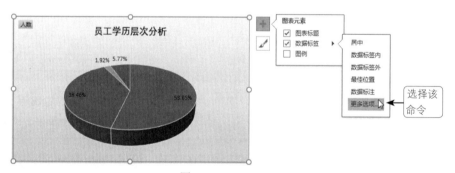

图12-68

07 弹出"设置数据标签格式"窗口，展开"标签选项"栏，取消选中"值"复选框，接着选中"百分比""类别名称"复选框，如图12-69所示。

08 单击"关闭"按钮，返回图表中，此时系统为数据系统添加指定样式的数据标签，在"数据透视图工具-格式"选项卡的"形状样式"选项组中设置各个数据系列的填充颜色，选中图例项并按【Delete】键删除，设置完成后效果如图12-70所示。

图12-69

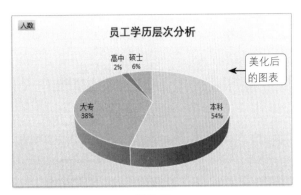

图12-70

12.5
员工年龄段分析

12.5.1 编制员工年龄段数据透视表

如果想要分析企业中各个年龄段人数分布情况，可以创建数据透视表进行分析。

1. 创建数据透视表

01 打开下载文件中的"素材\第12章\员工年龄层次分析.xlsx"文件。

02 选中"年龄"列单元格区域（E3:E54单元格区域），单击"插入"选项卡，在"表格"选项组单击"数据透视表"按钮，如图12-71所示。

03 打开"创建数据透视表"对话框，在"选择一个表或区域"单选按钮下显示了选中的单元格区域，选中"新工作表"单选按钮，如图12-72所示。

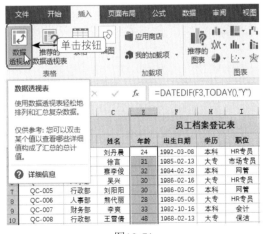

图12-71

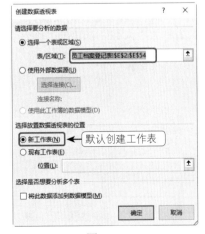

图12-72

04 单击"确定"按钮，即可新建数据透视表。在工作表标签上双击鼠标，然后输入新名称为

"员工年龄层次分析"，如图12-73所示。

图12-73

2. 更改值字段汇总方式

01 添加"年龄"字段为行标签字段，接着添加"年龄"为数值字段，如图12-74所示。

图12-74

02 在"数值"区域单击"年龄"下拉按钮，在打开的下拉列表中选择"值字段设置"命令，如图12-75所示。

03 打开"值字段设置"对话框，在"计算类型"列表框中选中"计数"，在"自定义名称"文本框中输入名称为"人数"，单击"确定"按钮，如图12-76所示。

图12-75

图12-76

3. 分段显示年龄段

01 返回数据透视表中，即可将值字段的计算方式更改为计数，如图12-77所示。

02 选中"年龄"字段下任意单元格，单击"数据透视表工具-分析"选项卡，在"分组"选项组中单击"组字段"按钮，如图12-78所示。

图12-77

图12-78

03 打开"组合"对话框，根据需要设置步长（本例中设置"4"），如图12-79所示。

04 单击"确定"按钮，返回到数据透视表中，即可看到按指定步长分段显示年龄，如图12-80所示。

图12-79

图12-80

12.5.2 制作员工学历透视图

创建数据透视表统计出企业人员年龄段后，还可以创建复合条饼图显示出企业中人员最多的年龄段。

1. 创建复合饼图

01 选中数据透视表任意单元格，单击"数据透视表工具-分析"选项卡，在"工具"选项组单击"数据透视图"按钮，如图12-81所示。

02 打开"插入图表"对话框，在左侧单击"饼图"选项，接着选择"复合条饼图"子图表类型，如图12-82所示。

03 单击"确定"按钮，返回工作表中，系统以数据透视表为数据源创建数据透视图，在"标题"区域输入图表标题"员工年龄层次分析"，如图12-83所示。

图12-81

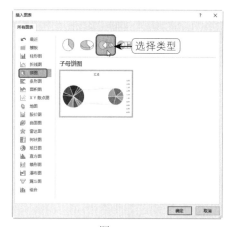

图12-82

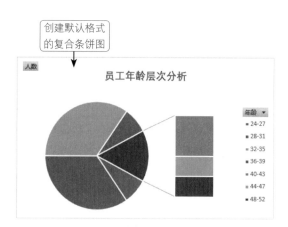

图12-83

04 选中图表，单击"数据透视图工具-设计"选项卡，在"图表布局"选项组单击"快速布局"下拉按钮，在下拉菜单中选中"布局1"样式，此时系统根据选择的样式重新为图表布局，如图12-84所示。

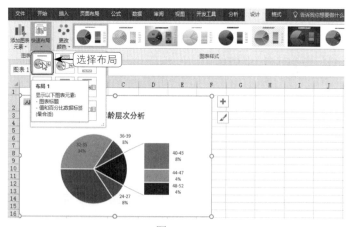

图12-84

2. 更改第二绘图区域包含值

01 选中图表，单击鼠标右键并从快捷菜单中选择"设置数据系列格式"命令，如图12-85所示。

02 打开"设置数据系列格式"对话框，在"第二绘图区中的值"文本框中输入"4"，单击"关闭"按钮，如图12-86所示。

图12-85   图12-86

03 返回到数据透视表中，可以看到第二绘图区域包含4个数据系列，重新在"标题"区域中输入图表标题"员工年龄层次分析"，如图12-87所示。

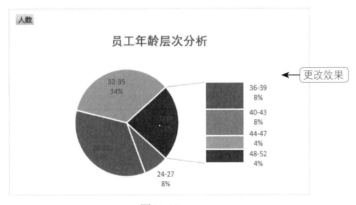

图12-87

04 选中图表，在"数据透视图工具-格式"选项卡的"形状样式"选项组中设置各个数据系列的填充颜色，接着设置图表的边框样式，如图12-88所示。

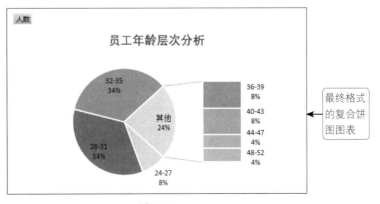

图12-88

13

第 13 章
员工考勤管理

本章概述 〉〉〉〉〉〉〉〉〉〉〉〉〉〉〉〉〉〉〉〉〉

※ 考勤是人力资源部门根据员工本月打卡、请假、出差等情况，对员工本月出勤情况进行登记，它关系到员工的月度工资。如果员工有迟到、早退、请假及旷工等情况，会根据企业制度进行相应的扣款。

※ 应用函数对员工考勤进行管理。

学习要点 〉〉〉〉〉〉〉〉〉〉〉〉〉〉〉〉〉〉〉〉〉

※ 学会建立员工考勤登记表，统计员工考勤情况。

※ 学会通过考勤统计表对员工的出勤情况进行分析。

※ 对员工的考勤进行扣款统计。

学习功能 〉〉〉〉〉〉〉〉〉〉〉〉〉〉〉〉〉〉〉〉〉

※ 日期与时间函数：NETWORKDAYS函数、DATE函数、EOMONTH函数、MONTH函数。

※ 逻辑函数：IF函数。

※ 查找和引用函数：COLUMN函数。

※ 文本函数：TEXT函数。

※ 统计函数：COUNTIF函数、RANK函数。

※ 数学函数：SUM函数。

13.1
员工考勤登记表

13.1.1 绘制员工基本考勤登记表

企业员工在上班、下班时均会打卡，记录着每位员工上下班的时间。人力资源部门在每月月初会制作考勤登记表，登记员工上个月考勤情况。

1. 创建考勤登记表及数据引用表

01 打开下载文件中的"素材\第13章\员工考勤登记表.xlsx"文件，如图13-1所示。

图13-1

02 切换到"数据引用区"工作表，在该工作表中已输入考勤情况及对应的符号、多个年份（本例中输入年份为2016~2027）及1~12月份，如图13-2所示。

03 单击"公式"选项卡，在"定义的名称"选项组中单击"定义名称"按钮，如图13-3所示。

图13-2

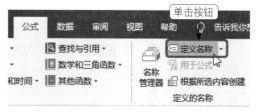

图13-3

04 打开"新建名称"对话框，在"名称"文本框中输入"考勤符号"，接着将光标放置在"引

401

用位置"文本框，在"数据引用区"工作表中选中B2:B10单元格区域，单击"确定"按钮，如图13-4所示。

[05] 再次打开"新建名称"对话框，在"名称"文本框中输入"年份"，接着将光标放置在"引用位置"文本框，在"数据引用区"工作表中选中C2:C13单元格区域，单击"确定"按钮，如图13-5所示。

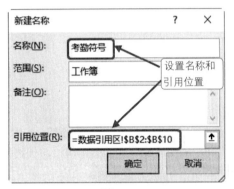

图13-4

图13-5

[06] 继续打开"新建名称"对话框，在"名称"文本框中输入"月份"，接着将光标放置在"引用位置"文本框，在"数据引用区"工作表中选中D2:D13单元格区域，如图13-6所示。

[07] 单击"确定"按钮，返回"名称管理器"对话框，可以看到定义的三个名称，如图13-7所示。

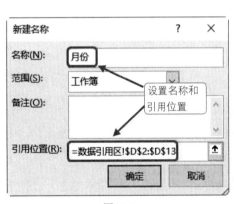

图13-6

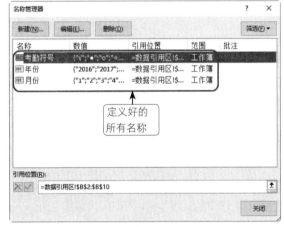

图13-7

2. 使用数据有效性和公式显示考勤基本信息

[01] 选中C1单元格，单击"数据"选项卡，在"数据工具"选项组中单击"数据验证"下拉按钮，在下拉菜单中选择"数据验证"命令，如图13-8所示。

[02] 打开"数据验证"对话框，在"允许"下拉列表中选择"序列"，在"来源"文本框中输入"=年份"，单击"确定"按钮，如图13-9所示。

[03] 返回工作表中，选中C1单元格时可出现下拉按钮，单击可展开下拉列表，选择对应的年份，如图13-10所示。

图13-8

图13-9

图13-10

04 选中E1单元格，打开"数据验证"对话框，在"允许"下拉列表中选择"序列"，在"来源"文本框中输入"=月份"，单击"确定"按钮，如图13-11所示。

05 返回工作表中，选中E1单元格时可出现下拉列表，可以选择对应的月份，如图13-12所示。

图13-11

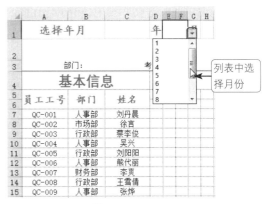

图13-12

06 将光标定位在Q1单元格中，输入公式：=NETWORKDAYS(DATE($C$1,$E$1,1),EOMONTH(DATE($C$1,$E$1,1),0))，按【Enter】键即可计算出当前指定年月的工作日天数，如图13-13所示。

图13-13

公式解析：

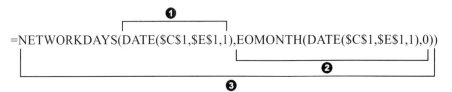

❶ "DATE($C$1,$E$1,1)" 表示将C1、E1、1转化为日期。

❷ "EOMONTH(DATE($C$1,$E$1,1),0)" 表示先用 "DATE($C$1,$E$1,1)" 将C1、E1、1转化为日期，然后使用EOMONTH函数返回该日期对应的本月的最后一天。

❸ 使用NETWORKDAYS函数统计出工作日总天数。

13.1.2 设置考勤日期和星期格式

每个月的天数和周六日对应的日期不一样，本例介绍如何设置公式，根据月份计算出每个月所包含的日期及对应的星期数，并使用"条件格式"功能将周末日期用特殊颜色标示出来，以便于查看。

1. 设置公式返回对应的日期

01 将光标定位在D6单元格中，输入公式：=IF(MONTII(DATE($C$1,$E$1,COLUMN(A1)))=$E$1,DATE($C$1,$E$1,COLUMN(A1)),"")，按【Enter】键，即可返回当前指定年、月下第一日对应的日期序列号，如图13-14所示。

图13-14

公式解析：

=IF(MONTH(DATE($C$1,$E$1,COLUMN(A1)))=$E$1,DATE($C$1,$E$1,COLUMN(A1)),"")

公式表示判断 "DATE($C$1,$E$1,COLUMN(A1)))" 中的月份数是否等于E1单元格中的月份数，如果等于，则返回DATE($C$1,$E$1,COLUMN(A1))，否则返回空值。

02 选中D6单元格，单击"开始"选项卡，在"数字"选项组中单击 按钮，打开"设置单元格格式"对话框。在"分类"列表框中选中"自定义"选项，设置"类型"为"d"，表示只显示日，如图13-15所示。

03 单击"确定"按钮，返回工作表中，可以看到D6单元格中显示为"1"，如图13-16所示。

图13-15

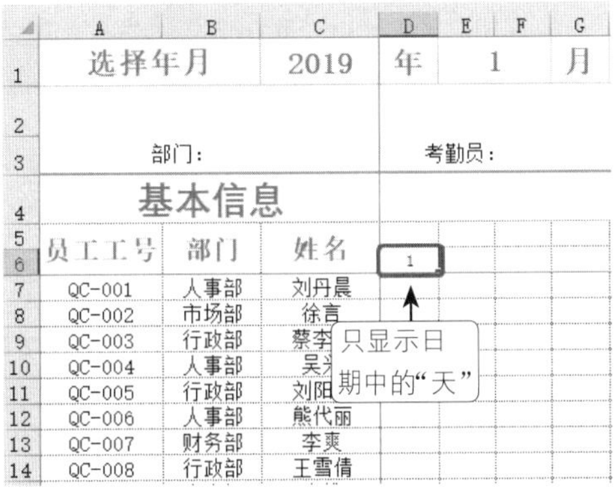

图13-16

2. 设置公式返回对应的星期

01 将光标定位在D5单元格中，输入公式：=TEXT(D6,"AAA")，按【Enter】键，返回当前指定年、月下第1日对应的星期序号，如图13-17所示。

图13-17

02 选中D5:D6单元格区域，将光标定位到区域的右下角，当出现黑色十字形时，按住鼠标左键向右拖动至AH5:AH6单元格区域，可以返回指定年月下的所有日期和星期，如图13-18所示。

03 选中D5:AH6单元格区域，单击"开始"选项卡，在"单元格"选项组中单击"格式"下拉按钮，在打开的下拉菜单中单击"自动调整列宽"命令，如图13-19所示，即可将所有单元格调整自适应数值的宽度。

图13-18

图13-19

3. 设置周六显示格式

01 选中D5:AH6单元格区域，切换到"开始"选项卡，在"样式"选项组中单击"条件格式"下拉按钮，在其下拉菜单中选择"新建规则"命令，如图13-20所示。

图13-20

02 打开"新建格式规则"对话框，选择"使用公式确定要设置格式的单元格"规则类型，设置公式为："=D$5="六""，单击"格式"按钮，如图13-21所示。

03 打开"设置单元格格式"对话框，切换到"填充"选项，设置特殊背景色，如图13-22所示。

| 图13-21 | 图13-22 |

04 切换到"字体"选项卡，在"字形"列表框中选择"加粗"，接着单击"颜色"下拉按钮，在下拉列表中选择"白色"，如图13-23所示。

05 单击"确定"按钮，返回"新建格式规则"对话框中，可以看到格式预览，如图13-24所示。当选中的单元格区域中的值满足公式条件时，即可显示所设置的格式。

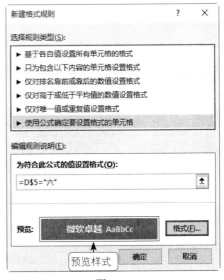

| 图13-23 | 图13-24 |

4. 设置周日显示格式

01 再次打开"新建格式规则"对话框，选择"使用公式确定要设置格式的单元格"规则类型，设置公式为："=D$5="日""，单击"格式"按钮，如图13-25所示。

02 按相同的方法设置格式（此处设置红色背景，白色加粗字体），设置完成后返回"新建格式规则"对话框中，可以看到格式预览效果，如图13-26所示。

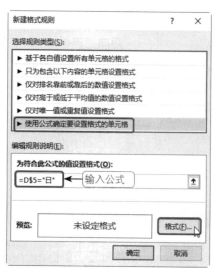

图13-25

图13-26

03 设置完成后，单击"确定"按钮，即可看到周日条件格式的效果，如图13-27所示。

图13-27

13.1.3 冻结窗格显示固定数据

因为考勤登记表信息比较多，不能在当前界面上完全显示，可以使用冻结窗格功能将基本信息冻结在电脑屏幕，这样在拖动滚动条时，始终在屏幕中显示基本信息。

01 选中D7单元格，单击"视图"选项卡，在"窗口"选项组中单击"冻结窗格"下拉按钮，在下拉列表中选择"冻结窗格"命令，如图13-28所示。

02 执行"冻结窗格"命令后，向下、向右拖动滚动条，基本信息区域和日期、星期表头始终可见，如图13-29所示。

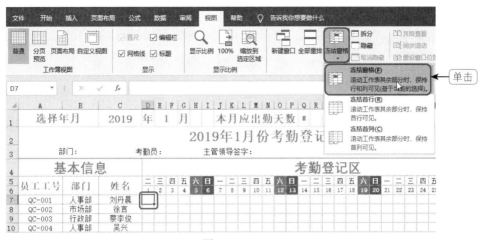

图13-28

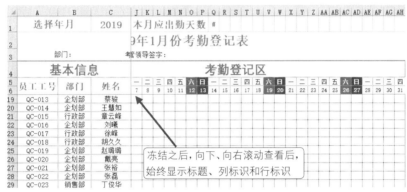

图13-29

13.1.4 添加考勤符号

在创建好表格后，人力资源部门需要根据实际考勤情况进行登记。在Excel表格中可以利用各种符号代替出勤、事假、病假等考勤记录。

01 选中考勤区域，单击"数据"选项卡，在"数据工具"选项组中单击"数据验证"下拉按钮，在下拉菜单中选择"数据验证"命令。

02 打开"数据验证"对话框，在"允许"下拉列表中选择"序列"，在"来源"文本框中输入"=考勤符号"，如图13-30所示。

03 单击"输入信息"选项，在"输入信息"列表框中输入各种符号代替的考勤类别，如图13-31所示。

04 单击"确定"按钮，返回工作表中，单击考勤区域任意单元格，可从下拉列表中选择考勤类别，如图13-32所示。

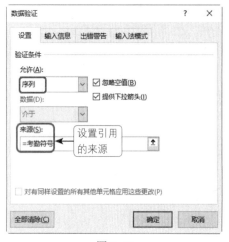

图13-30

图13-31

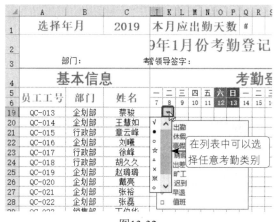

图13-32

05 更改月份考勤时间为2019年3月份（可以看到日期和星期发生了变化，并且周六周日的特殊标记也发生了更新），根据员工每日的实际出勤情况进行记录，登记后效果如图13-33所示。

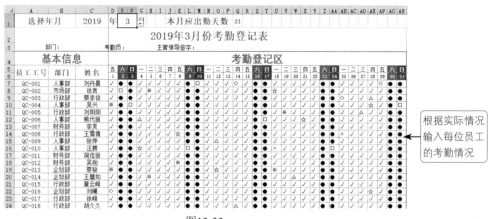

图13-33

13.2
员工考勤统计表

13.2.1 创建员工考勤统计表

企业在每月结算工资之前均会根据"考勤登记表"对员工本月的出勤情况进行统计，以查看员工本月考勤情况。人力资源部门可利用COUNTIF()函数统计员工的出勤次数、迟到次数、早退次数等情况。

1. 创建基本表格

01 打开下载文件中的"素材\第13章\员工考勤统计表.xlsx"文件，如图13-34所示。

图13-34

02 将光标定位在D3单元格中，输入公式：=考勤登记表!$Q$1，按【Enter】键，即可得到本月应该出勤天数，如图13-35所示。

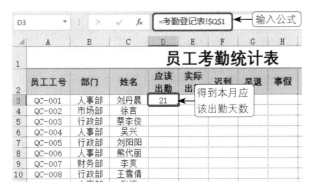

图13-35

2. 使用COUNITF函数计算员工出勤情况

01 将光标定位在E3单元格中，输入公式：=COUNTIF(考勤登记表!D7:AH7,"√")，按【Enter】键，即可计算出第一位员工本月实际出勤天数，如图13-36所示。

02 将光标定位在F3单元格中，输入公式：=COUNTIF(考勤登记表!D7:AH7,"※")，按【Enter】键，即可计算出第一位员工本月迟到次数，如图13-37所示。

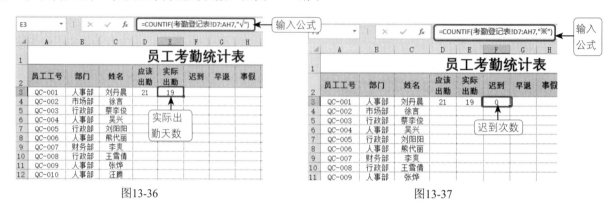

图13-36   图13-37

03 将光标定位在G3单元格中，输入公式：=COUNTIF(考勤登记表!D7:AH7,"◇")，按【Enter】键，即可计算出第一位员工本月早退次数，如图13-38所示。

04 将光标定位在H3单元格中，输入公式：=COUNTIF(考勤登记表!D7:AH7,"○")，按【Enter】键，即可计算出第一位员工本月事假次数，如图13-39所示。

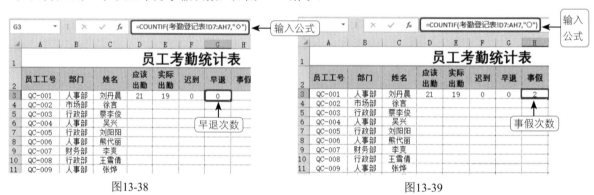

图13-38   图13-39

05 将光标定位在I3单元格中，输入公式：=COUNTIF(考勤登记表!D7:AH7,"☆")，按【Enter】键，即可计算出第一位员工本月病假天数，如图13-40所示。

06 将光标定位在J3单元格中，输入公式：=COUNTIF(考勤登记表!D7:AH7,"△")，按【Enter】键，即可计算出第一位员工本月出差天数，如图13-41所示。

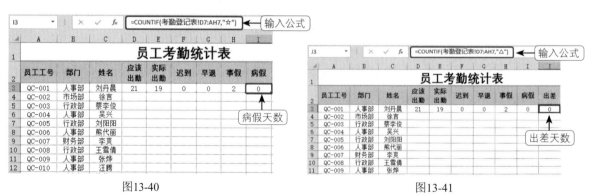

图13-40   图13-41

07 将光标定位在K3单元格中，输入公式：=COUNTIF(考勤登记表!D7:AH7," × ")，按【Enter】

键，即可计算出第一位员工本月旷工次数，如图13-42所示。

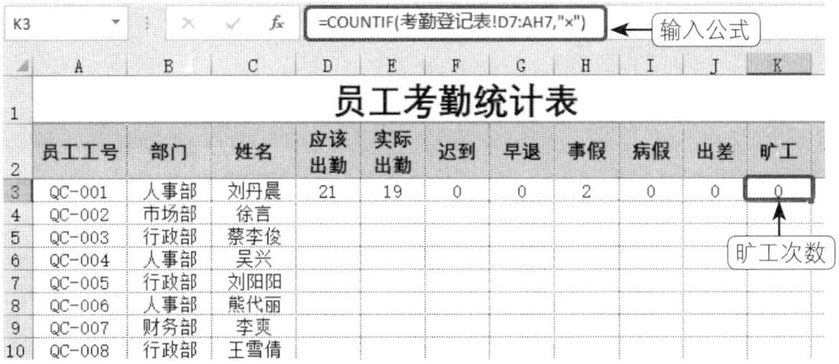

员工考勤统计表										
员工工号	部门	姓名	应该出勤	实际出勤	迟到	早退	事假	病假	出差	旷工
QC-001	人事部	刘丹晨	21	19	0	0	2	0	0	0
QC-002	市场部	徐言								
QC-003	行政部	蔡李俊								
QC-004	人事部	吴兴								
QC-005	行政部	刘阳阳								
QC-006	人事部	熊代丽								
QC-007	财务部	李爽								
QC-008	行政部	王雪倩								

图13-42

08 将光标定位在L3单元格中，输入公式：=COUNTIF(考勤登记表!D7:AH7,"□")，按【Enter】键，即可计算出第一位员工本月值班天数，如图13-43所示。

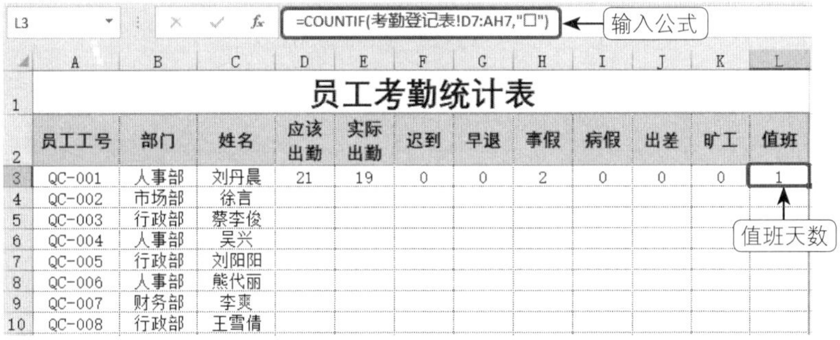

员工考勤统计表											
员工工号	部门	姓名	应该出勤	实际出勤	迟到	早退	事假	病假	出差	旷工	值班
QC-001	人事部	刘丹晨	21	19	0	0	2	0	0	0	1
QC-002	市场部	徐言									
QC-003	行政部	蔡李俊									
QC-004	人事部	吴兴									
QC-005	行政部	刘阳阳									
QC-006	人事部	熊代丽									
QC-007	财务部	李爽									
QC-008	行政部	王雪倩									

图13-43

09 选中D3:L3单元格区域，将光标定位到L3单元格右下角，当光标变为黑色十字时向下拖动复制公式，即可得到所有员工的出勤情况，如图13-44所示。

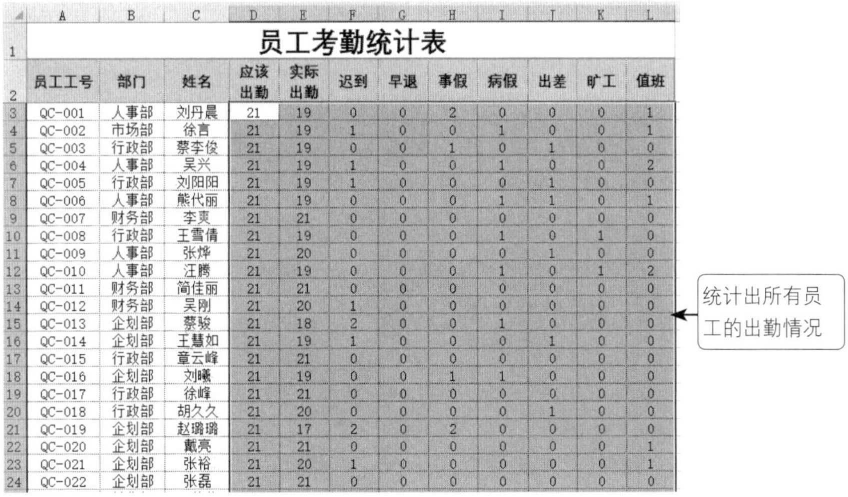

员工考勤统计表											
员工工号	部门	姓名	应该出勤	实际出勤	迟到	早退	事假	病假	出差	旷工	值班
QC-001	人事部	刘丹晨	21	19	0	0	2	0	0	0	1
QC-002	市场部	徐言	21	19	1	0	0	1	0	0	1
QC-003	行政部	蔡李俊	21	19	0	0	1	0	1	0	0
QC-004	人事部	吴兴	21	19	1	0	0	1	0	0	2
QC-005	行政部	刘阳阳	21	19	1	0	0	0	1	0	0
QC-006	人事部	熊代丽	21	19	0	0	0	1	1	0	1
QC-007	财务部	李爽	21	21	0	0	0	0	0	0	0
QC-008	行政部	王雪倩	21	19	0	0	0	1	0	1	0
QC-009	人事部	张烨	21	20	0	0	0	0	1	0	0
QC-010	人事部	汪腾	21	19	0	0	0	1	0	1	2
QC-011	财务部	简佳丽	21	21	0	0	0	0	0	0	0
QC-012	财务部	吴刚	21	20	1	0	0	0	0	0	0
QC-013	企划部	蔡骏	21	18	2	0	0	1	0	0	0
QC-014	企划部	王慧如	21	19	1	0	0	0	1	0	0
QC-015	行政部	章云峰	21	21	0	0	0	0	0	0	0
QC-016	企划部	刘曦	21	19	0	0	1	1	0	0	0
QC-017	行政部	徐峰	21	21	0	0	0	0	0	0	0
QC-018	行政部	胡久久	21	20	0	0	0	0	1	0	0
QC-019	企划部	赵璐璐	21	17	2	0	2	0	0	0	0
QC-020	企划部	戴亮	21	21	0	0	0	0	0	0	1
QC-021	企划部	张裕	21	20	1	0	0	0	0	0	1
QC-022	企划部	张磊	21	21	0	0	0	0	0	0	0

图13-44

公式解析：

=COUNTIF(考勤登记表!D7:AH7,"√")

统计"考勤登记表"的D7:AH7单元格区域中"√"单元格的个数，也就是出勤天数。

13.2.2 员工考勤扣款统计

假设员工迟到1次扣款10元，早退1次扣款15元，事假扣款60元，病假扣款30元，旷工扣款180元，根据考勤情况来计算员工本月应扣工资金额。考勤扣款数据会在薪资统计表中使用到。

01 打开下载文件中的"素材\第13章\员工考勤扣款及满勤奖统计.xlsx"文件，如图13-45所示。

图13-45

02 将光标定位在D3单元格中，输入公式：=IF(员工考勤统计表!F3=0,0,员工考勤统计表!F3*10)，按【Enter】键后向下复制公式，即可得到本月每位员工迟到扣款金额，如图13-46所示。

图13-46

03 将光标定位在E3单元格中，输入公式：=IF(员工考勤统计表!G3=0,0,员工考勤统计表!G3*15)，按【Enter】键后向下复制公式，即可得到每位员工早退扣款金额，如图13-47所示。

04 将光标定位在F3单元格中，输入公式：=IF(员工考勤统计表!H3=0,0,员工考勤统计表!H3*60)，按【Enter】键后向下复制公式，即可得到每位员工事假扣款金额，如图13-48所示。

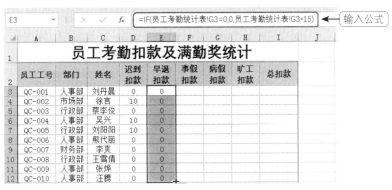

员工考勤扣款及满勤奖统计								
员工工号	部门	姓名	迟到扣款	早退扣款	事假扣款	病假扣款	旷工扣款	总扣款
QC-001	人事部	刘丹晨	0	0				
QC-002	市场部	徐言	10	0				
QC-003	行政部	蔡李俊	0	0				
QC-004	人事部	吴兴	10	0				
QC-005	行政部	刘阳阳	10	0				
QC-006	人事部	熊代丽	0	0				
QC-007	财务部	李爽	0	0				
QC-008	行政部	王雪倩	0	0				
QC-009	人事部	张烨	0	0				
QC-010	人事部	汪腾	0	0				

图13-47

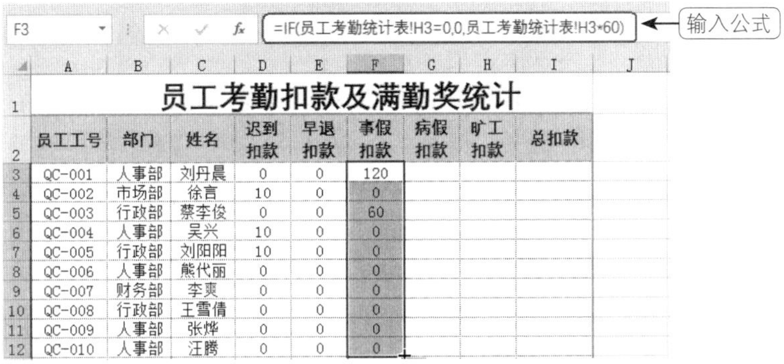

员工考勤扣款及满勤奖统计								
员工工号	部门	姓名	迟到扣款	早退扣款	事假扣款	病假扣款	旷工扣款	总扣款
QC-001	人事部	刘丹晨	0	0	120			
QC-002	市场部	徐言	10	0	0			
QC-003	行政部	蔡李俊	0	0	60			
QC-004	人事部	吴兴	10	0	0			
QC-005	行政部	刘阳阳	10	0	0			
QC-006	人事部	熊代丽	0	0	0			
QC-007	财务部	李爽	0	0	0			
QC-008	行政部	王雪倩	0	0	0			
QC-009	人事部	张烨	0	0	0			
QC-010	人事部	汪腾	0	0	0			

图13-48

05 将光标定位在G3单元格中，输入公式：=IF(员工考勤统计表!I3=0,0,员工考勤统计表!I3*30)，按【Enter】键后向下复制公式，即可得到每位员工病假扣款金额，如图13-49所示。

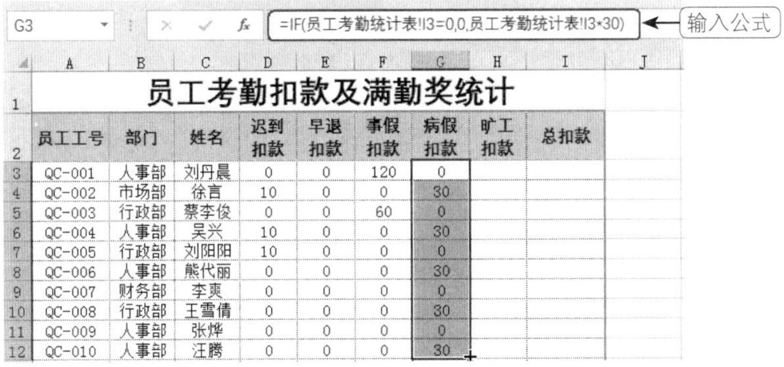

员工考勤扣款及满勤奖统计								
员工工号	部门	姓名	迟到扣款	早退扣款	事假扣款	病假扣款	旷工扣款	总扣款
QC-001	人事部	刘丹晨	0	0	120	0		
QC-002	市场部	徐言	10	0	0	30		
QC-003	行政部	蔡李俊	0	0	60	0		
QC-004	人事部	吴兴	10	0	0	30		
QC-005	行政部	刘阳阳	10	0	0	0		
QC-006	人事部	熊代丽	0	0	0	30		
QC-007	财务部	李爽	0	0	0	0		
QC-008	行政部	王雪倩	0	0	0	30		
QC-009	人事部	张烨	0	0	0	0		
QC-010	人事部	汪腾	0	0	0	30		

图13-49

06 将光标定位在H3单元格中，输入公式：=IF(员工考勤统计表!K3=0,0,员工考勤统计表!K3*180)，按【Enter】键后向下复制公式，即可得到每位员工旷工扣款金额，如图13-50所示。

07 将光标定位在I3单元格中，输入公式：=SUM(D3:H3)，按【Enter】键后向下复制公式，即可得到每位员工总扣款金额，如图13-51所示。

图13-50

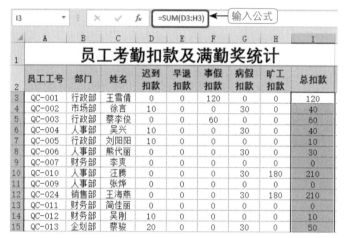

图13-51

13.2.3 员工满勤奖统计

如果员工本月考勤中无迟到、早退、事假、病假和旷工等现象，则可以得到企业为奖励员工正常工作的满勤奖金。假设满勤奖的奖金为100元，可以按照下列方式设置公式。

在"总扣款"后插入"满勤奖"列，将光标定位在J3单元格中，输入公式：=IF(I3=0,100,0)，按【Enter】键后向下复制公式，即可得到员工本月满勤奖情况，如图13-52所示。

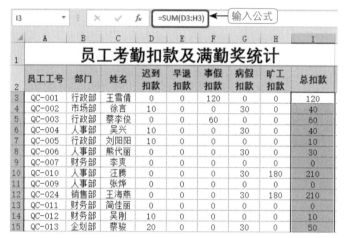

图13-52

13.3
员工出勤情况分析

13.3.1　员工出勤率统计

出勤率是根据"员工考勤统计表"中统计的员工应该出勤、实际出勤、迟到、早退次数等计算出每个员工的出勤率。

01 打开下载文件中的"素材\第13章\员工出勤情况分析.xlsx"文件，如图13-53所示。

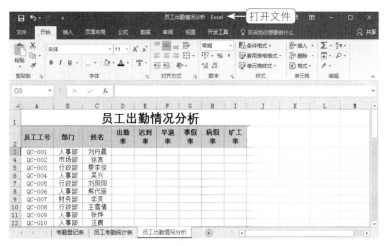

图13-53

02 将光标定位在D3单元格中，输入公式：=员工考勤统计表!E3/员工考勤统计表!D3，按【Enter】键，即可得到第一位员工本月出勤率，如图13-54所示。

03 将光标定位在E3单元格中，输入公式：=员工考勤统计表!F3/员工考勤统计表!D3，按【Enter】键，即可得到第一位员工的本月迟到率，如图13-55所示。

图13-54

图13-55

04 将光标定位在F3单元格中，输入公式：=员工考勤统计表!G3/员工考勤统计表!D3，按【Enter】键，即可得到第一位员工的本月早退率，如图13-56所示。

05 将光标定位在G3单元格中，输入公式：=员工考勤统计表!H3/员工考勤统计表!D3，按【Enter】键，即可得到第一位员工的本月事假率，如图13-57所示。

图13-56

图13-57

06 将光标定位在H3单元格中，输入公式：=员工考勤统计表!I3/员工考勤统计表!D3，按【Enter】键，即可得到第一位员工的本月病假率，如图13-58所示。

07 将光标定位在I3单元格中，输入公式：=员工考勤统计表!K3/员工考勤统计表!D3，按【Enter】键，即可得到第一位员工的本月旷工率，如图13-59所示。

图13-58

图13-59

08 选中D3:I3单元格区域，向下复制公式依次得到所有员工的各种出勤率（小数值），继续单击"开始"选项卡，在"数字"选项组中单击"数字格式"下拉按钮，在下拉菜单中单击"百分比"命令，如图13-60所示。

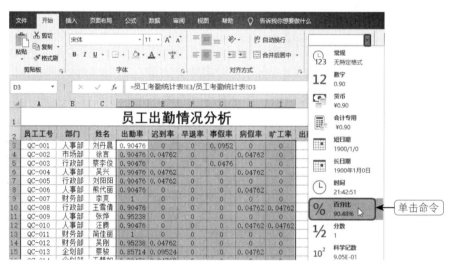

图13-60

09 此时可以看到所有出勤率显示为百分比格式，效果如图13-61所示。

全部显示为百分比格式

图13-61

13.3.2 使用数据透视表统计各部门出勤情况

企业为了评比各部门的考勤情况，可根据员工所属部门对月考勤情况进行分析。使用数据透视表和数据透视图可以轻松地统计各部门本月平均出勤率情况。

1. 创建数据透视表

01 选中"员工考勤统计表"工作表中任意单元格，单击"插入"选项卡，在"表格"选项组中单击"数据透视表"按钮（见图13-62），打开"创建数据透视表"对话框。

02 在该对话框"选择一个表或区域"列表框中显示了选中的单元格区域，以及勾选"新工作表"单选按钮，如图13-63所示。

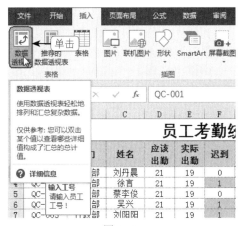

图13-62

图13-63

03 单击"确定"按钮，即可在新工作表中显示数据透视表。在工作表标签上用鼠标双击，然后输入新名称为"各部门出勤情况分析"，如图13-64所示。

04 添加"部门"字段为行标签字段，接着添加"出勤率"为数值字段（默认汇总方式为求和），如图13-65所示。

图13-64

图13-65

05 在"数值"区域单击"出勤率"下拉按钮，在打开的下拉列表中选择"值字段设置"命令（见图13-66），打开"值字段设置"对话框。

06 在"自定义名称"文本框中输入名称为"各部门平均出勤率"，接着在"计算类型"列表中选择"平均值"，单击"确定"按钮，如图13-67所示。

图13-66

图13-67

07 返回数据透视表中，即可看到将计算方式更改为"平均值"，如图13-68所示。

08 选中B4:B11单元格区域，单击"开始"选项卡，在"数字"选项组中单击"数字格式"下拉按钮，在下拉菜单中选择"百分比"命令，设置后数据更改为百分比样式，如图13-69所示。

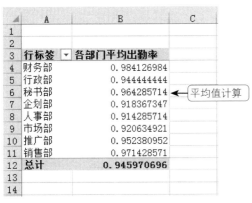

图13-68   图13-69

2. 创建数据透视图

01 选中B4单元格并单击鼠标右键，在弹出的的快捷菜单中单击"排序"，在其子菜单中单击"升序"命令，如图13-70所示。

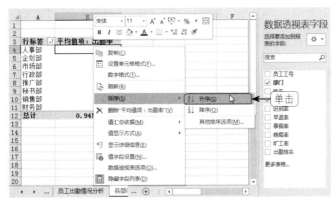

图13-70

02 单击"数据透视表工具-分析"选项卡，在"工具"选项组中单击"数据透视图"按钮，打开"插入图表"对话框，单击左侧"柱形图"选项，接着选择"三维簇状圆柱图"子图表类型，如图13-71所示。

03 单击"确定"按钮，返回工作表中，即可看到新建的数据透视图，在图表中输入标题为"各部门出勤情况分析"，如图13-72所示。

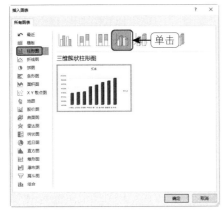
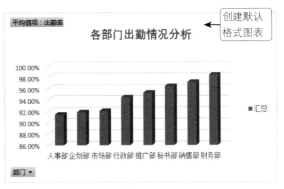

图13-71   图13-72

421

04 选中图表，单击右侧的"图表样式"按钮，在打开的下拉列表中选择一种图表样式即可，如图13-73所示。

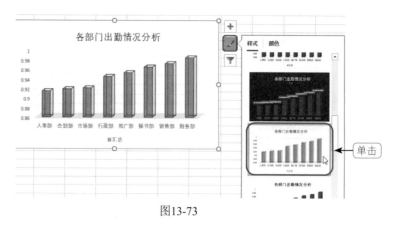

图13-73

14

第 14 章
员工薪资管理

本章概述

※ 薪资是指用人单位依据法律、行业规定，或根据与员工之间的约定，以货币形式对员工的劳动所支付的报酬。

※ 员工薪资管理指对员工的基本工资、奖金、红利等进行统计、整理和分析等管理。企业只有合理地制定薪酬评估与管理体系，才能更好地利用薪酬机制提高员工工作的积极性，激发员工的工作热情。

※ 应用函数对员工的薪资进行核算。

学习要点

※ 学会建立员工销售业绩表、基本工资表、满勤奖统计表、福利补贴表、社保缴费表、工资统计表。

※ 在各类统计表的基础上，生成员工的工资表。

学习功能

※ 数学函数：SUMIF函数、SUM函数、ROUND函数。

※ 统计函数：MAX函数。

※ 查找和引用函数：HLOOKUP函数、VLOOKUP函数。

※ 日期与时间函数：YEAR函数、TODAY函数。

※ 逻辑函数：IF函数。

14.1

员工销售业绩奖金

14.1.1 创建销售记录表

在企业薪资管理系统中，员工销售业绩奖金是重要的组成部分之一，它决定员工本月除基本工资外所能获得的最大奖励。本例需要根据销售数量和单价统计销售额。

01 打开下载文件中的"素材\第14章\员工销售业绩奖金.xlsx"文件，如图14-1所示。

02 将光标定位在F3单元格中，输入公式：=D3*E3，按【Enter】键，即可得到第一名员工的销售金额。利用公式向下填充功能，即可计算出所有员工本月销售金额，如图14-2所示。

图14-1   图14-2

14.1.2 计算本月业绩奖金

根据每位销售员当月的总销售金额，可以判断出每位员工的销售业绩奖金的提成率。但是在计算销售员当月业绩奖金提成率前，需要拟定一下销售业绩奖金标准规范。

假设企业的销售业绩奖金标准规范如下：

- 销售金额在 50000 以下，业绩奖金为销售额的 2.5%。
- 销售金额在 50001 ～ 80000 之间的，业绩奖金为销售额的 5.0%。
- 每季度的销售金额在 80001 ～ 100000 之间的，业绩奖金为销售额的 10.0%。
- 每季度的销售金额在 100001 以上的，业绩奖金为销售额的 15.0%。

01 切换到"员工当月销售业绩奖金"工作表，该工作表已输入基础数据，如图14-3所示。

图14-3

02 将光标定位在B3单元格中，输入公式：=SUMIF('3月销售统计表'!$C$3:$C$49,A3,'3月销售统计表'!$F$3:$F$49)，按【Enter】键，即可得到第一名员工的总销售额。利用公式向下填充功能，即可得到所有员工的总销售额，如图14-4所示。

图14-4

03 将光标定位在C3单元格中，输入公式：=HLOOKUP(B3,$B$14:$E$16,3)，按【Enter】键，即可计算出第一名员工的提成率。利用公式向下填充功能，即可计算出所有员工的提成率，如图14-5所示。

04 选中C3:C12单元格区域，单击"开始"选项卡，在"数字"选项组中单击"数字格式"下拉按钮，在下拉菜单中选择"百分比"命令，即可将提成率更改为百分比样式，如图14-6所示。

图14-5

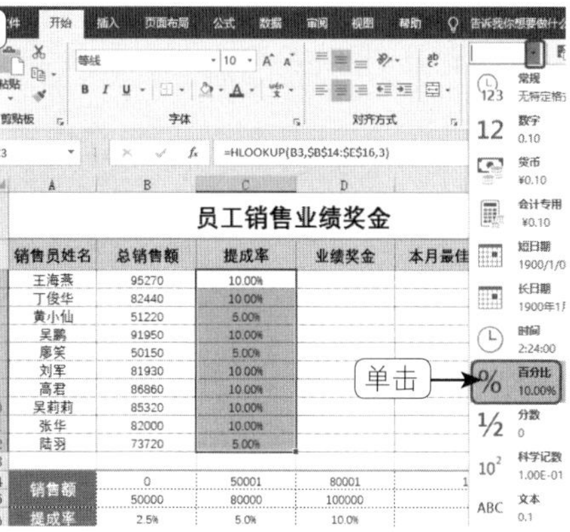

图14-6

425

05 将光标定位在D3单元格中，输入公式：=B3*C3，按【Enter】键，即可计算出第一位员工的业绩奖金。利用公式填充功能，即可计算出所有员工的业绩奖金，如图14-7所示。

图14-7

14.2

员工基本工资表

14.2.1 创建员工基本工资表

员工基本工资表用于记录员工的工号、姓名、所属部门、当前职务、基本工资等信息。

01 打开下载文件中的"素材\第14章\员工基本工资表.xlsx"文件，如图14-8所示。

图14-8

02 手动输入"基本工资""岗位工资"标识项，设置后效果如图14-9所示。

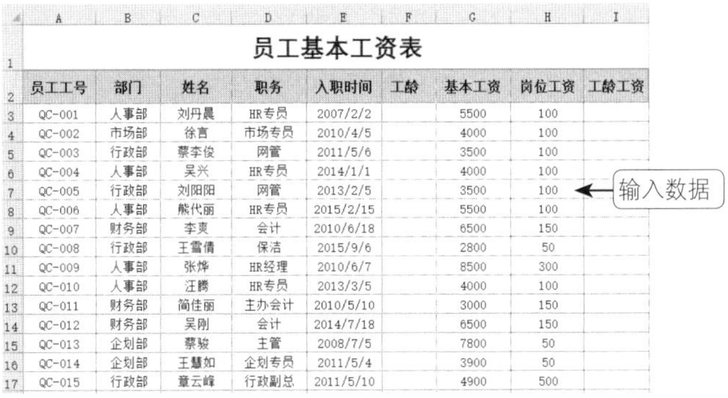

员工基本工资表

员工工号	部门	姓名	职务	入职时间	工龄	基本工资	岗位工资	工龄工资
QC-001	人事部	刘丹晨	HR专员	2007/2/2		5500	100	
QC-002	市场部	徐言	市场专员	2010/4/5		4000	100	
QC-003	行政部	蔡李俊	网管	2011/5/6		3500	100	
QC-004	人事部	吴兴	HR专员	2014/1/1		4000	100	
QC-005	行政部	刘阳阳	网管	2013/2/5		3500	100	
QC-006	人事部	熊代丽	HR专员	2015/2/15		5500	100	
QC-007	财务部	李爽	会计	2010/6/18		6500	150	
QC-008	行政部	王雪倩	保洁	2015/9/6		2800	50	
QC-009	人事部	张烨	HR经理	2010/6/7		8500	300	
QC-010	人事部	汪腾	HR专员	2013/3/5		4000	100	
QC-011	财务部	简佳丽	主办会计	2010/5/10		3000	150	
QC-012	财务部	吴刚	会计	2014/7/18		6500	150	
QC-013	企划部	蔡骏	主管	2008/7/5		7800	50	
QC-014	企划部	王慧如	企划专员	2011/5/4		3900	50	
QC-015	行政部	章云峰	行政副总	2011/5/10		4900	500	

图14-9

14.2.2 计算员工工龄及工龄工资

企业针对不同工龄的员工，会增加员工的工龄工资，工龄越长，工龄工资越高。根据员工的入职时间可以使用公式计算出员工的工龄，再根据员工的工龄计算出员工的工龄工资。本例规定：工龄工资的计算方式为小于1年不计工龄工资，工龄大于1年按每年50元递增。

01 将光标定位在F3单元格中，输入公式：=--(YEAR(TODAY())-YEAR(E3))，按【Enter】键，即可计算出第一名员工工龄。利用公式填充功能，即可计算出所有员工的工龄，如图14-10所示。

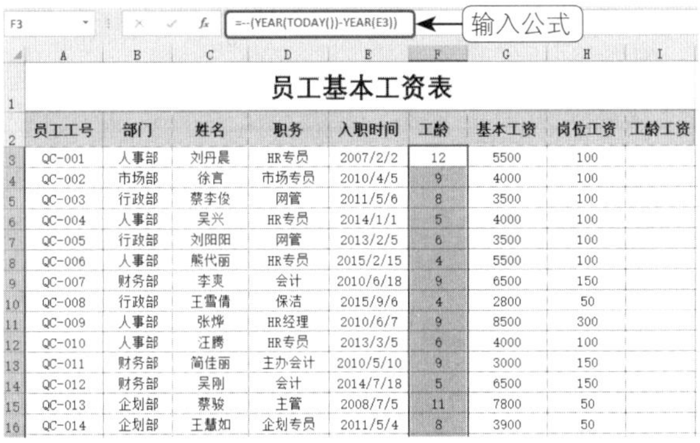

员工基本工资表

员工工号	部门	姓名	职务	入职时间	工龄	基本工资	岗位工资	工龄工资
QC-001	人事部	刘丹晨	HR专员	2007/2/2	12	5500	100	
QC-002	市场部	徐言	市场专员	2010/4/5	9	4000	100	
QC-003	行政部	蔡李俊	网管	2011/5/6	8	3500	100	
QC-004	人事部	吴兴	HR专员	2014/1/1	5	4000	100	
QC-005	行政部	刘阳阳	网管	2013/2/5	6	3500	100	
QC-006	人事部	熊代丽	HR专员	2015/2/15	4	5500	100	
QC-007	财务部	李爽	会计	2010/6/18	9	6500	150	
QC-008	行政部	王雪倩	保洁	2015/9/6	4	2800	50	
QC-009	人事部	张烨	HR经理	2010/6/7	9	8500	300	
QC-010	人事部	汪腾	HR专员	2013/3/5	6	4000	100	
QC-011	财务部	简佳丽	主办会计	2010/5/10	9	3000	150	
QC-012	财务部	吴刚	会计	2014/7/18	5	6500	150	
QC-013	企划部	蔡骏	主管	2008/7/5	11	7800	50	
QC-014	企划部	王慧如	企划专员	2011/5/4	8	3900	50	

图14-10

02 将光标定位在I3单元格中，输入公式：=IF(F3<=1,0,(F3-1)*50)，按【Enter】键，即可计算出第一名员工的工龄工资。利用公式填充功能，即可计算出所有员工的工龄工资，如图14-11所示。

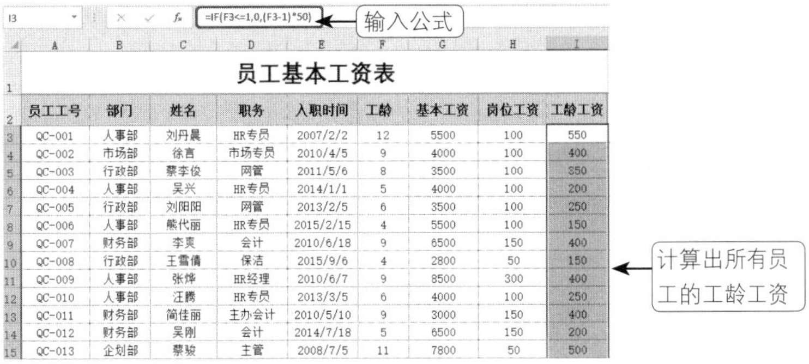

员工基本工资表

员工工号	部门	姓名	职务	入职时间	工龄	基本工资	岗位工资	工龄工资
QC-001	人事部	刘丹晨	HR专员	2007/2/2	12	5500	100	550
QC-002	市场部	徐言	市场专员	2010/4/5	9	4000	100	400
QC-003	行政部	蔡李俊	网管	2011/5/6	8	3500	100	350
QC-004	人事部	吴兴	HR专员	2014/1/1	5	4000	100	200
QC-005	行政部	刘阳阳	网管	2013/2/5	6	3500	100	250
QC-006	人事部	熊代丽	HR专员	2015/2/15	4	5500	100	150
QC-007	财务部	李爽	会计	2010/6/18	9	6500	150	400
QC-008	行政部	王雪倩	保洁	2015/9/6	4	2800	50	150
QC-009	人事部	张烨	HR经理	2010/6/7	9	8500	300	400
QC-010	人事部	汪腾	HR专员	2013/3/5	6	4000	100	250
QC-011	财务部	简佳丽	主办会计	2010/5/10	9	3000	150	400
QC-012	财务部	吴刚	会计	2014/7/18	5	6500	150	200
QC-013	企划部	蔡骏	主管	2008/7/5	11	7800	50	500

图14-11

公式解析：

$$=--(YEAR(TODAY())-YEAR(E3))$$

如果在公式"="号之后不使用"--"，那么工龄会首先返回日期值，需要再次将数字格式更改为"常规"格式。

建立完成"员工基本工资表"之后，当员工的基本工资、岗位工资有所变化（工龄工资可以按所设计的公式自动计算）或企业有新增（减少）人员时，都需要到该工作表中进行编辑备案。在后面统计员工的月工资时，也需要引用正确的基本工资数据。

14.3 复制员工考勤扣款及满勤奖表格

员工薪资表中的应扣工资数据需要引用到"员工考勤扣款及满勤奖统计"工作表中，满勤奖需要作为计算应发奖金的数据，因此需要将第13章中相应的表格复制过来。

01 打开第13章的"员工考勤扣款及满勤奖统计"工作表，选中D3:I54单元格区域，并按【Ctrl+C】组合键执行复制，如图14-12所示。

02 打开第13章的"员工考勤扣款及满勤奖"工作簿，选中D3单元格，按【Ctrl+C】组合键打开粘贴列表，单击"数值"命令，如图14-13所示，即可将数据复制过来。

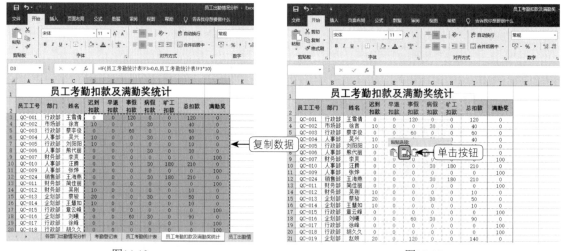

图14-12　　　　　　　　　　　　　　　　　图14-13

这里粘贴为"数值"格式，是因为表格中的数据引用了其他工作簿或其他工作表中的数据，这样操作可以防止数据更新时找不到引用的表格而返回错误值。

14.4 员工福利补贴表

14.4.1 创建员工福利表

员工福利表包括编号、姓名、部门以及各项福利补贴，如住房补贴、伙食补贴、交通补贴、医疗补贴等。

01 打开下载文件中的“素材\第14章\员工福利补贴表.xlsx”文件。

02 打开“移动或复制工作表”对话框，默认工作簿为“员工考勤扣款及满勤奖”，在“下列选定工作表之前”列表框中选择“移至最后”，接着勾选“建立副本”复选框，如图14-14所示。

03 单击“确定”按钮，此时即可在工作簿中看到复制的“员工基本工资表2”工作表（见图14-15），更改表格标题、列标题并删除相关数据，效果如图14-16所示，将表另存为“员工福利补贴表”。

图14-14

员工基本工资表

员工工号	部门	姓名	职务	入职时间	工龄
QC-001	人事部	刘丹晨	HR专员	2007/2/2	9
QC-002	市场部	徐言	市场专员	2010/4/5	6
QC-003	行政部	蔡李俊	网管	2011/5/6	5
QC-004	人事部	吴兴	HR专员	2014/1/1	2
QC-005	行政部	刘阳阳	网管	2013/2/5	3
QC-006	人事部	熊代丽	HR专员	2015/2/15	1
QC-007	财务部	李爽	会计	2010/6/18	6
QC-008	行政部	王雪倩	保洁	2015/9/6	1
QC-009	人事部	张烨	HR经理	2010/6/7	6
QC-010	人事部	汪腾	HR专员	2013/3/5	3
QC-011	财务部	简佳丽	主办会计	2010/5/10	6
QC-012	财务部	吴刚	会计	2014/7/18	2
QC-013	企划部	蔡骏	主管	2008/7/5	8

图14-15

员工福利补贴表

员工工号	部门	姓名	职务	住房补贴	交通补贴	伙食补贴	医疗补贴	合计
QC-001	人事部	刘丹晨	HR专员					
QC-002	市场部	徐言	市场专员					
QC-003	行政部	蔡李俊	网管					
QC-004	人事部	吴兴	HR专员					
QC-005	行政部	刘阳阳	网管					
QC-006	人事部	熊代丽	HR专员					
QC-007	财务部	李爽	会计					
QC-008	行政部	王雪倩	保洁					
QC-009	人事部	张烨	HR经理					
QC-010	人事部	汪腾	HR专员					

图14-16

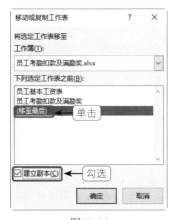

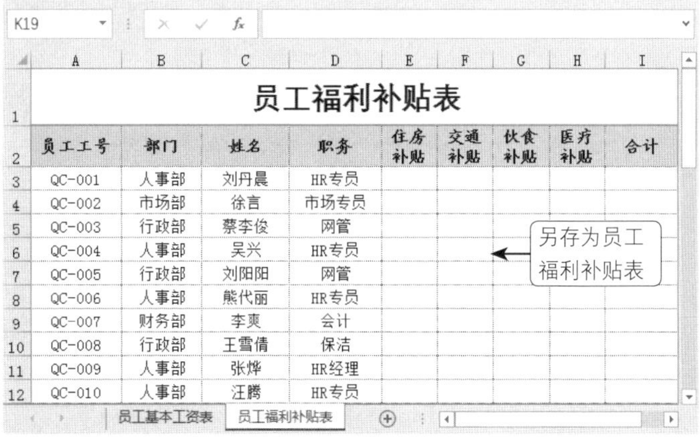

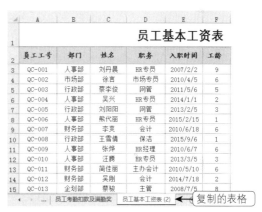

14.4.2 计算员工福利补贴

根据公司规模、制度的不同，住房补贴、伙食补贴、交通补贴、医疗补贴的规定也不同。有的公司以员工工龄为标准，有的公司以职位为标准。假设这里以职位来规定住房补贴、伙食补贴、交通补贴、医疗补贴的金额，具体如下：

- 职位“经理”：住房补贴“500”，交通补贴“150”，伙食补贴“350”，医疗补贴“150”。
- 职位“主管”：住房补贴“400”，交通补贴“100”，伙食补贴“400”，医疗补贴“120”。
- 职位“职员”：住房补贴“200”，交通补贴“80”，伙食补贴“150”，医疗补贴“80”。

01 将光标定位在E3单元格中，输入公式：=IF(D3="经理",500,IF(D3="主管",400,200))，按【Enter】键，即可计算出第一位员工的住房补贴金额。利用公式向下填充功能，即可计算出所有员工的住房补贴金额，如图14-17所示。

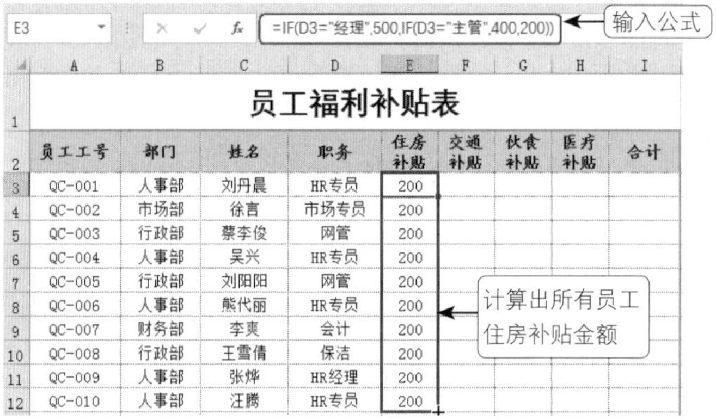

员工工号	部门	姓名	职务	住房补贴	交通补贴	伙食补贴	医疗补贴	合计
QC-001	人事部	刘丹晨	HR专员	200				
QC-002	市场部	徐言	市场专员	200				
QC-003	行政部	蔡李俊	网管	200				
QC-004	人事部	吴兴	HR专员	200				
QC-005	行政部	刘阳阳	网管	200				
QC-006	人事部	熊代丽	HR专员	200				
QC-007	财务部	李爽	会计	200				
QC-008	行政部	王雪倩	保洁	200				
QC-009	人事部	张烨	HR经理	200				
QC-010	人事部	汪腾	HR专员	200				

图14-17

02 将光标定位在F3单元格中，输入公式：=IF(D3="经理",150,IF(D3="主管",100,80))，按【Enter】键，即可计算出第一位员工的交通补贴金额。利用公式向下填充功能，即可计算出所有员工的交通补贴金额，如图14-18所示。

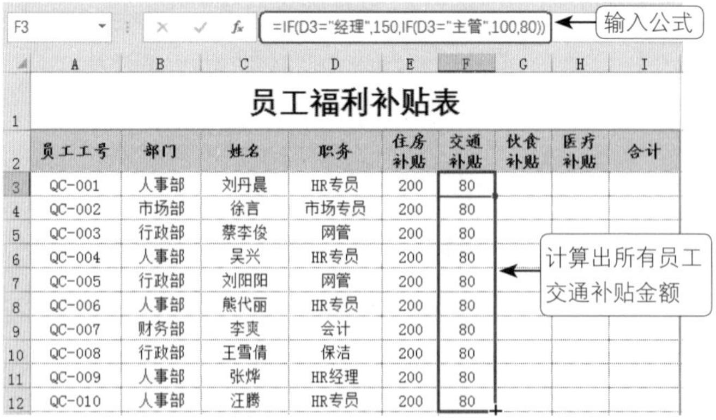

员工工号	部门	姓名	职务	住房补贴	交通补贴	伙食补贴	医疗补贴	合计
QC-001	人事部	刘丹晨	HR专员	200	80			
QC-002	市场部	徐言	市场专员	200	80			
QC-003	行政部	蔡李俊	网管	200	80			
QC-004	人事部	吴兴	HR专员	200	80			
QC-005	行政部	刘阳阳	网管	200	80			
QC-006	人事部	熊代丽	HR专员	200	80			
QC-007	财务部	李爽	会计	200	80			
QC-008	行政部	王雪倩	保洁	200	80			
QC-009	人事部	张烨	HR经理	200	80			
QC-010	人事部	汪腾	HR专员	200	80			

图14-18

03 将光标定位在G3单元格中，输入公式：=IF(D3="经理",350,IF(D3="主管",260,150))，按【Enter】键，即可计算出第一位员工的伙食补贴金额。利用公式向下填充功能，即可计算出所有员工伙食补贴金额，如图14-19所示。

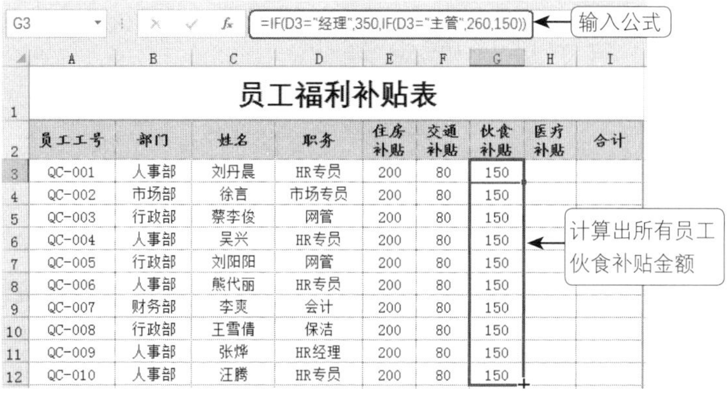

员工福利补贴表

员工工号	部门	姓名	职务	住房补贴	交通补贴	伙食补贴	医疗补贴	合计
QC-001	人事部	刘丹晨	HR专员	200	80	150		
QC-002	市场部	徐言	市场专员	200	80	150		
QC-003	行政部	蔡李俊	网管	200	80	150		
QC-004	人事部	吴兴	HR专员	200	80	150		
QC-005	行政部	刘阳阳	网管	200	80	150		
QC-006	人事部	熊代丽	HR专员	200	80	150		
QC-007	财务部	李爽	会计	200	80	150		
QC-008	行政部	王雪倩	保洁	200	80	150		
QC-009	人事部	张烨	HR经理	200	80	150		
QC-010	人事部	汪腾	HR专员	200	80	150		

图14-19

04 将光标定位在H3单元格中，输入公式：=IF(D3="经理",150,IF(D3="主管",120,80))，按【Enter】键，即可计算出第一位员工的医疗补贴金额。利用公式向下填充功能，即可计算出所有员工医疗补贴金额，如图14-20所示。

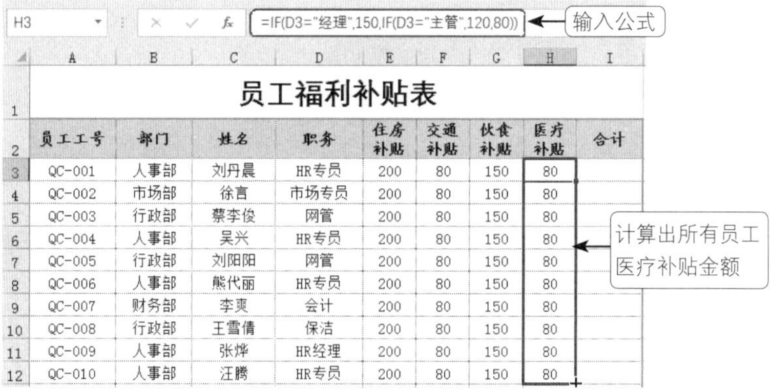

员工福利补贴表

员工工号	部门	姓名	职务	住房补贴	交通补贴	伙食补贴	医疗补贴	合计
QC-001	人事部	刘丹晨	HR专员	200	80	150	80	
QC-002	市场部	徐言	市场专员	200	80	150	80	
QC-003	行政部	蔡李俊	网管	200	80	150	80	
QC-004	人事部	吴兴	HR专员	200	80	150	80	
QC-005	行政部	刘阳阳	网管	200	80	150	80	
QC-006	人事部	熊代丽	HR专员	200	80	150	80	
QC-007	财务部	李爽	会计	200	80	150	80	
QC-008	行政部	王雪倩	保洁	200	80	150	80	
QC-009	人事部	张烨	HR经理	200	80	150	80	
QC-010	人事部	汪腾	HR专员	200	80	150	80	

图14-20

05 将光标定位在单元格I3中，输入公式：=SUM(E3:H3)，按【Enter】键，即可计算出第一位员工的各项福利补贴总额。利用公式向下填充功能，即可计算出所有员工各项福利补贴总额，如图14-21所示。

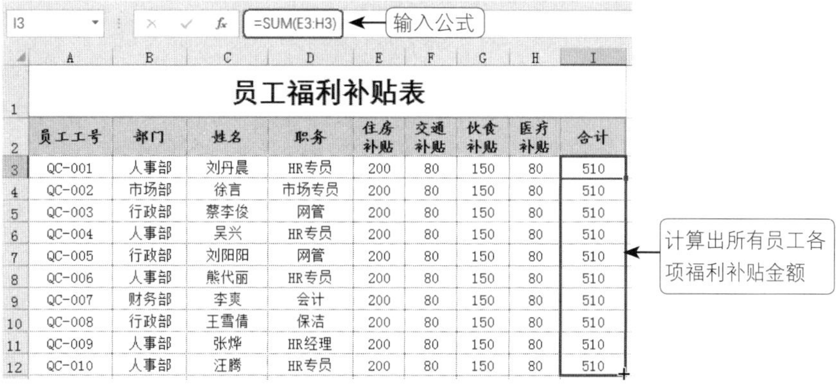

员工福利补贴表

员工工号	部门	姓名	职务	住房补贴	交通补贴	伙食补贴	医疗补贴	合计
QC-001	人事部	刘丹晨	HR专员	200	80	150	80	510
QC-002	市场部	徐言	市场专员	200	80	150	80	510
QC-003	行政部	蔡李俊	网管	200	80	150	80	510
QC-004	人事部	吴兴	HR专员	200	80	150	80	510
QC-005	行政部	刘阳阳	网管	200	80	150	80	510
QC-006	人事部	熊代丽	HR专员	200	80	150	80	510
QC-007	财务部	李爽	会计	200	80	150	80	510
QC-008	行政部	王雪倩	保洁	200	80	150	80	510
QC-009	人事部	张烨	HR经理	200	80	150	80	510
QC-010	人事部	汪腾	HR专员	200	80	150	80	510

图14-21

14.5 员工社保缴费表

14.5.1 创建员工社保缴费表

员工社会保险是通过立法强制实施，运用保险方式处置劳动者面临的特定社会风险，为其暂时或永久丧失劳动能力，失去劳动收入时提供基本收入保障的法定保险制度。对于企业来说一般为员工提供"三险一金"或"五险一金"，具体"五险"为养老保险、医疗保险、失业保险、生育保险和工伤保险；"一金"为住房公积金。

01 打开下载文件中的"素材\第14章\员工社保缴费表.xlsx"文件，如图14-22所示。

02 在工作表I3:K7单元格区域设置各项扣款比例，并手动输入各项保险应扣比例，如图14-23所示。

图14-22

图14-23

14.5.2 计算各项社保缴费明细

创建员工社保缴费表后，人力资源部门可以根据企业员工基本工资和个人应扣保险比例，计算各项保险应扣金额。本节需要引用到"员工基本工资表"，可以将14.2节中的"员工基本工资表"复制到当前工作簿（注：关于社保基数请按有关规定的最新标准，本例只做演示）。

01 将光标定位在D3单元格中，输入公式：=ROUND(员工基本工资表!G3*$K$5,2)，按【Enter】键，即可计算出第一位员工应缴纳的养老保险金额，如图14-24所示。

图14-24

公式解析：

$$=ROUND(员工基本工资表!G3*\$K\$5,2)$$

ROUND函数可将某个数字四舍五入为指定的位数，表示计算出员工基本工资表中G3单元格乘以K5单元格的值，并保留2位小数。

02 将光标定位在E3单元格中，输入公式：=ROUND(员工基本工资表!G3*$K$6,2)，按【Enter】键，即可计算出第一位员工应缴纳医疗保险金额，如图14-25所示。

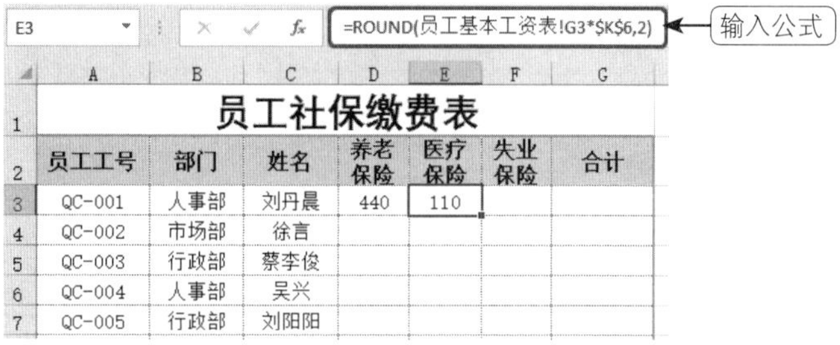

图14-25

03 将光标定位在F3单元格中，输入公式：=ROUND(员工基本工资表!G3*$K$7,2)，按【Enter】键，即可计算出第一位员工应缴纳失业保险金额，如图14-26所示。

图14-26

04 将光标定位在G3单元格中，输入公式：=SUM(D3:F3)，按【Enter】键，即可计算出第一位员工应缴纳社保总额，如图14-27所示。

05 选中D3:G3单元格区域，将光标定位到单元格区域的右下角，利用公式向下填充功能，即可计算出所有员工应缴纳社保总额，如图14-28所示。

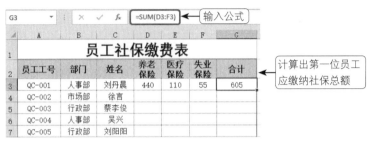

图14-27

计算出所有员工应缴纳社保总额

图14-28

14.6
工资统计表

14.6.1 创建员工月度工资表

工资统计表用于本月工资金额进行全面结算，也是建立的工资管理系统中的最重要的一张工作表，这张表格的数据需要引用前面的各项数据来完成。月度工资表一经建立完成，每月都可使用，不需要更改。

01 打开下载文件中的"素材\第14章\员工月度工资表.xlsx"文件，如图14-29所示。

图14-29

02 将光标定位在D3单元格中，单击"视图"选项卡，在"窗口"选项组中单击"冻结窗口"下拉按钮，在下拉菜单中单击"冻结窗格"命令（见图14-30），此时在工作表中向下、向右拖动滚动条，员工工号、部门和姓名基本信息始终显示。

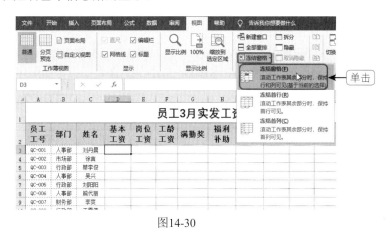

图14-30

14.6.2 计算工资表中应发金额

员工的应发工资包含基本工资、岗位工资、工龄工资、满勤奖、福利补助、销售奖金。

01 将光标定位在D3单元格中，输入公式：=VLOOKUP(A3,员工基本工资表!$A$3:$I$54,7)，按【Enter】键，即可从"员工基本工资表"中返回第一位员工的基本工资，如图14-31所示。

02 将光标定位在E3单元格中，输入公式：=VLOOKUP(A3,员工基本工资表!$A$3:$I$54,8)，按【Enter】键，即可从"员工基本工资表"中返回第一位员工的岗位工资，如图14-32所示。

图14-31

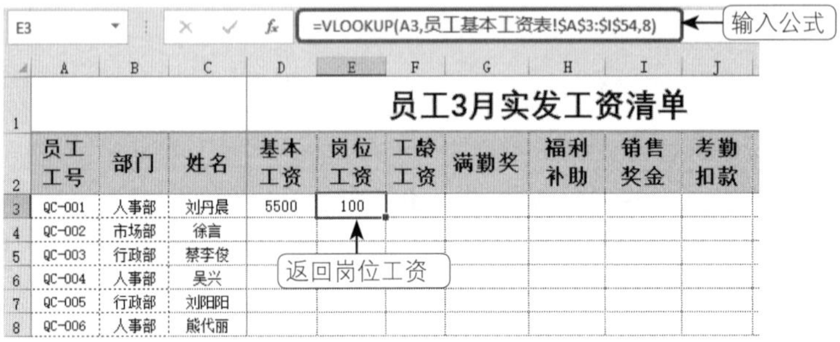

图14-32

03 将光标定位在F3单元格中，输入公式：=VLOOKUP(A3,员工基本工资表!$A$3:$I$54,9)，按【Enter】键，即可从"员工基本工资表"中返回第一位员工的工龄工资，如图14-33所示。

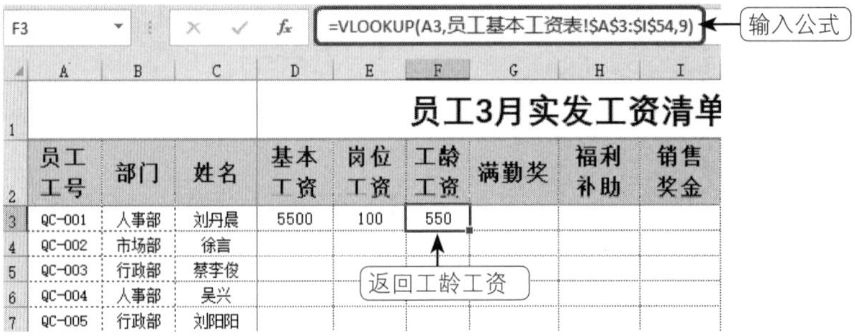

图14-33

04 将光标定位在G3单元格中，输入公式：=VLOOKUP(A3,员工考勤扣款及满勤奖!$A$3:$J$54,10,FALSE)，按【Enter】键，即可从"员工考勤扣款及满勤奖"工作表中返回第一位员工的满勤奖金额，如图14-34所示。

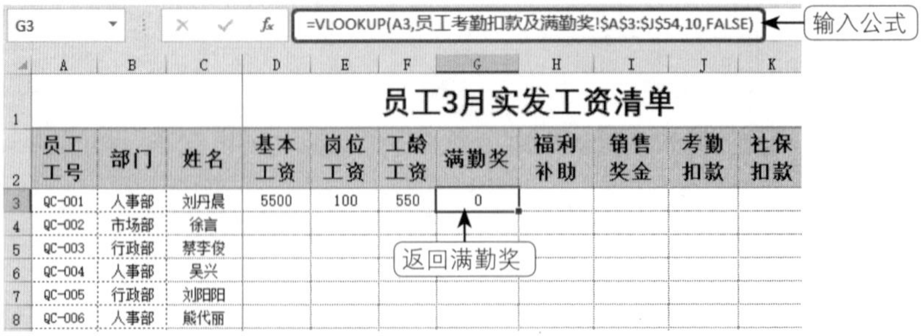

图14-34

05 将光标定位在H3单元格中，输入公式：=VLOOKUP(A3,员工福利补贴表!$A$3:$J$54,9)，按【Enter】键，即可从“员工福利表”工作表中返回第一位员工的福利补助金额，如图14-35所示。

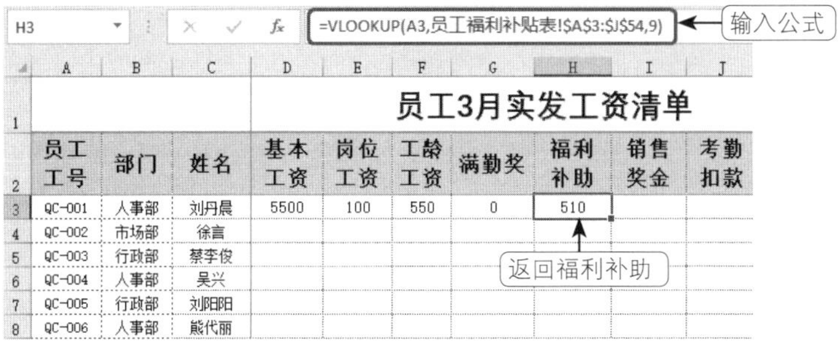

			员工3月实发工资清单						
员工工号	部门	姓名	基本工资	岗位工资	工龄工资	满勤奖	福利补助	销售奖金	考勤扣款
QC-001	人事部	刘丹晨	5500	100	550	0	510		
QC-002	市场部	徐言							
QC-003	行政部	蔡李俊							
QC-004	人事部	吴兴							
QC-005	行政部	刘阳阳							
QC-006	人事部	熊代丽							

图14-35

06 将光标定位在I3单元格中，输入公式：=IFERROR(VLOOKUP(C3,'员工当月销售业绩奖金'!$A$3:$D$12,4,FALSE),"")，按【Enter】键，即可从“员工当月销售业绩奖金”工作表中返回第一位员工的销售奖金，如图14-36所示。

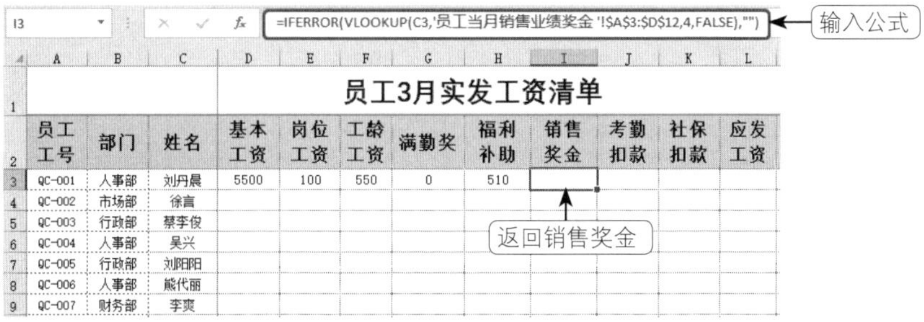

			员工3月实发工资清单								
员工工号	部门	姓名	基本工资	岗位工资	工龄工资	满勤奖	福利补助	销售奖金	考勤扣款	社保扣款	应发工资
QC-001	人事部	刘丹晨	5500	100	550	0	510				
QC-002	市场部	徐言									
QC-003	行政部	蔡李俊									
QC-004	人事部	吴兴									
QC-005	行政部	刘阳阳									
QC-006	人事部	熊代丽									
QC-007	财务部	李爽									

图14-36

14.6.3 计算工资表中应扣金额

员工每月社保或者未出满勤等情况，都会被扣去一定的款项，人力资源部门需要计算出应发工资和应扣款项，才可以得出员工实际应该得到的工资。

01 将光标定位在J3单元格中，输入公式：=VLOOKUP(A3,员工考勤扣款及满勤奖!$A$3:$J$54,9,FALSE)，按【Enter】键，即可从“员工满勤扣款及满勤奖”工作表中返回第一位员工的考勤扣款总额，如图14-37所示。

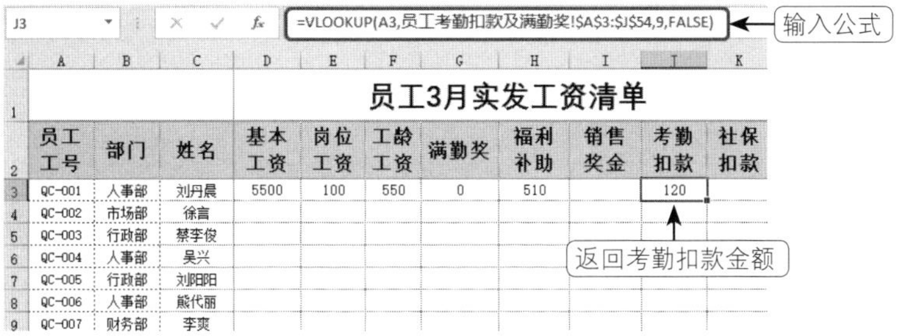

			员工3月实发工资清单							
员工工号	部门	姓名	基本工资	岗位工资	工龄工资	满勤奖	福利补助	销售奖金	考勤扣款	社保扣款
QC-001	人事部	刘丹晨	5500	100	550	0	510		120	
QC-002	市场部	徐言								
QC-003	行政部	蔡李俊								
QC-004	人事部	吴兴								
QC-005	行政部	刘阳阳								
QC-006	人事部	熊代丽								
QC-007	财务部	李爽								

图14-37

02 将光标定位在K3单元格中，输入公式：=VLOOKUP(A3,'员工社保缴费表'!$A$3:$G$54,7)，按【Enter】键，即可从"员工社保缴费表"工作表中返回第一位员工的社保扣款金额，如图14-38所示。

图14-38

03 将光标定位在L3单元格中，输入公式：=SUM(D3:I3)-SUM(J3:K3)，按【Enter】键，即可计算出第一位员工的应发工资金额，如图14-39所示。

图14-39

04 将光标定位在M3单元格中，输入公式：=VLOOKUP(A3,所得税计算表!$A$3:$I$54,8)，按【Enter】键，即可从"所得税计算表"工作表中返回第一位员工的个人所得税，如图14-40所示。

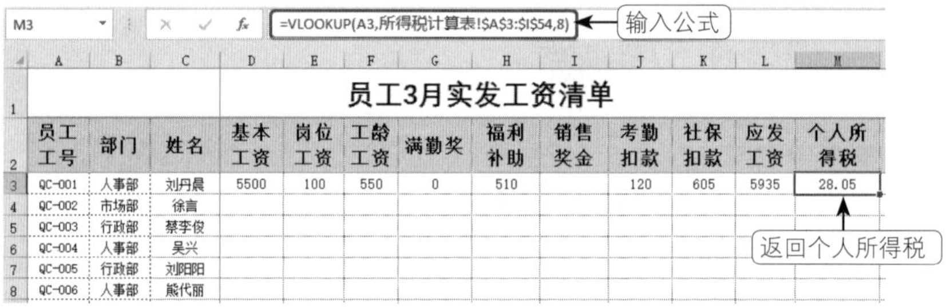

图14-40

05 将光标定位在N3单元格中，输入公式：=L3-M3，按【Enter】键，即可计算出第一位员工的实发工资金额，如图14-41所示。

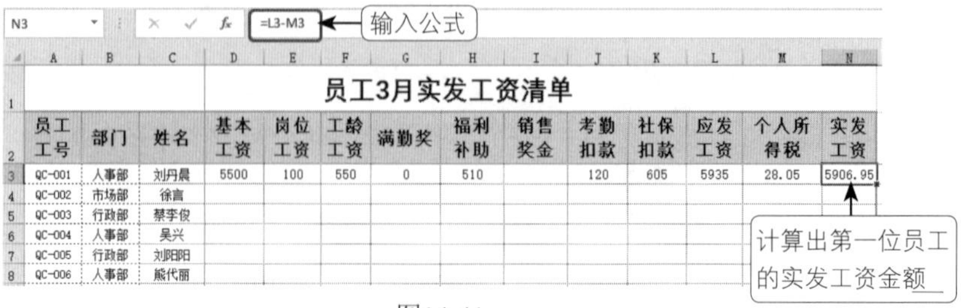

图14-41

06 选中D3:N3单元格区域，将光标定位到单元格区域的右下角，拖动填充柄向下复制公式，即可计算出所有员工的工资清单，如图14-42所示。

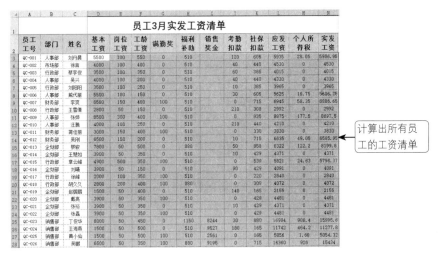

计算出所有员工的工资清单

图14-42

14.7
员工工资单

14.7.1 创建员工的工资单

完成工资表的创建之后，生成工资单是一项必要的工作。工资单是员工领取工资的一个详单，便于员工详细地了解本月应发工资明细与应扣工资明细。

1. 定义名称

01 打开下载文件中的"素材\第14章\员工工资单.xlsx"文件，如图14-43所示。

打开文件

图14-43

02 切换到"员工3月实发工资清单"工作表中，选中除了标题行和列标识之外的所有单元格区域，在左上角的名称框中输入"工资表"，如图14-44所示。按【Enter】键即可完成名称定义。

图14-44

2. 使用公式返回员工工资情况

01 切换到"工资单"工作表中，在B2单元格中输入第一位员工的工号，将光标定位在E2单元格中，输入公式：=VLOOKUP(B2,工资表,2)，按【Enter】键，即可返回第一位员工所在的部门，如图14-45所示。

图14-45

02 将光标定位在H2单元格中，输入公式：=VLOOKUP(B2,工资表,3)，按【Enter】键，即可返回第一位员工的姓名，如图14-46所示。

图14-46

03 将光标定位在K2单元格中，输入公式：=VLOOKUP(B2,工资表,14)，按【Enter】键，即可返回第一位员工的实发工资，如图14-47所示。

图14-47

04 将光标定位在A5单元格中，输入公式：=VLOOKUP($B2,工资表,COLUMN(D1))，按

【Enter】键，即可返回第一位员工的基本工资，如图14-48所示。

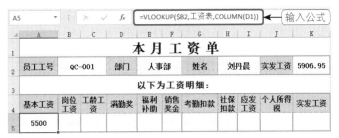

图14-48

05 选中A5单元格，将光标定位到该单元格右下角，出现十字形状时按住鼠标左键向右拖动至L5单元格，即可一次性返回第一位员工的岗位工资、工龄工资、满勤奖等明细，如图14-49所示。

图14-49

14.7.2 快速生成每位员工的工资单

当生成了第一位员工的工资单后，则可以利用向下复制公式的功能来快速生成每位员工的工资单。

01 选中A2:K6单元格区域，将光标定位到该单元格区域的右下角，出现十字形状时，按住鼠标左键向下拖动，如图14-50所示。

图14-50

02 释放鼠标即可得到每位员工的工资单，如图14-51所示（拖动什么位置释放鼠标要根据当前员工的人数来决定，即通过填充得到所有员工的工资单后释放鼠标）。

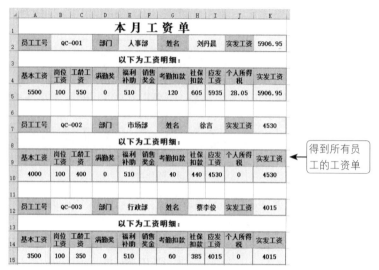

图14-51

第 15 章
公司销售管理

本章概述 》》》》》》》》》》》》》》》》》》》》》》》》

※ 销售收入是企业利润来源的重要组成部分，合理分析销售数据可以有效地查看企业的销售情况。

※ 销售管理是销售型企业管理的重要内容，应用函数对销售数据进行处理，提高工作的准确度。

学习要点 》》》》》》》》》》》》》》》》》》》》》》》》

※ 掌握常用销售记录表的创建。

※ 按产品类别统计销售收入。

※ 在销售收入记录表的基础上分析收入变动趋势。

※ 对销售员的业绩进行分析。

学习功能 》》》》》》》》》》》》》》》》》》》》》》》》

※ 数学函数：SUMIF函数、SUM函数。

15.1 销售记录表

15.1.1 创建销售记录表

企业销售部门会根据销售员本月销售情况来创建销售登记表，记录每天的销售情况。

01 打开下载文件中的“素材\第15章\销售记录表.xlsx”文件，如图15-1所示。

产品档案表

编码	产品类别	产品名称	尺寸	单位	单价
A001	白板系列	儿童画板	28*18.8	件	4.8
A002	白板系列	白板	120*80	件	126
A003	白板系列	白板	90*60	件	111
A004	白板系列	优质白板	200*100	件	268
A005	白板系列	双面白板	102*80	件	168
B001	财务用品	销货日报表	21开	本	3
B002	财务用品	请假条	32K	本	2.2
B003	财务用品	付款凭证		本	1.5
B004	财务用品	欠条单		本	1.8

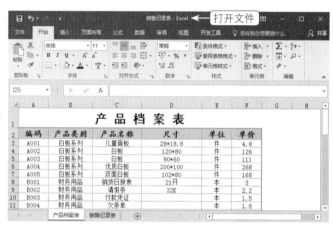

图15-1

02 切换到“销售记录表”，将光标定位在H3单元格中，输入公式：=F3*G3，按【Enter】键，即可计算出第一位销售员的销售金额，利用公式向下填充功能，即可计算出所有销售员的销售金额，如图15-2所示。

销售记录表

销售日期	销售员	产品类别	产品名称	单位	单价	销售数量	销售金额
2019/3/1	王海燕	文具管理	按扣文件袋	个	0.6	35	21
2019/3/1	吴鹏	财务用品	销货日报表	本	3	45	135
2019/3/1	刘军	白板系列	儿童画板	件	4.8	150	720
2019/3/1	刘军	白板系列	白板	件	126	10	1260
2019/3/2	吴鹏	财务用品	付款凭证	本	1.5	55	82.5
2019/3/2	吴鹏	财务用品	销货日报表	本	3	50	150
2019/3/2	刘军	白板系列	儿童画板	件	4.8	35	168
2019/3/3	吴鹏	财务用品	付款凭证	本	1.5	30	45
2019/3/3	王海燕	文具管理	展会证	个	0.68	90	61.2
2019/3/3	吴鹏	财务用品	欠条单	本	1.8	45	81
2019/3/3	丁俊华	桌面用品	订书机	个	7.8	50	390
2019/3/4	王海燕	文具管理	抽杆文件夹	个	1	35	35
2019/3/4	吴鹏	财务用品	复写纸	盒	15	60	900

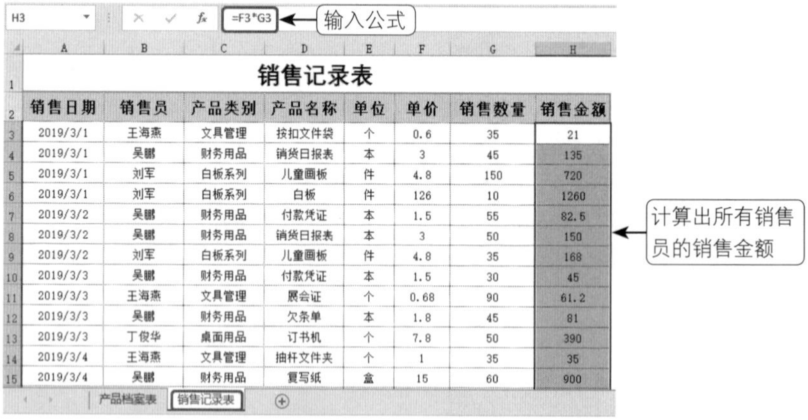

图15-2

15.1.2 标记出排名前三的销售金额

根据销售登记表，可以将本月中销售金额最高的三项使用特殊的颜色标记出来，并使用排序的方法将销售最高的前三项移动到表格的最上方显示。如果把产品按照类别将销售金额从高到低排序，可以设置双关键字排序，也就是先对产品类别排序，再将产品类别中的销售金额从高到低排序。

1. 标记出最大的三项

01 选中H3:H72单元格区域，单击"开始"选项卡，在"样式"选项组中单击"条件格式"下拉按钮，在其下拉菜单中单击"最前/最后规则"命令，在弹出的子菜单中单击"前10项"命令（见图15-3），打开"前10项"对话框。

图15-3

02 将"10"更改为"3"，接着单击"设置为"文本框下拉按钮，在下拉列表中选择"绿填充色深绿色文本"，如图15-4所示。

图15-4

03 单击"确定"按钮，返回工作表中，即可将销售金额前三的数据以特定的颜色显示出来。选中H3单元格，单击"数据"选项卡，在"排序和筛选"选项组中单击"降序"按钮，如图15-5所示。

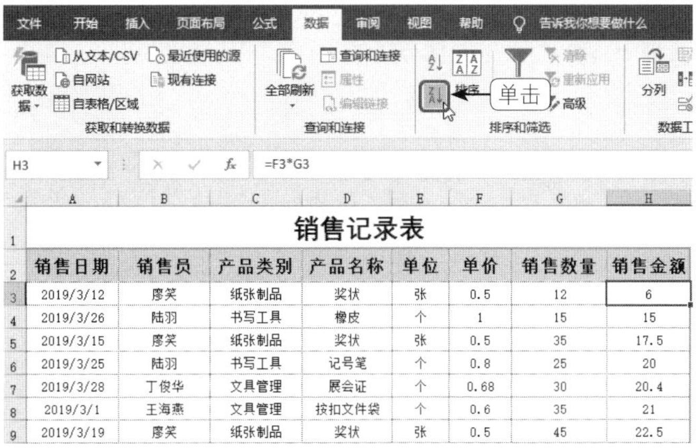

图15-5

04 此时根据销售金额从高到低对数据进行排列，也可以看到销售金额前三名填充了特定的颜色，如图15-6所示。

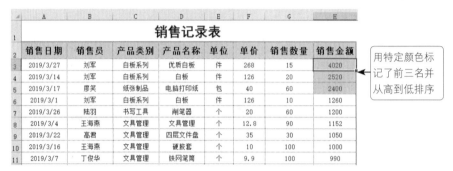

图15-6

2. 使用双关键字排序

01 选中H3单元格，单击"数据"选项卡，在"排序和筛选"选项组中单击"排序"按钮，如图15-7所示。

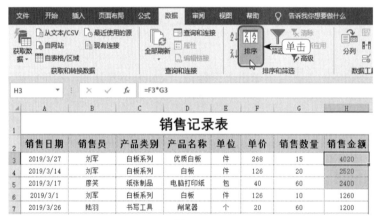

图15-7

02 打开"排序"对话框，设置"主要关键字"为"产品类别"，"次序"设置为"升序"，单击"添加条件"按钮（见图15-8），打开次要关键字。

03 此时在对话框中添加了新的条件，设置"次要关键字"为"销售金额"，接着单击"次序"下拉按钮，在下拉列表中选择"降序"，如图15-9所示。

图15-8

图15-9

04 单击"确定"按钮，返回工作表中，可以看到工作表中数据先以"产品类别"升序排序，在相同的产品类别下再以"销售金额"降序排序,如图15-10所示。

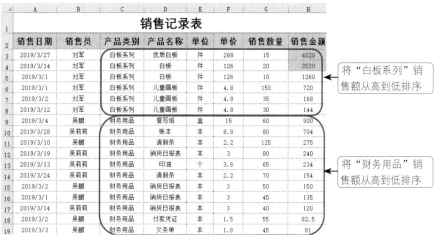

图15-10

15.1.3 筛选出指定的销售记录

由于销售登记表中的销售记录过多,如果想要查看指定的销售记录,一条条翻阅并不方便,此时可以使用筛选功能轻松对数据进行筛选。

1. 筛选出"财务用品"的记录

01 选中A2:H2单元格区域,单击"数据"选项卡,在"排序和筛选"选项组中单击"筛选"按钮,此时可以为选中单元格区域添加筛选按钮,如图15-11所示。

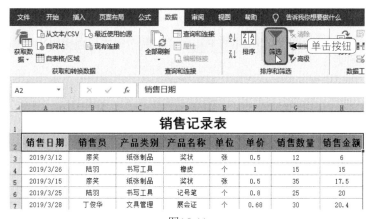

图15-11

02 单击"产品类别"单元格右侧筛选按钮,在下拉列表中取消勾选"全部"复选框,接着勾选"财务用品"复选框,如图15-12所示。

03 单击"确定"按钮,返回到工作表中,即可筛选出所有"财务用品"的相关记录,如图15-13所示。

图15-12

只筛选出"财务用品"所有销售记录

	A	B	C	D	E	F	G	H
1			销售记录表					
2	销售日期	销售员	产品类别	产品名称	单位	单价	销售数量	销售金额
16	2019/3/3	吴鹏	财务用品	付款凭证	本	1.5	30	45
21	2019/3/26	吴莉莉	财务用品	付款凭证	本	1.5	45	67.5
25	2019/3/13	吴莉莉	财务用品	湿手气	个	2	40	80
26	2019/3/3	吴鹏	财务用品	欠条单	本	1.8	45	81
27	2019/3/2	吴鹏	财务用品	付款凭证	本	1.5	55	82.5
33	2019/3/14	吴鹏	财务用品	销货日报表	本	3	40	120
36	2019/3/1	吴鹏	财务用品	销货日报表	本	3	45	135
39	2019/3/2	吴鹏	财务用品	销货日报表	本	3	50	150
40	2019/3/24	吴莉莉	财务用品	清稿杂	本	2.2	70	154
44	2019/3/13	吴鹏	财务用品	印油	个	3.6	65	234
45	2019/3/19	吴鹏	财务用品	销货日报表	本	3	80	240
47	2019/3/10	吴鹏	财务用品	清稿杂	本	2.2	125	275
59	2019/3/28	吴鹏	财务用品	账本	本	8.8	80	704
62	2019/3/4	吴鹏	财务用品	复写纸	盒	15	60	900

图15-13

2. 筛选出"丁俊华"销售数量大于60且销售金额大于500的记录

01 在工作表空白区域添加"筛选出销售员丁俊华指定条件的记录"字样，如图15-14所示。

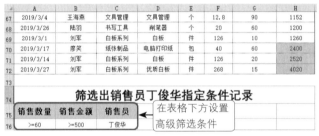

	A	B	C	D	E	F	G	H
67	2019/3/4	王海燕	文具管理	文具管理	个	12.8	90	1152
68	2019/3/26	陆羽	书写工具	削笔器	个	20	60	1200
69	2019/3/1	刘军	白板系列	白板	件	126	10	1260
70	2019/3/17	廖笑	纸张制品	电脑打印纸	包	40	60	2400
71	2019/3/14	刘军	白板系列	白板	件	126	20	2520
72	2019/3/27	刘军	白板系列	优质白板	件	268	15	4020
73								
74			**筛选出销售员丁俊华指定条件记录**					
75	销售数量	销售金额	销售员	在表格下方设置高级筛选条件				
76	>=60	>=500	丁俊华					

图15-14

02 选中任意单元格，单击"数据"选项卡，在"排序和筛选"选项组中单击"高级"按钮（见图15-15），打开"高级筛选"对话框。

03 单击"将筛选结果复制到其他位置"单选按钮，接着将光标定位到"条件区域"文本框中，在工作表中选中A75:C76单元格区域。接着将光标定位到"复制到"文本框中，在工作表中选中A77:H77单元格区域，再设置"复制到"位置为当前表格的A78单元格，如图15-16所示。

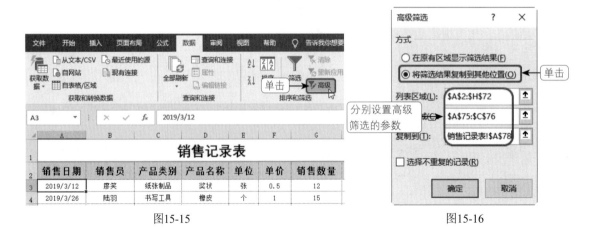

图15-15

图15-16

04 单击"确定"按钮，返回到工作表中，即可看到在指定区域筛选出符合筛选条件的记录，如图15-17所示。

销售日期	销售员	产品类别	产品名称	单位	单价	销售数量	销售金额
2019/3/25	丁俊华	文具管理	杂志格	个	8.88	60	532.8
2019/3/7	丁俊华	文具管理	铁网笔筒	个	9.9	100	990

图15-17

15.2
按产品系列统计销售收入

15.2.1 创建基本表格

在对销售记录进行登记后，由于销售记录过多，销售部门可以创建新的工作表来体现各个系列产品的销售情况。

01 打开下载文件中的"素材\第15章\按产品系列统计销售收入.xlsx"文件，如图15-18所示。

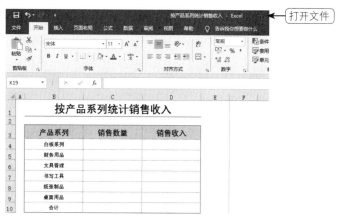

图15-18

02 将光标定位在C4单元格中，输入公式：=SUMIF(销售记录表!$C:$C,B4,销售记录表!$G:$G)，按【Enter】键，即可计算出"白板系列"产品总销售数量，如图15-19所示。

03 将光标定位在D4单元格中，输入公式：=SUMIF(销售记录表!$C:$C,B4,销售记录表!$H:$H)，按【Enter】键，即可计算出"白板系列"产品总销售收入，如图15-20所示。

图15-19

图15-20

04 选中C4:D4单元格区域，将光标定位到单元格区域右下角，拖动填充柄向下复制公式，即可计算出所有产品系列的销售数量和总销售收入，如图15-21所示。

图15-21

05 将光标定位在C10单元格中，输入公式：=SUM(C4:C9)，按【Enter】键，利用公式向下填充功能，即可计算出所有产品系列的销售数量合计，如图15-22所示。

06 将光标定位在D10单元格中，输入公式：=SUM(D4:D9)，按【Enter】键，利用公式向下填充功能，即可计算出所有产品系列的销售收入合计，如图15-23所示。

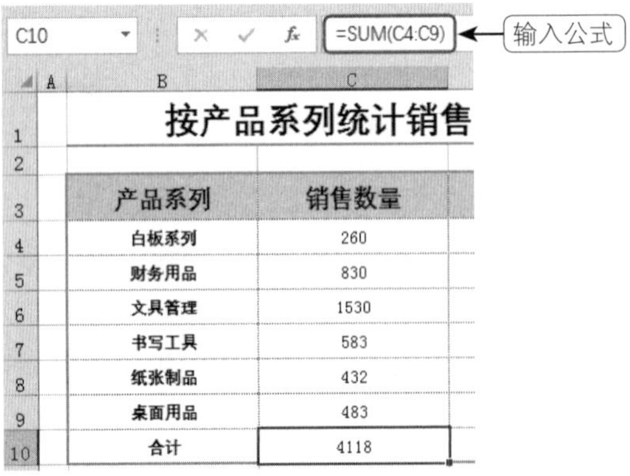

图15-22

图15-23

07 选中D4:D10单元格区域，单击"开始"选项卡，在"数字"选项组中单击"数字格式"下拉按钮，在下拉菜单中单击"会计专用"命令，即可将销售收入数据更改为"会计专用"格式，如图15-24所示。

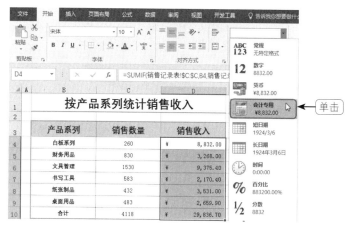

图15-24

公式解析：

=SUMIF(销售记录表!$C:$C,B4,销售记录表!$G:$G)

表示统计在"销售记录表"工作表C列查找符合B4单元格的销售记录，并将C列对应的G列的销售数量进行求和计算。

15.2.2 创建饼图显示各产品销售金额

为了方便查看各系列产品的销售金额及所占比例，可以创建饼图直观地显示出各系列产品的销售金额。

1. 创建三维饼图

01 按【Ctrl】键依次选中B3:B9单元格区域和D3:D9单元格区域，单击"插入"选项卡，在"图表"选项组中单击"插入饼图或圆环图"下拉按钮，在下拉菜单中单击"三维饼图"命令，如图15-25所示。

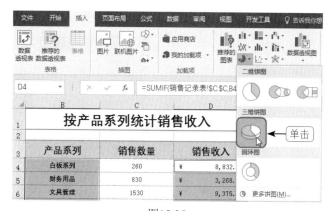

图15-25

02 此时即可根据选择的数据源创建默认格式的三维饼图，如图15-26所示。

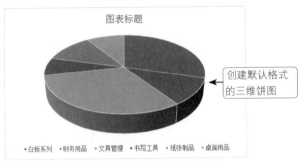

图15-26

2. 使用图片填充背景

01 单击图表右侧的"图表样式"按钮，在打开的下拉列表中选择一种颜色单击即可，如图15-27所示。

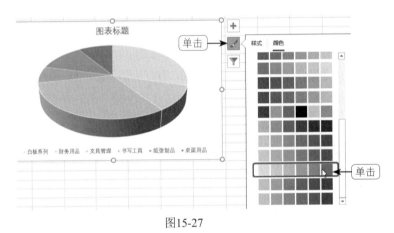

图15-27

02 直接双击图表区域，打开"设置图表区格式"窗格，勾选"图片或纹理填充"单选按钮，接着单击"文件"按钮（见图15-28）。

03 打开"插入图片"对话框，找到需要设置为背景的图片并选中，如图15-29所示。

图15-28

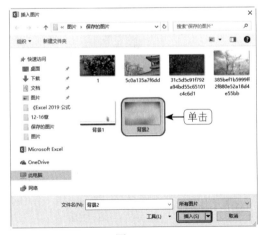

图15-29

04 单击"插入"按钮，返回图表中，即可看到为图表添加了背景图片，设置后效果如图15-30所示。

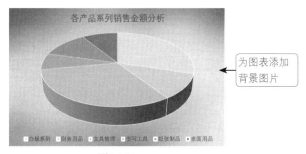

图15-30

3. 添加百分比样式数据系列

01 单击图表，单击右侧"图表元素"按钮，单击"数据标签"右侧的箭头，在其下拉列表中单击"更多选项"命令（见图15-31），打开"设置数据标签格式"窗格。

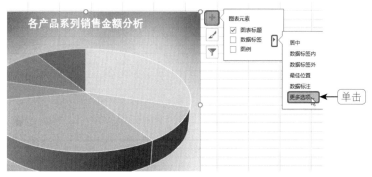

图15-31

02 展开"标签选项"栏，取消勾选"值"复选框，接着勾选"类别名称"和"百分比"复选框，如图15-32所示。

03 返回到工作表中，即可看到图表数据系列更改为指定的样式，如图15-33所示，再删除图例项即可。

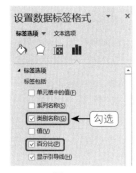

图15-32

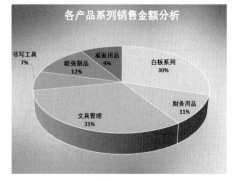

图15-33

15.3
销售收入变动趋势分析

15.3.1 创建基本表格

根据销售记录表，通过统计1个月内每隔几日的销售金额，反映企业在该月内销售收入的变动趋势。

01 打开下载文件中的"素材\第15章\销售收入变动趋势分析.xlsx"文件，如图15-34所示。

图15-34

02 在B3单元格中输入"2019/3/1"，选中B3:B12单元格区域，单击"开始"选项卡，在"编辑"选项组中单击"填充"下拉按钮，在下拉菜单中单击"序列"命令，如图15-35所示。

图15-35

03 打开"序列"对话框，在"步长值"文本框中输入"3"，在"终止值"文本框中输入"2019-3-31"，如图15-36所示。

04 单击"确定"按钮，返回工作表中，即可看到单元格区域填充了指定的日期，如图15-37所示。

图15-36

图15-37

05 将光标定位在C3单元格中，输入公式：=SUMIF(销售记录表!$A:$A,B3,销售记录表!$H:$H)，按【Enter】键，即可计算出2019/3/1日的销售金额，如图15-38所示。

06 将光标定位在C3单元格中，利用公式向下填充功能，即可计算出所有日期的销售金额，如图15-39所示。

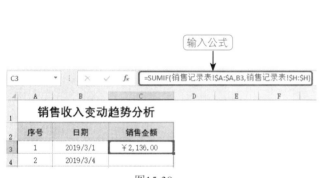

图15-38

图15-39

15.3.2 创建图表显示销售变动趋势

在Excel中，常用来进行趋势分析的图表类型有折线图、散点图等，销售部门可以创建散点图来显示销售变动情况。

1. 创建散点图

01 选中B3:C12单元格区域，单击"插入"选项卡，在"图表"选项组中单击"插入散点图（X,Y）或气泡图"下拉按钮，在下拉菜单中单击"带平滑线和数据标记的散点图"命令，如图15-40所示。

02 根据选择的数据源创建默认样式的散点图，如图15-41所示。

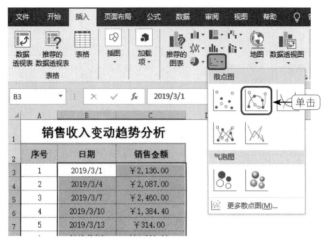

图15-40

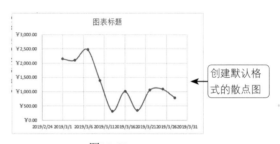

图15-41

2. 使用图案作为背景填充

01 选中图表并单击鼠标右键，在弹出的快捷菜单中单击"设置图表区域格式"命令（见图15-42），打开"设置图表区格式"对话框。

02 单击"图案填充"单选按钮，并分别设置图案类型的前景色和背景色，如图15-43所示。

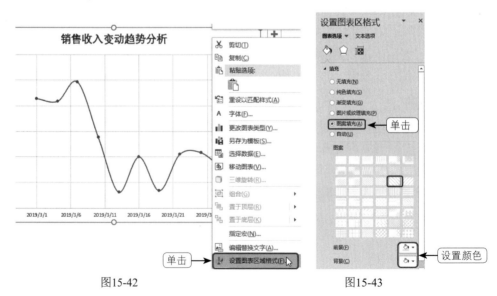

图15-42   图15-43

03 返回工作表中，可以看到最终的图表效果，如图15-44所示。

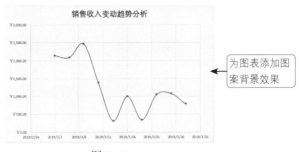

图15-44

15.4 销售员业绩分析

15.4.1 创建数据透视表

根据销售记录表，可以创建数据透视表来分析各个销售员本月销售业绩情况，再根据数据透视表创建透视图，能更直观地对数据进行分析。

1. 创建空白数据透视表

01 打开下载文件中的"素材\第15章\销售员业绩分析.xlsx"文件，选中"销售记录表"工作表中的任意单元格，单击"插入"选项卡，在"表格"选项组中单击"数据透视表"按钮，如图15-45所示。

02 打开"创建数据透视表"对话框，在"选择一个表或区域"框中显示了选中的单元格区域，并单击"新工作表"单选按钮，如图15-46所示。

图15-45

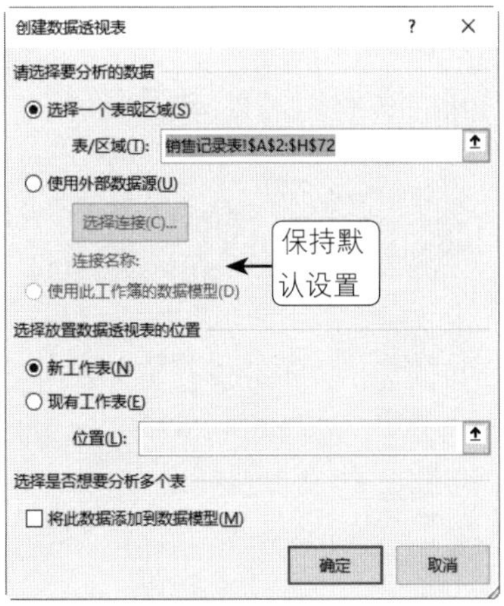

图15-46

03 单击"确定"按钮，即可在新建工作表中创建数据透视表，在工作表标签上双击鼠标，然后输入新名称为"销售员业绩分析"，如图15-47所示。

图15-47

2. 添加字段分析

01 添加"销售员"字段为行标签字段，接着添加"销售数量"和"销售金额"为数值字段，如图15-48所示。

图15-48

02 在"数值"区域单击"求和项：销售数量"下拉按钮，在打开的下拉列表中单击"值字段设置"命令，如图15-49所示。

03 打开"值字段设置"对话框，在"自定义名称"文本框中输入名称为"数量"，如图15-50所示。

图15-49

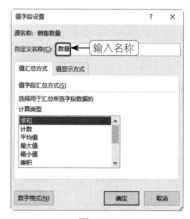

图15-50

04 单击"确定"按钮,接着打开"值字段设置"对话框,如图15-51所示。

05 在该对话框的"自定义名称"文本框中输入名称为"总额",如图15-52所示。

图15-51

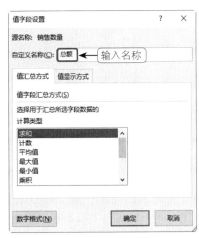

图15-52

06 单击"确定"按钮,返回工作表中,即可看到发生了相应的变化,将"行标签"更改为"销售员",接着设置数据透视表表头为"员工销售业绩分析",并设置数据透视表格式,设置后效果如图15-53所示。

图15-53

15.4.2 创建数据透视图

在分析出各销售员的销售情况后,可以创建数据透视图直观地显示出各销售员的销售情况,比如创建三维簇状柱形图来比较业务员的销售量和销售额。

1. 创建数据透视图

01 单击"数据透视表工具-分析"选项卡,在"工具"选项组中单击"数据透视图"按钮,如图15-54所示。

02 打开"插入图表"对话框,在左侧单击"柱形图"选项,接着单击"三维簇状柱形图"子图表类型,如图15-55所示。

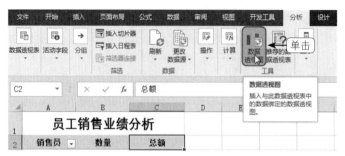

图15-54

03 单击"确定"按钮，返回工作表中，即可看到新建的数据透视图，在图表中输入标题"员工销售业绩分析"，如图15-56所示。

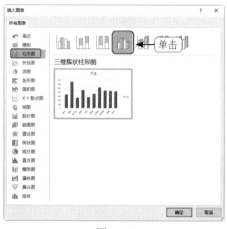

图15-55

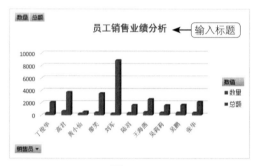

图15-56

2. 设置水平轴文字竖排显示

01 选中水平坐标轴并单击鼠标，在弹出的快捷菜单中单击"设置坐标轴格式"命令，如图15-57所示。

02 打开"设置坐标轴格式"右侧窗格，展开"对齐方式"栏，单击"文字方向"下拉按钮，在下拉列表中单击"竖排"选项，如图15-58所示。

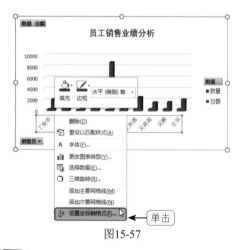

图15-57

图15-58

03 返回到工作表中，即可看到将水平轴文字方向更改为"竖排"效果，如图15-59所示。

460

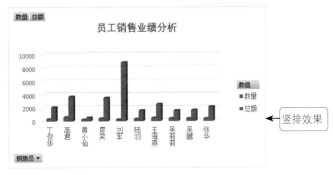

图15-59

3. 在次坐标轴上显示"销售数量"数据系列

01 选中"销售数量"数据系列并单击鼠标右键,在弹出的快捷菜单中单击"更改系列图表类型"命令(见图15-60),打开"更改图表类型"对话框,勾选"次坐标轴"复选框,如图15-61所示。

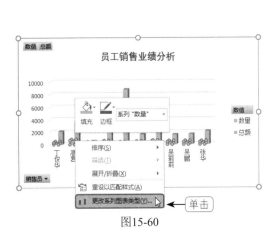

图15-60

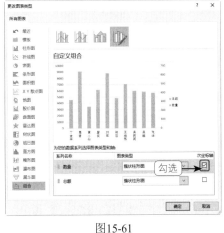

图15-61

02 单击"确定"按钮,返回工作表中,即可看到"销售数量"数据系列绘制在次坐标轴上,与"销售金额"数据系列重叠,如图15-62所示。

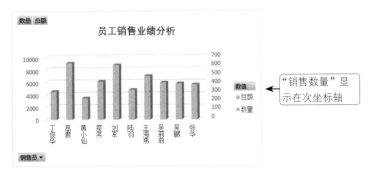

图15-62

4. 更改图表类型

01 选中"销售数量"数据系列并单击鼠标右键,在弹出的快捷菜单中单击"更改系列图表类型"命令,打开"更改图表类型"对话框。

02 在左侧列表框中单击"折线图",在右侧单击"带数据标记的折线图"子图表类型,如图15-63所示。

03 单击"确定"按钮，返回工作表中，此时可以看到将"销售数量"数字系列更改为折线图，如图15-64所示。

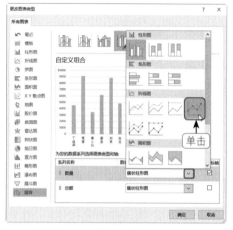

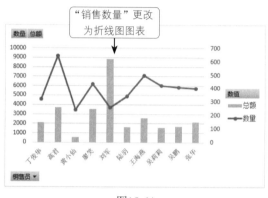

图15-63 图15-64

5. 美化图表

01 选中图表，单击右侧的"图表样式"按钮，在打开的下拉列表中选择一种样式即可，如图15-65所示。

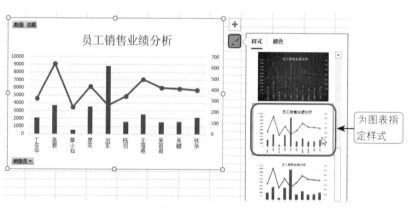

图15-65

02 继续单击"颜色"按钮，在打开的下拉列表中选择一种颜色即可，如图15-66所示。

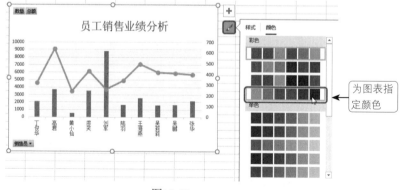

图15-66

16

第 16 章
固定资产管理

本章概述 〉〉〉〉〉〉〉〉〉〉〉〉〉〉〉〉〉

※ 固定资产管理中包含固定资产的折旧管理。折旧是指固定资产在使用过程中因损耗而转到产品中去的那部分价值的一种补偿方式。

※ 除了固定资产的折旧外，企业在日常工作中还应加强固定资产的管理，让企业的固定资产得到运用，为企业尽可能地带来更多的经济效益。

※ 应用Excel中的相关函数对固定资产做折旧值的计算与处理。

学习要点 〉〉〉〉〉〉〉〉〉〉〉〉〉〉〉〉〉〉〉〉〉

※ 学会制作固定资产清单与固定资产查询表。

※ 掌握应用函数对固定资产进行折旧计算。

学习功能 〉〉〉〉〉〉〉〉〉〉〉〉〉〉〉〉〉〉〉〉〉〉

※ 日期与时间函数：TODAY函数、YEAR函数、MONTH函数、DAYS360函数。

※ 逻辑判断函数：IF函数、AND函数。

※ 查找与引用函数：OFFSET函数、VLOOKUP函数、ROW函数。

※ 统计函数：COUNTA函数。

※ 财务函数：DB函数、DDB函数、SYD函数、SLN函数。

※ 数学函数：ROUND函数。

16.1
固定资产清单

16.1.1 创建固定资产清单

在进行固定资产计提折旧、分析前，首先需要将企业固定资产的初始数据记录到工作表中，建立一个管理固定资产的数据库。有了这个数据库，无论是固定资产的增加、减少、调拨等都可以在数据库中统一管理。

1. 冻结窗格方便数据的查看

01 打开下载文件中的"素材\第16章\固定资产清单.xlsx"文件，如图16-1所示。

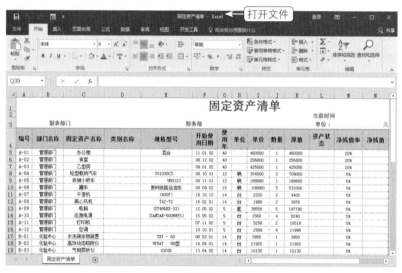

图16-1

02 将光标定位在N2单元格中，输入公式：=TODAY()，按【Enter】键，即可得到当前日期，如图16-2所示。

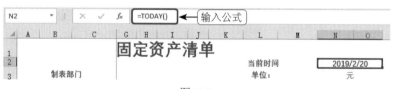

图16-2

03 选中D5单元格，单击"视图"选项卡，在"窗口"选项组中单击"冻结窗格"下拉按钮，在下拉菜单中单击"冻结窗格"命令（见图16-3），即可冻结窗格。

图16-3

2. 使用数据有效性创建下拉菜单

01 选中D5:D46单元格，单击"数据"选项卡，在"数据工具"选项组中单击"数据验证"下拉按钮，在下拉菜单中单击"数据验证"命令，如图16-4所示。

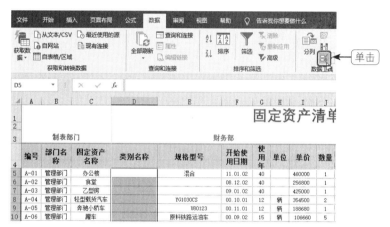

图16-4

02 打开"数据验证"对话框，在"允许"下拉列表框中选择"序列"，在"来源"文本框中输入"机器设备,房屋及建筑物,运输设备,其他"，如图16-5所示。

03 单击"确定"按钮，返回到工作表中，单击D5:D46单元格区域任意单元格，可以从下拉列表中选择类别名称，如图16-6所示。

图16-5

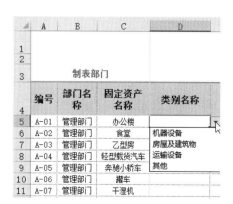

图16-6

04 选中Q5:Q46单元格区域，再次打开"数据验证"对话框，在"允许"下拉列表框中选择"序列"，在"来源"文本框中输入"固定余额递减法,年限总和法,双倍余额递减法,直线法"，如图16-7所示。

05 单击"确定"按钮，返回到工作表中，单击Q5:Q46单元格区域任意单元格，可以从下拉列表中选择"固定余额递减法"，如图16-8所示。

图16-7

图16-8

16.1.2　使用公式计算固定资产状态

创建好基本表格后，可以设置公式并判断出固定资产现在的状态。

01 将光标定位在L5单元格中，输入公式：=IF(AND(YEAR($N$2)=YEAR(F5),MONTH($N$2)=MONTH(F5)),"当月新增",IF((DAYS360(F5,$N$2))/365<=G5,"正常使用","报废"))，按【Enter】键，利用公式向下填充功能，即可判断出固定资产状态，如图16-9所示。

图16-9

02 将光标定位在N5单元格中，输入公式：=K5*M5，按【Enter】键，利用公式向下填充功能，即可计算出固定资产的净残值，如图16-10所示。

	A	B	C	F	G	H	I	J	K	L	M	N
1				固定资产清单								
2										当前时间		2019/2
3		制表部门		财务部						单位:		元
4	编号	部门名称	固定资产名称	开始使用日期	使用年	单位	单价	数量	原值	资产状态	净残值率	净残值
5	A-01	管理部门	办公楼	11.01.02	40		460000	1	460000	正常使用	20%	92000
6	A-02	管理部门	食堂	08.12.02	40		256800	1	256800	正常使用	20%	51360
7	A-03	管理部门	乙型房	09.01.02	40		425000	1	425000	正常使用	20%	85000
8	A-04	管理部门	轻型载货汽车	00.10.01	12	辆	354500	2	709000	报废	5%	35450
9	A-05	管理部门	奔驰小轿车	00.11.01	12	辆	188680	1	188680	报废	5%	9434
10	A-06	管理部门	罐车	00.09.02	15	辆	106660	5	533300	报废	5%	26665
11	A-07	管理部门	干湿机	19.02.10	14	台	2200	2	4400	当月新增	5%	220
12	A-08	管理部门	离心风机	16.02.01	14	台	1988	2	3976	正常使用	5%	198.8
13	A-09	管理部门	电脑	15.05.02	5	套	39558	5	197790	正常使用	5%	9889.5
14	A-10	管理部门	应急电源	15.05.02	5	台	1560	4	6240	正常使用	5%	312
15	A-11	管理部门	打印机	07.11.02	5	台	5258	2	10516	报废	5%	525.8
16	A-12	管理部门	空调	10.10.01	5	台	2999	4	11996	报废	5%	599.8
17	B-01	化验中心	水洗筛余物装置	08.03.01	14	台	3950	1	3950	正常使用	5%	197.5
18	B-02	化验中心	高效动态吸附仪	14.09.01	14	台	21920	1	21920	正常使用	5%	1096
19	B-03	化验中心	气相层析仪	13.04.02	14	台	10130	1	10130	正常使用	5%	506.5
20	B-04	化验中心	乐声冷暖空调机	04.09.01	5	台	8236	2	16472	报废	5%	823.6

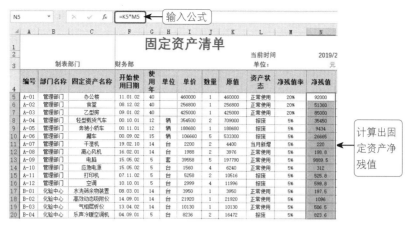

图16-10

03 将光标定位在O5单元格中，输入公式：=IF(L5="当月新增",0,(YEAR($N$2)-YEAR(F5))*12+MONTH($N$2)-MONTH(F5)-1)，按【Enter】键。利用公式向下填充功能，即可得到固定资产已计提月份，如图16-11所示。

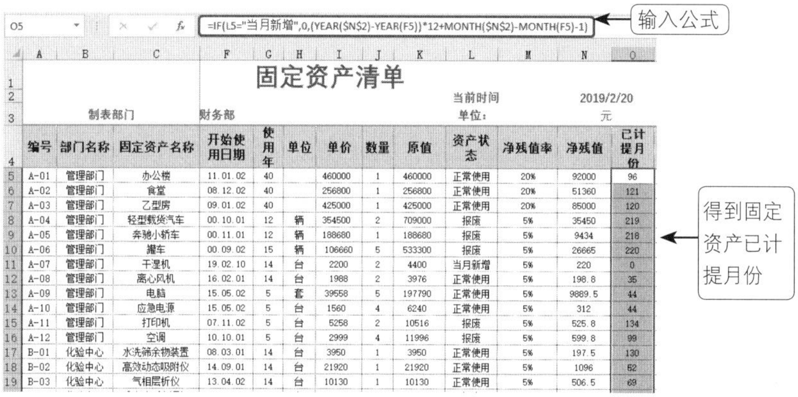

	A	B	C	F	G	H	I	J	K	L	M	N	O
1				固定资产清单									
2										当前时间		2019/2/20	
3		制表部门		财务部						单位:		元	
4	编号	部门名称	固定资产名称	开始使用日期	使用年	单位	单价	数量	原值	资产状态	净残值率	净残值	已计提月份
5	A-01	管理部门	办公楼	11.01.02	40		460000	1	460000	正常使用	20%	92000	96
6	A-02	管理部门	食堂	08.12.02	40		256800	1	256800	正常使用	20%	51360	121
7	A-03	管理部门	乙型房	09.01.02	40		425000	1	425000	正常使用	20%	85000	120
8	A-04	管理部门	轻型载货汽车	00.10.01	12	辆	354500	2	709000	报废	5%	35450	219
9	A-05	管理部门	奔驰小轿车	00.11.01	12	辆	188680	1	188680	报废	5%	9434	218
10	A-06	管理部门	罐车	00.09.02	15	辆	106660	5	533300	报废	5%	26665	220
11	A-07	管理部门	干湿机	19.02.10	14	台	2200	2	4400	当月新增	5%	220	0
12	A-08	管理部门	离心风机	16.02.01	14	台	1988	2	3976	正常使用	5%	198.8	35
13	A-09	管理部门	电脑	15.05.02	5	套	39558	5	197790	正常使用	5%	9889.5	44
14	A-10	管理部门	应急电源	15.05.02	5	台	1560	4	6240	正常使用	5%	312	44
15	A-11	管理部门	打印机	07.11.02	5	台	5258	2	10516	报废	5%	525.8	134
16	A-12	管理部门	空调	10.10.01	5	台	2999	4	11996	报废	5%	599.8	99
17	B-01	化验中心	水洗筛余物装置	08.03.01	14	台	3950	1	3950	正常使用	5%	197.5	130
18	B-02	化验中心	高效动态吸附仪	14.09.01	14	台	21920	1	21920	正常使用	5%	1096	52
19	B-03	化验中心	气相层析仪	13.04.02	14	台	10130	1	10130	正常使用	5%	506.5	69

图16-11

04 将光标定位在P5单元格中，输入公式：=IF(L5="报废",0,IF(AND(YEAR(F5)<YEAR($N$2),YEAR($N$2)<(YEAR(F5)+G5)),12,12-MONTH(F5)))，按【Enter】键。利用公式向下填充功能，即可得到固定资产本年折旧月数，如图16-12所示。

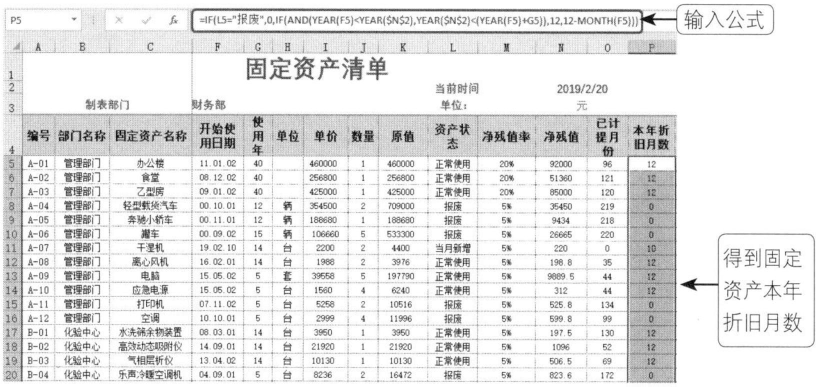

	A	B	C	F	G	H	I	J	K	L	M	N	O	P
1				固定资产清单										
2										当前时间		2019/2/20		
3		制表部门		财务部						单位:		元		
4	编号	部门名称	固定资产名称	开始使用日期	使用年	单位	单价	数量	原值	资产状态	净残值率	净残值	已计提月份	本年折旧月数
5	A-01	管理部门	办公楼	11.01.02	40		460000	1	460000	正常使用	20%	92000	96	12
6	A-02	管理部门	食堂	08.12.02	40		256800	1	256800	正常使用	20%	51360	121	12
7	A-03	管理部门	乙型房	09.01.02	40		425000	1	425000	正常使用	20%	85000	120	12
8	A-04	管理部门	轻型载货汽车	00.10.01	12	辆	354500	2	709000	报废	5%	35450	219	0
9	A-05	管理部门	奔驰小轿车	00.11.01	12	辆	188680	1	188680	报废	5%	9434	218	0
10	A-06	管理部门	罐车	00.09.02	15	辆	106660	5	533300	报废	5%	26665	220	0
11	A-07	管理部门	干湿机	19.02.10	14	台	2200	2	4400	当月新增	5%	220	0	10
12	A-08	管理部门	离心风机	16.02.01	14	台	1988	2	3976	正常使用	5%	198.8	35	12
13	A-09	管理部门	电脑	15.05.02	5	套	39558	5	197790	正常使用	5%	9889.5	44	12
14	A-10	管理部门	应急电源	15.05.02	5	台	1560	4	6240	正常使用	5%	312	44	12
15	A-11	管理部门	打印机	07.11.02	5	台	5258	2	10516	报废	5%	525.8	134	0
16	A-12	管理部门	空调	10.10.01	5	台	2999	4	11996	报废	5%	599.8	99	0
17	B-01	化验中心	水洗筛余物装置	08.03.01	14	台	3950	1	3950	正常使用	5%	197.5	130	12
18	B-02	化验中心	高效动态吸附仪	14.09.01	14	台	21920	1	21920	正常使用	5%	1096	52	12
19	B-03	化验中心	气相层析仪	13.04.02	14	台	10130	1	10130	正常使用	5%	506.5	69	12
20	B-04	化验中心	乐声冷暖空调机	04.09.01	5	台	8236	2	16472	报废	5%	823.6	172	0

图16-12

16.1.3 查询部门固定资产清单

企业固定资产信息过多时，可以使用筛选的方法筛选出需要查看的部门所拥有的固定资产情况。

01 选中A4:Q4单元格区域，单击"数据"选项卡，在"排序和筛选"选项组中单击"筛选"按钮，即可为选中单元格区域添加"筛选"按钮，如图16-13所示。

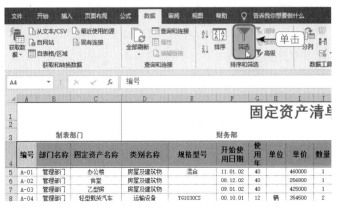

图16-13

02 单击"部门名称"后的筛选按钮，首先取消勾选"全选"，再分别勾选"二车间"和"一车间"复选框，如图16-14所示。

03 单击"确定"按钮，返回到工作表中，即可看到系统自动将"一车间"和"二车间"所有固定资产数据筛选出来，如图16-15所示。

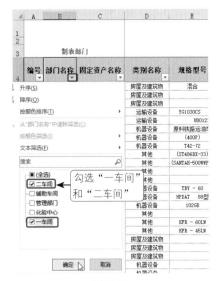

图16-14

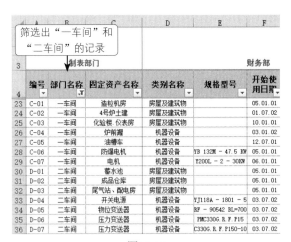

图16-15

16.2

固定资产查询表

16.2.1 返回固定资产各项信息

企业固定资产数目繁多，想要单独查看某一固定资产的实际情况会比较烦琐，可以创建固定资产查询表，简单明了地查询任意固定资产信息。

1. 定义名称

01 打开下载文件中的"素材\第16章\固定资产查询表.xlsx"文件，如图16-16所示。

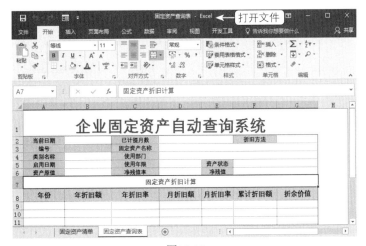

图16-16

02 单击"公式"选项卡，在"定义的名称"选项组中单击"定义名称"下拉按钮，在下拉菜单中单击"定义名称"命令，如图16-17所示。

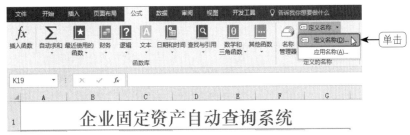

图16-17

03 打开"新建名称"对话框，在"名称"文本框中输入"编号"，在"引用位置"文本框中输入"=OFFSET(固定资产清单!$A$5,,,COUNTA(固定资产清单!$A:$A)-3,)"，如图16-18所示。

04 单击"确定"按钮，即可完成名称定义。

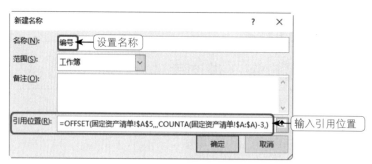

图16-18

2. 创建下拉列表选择固定资产

01 选中B3单元格，打开"数据验证"对话框，在"允许"下拉列表中选择"序列"，接着在"来源"文本框中输入"=编号"，如图16-19所示。

02 单击"确定"按钮，完成数据验证的设置。单击B3单元格下拉按钮，在下拉列表中可以选择要查询的固定资产编号，如图16-20所示。

图16-19

图16-20

3. 使用VLOOKUP函数返回固定资产

01 将光标定位在B2单元格中，输入公式：=TODAY()，按【Enter】键，返回当前日期，如图16-21所示。

图16-21

02 将光标定位在D2单元格中，输入公式：=VLOOKUP($B$3,固定资产清单!$A:$Q,15,FALSE)，按【Enter】键，返回已计提月数，如图16-22所示。

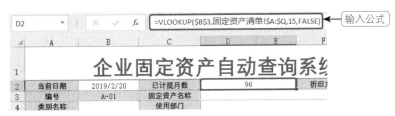

图16-22

03 将光标定位在G2单元格中，输入公式：=VLOOKUP($B$3,固定资产清单!$A:$Q,17,FALSE)，按【Enter】键，即可返回折旧方法，如图16-23所示。

图16-23

04 将光标定位在D3单元格中，输入公式：=VLOOKUP($B$3,固定资产清单!$A:$Q,4,FALSE)，按【Enter】键，即可返回固定资产名称，如图16-24所示。

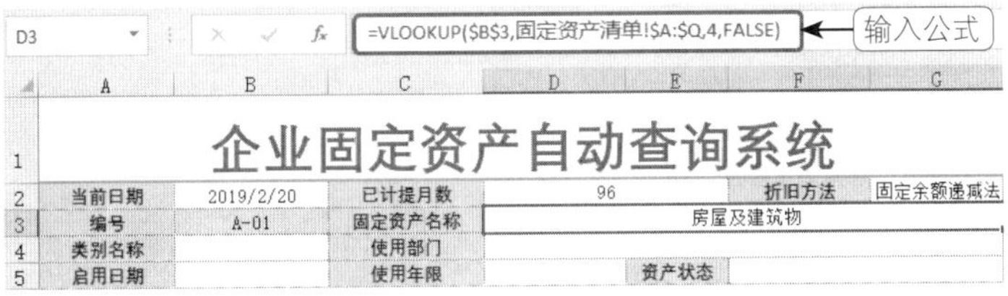

图16-24

05 将光标定位在B4单元格中，输入公式：=VLOOKUP($B$3,固定资产清单!$A:$Q,3,FALSE)，按【Enter】键，即可返回类别名称，如图16-25所示。

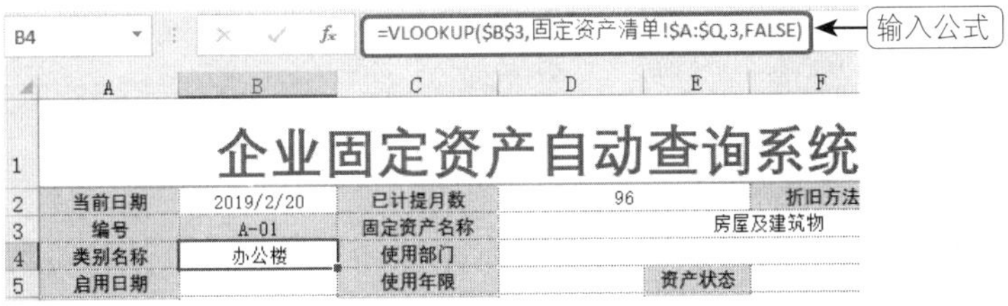

图16-25

06 将光标定位在D4单元格中，输入公式：=VLOOKUP($B$3,固定资产清单!$A:$Q,2,FALSE)，按【Enter】键，即可返回使用部门，如图16-26所示。

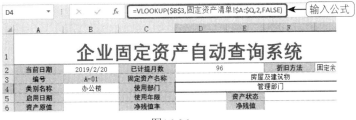

图16-26

07 将光标定位在B5单元格中，输入公式：=VLOOKUP($B$3,固定资产清单!$A:$Q,6,FALSE)，按【Enter】键，即可返回启用日期，如图16-27所示。

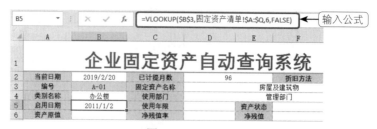

图16-27

4. 使用VLOOKUP函数返回固定资产状态信息

01 将光标定位在D5单元格中，输入公式：=VLOOKUP($B$3,固定资产清单!$A:$Q,7,FALSE)，按【Enter】键，即可返回使用年限，如图16-28所示。

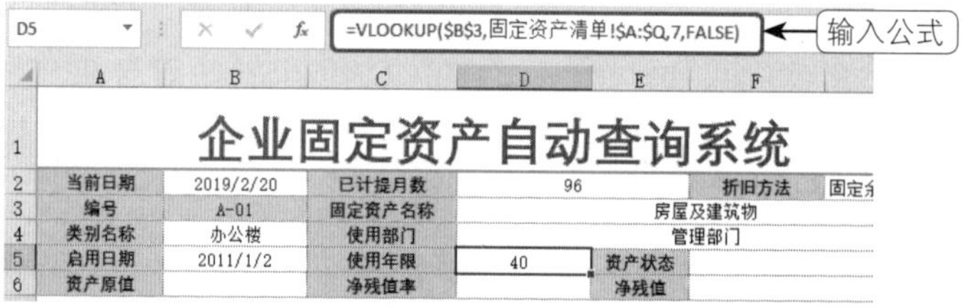

图16-28

02 将光标定位在F5单元格中，输入公式：=VLOOKUP($B$3,固定资产清单!$A:$Q,12,FALSE)，按【Enter】键，即可返回资产状态，如图16-29所示。

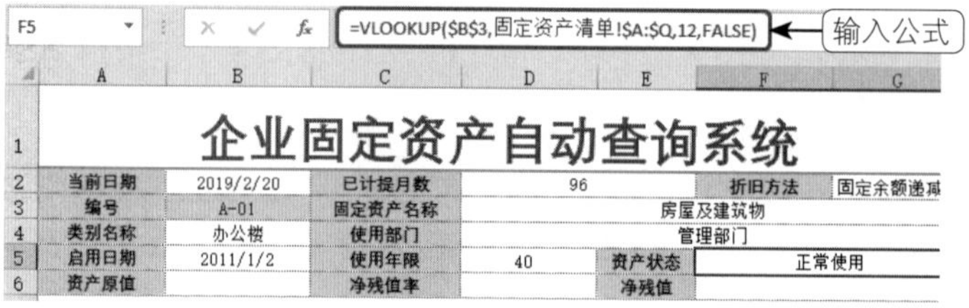

图16-29

03 将光标定位在B6单元格中，输入公式：=VLOOKUP($B$3,固定资产清单!$A:$Q,11,FALSE)，按【Enter】键，即可返回资产原值，如图16-30所示。

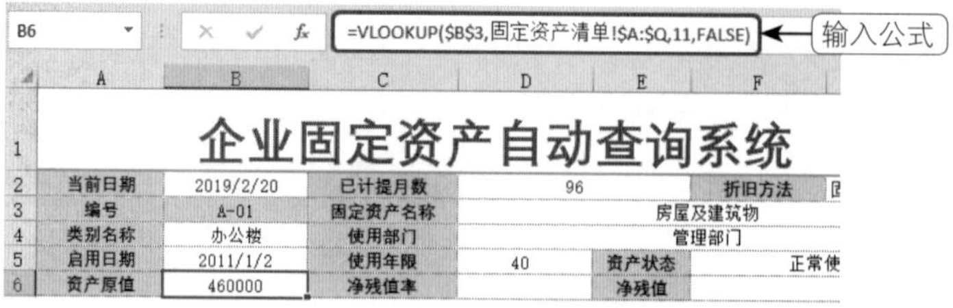

图16-30

04 将光标定位在D6单元格中，输入公式：=VLOOKUP($B$3,固定资产清单!$A:$Q,13,FALSE)，按【Enter】键，即可返回净残值率，如图16-31所示。

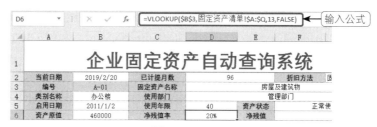

图16-31

05 将光标定位在F6单元格中，输入公式：=VLOOKUP($B$3,固定资产清单!$A:$Q,14,FALSE)，按【Enter】键，即可返回净残值，如图16-32所示。

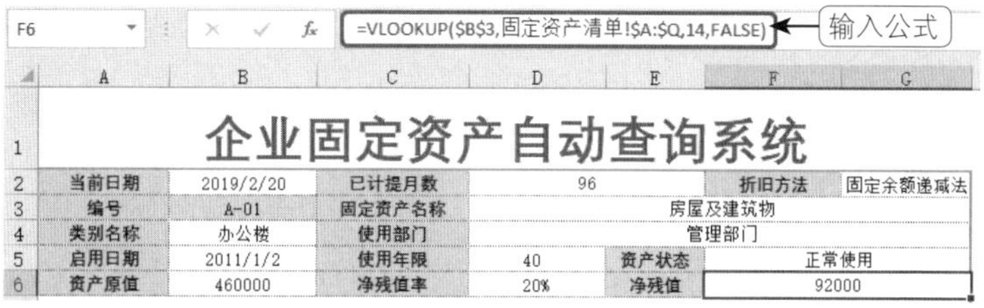

图16-32

16.2.2 固定资产折旧的计算

根据从固定资产清单中返回的固定资产各项信息，可以设置公式来计算固定资产在使用年限内每年的折旧记录。

01 在A9单元格中输入"0"，将光标定位在G9单元格中，输入公式：=B6，按【Enter】键，即可返回资产原值，如图16-33所示。

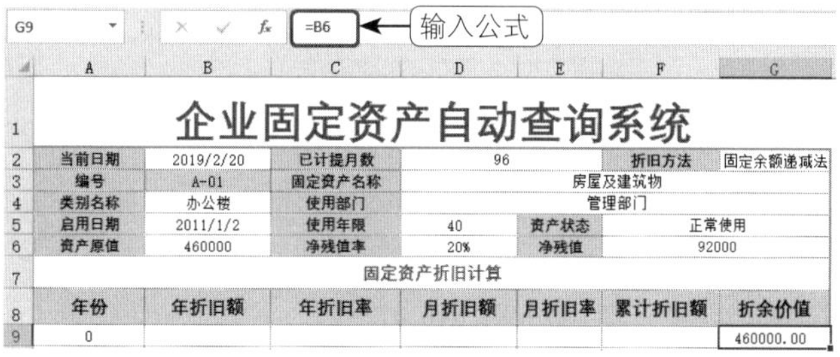

图16-33

02 将光标定位在A10单元格中，输入公式：=IF((ROW()-ROW($A$9))<=$D$5,ROW()-ROW($A$9),"")，按【Enter】键，即可返回第1年，如图16-34所示。

图16-34

03 将光标定位在B10单元格中，输入公式：=IF(A10="","",IF($G$2="固定余额递减法

",DB($B$6,$F$6,$D$5,A10,12-MONTH($B$5)),IF($G$2="双倍余额递减法",DDB($B$6,$F$6,$D$5,A10),IF($G$2="年限总和法",SYD($B$6,$F$6,$D$5,A10),SLN($B$6,$F$6,$D$5)))))，按【Enter】键，即可计算出第1年的年折旧额，如图16-35所示。

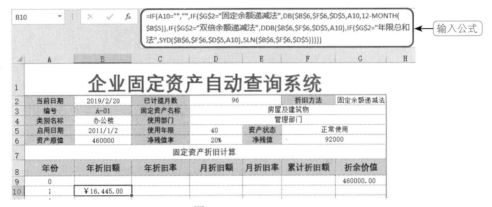

图16-35

04 将光标定位在C10单元格中，输入公式：=IF(A10="","",B10/$B$6)，按【Enter】键，即可计算出第1年的年折旧率，如图16-36所示。

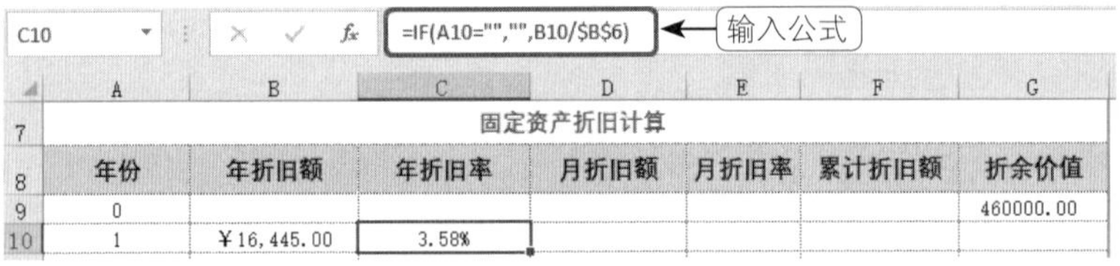

图16-36

05 将光标定位在D10单元格中，输入公式：=IF($A10="","",ROUND(B10/12,2))，按【Enter】键，即可计算出第1年的月折旧额，如图16-37所示。

图16-37

06 将光标定位在E10单元格中，输入公式：=IF(A10="","",ROUND(C10/12,5))，按【Enter】键，即可计算出第1年的月折旧率，如图16-38所示。

图16-38

07 将光标定位在F10单元格中，输入公式：=IF(A10="","",B10+F9)，按【Enter】键，即可计算出第1年的累计折旧额，如图16-39所示。

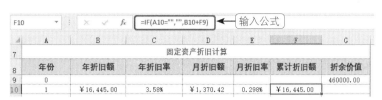

图16-39

08 将光标定位在G10单元格中，输入公式：=IF(A10="","",$G$9-F10)，按【Enter】键，即可计算出第1年的折余价值，如图16-40所示。

	A	B	C	D	E	F	G
G10				=IF(A10="","",$G$9-F10) ←输入公式			

企业固定资产自动查询系统

当前日期	2019/2/20	已计提月数	96	折旧方法	固定余额递减法	
编号	A-01	固定资产名称		房屋及建筑物		
类别名称	办公楼	使用部门		管理部门		
启用日期	2011/1/2	使用年限	40	资产状态	正常使用	
资产原值	460000	净残值率	20%	净残值	92000	

固定资产折旧计算

年份	年折旧额	年折旧率	月折旧额	月折旧率	累计折旧额	折余价值
0						460000.00
1	￥16,445.00	3.58%	￥1,370.42	0.298%	￥16,445.00	￥443,555.00

图16-40

09 选中A10:G10单元格区域，将光标定位到单元格区域的右下角填充柄，向下复制公式，即可计算出固定资产在各个使用年限中的折旧记录，如图16-41所示。

企业固定资产自动查询系统

当前日期	2019/2/20	已计提月数	96	折旧方法	固定余额递减法	
编号	A-01	固定资产名称		房屋及建筑物		
类别名称	办公楼	使用部门		管理部门		
启用日期	2011/1/2	使用年限	40	资产状态	正常使用	
资产原值	460000	净残值率	20%	净残值	92000	

固定资产折旧计算

年份	年折旧额	年折旧率	月折旧额	月折旧率	累计折旧额	折余价值
0						460000.00
1	￥16,445.00	3.58%	￥1,370.42	0.298%	￥16,445.00	￥443,555.00
2	￥17,298.65	3.76%	￥1,441.55	0.313%	￥33,743.65	￥426,256.36
3	￥16,624.00	3.61%	￥1,385.33	0.301%	￥50,367.64	￥409,632.36
4	￥15,975.66	3.47%	￥1,331.31	0.289%	￥66,343.30	￥393,656.70
5	￥15,352.61	3.34%	￥1,279.38	0.278%	￥81,695.92	￥378,304.08
6	￥14,753.86	3.21%	￥1,229.49	0.267%	￥96,449.78	￥363,550.22
7	￥14,178.46	3.08%	￥1,181.54	0.257%	￥110,628.23	￥349,371.77
8	￥13,625.50	2.96%	￥1,135.46	0.247%	￥124,253.73	￥335,746.27
9	￥13,094.10	2.85%	￥1,091.18	0.237%	￥137,347.84	￥322,652.16
10	￥12,583.43	2.74%	￥1,048.62	0.228%	￥149,931.27	￥310,068.73
11	￥12,092.68	2.63%	￥1,007.72	0.219%	￥162,023.95	￥297,976.05
12	￥11,621.07	2.53%	￥968.42	0.211%	￥173,645.02	￥286,354.98
13	￥11,167.84	2.43%	￥930.65	0.202%	￥184,812.86	￥275,187.14

计算出固定资产在各个使用年限中的折旧

图16-41

10 更改固定资产编号为"A-06"，即可更新查询数据，如图16-42所示。

图16-42

16.3
企业固定资产折旧计算

16.3.1 使用固定余额法进行折旧计算

固定余额递减法是固定资产折旧法中的一种，它是指用一个固定的折旧率乘以各个年初固定资产账面净值来计算各年折旧额的一种方法。

 打开下载文件中的"素材\第16章\固定资产折旧计算.xlsx"文件，如图16-43所示。

图16-43

02 将光标定位在B10单元格中，输入公式：=DB($B$6,$F$6,$D$5,A10,12-MONTH($B$5))，按【Enter】键，即可使用余额法计算出第1年年折旧额，此时后面单元格数据发生相应的更改，如图16-44所示。

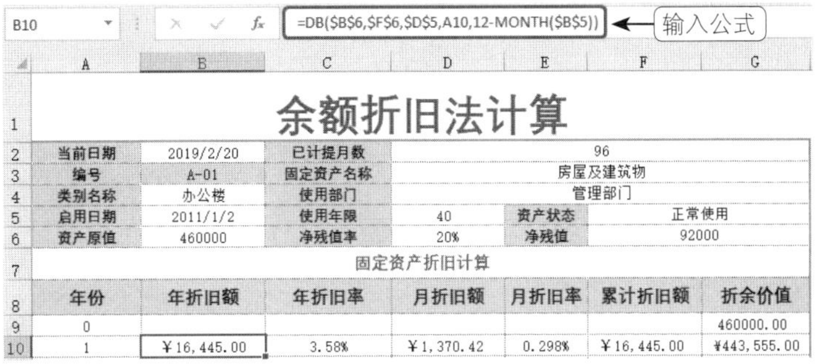

图16-44

03 选中B10单元格，将光标定位到单元格右下角的填充柄，向下复制公式，即可使用余额法计算出各年折旧额数据，如图16-45所示。

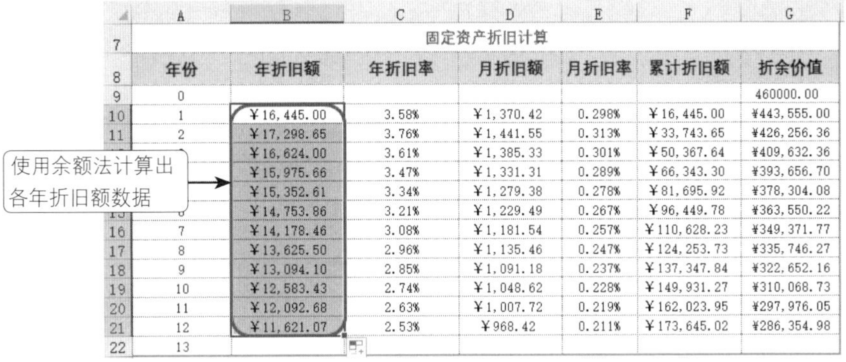

图16-45

16.3.2 使用双倍余额递减法进行折旧计算

双倍余额递减法是加速折旧方法中的一种，是在不考虑固定净残值的情况下，根据每年年初固定资产账面余额和双倍直线折旧率计算固定资产的一种折旧方法。

01 用鼠标右键单击"余额折旧法计算"工作表标签，在弹出的快捷菜单中单击"移动或复制"命令，如图16-46所示。

02 打开"移动或复制工作表"对话框，选中"移至最后"，接着勾选"建立副本"复选框，单击"确定"按钮，如图16-47所示。

03 重命名工作表和表格标题为"双倍余额递减法折旧计算"，接着删除"年折旧额"列中的数据，如图16-48所示。

04 将光标定位在B10单元格中，输入公式：=DDB($B$6,$F$6,$D$5,A10)，按【Enter】键，使用双倍余额递减法计算出第1年年折旧额，此时后面单元格数据发生相应的更改，如图16-49所示。

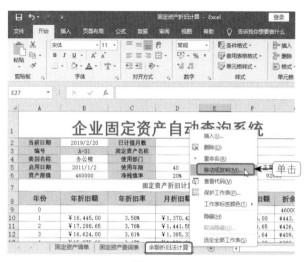

图16-46

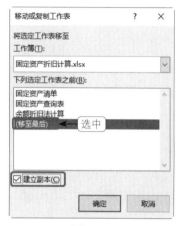

图16-47

图16-48

图16-49

05 选中B10单元格，将光标定位到单元格右下角的填充柄，向下复制公式，即可使用双倍余额递减法计算出各年折旧额数据，如图16-50所示。

固定资产折旧计算						
年份	年折旧额	年折旧率	月折旧额	月折旧率	累计折旧额	折余价值
0						460000.00
1	¥23,000.00	5.00%	¥1,916.67	0.417%	¥23,000.00	¥437,000.00
2	¥21,850.00	4.75%	¥1,820.83	0.396%	¥44,850.00	¥415,150.00
3	¥20,757.50	4.51%	¥1,729.79	0.376%	¥65,607.50	¥394,392.50
4	¥19,719.63	4.29%	¥1,643.30	0.357%	¥85,327.13	¥374,672.88
5	¥18,733.64	4.07%	¥1,561.14	0.339%	¥104,060.77	¥355,939.23
6	¥17,796.96	3.87%	¥1,483.08	0.322%	¥121,857.73	¥338,142.27
7	¥16,907.11	3.68%	¥1,408.93	0.306%	¥138,764.84	¥321,235.16
8	¥16,061.76	3.49%	¥1,338.48	0.291%	¥154,826.60	¥305,173.40
9	¥15,258.67	3.32%	¥1,271.56	0.276%	¥170,085.27	¥289,914.73
10	¥14,495.74	3.15%	¥1,207.98	0.263%	¥184,581.01	¥275,418.99
11	¥13,770.95	2.99%	¥1,147.58	0.249%	¥198,351.96	¥261,648.04
12	¥13,082.40	2.84%	¥1,090.20	0.237%	¥211,434.36	¥248,565.64
13						

计算出各年折旧额数据

图16-50

06 在B3单元格下拉列表中选择编号为“C-07”的固定资产，此时“固定资产折旧计算”单元格区域中的数据发生相应的变化，如图16-51所示。

双倍余额递减法折旧计算						
当前日期	2019/2/20	已		156		
编号	C-07	固定		机器设备		
类别名称	电机	使		一车间		
启用日期	2006/1/1	使用年限	14	资产状态	正常使用	
资产原值	2704	净残值率	5%	净残值	135.2	
固定资产折旧计算						
年份	年折旧额	年折旧率	月折旧额	月折旧率	累计折旧额	折余价值
0						2704.00
1	¥386.29	14.29%	¥32.19	1.190%	¥386.29	¥ 2,317.71
2	¥331.10	12.24%	¥27.59	1.020%	¥717.39	¥ 1,986.61
3	¥283.80	10.50%	¥23.65	0.875%	¥1,001.19	¥ 1,702.81
4	¥243.26	9.00%	¥20.27	0.750%	¥1,244.45	¥ 1,459.55
5	¥208.51	7.71%	¥17.38	0.643%	¥1,452.96	¥ 1,251.04
6	¥178.72	6.61%	¥14.89	0.551%	¥1,631.68	¥ 1,072.32
7	¥153.19	5.67%	¥12.77	0.472%	¥1,784.87	¥ 919.13
8	¥131.30	4.86%	¥10.94	0.405%	¥1,916.17	¥ 787.83
9	¥112.55	4.16%	¥9.38	0.347%	¥2,028.72	¥ 675.28
10	¥96.47	3.57%	¥8.04	0.297%	¥2,125.19	¥ 578.81
11	¥82.69	3.06%	¥6.89	0.255%	¥2,207.87	¥ 496.13
12	¥70.88	2.62%	¥5.91	0.218%	¥2,278.75	¥ 425.25
13						

更改查询编号

图16-51

16.3.3 使用年限总和法进行折旧计算

年限总和法是将固定资产的原值减去残值后的净额乘以一个逐年递减的分数来计算固定资产折旧额的一种方法。逐年递减分数代表着固定资产可以使用的年数，分母代表使用年数的逐年数值之和。

01 复制“双倍余额法递减法折旧计算”工作表到新工作表，重命名新工作表和表格标题为“年限总和法折旧计算”，接着删除“年折旧额”列中的数据，如图16-52所示。

02 将光标定位在B10单元格中，输入公式：=SYD($B$6,$F$6,$D$5,A10)，按【Enter】键，使用年限总和法计算出第1年年折旧额，此时后面单元格数据发生相应的更改，如图16-53所示。

03 选中B10单元格，将光标定位到单元格右下角的填充柄，向下复制公式，即可使用年限总和法计算出各年折旧额数据，如图16-54所示。

04 在B3单元格的下拉列表中选择编号为“E-02”的固定资产，此时“固定资产折旧计算”单元格区域中的数据发生相应的变化，如图16-55所示。

图16-52

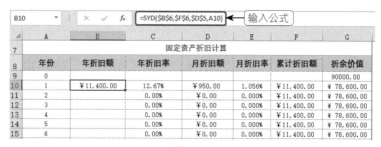

图16-53

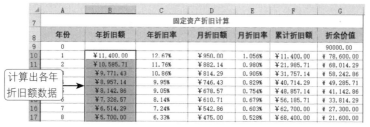

图16-54

图16-55